Erhard Scheibe

Die Philosophie der Physiker

Erhard Scheibe

Die Philosophie der Physiker

Verlag C. H. Beck

Für meine Tochter Maria

© Verlag C. H. Beck oHG, München 2006
Satz: Fotosatz Gutfreund, Darmstadt
Druck und Bindung: Ebner & Spiegel, Ulm
Gedruckt auf säurefreiem, alterungsbeständigem Papier
(hergestellt aus chlorfrei gebleichtem Zellstoff)
Printed in Germany
ISBN-10: 3 406 54271 9
ISBN-13: 978 3 406 54271 8

www.beck.de

Inhalt

Vorwort 7
Einleitung. 9

I. Die Philosophie und die Physiker 21
  A) Traditionelle Philosophie 22
  B) Zeitgenössische Philosophie 30
  C) Wissenschaftstheorie 43

II. Positivismus und reale Außenwelt (Planck versus Mach)   51
  a) Philosophische Beweise des Realismus 51
  b) Der wissenschaftliche Realismus und die Physiker . . 55
  c) Positivismus und reale Außenwelt:
     Die Planck-Mach-Debatte 58
  d) Die Position Plancks: Aufbau eines physikalischen
     Weltbildes 62
  e) Die Position Machs: Neutraler Monismus 69

III. Für und gegen Atome (Boltzmann versus Mach) 80

IV. Theorien und Bilder 99
  a) Boltzmanns Bilder 100
  b) Lübeck 1895 104
  c) Hertz und der heutige Strukturbegriff 109
  d) Plancks physikalisches Weltbild 118

V. Theorie und Erfahrung 120
  A) Duhems Instrumentalismus 120
  B) Deduktive und induktive Physik 127
  C) Theoriegeladenheit des Experiments 142
  D) Poincarés Konventionalismus 149

VI. Zur Relativitätstheorie 164
  A) Vom Positivisten zum Rationalisten 167
  B) Zur speziellen Theorie (SRT) 171
  C) Zur allgemeinen Theorie – Das Äquivalenzprinzip . . 180
  D) Zwischen Kantianern und Empiristen 195

VII. Kausalität, Determinismus, Wahrscheinlichkeit 207
    a) Arten von Kausalität 207
    b) Ereigniskausalität und Determinismus 209
    c) Wesensursachen 214
    d) Kausalität und Funktionsbegriff 218
    e) Kausalität in offenen Systemen («Unfalltheorie») .. 223
    f) Was ist Wahrscheinlichkeit? 226
    g) Die Rolle statistischer Gesetze (Exner versus Planck) 229
    h) Indeterminismus und Chaos (Born versus von Laue) 237

VIII. Quantenmechanik: Die Kopenhagener Schule 240
    a) Quantenphänomene 245
    b) Dynamik 247
    c) Voraussage und Determinismus 249
    d) Eigenschaften und Observable 251
    e) Zustände 254
    f) Messungen 261
    g) Komplementarität 269

IX. Kritik an der Kopenhagener Deutung 275
    A) Frühe Gegner: Einstein 276
    B) Frühe Gegner: Schrödinger 284
    C) Theorien verborgener Parameter und Unmöglichkeitsbeweise 294

X. Fortschritt, Reduktion und Einheit der Physik 303
    A) Die Boltzmann-Tradition 307
    B) Die Widerlegungsversion 313
    C) Transitivität, Zusammenführung und Einheit 316
    D) Begriffswandel und Theorien ohne Nachfolger ... 321
    E) Quasikumulativer Fortschritt 327

    Anmerkungen 335
    Literatur 353
    Personenregister 366

Vorwort

Das vorliegende Buch hat eine lange Geschichte: Ursprünglich geht es auf Vorlesungen zurück, die ich in den neunziger Jahren an der Universität Heidelberg gehalten habe.

Es behandelt einen kaum berührten Gegenstand: die Rechenschaft der Physiker über ihre eigene Arbeit, soweit sie die Philosophie betrifft. Da man nach einer Darstellung dieser Philosophie der Physiker bislang vergeblich sucht, fühle ich mich gerechtfertigt, das Zitat zu einem methodischen Werkzeug zu machen: die Physiker sollen sich selbst über die philosophischen Teile ihrer Arbeit artikulieren.

Als Leserkreis dieses Buches kommen daher natürlich insbesondere Physiker, Physiklehrer sowie an der Physik interessierte Wissenschaftsphilosophen in Frage. Fremdsprachliche Kenntnisse werden nicht verlangt, in einigen Kapiteln wohl aber mathematische Kenntnisse. Ursprünglich englische Texte sind von mir ins Deutsche übersetzt worden.

Es ist mir ein Bedürfnis, jenen Dank zu sagen, die mir bei der Abfassung des Buches geholfen haben. Ich danke meinen Kindern Burkhard und Richard für Hilfe bei der Formatierung des Textes und insbesondere Maria für unermüdlichen Beistand bei der Redaktion und Korrektur, für letzteres danke ich auch Brigitte Falkenburg, Universität Dortmund. Ferner danke ich Philipp Annecke und Sascha Teske für wertvolle Unterstützung bei der Texteingabe und technischen Fragen.

Hamburg, im März 2006   *Erhard Scheibe*

Einleitung

Man klagt darüber, daß unsere Generation keine Philosophen habe.
Mit Unrecht: Die Philosophen sitzen jetzt nur in der anderen Fakultät,
sie heißen Planck und Einstein.
Adolf von Harnack

Gegenstand dieses Buches sind die von Physikern einer bestimmten Epoche geäußerten Gedanken philosophischen Inhalts, die gleichwohl in einem wesentlichen Zusammenhang mit der Physik stehen. Zweierlei ist daran sogleich zu betonen. Einmal ist dies keine Abhandlung, in der ich in systematischer Weise die Grundlagen der Physik und ihre philosophischen Probleme behandeln werde und dementsprechend meine eigene Sichtweise der Dinge oder die anderer Philosophen maßgebend wären. Vielmehr geht es um die Vermittlung von Meinungsbildern zu grundlegenden philosophischen Fragen der Physik, wie sie sich *unter Physikern* herausgebildet haben. Zweitens möchte ich von vornherein betonen, daß es sich dabei gleichwohl um *philosophische Gedanken* handelt; denn Physiker im heutigen Sinne des Wortes machen sich normalerweise keine philosophischen Gedanken über ihre Disziplin, und das ist ja auch nicht ihre Aufgabe. Aber einige haben es getan, haben es sich zur Aufgabe gemacht, und es ist zunächst zu fragen, welche Physiker das waren und aus welchen Gründen sie sich dazu getrieben sahen zu philosophieren, statt Experimente zu machen und physikalische Theorien aufzustellen.

Wollen wir nun in *dieser Frage* bei den alten Griechen anfangen, bei Aristoteles oder den Stoikern? Immerhin hatte das Wort «Physik» in diesen Kreisen eine klare Verwendung, und ein Werk aus dem *corpus aristotelicum* ist noch in der Antike mit diesem Wort benannt worden. Doch wird der Leser ahnen, daß von den Griechen nicht die Rede sein soll. Für ihre Zeit und noch lange danach bis ins ausgehende Mittelalter würde man sich scheuen, ansonsten einschlägige Autoren als Physiker zu bezeichnen. Man würde sagen: Eigentlich waren sie ja Philosophen, vielleicht auch Theologen, und ihre Physik – damals noch ein Teil der Philosophie – haben sie eben als solche entwickelt. Genau deswegen wäre dann auch gar nichts Besonderes dabei. Eher könnte man einen Witz in der Frage sehen, was eigentlich die Physik dieser Autoren gewesen sei. Und diese Frage wird von heutigen Philosophiehistorikern in der Tat behandelt und beantwortet. Man kann ruhig etwas paradox sagen: Es gab in diesen alten Zeiten eine Physik, aber es gab, von Ausnahmen wie Archimedes abgesehen, keine Physiker. Eben deswegen kommt einem heute diese alte Physik auch etwas merkwürdig vor.

Das Gesagte läßt sich auch dahingehend ausdrücken, daß die Physik damals noch in der Philosophie aufging und keine Fachwissenschaft war.[1] Das ist deswegen bemerkenswert, weil es andere Fachwissenschaften sehr wohl gab, darunter der Physik heute so nahestehende Disziplinen wie Mathematik und Astronomie, ferner auch Geographie, Medizin, Linguistik und weitere. Aber die Physik war nicht darunter, und die Astronomie, von der die große wissenschaftliche Revolution des 17. Jahrhunderts ihren Ausgang nahm, war damals kein Teilgebiet der Physik. Noch Kopernikus und Kepler waren keine Physiker, sondern Fachastronomen im Sinne der damaligen Ordnung der Wissenschaften.

Wer aber war der erste Physiker? Ich denke, daß heute nicht nur unter den Physikern selbst, sondern auch unter den Historikern der Physik Einigkeit darüber besteht, daß diese Ehre Galilei gebührt – zumindest als einer Symbolfigur für die Geburt einer neuen Fachwissenschaft, deren Erfolge allmählich so bedeutsam für die ganze Menschheit werden sollten. Galilei war der erste Physiker im modernen Sinne, wonach die Physik von Physikern und niemandem sonst gemacht wird. In der Zeit nach Galilei gab es allerdings noch einige Gelehrte wie Descartes und Leibniz, die in der Hauptsache Philosophen waren, aber als Träger einer Übergangserscheinung die Physik ihrer Zeit, die Physik Galileis, Huygens', Newtons, nicht nur verstanden hatten, sondern durch eigene Beiträge bereichert haben. Aber diese Kategorie stirbt bald danach aus. Und von nun an wird es immer interessanter, in Umkehrung der Frage nach der Physik der Philosophen nach der Philosophie dieser neuen Physiker zu fragen: Was hat den auf diese Weise verselbständigten Fachphysikern, Generation auf Generation, die Philosophie noch bedeutet, und zwar bedeutet *im Zusammenhang mit ihrer Wissenschaft?*[2] Inwieweit haben die neuzeitlichen Physiker die Philosophie ihrer Zeit, aber auch die jeweilige Tradition gekannt, und inwieweit haben sie sich von ihrer Wissenschaft her gedrängt gesehen, selbst zu philosophieren? Immerhin war die ältere Einbettung der Physik in die Philosophie ja nicht durchweg ein Irrtum. Es gab da sachlich begründete Beziehungen. Aber die Frage, was die Physiker *als Physiker* damit anzufangen wußten, läßt sich sinnvoll erst für die neue Zeit stellen.

Heidegger hat optimistisch bemerkt:[3]

Die Größe und Überlegenheit der Naturwissenschaft im 16. und 17. Jahrhundert beruht darauf, daß jene Forscher alle Philosophen waren; sie begriffen, daß es keine bloßen Tatsachen gibt, sondern daß eine Tatsache nur ist, was sie ist, im Lichte des begründeten Begriffes ... Dort, wo die eigentliche, aufschließende Forschung geschieht, ist die Lage nicht anders als vor 300 Jahren, auch jene Zeit hatte ihren Stumpfsinn, so wie umgekehrt die heute führenden Köpfe der Atomphysik, Niels Bohr und Heisenberg, durch und durch philosophisch denken ...

Hier erhält der beschriebene Sachverhalt beinahe schon den Rang einer Gesetzmäßigkeit: Philosophierende Physiker tauchen immer dann auf, wenn die Physik interessant und «für die Physiker zu schwer» wird.[4] Neben der wissenschaftlichen Revolution des 17. Jahrhunderts nennt Heidegger die für ihn zeitgenössische Physik. In der Tat haben wir es hier mit einer Epoche der neuzeitlichen Physik zu tun, für die man nicht nur als neutraler Beobachter (Heidegger eingeschlossen) mit einem besonderen Recht von einer Philosophie der Physiker sprechen kann, sondern in der sich die Physiker selbst als Philosophen verstanden haben. Gänzlich unmißverständlich und gewissermaßen unverblümt hat Arnold Sommerfeld dies in einem Vortrag von 1948 ausgesprochen:[5]

Im 19. Jahrhundert war das Verhältnis zwischen Philosophie und Physik gespannt. Zuerst dominierte die Philosophie und wollte der Physik den Weg vorschreiben ... Später waren die Physiker mißtrauisch geworden, sie lehnten jede Philosophie ab ...

Im 20. Jahrhundert änderte sich das Verhältnis ... grundlegend. Gleich zu Beginn im Jahre 1900 entdeckte Planck das Wirkungsquantum ... Damit gab er der Philosophie die härteste Nuß zu knacken, mit der sie noch lange zu tun haben wird ... Der entscheidende Schritt zu einer philosophisch vertieften Physik [wurde] von Einstein im Jahre 1905 getan ...

Seit Einstein gibt es keine Entfremdung mehr zwischen Physikern und Philosophen. Die Physiker sind zu Philosophen geworden, und die Philosophen hüten sich, mit der Physik in Konflikt zu geraten ...

Aber auch Geisteswissenschaftler haben die Sache ähnlich gesehen: Im Zusammenhang mit einer Würdigung Einsteins berichtet Sommerfeld um etwa dieselbe Zeit:[6]

Adolf von Harnack sagte einmal, wie mir berichtet wurde, im Sprechzimmer der Berliner Universität: Man klagt darüber, daß unsere Generation keine Philosophen habe. Mit Unrecht: Die Philosophen sitzen jetzt nur in der anderen Fakultät, sie heißen *Planck* und *Einstein*.

Es ist aber nicht bei Bonmots geblieben. Höffding hat in der kleinen Fortsetzung seiner *Geschichte der neueren Philosophie* einigen, wie er sie vorsichtig nennt, «philosophierenden Naturforschern» ein eigenes Kapitel eingeräumt, und dort erfährt man Näheres über Maxwell, Mach, Hertz und Ostwald.[7] Besondere Hervorhebung verdient daneben ein Kapitel aus Passmores *A Hundred Years of Philosophy* (1957), das den Zeitraum von John Stuart Mill bis zur Mitte des zwanzigsten Jahrhunderts behandelt. Das Kapitel ist überschrieben «Natural Scientists Turn Philosophers», und in der Tat bringt Passmore in diesem Kapitel ein gutes Dutzend von Physikern und Mathematikern zusammen, die diese Bezeichnung verdienen, da sie als solche akademisch ausgebildet waren, ihre Wissenschaft durch eigene Leistungen weitergebracht haben, sich schließlich aber im Kontext ihrer Fachwissenschaft der Philosophie zugewandt haben, so daß Passmore unter anderem zu Recht von ihnen sagen kann:[8]

Aber wie groß auch immer die Meinungsverschiedenheiten zwischen ihnen waren, es bleibt die Tatsache, daß sehr viele der traditionellen Probleme der Philosophie nunmehr im Kontext der Physik freimütig diskutiert werden. Die Physiker sehen sich selbst als Einbringer von Fachwissen, das relevant ist in Disputen, die sie in früherer Zeit als unfruchtbare Metaphysik abgewiesen hätten.

Wann geht die von Sommerfeld angesprochene philosophische Epoche der Physik zu Ende? Ich fürchte, daß wir in dieser Frage den Worten Fritz Rohrlichs glauben müssen, der in seinem Beitrag zur Dirac-Festschrift sagt:[9]

Ich glaube, daß die Generation der theoretischen Physiker, welche die Relativitätstheorie und die Quantenmechanik entwickelten, besser in Wissenschaftsphilosophie erzogen war, als es die gegenwärtige Generation ist. Diese Physiker waren sich völlig im klaren über die Notwendigkeit philosophischen Fragens, wenn sie gute theoretische Physiker sein wollten. In der Tat haben Theoretiker von Poincaré bis Philipp Frank wesentliche Beiträge zur Wissenschaftsphilosophie geliefert, ganz zu schweigen von der positivistischen Schule und ihrem Wiener Kreis, für den sie eine Schlüsselrolle spielten.

Meine Ausführungen zur Philosophie der Physiker will ich jedenfalls in etwa auf die erste Hälfte des 20. Jahrhunderts beschränken, wobei Grenzüberschreitungen in beiden Richtungen erlaubt sein sollen, wenn sie zum Verständnis der zentralen Themen beitragen können. Von *der* Philosophie der Physiker dieser Zeit spreche ich im übrigen nicht in dem Sinne, daß Einheitlichkeit in der Beantwortung der aufgetretenen philosophischen Fragen geherrscht hätte, was natürlich nicht der Fall war. *Die* Philosophie der Physiker im Sinne einer einheitlichen Doktrin gab es in dieser Zeit und in diesem Kreis genausowenig wie in irgendeinem anderen Fall dieser Art. Aber man redet eben auch von *der* Philosophie der Griechen, *der* Philosophie der Aufklärung usw., ohne damit auf einheitliche Lehrmeinungen hinweisen zu wollen. Es muß uns genügen, eine *philosophische Aktivität* nachweisen zu können, und schon das war unter Physikern etwas Besonderes.

Ehe ich die beiden im letzten Zitat gefallenen Stichworte ‹Relativitätstheorie› und ‹Quantenmechanik› aufgreife, sollte aber noch ein letztes Wort über den (zeitlich nun schon eingeschränkten) Begriff des Physikers gesagt werden. Natürlich war Einstein ein Physiker, und Heidegger war es nicht. Aber es gibt Grenzfälle, bei deren unangemessener Berücksichtigung ein schiefes Bild entstehen könnte. Der soeben schon erwähnte Philipp Frank ist ein Beispiel. Er war Professor der theoretischen Physik in Prag, und auch seine spätere Anstellung an der Harvard University war die eines Lecturers in Mathematik und Physik. Unter Physikern bekannt geworden ist das von ihm zusammen mit Richard von Mises bearbeitete Buch *Die Differentialgleichungen der mathematischen Physik* von 1927.[10] All dies weist Frank als einen Physiker von Beruf aus, und das wäre in seinem Jahrhundert ja auch ein gutes Kriterium: Entscheidend ist, womit jemand sein Geld verdient. In weiteren Kreisen bekannt geworden ist Frank nun aber nicht als

Physiker, sondern als Philosoph der Physik, vor allem durch sein Buch *Das Kausalgesetz und seine Grenzen*.[11] Andere Grenzfälle liegen anders. Carl Friedrich von Weizsäcker etwa war zunächst, beruflich gesehen, Physiker, wenn auch immer schon mit gleichsam unbezahltem philosophischen Interesse. Dann aber wurde er Professor für Philosophie und schließlich Direktor des Max-Planck-Instituts zur Erforschung der Lebensbedingungen der wissenschaftlich-technischen Welt. Neben rein physikalischen Arbeiten, die ihn in Fachkreisen bekannt gemacht haben, hat Weizsäcker auch viele philosophische Arbeiten geschrieben, darunter solche, die sich nicht auf die Physik beziehen. Manche seiner Fachkollegen würden daher sagen: Er war eigentlich immer schon ein Philosoph. Es lassen sich noch weitere Grenzfälle dieser Art finden, und die Frage, wie sie zu berücksichtigen sind, ist nicht rein akademischer Natur. Sie scheint zumindest dann wichtig zu werden, wenn man, wie wir, in erster Linie wissen will, welche Physiker *als Physiker* philosophiert haben und es wohl nicht getan hätten, wenn nicht die Lage ihres Faches sie dazu gezwungen hätte. Die in der folgenden Liste aufgeführten Physiker und Mathematiker[12] haben jedenfalls mehr oder weniger Anteil an der Entstehung der hier zu thematisierenden philosophischen Aktivität.

Physiker als Philosophen

I. (Geburtsdatum vor 1850)
Hermann von Helmholtz (1821–1894)
James Clerk Maxwell (1831–1879)
Ernst Mach (1838–1916)
Ludwig Boltzmann (1844–1906)
William Kingdon Clifford (1845–1879)

II. (Geburtsdatum in den 1850er und 1860er Jahren)
Wilhelm Ostwald (1853–1931; Nobelpreis für Chemie 1909)
Henri Poincaré (1854–1912)
Heinrich Rudolf Hertz (1857–1894)
Max Planck (1858–1947; Nobelpreis für Physik 1918)
Pierre Duhem (1861–1916)
David Hilbert (1862–1943)
Wilhelm Wien (1864–1928; Nobelpreis für Physik 1911)

Walther Hermann Nernst (1864–1941; Nobelpreis für Chemie 1920)
Arnold Sommerfeld (1868–1951)

III. (Geburtsdatum in den 1870er und 1880er Jahren)
James Jeans (1877–1946)
Albert Einstein (1879–1955; Nobelpreis für Physik 1921)
Max von Laue (1879–1960; Nobelpreis für Physik 1914)
Max Born (1882–1970; Nobelpreis für Physik 1954)
Percy Williams Bridgman (1882–1961; Nobelpreis für Physik 1946)
Arthur Eddington (1882–1944)
Richard von Mises (1883–1953)
Philipp Frank (1884–1966)
Niels Bohr (1885–1962; Nobelpreis für Physik 1922)
Hermann Weyl (1885–1955)
Erwin Schrödinger (1887–1961; Nobelpreis für Physik 1933)

IV. (Geburtsdatum nach 1890)
Michael Polanyi (1891–1976)
Louis Victor Raymond de Broglie (1892–1981; Nobelpreis für Physik 1929)
Wolfgang Ernst Pauli (1900–1958; Nobelpreis Physik 1945)
Werner Heisenberg (1901–1975; Nobelpreis für Physik 1932)
Pascual Jordan (1902–1980)
Eugene Wigner (1902–1995; Nobelpreis für Physik 1963)
Johannes von Neumann (1903–1957)
Carl Friedrich von Weizsäcker (*1912)
Ilya Prigogine (1917–2002; Nobelpreis für Chemie 1977)
David Bohm (1917–1992)
Günther Ludwig (*1918)

Ich kann nun der *anderen Frage* nähertreten, warum Planck, Einstein und weitere Physiker unserer Liste sich genötigt sahen, neben den Tagesfragen der Physik auch Fragen eher philosophischen Inhalts ihre Aufmerksamkeit zu schenken. Wie ist es dazu gekommen, daß man zu Beginn des 20. Jahrhunderts mit Recht sagen konnte, daß das Verhältnis von Physik und Philosophie, nachdem es lange Zeit sehr schlecht gewesen war, sich nunmehr zu bessern begann? Inwiefern ist hier ein Einschnitt, der eine neue Epoche, wenn nicht der Philosophie, so doch der Physik, abzugrenzen erlaubt? Warum wurden – wie Sommerfeld es ausdrückt – «die Physiker zu Philosophen» oder, in der etwas vorsichtigeren Terminologie Höffdings, «philosophierende Naturforscher»? Über die Antwort kann es eigentlich keinen Zweifel geben: Das Verhältnis hat sich nicht etwa in dem Sinne gebessert, daß die maßgeblichen Physiker mit den maßgeblichen Philosophen in einen Dialog eingetreten wären. Abgesehen von einigen Neukantianern wie Cassirer, einigen logischen Empiristen wie Reichenbach und dem kritischen Rationalisten Popper, die in die Diskussion eingegriffen haben, hat keine Annäherung der Philosophie auf breiter Front stattgefunden. Vielmehr sind die Physiker in einem gänzlich unakademischen Sinne Philosophen geworden. Sie haben selbst angefangen zu philosophieren, und sie sind dazu veranlaßt worden durch die von ihnen selbst gesteuerte Entwicklung ihrer Wissenschaft. Diese Entwicklung war *revolutionär* vor allem durch die Schaffung der *Quantenmechanik* (1927) und vorher schon der beiden *Relativitätstheorien* (1905 und 1916). Sie sahen sich mit dem Umstand konfrontiert, daß diese neuen Theorien in Widerspruch zu gewissen vorphysikalischen Auffassungen standen, die Grundlage der klassischen Physik geworden waren. In einer solchen Lage hilft nichts anderes, als daß zunächst einmal die Fachleute selbst den anstehenden Problemen zu Leibe rücken. Das hören wir auch von Einstein, der eine der Hauptfiguren in diesem Prozeß gewesen ist:[13]

Oft und gewiß nicht ohne Berechtigung ist gesagt worden, daß der Naturwissenschaftler ein schlechter Philosoph sei. Warum sollte es also nicht auch für den Physiker das Richtige sein, das Philosophieren dem Philosophen zu überlassen? In einer Zeit, in welcher die Physiker über ein festes, nicht angezweifeltes System von Fundamentalbegriffen und Fundamentalgesetzen zu verfügen glaubten, mag dies wohl so gewesen sein, nicht aber in einer Zeit, in welcher das ganze Fundament der Physik problematisch geworden ist, wie gegenwärtig. In solcher Zeit des durch die Erfahrung erzwungenen Suchens nach einer neuen soliden Basis kann der Physiker die kritische Betrachtung der Grundlagen nicht einfach der Philosophie überlassen, weil nur er selber am besten weiß und fühlt, wo ihn der Schuh drückt; auf der Suche nach einem neuen Fundament muß er sich über die Berechtigung beziehungsweise Notwendigkeit der von ihm benutzten Begriffe nach Kräften klarzuwerden versuchen.

Für Einstein lagen im übrigen die Hauptprobleme nicht in den von ihm selbst geschaffenen Relativitätstheorien, sondern in der Quantentheorie, zu der er zwar ebenfalls wichtige physikalische Beiträge geliefert hat, über deren philosophische Bedeutung er sich aber mit den orthodoxen Vertretern nicht einigen konnte.

In der Relativitätstheorie (RT) war das ‹neue Fundament› eine Auffassung von Raum und Zeit, durch die schon in der speziellen Theorie (SRT) Newtons absolute Zeit (und natürlich auch sein absoluter Raum) durch eine relative, vom Bezugssystem abhängige Zeit (bzw. einen relativen, von demselben abhängigen Raum) ersetzt und in der allgemeinen Theorie (ART) die Metrik der Raumzeit mit der Gravitation in Verbindung gebracht wird. Diese Theorien sind fundamental, weil sie Raum und Zeit betreffen, in denen sich nach bisherigem Verständnis *alle* Geschehnisse abspielen. In der Quantenmechanik (QM) geht es demgegenüber um eine sehr allgemeine Änderung des klassischen Objektbegriffs: Man kann über Objekte oder physikalische Systeme nicht mehr so reden, als ob die Objekte gewisse (kontingente, insbesondere zeitabhängige) Eigenschaften *besitzen* (oder: *haben*) und andere (Eigenschaften) nicht. Statt dessen kann man nur noch Wahrscheinlichkeiten dafür angeben, daß bei einer *Messung* jene Eigenschaften auftreten bzw. nicht auftreten. Die Wahrscheinlichkeiten sind irreduzibel, weil die Meßmöglichkeiten dadurch eingeschränkt sind, daß es zu jeder Eigenschaft andere Eigenschaften gibt, die mit der gegebenen nicht gleichzeitig gemessen werden können. Davon ist dann schon die anschauliche und zugleich vollständige Objektbeschreibung in Raum und Zeit betroffen. Dieser Eingriff ist fundamental, weil er *alle* materiellen Dinge betrifft, an denen sich die Geschehnisse in Raum und Zeit abspielen.

Es gibt Historiker, die meinen, die fragliche, durch RT und QM bestimmte Revolution der Physik müsse, was ihren Anfang angeht, weit ins 19. Jahrhundert zurückverlegt werden.[14] Dabei denken sie wohl in erster Linie an die Schöpfung der Elektrodynamik sowie an den Umstand, daß diese Entwicklung ja erst mit der SRT von 1905 einschließlich der Verwerfung der Ätherhypothese beendet war. Zugleich war damit aber der *klassische Feldbegriff* eingeführt, der dann 1916 in der ART noch einmal eine wichtige Verallgemeinerung erfahren hat. Neben der Erweiterung der Physik durch den klassischen Feldbegriff hat die klassische Physik etwa seit der Mitte des 19. Jahrhunderts den Wahrscheinlichkeitsbegriff in sich aufgenommen; dieser Vorgang ist auch als *probabilistische Revolution* bezeichnet worden.[15] Sie hat auch andere Disziplinen betroffen, nachhaltig jedenfalls die Physik. In der Tat erfolgte die statistische Begründung der Thermodynamik schon in der zweiten Hälfte des 19. Jahrhunderts, und es war im höchsten Grade verwunderlich, wie auf einmal alle möglichen Wahrscheinlichkeiten dort auftraten, wo früher nichts dergleichen zu sehen war. Auch diese Revolution hat ihre volle Entfaltung erst im 20. Jahrhundert durch die Quantentheorie gefunden, da erst hier *irreduzible* Wahrscheinlichkeiten auftraten.

Mithin haben wir allen Grund, die philosophische Diskussion der Physiker schon vor dem ‹Paukenschlag› des Planckschen Wirkungsquantums aufzugreifen. Im Hinblick auf die QM bedeutet dies in erster Linie ein Eingehen auf das Problem des Realismus in der Physik, der vor allem durch den Versuch von Ernst Mach, eine einheitliche phänomenalistische Begründung der Physik und Psychologie zu geben, in Gefahr geraten war; zweitens aber muß auch die Rede sein von der Wiederbelebung der Atomistik in der Physik, wie sie von Boltzmann, Maxwell und anderen mit Erfolg zur Begründung der Thermodynamik herangezogen wurde.

In einem Unternehmen wie dem vorliegenden erwartet man mit einem gewissen Recht eine Beantwortung der Frage nach Gemeinsamkeiten unter den Physikern in der Auffassung von dem, was Physik ist. Da die Physik ein relativ gut ‹definiertes› Wissensgebiet des Menschen ist, das er überdies selbst geschaffen hat, sollte man meinen, daß sich solche Gemeinsamkeiten relativ leicht finden lassen. Aber wie so oft steckt auch hier der Teufel im Detail, und die sicherste Gemeinsamkeit, die sich entdecken läßt, ist die negative, daß wohl alle Physiker sich wehren würden, mit ihrem Weltbild einschließlich seiner intellektuellen Vermittlung unter einen der gängigen ‹Ismen› gesteckt zu werden. Hier ist zunächst das Urteil des philosophisch orientierten Physikhistorikers Max Jammer von Bedeutung:[16]

Physiker lehnen es aus Tradition ab, sich als Angehörige einer besonderen philosophischen Schule zu erklären, selbst dann, wenn sie sich bewußt sind, zu ihr zu gehören.

Carl Friedrich von Weizsäcker beschreibt die allgemeine Lage mit den Worten:[17]

Es ist ein empirisches Faktum, daß fast alle führenden theoretischen Physiker unserer Zeit philosophieren. Es ist ein zweites empirisches Faktum, daß ihre Philosophie im allgemeinen weitgehend ihre eigene Erfindung ist und sich mit den überlieferten Meinungen der Philosophen manchmal schlecht zusammenreimt. Beide empirischen Tatsachen scheinen mir aus einer sachlichen Notwendigkeit hervorgegangen zu sein, nämlich daraus, daß die moderne Physik ohne Philosophie nicht adäquat verstanden werden kann und daß es eine Philosophie, die dieses adäquate Verständnis liefern könnte, bis heute noch nicht gibt.

Ein ganz persönliches Bekenntnis hierzu gibt Wolfgang Pauli:[18]

Zur Orientierung der Philosophen möchte ich von vornherein klarstellen, daß ich nicht zu einer der philosophischen Schulen gehöre, deren Namen mit einer Art von ‹Ismus› enden. Darüber hinaus bin ich sehr dagegen, irgendeine spezielle physikalische Theorie, wie die Relativitätstheorie oder die Quanten- oder Wellenmechanik, unter einen dieser ‹Ismen› zu bringen, obwohl dies von Zeit zu Zeit sogar von Physikern so gemacht worden ist.

Pauli hat das speziell mit Bezug auf die Gegensätzlichkeit von Phänomenalismus und Realismus geäußert und sagt dazu im unmittelbaren Anschluß: «Meine allgemeine Tendenz ist, die Mitte einzuhalten zwischen den beiden Extremen.» Dies dürfte wohl für alle ähnlich gelagerten Fälle gelten: Vermeidung extremer philosophischer Positionen. Sie sind alle unhaltbar; und das stellt sich meist ziemlich schnell heraus. Auch Einstein hat den Physiker in dieser Lage gesehen und gemeint, daß «die äußeren Bedingungen, die ihm durch die Erlebnistatsachen gesetzt sind [es ihm nicht erlauben], sich bei der Konstruktion seiner Begriffswelt allzusehr durch Festhalten an *einem* erkenntnistheoretischen System beschränken zu lassen». Er fährt fort:[19]

Er [der Physiker] muß dann dem systematischen Erkenntnistheoretiker als eine Art skrupelloser Opportunist erscheinen. Er erscheint als Realist insofern, als er eine von den Akten der Wahrnehmung unabhängige Welt darzustellen sucht; als Idealist insofern, als er die Begriffe und Theorien als freie Erfindungen des menschlichen Geistes ansieht (nicht logisch ableitbar aus dem empirisch Gegebenen); als Positivist insofern, als er seine Begriffe und Theorien nur insoweit für begründet ansieht, als sie eine logische Darstellung von Beziehungen zwischen sinnlichen Erlebnissen liefern. Er kann sogar als Platoniker oder Pythagoreer erscheinen, insofern er den Gesichtspunkt der logischen Einfachheit als unentbehrliches Werkzeug seines Forschens betrachtet.

Die Rolle des Opportunisten, in die Einstein hier den Physiker notwendig versetzt sieht, braucht dieser offenbar desto weniger zu spielen, je verträglicher die aufgeführten Positionen sind. So bewahrt ihn bereits die Beachtung der inneren Konsistenz vor zu extremen Positionen. Mag er auch unter dieser Bedingung noch Opportunist sein, so ist er es *faute de mieux*.

I. Die Philosophie und die Physiker

Nichts kommt der Ignoranz moderner Philosophen in Sachen der Naturwissenschaft gleich außer der Ignoranz moderner Wissenschaftler in Sachen Philosophie.
É. H. Gilson

Den Titel zu diesem ersten Kapitel borge ich mir von Susan Stebbings Buch *Philosophy and the Physicists* aus dem Jahr 1937.[1] Dort protestiert eine Philosophin im Namen der Philosophie gegen die Art und Weise, in der zumindest zwei Physiker ihrer Zeit – Eddington und Jeans – *als Physiker,* d.h. im Zusammenhang mit ihrer Wissenschaft, mit der Philosophie umgehen. Auf dieses Buch werde ich zurückkommen. Ich werde versuchen, das Verhältnis der Physiker zur Philosophie zu charakterisieren, und zwar zunächst allgemein, wenn auch anhand einiger ausgesuchter Beispiele. Meine grobe Unterteilung berücksichtigt das Verhältnis der Physiker (der ersten Hälfte des 20. Jahrhunderts)

1. zur traditionellen Philosophie,
2. zur zeitgenössischen Philosophie,
3. zur Wissenschaftsphilosophie ihrer Zeit.

Schon in dieser allgemein gehaltenen Einführung wird auch die Reaktion von Philosophen auf das Eindringen der Physiker in ihren geheiligten Bezirk zu erwähnen sein. Der Fall Stebbing war eine solche Reaktion. Weder hier noch anderswo wird jedoch die Frage erschöpfend behandelt, inwieweit das Verhalten der Physiker zu einer echten Auseinandersetzung mit den jeweils zeitgenössischen Philosophen geführt hat. Gelegentlich werde ich darauf zu sprechen kommen, und bereits in der Einleitung wurden Philosophen wie Cassirer, Reichenbach und Popper erwähnt, die explizit auf den tiefgreifenden Wandel in der neuen Physik reagiert haben. Aber mein eigentlicher Untersuchungsgegenstand ist dies nicht. Allerdings ist diese Zurückhaltung auch von dem Umstand diktiert, daß die fragliche Auseinandersetzung zumindest nicht sehr intensiv war, sofern sie überhaupt stattgefunden hat.

A) Traditionelle Philosophie

Die in ihrer Gesamtheit philosophiefreundliche Phase der Physik ab der Wende vom 19. zum 20. Jahrhundert ist aus einer seitens der Physiker ausgesprochen philosophiefeindlichen Zeit hervorgegangen. Die Behauptung, daß es sich so verhalten habe, entnahmen wir schon den Zitaten Sommerfelds, der als Student und angehender Wissenschaftler das Ende der ‹schlimmen Zeit› noch miterlebt hat. Wir wollen aber für einen Augenblick noch weiter zurückgehen bis in die Zeit des deutschen Idealismus und seiner Naturphilosophie. Denn die Opposition gegen diese romantische Naturphilosophie[2] hatte vorübergehend zu einer gänzlichen Entfremdung zwischen Physik und Naturforschung einerseits und Philosophie und Metaphysik andererseits geführt.

Um anschaulich zu bleiben und die Abscheu der Naturwissenschaftler einsichtig zu machen, will ich einige Zitate von Schelling bringen, obwohl das in dieser Isoliertheit etwas unfair ist. Man muß entschuldigend oder wenigstens erklärend hinzufügen, daß sich Schelling und seine Weggenossen in dieser Sache nichts weniger vorgenommen hatten als die Etablierung der Identität von Natur und Geist in der Naturphilosophie. Vor diesem Hintergrund waren für Schelling die von einer empirischen Physik zu liefernden Ergebnisse, die zeigen konnten, wie die Natur im einzelnen beschaffen ist, ziemlich uninteressant. Da er als Idealist bei dem Nachweis der Identitätsthese primär vom Geistigen ausging, erstreckte sich dieses Desinteresse auch auf jegliche naturwissenschaftliche Erklärung von Wahrnehmung und Denken. Schelling ging sogar so weit, seine Spekulationen, soweit sie sich auf die Natur bezogen, als «spekulative Physik» zu bezeichnen und eine scharfe Grenze zwischen dieser und einer empirischen Physik aufzurichten. Nach einem Text von 1799[3] unterscheidet sich seine spekulative Physik von der empirischen dadurch,

> daß jene einzig und allein mit den ursprünglichen Bewegungsursachen in der Natur, ... diese hingegen, weil sie nie auf einen letzten Bewegungsquell in der Natur kommt, nur mit den sekundären Bewegungen ... sich beschäftigt, da jene überhaupt auf das innere Triebwerk, ... diese hingegen nur auf die Oberfläche der Natur und das, was an ihr ... gleichsam Außenseite ist, sich richtet.

Und an einer anderen Stelle des genannten Werkes bemerkt Schelling, es komme ihm

auf die Überzeugung an, daß zwischen Empirie und Theorie ein solcher vollkommener Gegensatz ist, daß es kein drittes geben kann, worin beide zu vereinigen sind, daß also der Begriff einer Erfahrungswissenschaft ein Zwitterbegriff ist, bei dem sich nichts Zusammenhängendes oder der sich vielmehr überhaupt nicht denken läßt...

Obwohl die Naturphilosophie des deutschen Idealismus auch zu einigen Anregungen in der Physik geführt hat, verwundert es nicht, daß sich Naturwissenschaftler gegen die durch solche Texte ausgezeichnete spekulative Physik Schellings zur Wehr setzten. Wir besitzen sogar Zeugnisse von zeitweiligen Anhängern, etwa dem Chemiker Liebig, der bekennt:[4]

Auch ich habe diese an Worten und Ideen so reiche, an wahrem Wissen und gediegenen Studien so arme Periode durchlebt, sie hat mich um zwei kostbare Jahre meines Lebens gebracht; ich kann den Schreck und das Entsetzen nicht schildern, als ich aus diesem Taumel zum Bewußtsein erwachte.

Die Situation um die Mitte des Jahrhunderts haben Gauß und Helmholtz beklagt. Am 1. November 1844 schreibt Gauß an seinen Freund Schumacher:[5]

Daß Sie einem Philosophen ex professo keine Verworrenheiten in Begriffen und Definitionen zutrauen, wundert mich fast. Nirgends mehr sind solche ja zu Hause als bei Philosophen... Sehen Sie sich doch nur bei den heutigen Philosophen um, bei Schelling, Hegel... und Consorten, stehen Ihnen nicht die Haare bei solchen Definitionen zu Berge?

In seiner Heidelberger Rektoratsrede von 1862 nimmt Helmholtz mit folgenden Worten sogar selbst zur Sache Stellung:[6]

Daß in den Geisteswissenschaften sich die Spuren der Wirksamkeit des menschlichen Geistes und seiner Entwicklungsstufen wiederfinden mußte, war selbstverständlich. Wenn aber die Natur das Resultat der Denkprozesse eines ähnlichen schöpferischen Geistes abspiegelte, so mußten sich die verhältnismäßig einfacheren Formen und Vorgänge in ihr um so leichter dem System einordnen lassen. Aber hier gerade scheiterten die Anstrengungen der Identitätsphilosophie, wir dürfen wohl sagen, vollständig. Hegels Naturphilosophie erschien den Naturforschern wenigstens absolut sinnlos. Von den vielen ausgezeichneten Naturforschern jener Zeit fand sich nicht ein einziger, der sich mit den Hegelschen Ideen hätte befreunden können.

Wie wir gesehen haben, war der junge Liebig tatsächlich eine Ausnahme, aber eben nur für zwei Jahre. Helmholtz fährt fort:

Die Naturforscher wurden von den Philosophen der Borniertheit geziehen; diese von jenen der Sinnlosigkeit. Die Naturforscher fingen nun an, ein gewisses Gewicht darauf zu legen, daß ihre Arbeiten ganz frei von allen philosophischen Einflüssen gehalten seien, und es kam bald dahin, daß viele von ihnen, darunter Männer von hervorragender Bedeutung, alle Philosophie als unnütz, ja sogar als schädliche Träumerei verdammten.

Wir werden sehen, daß wir um die Wende vom 19. zum 20. Jahrhundert eine einflußreiche positivistische Strömung in der Physik zu verzeichnen haben. Diese läßt sich natürlich nicht nur mit dem von Helmholtz Gesagten erklären. Ohne Frage wollten damals jedoch viele Physiker, selbst wenn sie philosophisch aufgeschlossen waren, ihre *Physik* von Spekulationen und unsauberen Methoden freihalten. Die Abscheu vor der idealistischen Naturphilosophie darf allerdings nicht als eine Ablehnung der Philosophie überhaupt angesehen werden, wenn eine solche Reaktion auch bei einzelnen Naturforschern der damaligen Zeit zu verzeichnen ist. Schließlich sind die beiden klassischen Traditionen der empiristischen und der rationalistischen Philosophie zwischen Descartes und Kant auch im 19. Jahrhundert weitergeführt worden, wenn auch nicht von so illustren, aber zugleich etwas verdrehten Geistern wie Schelling und Hegel. In diesem Sinne warnt uns F. A. Lange in seiner profunden *Geschichte des Materialismus* vor Einseitigkeit in der Beurteilung der Lage:[7]

Diese ganze Anschauungsweise [nämlich die Ablehnung des Idealismus durch die Physiker] beruht auf einer einseitigen Rücksicht auf unsere nachkantische Philosophie unter völliger Verkennung des Charakters der modernen Philosophie von Cartesius bis auf Kant. Das ganze Treiben der Schellingianer, der Hegelianer, ... ist nur zu sehr dazu angetan, den Abscheu zu rechtfertigen, mit welchem die Naturforscher sich von der Philosophie abzuwenden pflegen; dagegen ist das ganze Prinzip der modernen Philosophie, wenn man nur nicht diese Ausartungen der deutschen Begriffsromantik darunter versteht, ein total verschiedenes. Wir haben hier überall ... eine streng naturwissenschaftliche Denkweise vor uns, über alles, was uns durch die Sinne gegeben ist; aber fast ebenso allgemein auch den Versuch, die Einseitigkeit des auf diesem Wege sich ergebenden Weltbildes durch die Spekulation zu überwinden.

Auch Physiker von entgegengesetzter erkenntnistheoretischer Haltung sind sich um die Zeit der Jahrhundertwende darin einig, daß erstens die idealistische Naturauffassung abzulehnen sei, zweitens jedoch ein geeignetes philosophisches Denken für eine Grundlegung der Naturwissenschaften unerläßlich und davon untrennbar sei. Ein Beispiel bilden Wilhelm Ostwald und Ludwig Boltzmann. Beide haben Anfang des 20. Jahrhunderts – Ostwald in Leipzig und Boltzmann in Wien – Vorlesungen über Naturphilosophie unter diesem Titel gehalten und haben sich dafür gleich zu Beginn entschuldigt. Ostwald sagt in seiner Einleitung:[8]

Der Name Naturphilosophie, mit dem ich den Inhalt unserer bevorstehenden Besprechungen zu bezeichnen versucht habe, besitzt einen üblen Klang. Er erinnert an eine geistige Bewegung, welche vor hundert Jahren in Deutschland herrschend war; ihren Führer hatte sie in dem Philosophen Schelling, der durch die Macht seiner Persönlichkeit bereits in sehr jungen Jahren einen ungeheuren Einfluß gewonnen hatte und die Denkweise seiner Zeitgenossen in weitestem Maße bestimmte. Doch ... dauerte in Deutschland ihre Herrschaft nicht sehr lange; die unbestrittene im Ganzen höchstens zwanzig Jahre. Insbesondere die Naturforscher, für welche in erster Linie die Naturphilosophie gemeint war, wendeten sich bald vollständig von ihr ab, und die Verurteilung, welche sie später erfuhr, war ebenso leidenschaftlich, wie vorher ihre Verhimmelung gewesen war.

Nachdem er dann das von mir schon gebrachte Liebig-Zitat zur Illustration verwendet hat, kommt Ostwald auch auf die Kompetenzfrage zu sprechen, also für seinen Fall die Frage, wodurch er, der er ja nun eine ganze philosophische Vorlesungsreihe halten will, in der Philosophie überhaupt ausgewiesen sei. Dazu sagt er:[9]

... ich habe als Entschuldigung meines Unterfangens nur die Thatsache, daß auch der Naturforscher beim Betrieb seiner Wissenschaft unwiderstehlich auf die gleichen Fragen geführt wird, welche der Philosoph bearbeitet. Die geistigen Operationen, durch welche eine naturwissenschaftliche Arbeit geregelt und zu erfolgreichem Ende gebracht wird, unterscheiden sich ihrem Wesen nach nicht von denen, deren Ausführung die Philosophie untersucht und lehrt. Das Bewußtsein dieses Verhältnisses ist zwar in der zweiten Hälfte des 19. Jahrhunderts zeitweilig verdunkelt gewesen; es ist aber gerade in unseren Tagen wieder zu lebendigster Wirkungskraft erwacht, und allerorten regen sich im naturwissenschaftlichen Lager die Geister, um ihren Antheil zu dem philosophischen Gesamtwissen beizutragen.

Hier haben wir das Zeugnis eines Zeitgenossen von der ‹Wende›, und schon hier heißt es zugleich, daß sich die philosophischen Probleme aus der Arbeit des Naturwissenschaftlers heraus entwickeln.

Vom entgegengesetzten philosophischen Ende her und dennoch in ganz ähnlichem Sinne äußerte sich Ostwalds großer Widersacher Boltzmann. War Ostwald in der Hauptsache Chemiker, so haben wir in Boltzmann den vielleicht ersten wirklich bedeutenden rein theoretischen Physiker deutscher Sprache vor uns. Nicht lange vor seinem Tode erhielt er 1903 als Professor der theoretischen Physik in Wien vom Ministerium einen zusätzlichen Lehrauftrag über (wörtlich!) «Philosophie der Natur und Methodologie der Naturwissenschaften».[10] Damit sollte eine Lücke geschlossen werden, welche durch die seit Ernst Machs Abgang bestehende Vakanz der Lehrkanzel für «Philosophie, insbesondere für Geschichte und Theorie der induktiven Wissenschaften» bestand. Zu Beginn der ersten Vorlesung zeigt sich Boltzmann, genau wie Ostwald, in großer Verlegenheit in der Frage seiner philosophischen Kompetenz. Dann aber sagt er in seiner direkten, manchmal akademisch-naiven Art:[11]

Bin ich nur mit Zögern dem Ruf gefolgt, mich in die Philosophie hineinzumischen, so mischten sich desto öfter Philosophen in die Naturwissenschaft hinein. Bereits vor langer Zeit kamen sie mir ins Gehege. Ich verstand nicht einmal, was sie meinten, und wollte mich daher über die Grundlehren aller Philosophie besser informieren.

Um gleich aus den tiefsten Tiefen zu schöpfen, griff ich nach Hegel; aber welch unklaren, gedankenlosen Wortschwall sollte ich da finden. Mein Unstern führte mich von Hegel zu Schopenhauer. In der Vorrede des ersten Werkes, das mir in die Hände fiel, fand ich folgenden Passus ...: «... Die Köpfe der jetzigen Gelehrten Generation sind desorganisiert durch Hegelschen Unsinn. Zum Denken unfähig ... werden sie die Beute des platten Materialismus ...»

Damit war ich nun freilich einverstanden, nur fand ich, daß Schopenhauer seine ... Keulenschläge ganz wohl auch selbst verdient hätte ...

Mein Widerwille gegen die Philosophie wurde übrigens damals von fast allen Naturwissenschaftlern geteilt. Man verfolgte jede metaphysische Richtung und suchte sie mit Stumpf und Stiel auszurotten; doch diese Gesinnung dauerte nicht an ... Der Trieb zu philosophieren scheint uns unausrottbar eingeboren zu sein ... Maxwell, Helmholtz, Kirchhoff, Ostwald und viele andere opferten [der Metaphysik] willig und erkannten ihre Fragen als die höchsten an, so daß sie heute wieder als die Königin der Wissenschaften dasteht.

Wir entnehmen diesen Bekundungen, daß das Ansehen der Philosophie bei den Physikern – nach ihrem eigenen Urteil – zu Beginn des vorigen Jahrhunderts bereits wieder im Steigen begriffen war, noch ehe die weitere, durch Relativitäts- und Quantentheorie bestimmte Entwicklung der Physik die Physiker zwang, eigene erkenntnistheoretische Überlegungen anzustellen. Eine zeitliche Überlappung gab es hinsichtlich des Streits um die Atome, der gegen Ende des 19. Jahrhunderts erneut auflebte. Wegen der empirischen Abgelegenheit des einzelnen Atoms ist der Atomismus seit der Antike ein (wenigstens) halbphilosophisches Thema geblieben, und anläßlich der kinetischen Gastheorie Maxwells und Boltzmanns war das nun wiederum der Fall. So kann man sagen, daß die wirklich unabweisbaren Schritte in Richtung auf eine neue Grundlegung der Physik zu einem Zeitpunkt erfolgten, an dem ein Physiker von der Kollegenschaft keine Sanktionen zu befürchten hatte, wenn er seine Physik mit der Philosophie verband. Im Gegenteil: Einen Vortrag über statistische Mechanik aus dem Jahr 1904 beschließt Boltzmann mit den Worten:[12]

Ich bin hier philosophischen Fragen nicht aus dem Wege gegangen in der festen Hoffnung, daß ein einmütiges Zusammenwirken der Philosophie mit der Naturwissenschaft jeder dieser Wissenschaften neue Nahrung zuführen wird, ja, daß man nur auf diesem Weg zu einem wahrhaft konsequenten Gedankenausdruck gelangen kann. Wenn Schiller zu den Naturforschern und Philosophen seiner Zeit sagte: «Feindschaft sei zwischen euch, noch kommt das Bündnis zu frühe», so stehe ich nicht mit ihm im Widerspruch, ich glaube eben, daß jetzt die Zeit für das Bündnis gekommen ist.

Eine andere, schon bei Ostwald berührte Frage ist natürlich die der philosophischen *Kompetenz* des Physikers. Der Philosophiehistoriker Gilson hat das giftige Wort geprägt: «Nichts kommt der Ignoranz moderner Philosophen in Sachen der Naturwissenschaft gleich außer der Ignoranz moderner Wissenschaftler in Sachen Philosophie.»[13] Tatsächlich kann man beobachten, wie unwohl sich die Physiker der ersten Generation unserer Epoche gefühlt haben, solange sie sich aus mehr äußeren Gründen gezwungen sahen, sozusagen öffentlich zu philosophieren. Ostwald berichtet uns, daß man ihn zu seinen naturphilosophischen Vorlesungen drängen mußte, und er bekennt gleich zu Beginn, er «[dürfe] die Philosophie nicht als eine Wissenschaft bezeichnen, die [er] im üblichen Sinne studiert habe. Selbst das ‹wilde› Studium der Philosophie, das ich durch vielfaches Lesen der philosophischen Schriften betrieben habe, ist so wenig systematisch erfolgt, daß ich es nicht als einen irgendwie ausreichenden Ersatz des geregelten Studiums bezeichnen dürfte.»[14] Geradezu rührend mutet an, was Boltzmann in seiner schon herangezogenen Antrittsvorlesung zu Beginn ausführt.[15] Er kommentiert die große Zahl der erschienenen Hörer mit der Bemerkung, er könne sich das nur daraus erklären, daß «seine gegenwärtigen Vorlesungen in der Tat in gewisser Beziehung ein Kuriosum im akademischen Leben seien» und er als philosophischer Laie nun eine Vorlesung über Naturphilosophie zu halten habe. Freimütig bekennt er, er habe bis dato nur eine einzige Abhandlung philosophischen Inhalts geschrieben und auch die nur veranlaßt durch einen puren Zufall. Er gibt sich gänzlich zerknirscht und sucht Trost in den entlegensten Erklärungen, warum das Ministerium ausgerechnet ihm diese Bürde auferlegen mußte. Seine Bedenken wurden mit der Bemerkung abgetan, «ein anderer würde es auch nicht besser machen» – eine decouvrierende Bemerkung seitens des Ministeriums. Schließlich zieht Boltzmann die ausgefallensten Vergleiche heran:[16]

Wenn es für den Professor der Medizin oder der Technik wünschenswert ist, daß er, um nicht zu verknöchern, neben seiner Lehrtätigkeit auch fortwährend Praxis betreibe, ja wenn man Moltke zum Mitglied der Berliner Akademie wählte, nicht weil er Geschichte schrieb, sondern weil er Geschichte machte, vielleicht wählte man auch mich, nicht weil ich über Logik schrieb, sondern weil ich einer Wissenschaft angehöre, bei der man zur täglichen Praxis in der schärfsten Logik die beste Gelegenheit hat.

So unwohl also fühlt sich Boltzmann in seiner Lage, daß er schließlich Zuflucht sucht bei der Wissenschaft, die er wirklich beherrscht. Aber er hat seine naturphilosophische Vorlesung gehalten,[17] und so mancher Physiker nach ihm ist einen ähnlichen Weg gegangen.

Ich habe schon beiläufig bemerkt, daß der neue, metaphysisch unbesorgte philosophische Aufbruch der Physiker zu einem Zeitpunkt erfolgte, an dem die Auseinandersetzungen des 19. Jahrhunderts eine potentielle Gegnerschaft zur Philosophie *innerhalb der Physik* geschaffen hatten. Physiker wie Duhem, Mach, Ostwald und Kirchhoff vertraten damals einen pointiert metaphysikfreien oder gar antimetaphysischen Standpunkt. Berühmt geworden ist vor allem eine lakonische Formulierung des positivistischen Standpunktes, die Kirchhoff gegeben hat. In der Vorrede zu seinen *Vorlesungen über Mechanik* beklagt sich Kirchhoff über Dunkelheiten, die kausaler Begrifflichkeit, z. B. dem Begriff der Ursache, anhaften – ein Punkt, auf den ich zurückkommen werde. Er sagt dann:[18]

Bei der Schärfe, welche die Schlüsse in der Mechanik sonst gestatten, scheint es mir wünschenswert, solche Dunkelheiten aus ihr zu entfernen, auch wenn das nur möglich ist durch eine Einschränkung ihrer Aufgabe. Aus diesem Grunde stelle ich es als die Aufgabe der Mechanik hin, die in der Natur vor sich gehenden Bewegungen zu beschreiben, und zwar vollständig und auf die einfachste Weise zu beschreiben. Ich will damit sagen, daß es sich nur darum handeln soll anzugeben, welches die Erscheinungen sind, die stattfinden, nicht aber darum, ihre Ursachen zu ermitteln.

Wenn wir diesen Text mit den Worten vergleichen, mit denen Schelling seine spekulative Physik beschreibt, so sehen wir, daß wir nunmehr das genaue Gegenteil vor uns haben: Während Schelling empfiehlt, in seiner spekulativen Physik die «ursprünglichen Bewegungsursachen in der Natur» zu untersuchen, verbietet Kirchhoff geradezu, in seiner Mechanik «die Ursachen [der Erscheinungen] zu ermitteln».

Es ist schwer zu sagen, inwieweit die darin zum Ausdruck kommende philosophische Zurückhaltung gegen Ende des Jahrhunderts die allgemeine Haltung der Physiker wiedergibt. Möglicherweise war sie nicht nur Ergebnis ihres Trotzes gegenüber den Ausschweifungen der idealistischen Philosophen, sondern auch eine Vorsichtsmaßnahme gegenüber der gesellschaftlichen Verbannung aus religiösen oder moralischen Gründen.[19] Jedenfalls war diese Strömung nicht ohne Bedeutung und selbst Ausdruck einer philosophischen Haltung, gegen die nun die metaphysikfreundlichen «Philosophen» unter den Physikern wie Boltzmann, Planck, Einstein, Schrödinger und weitere anzutreten hatten. Dabei ist festzuhalten, daß die neue positivistische Richtung kein Zurück zum deutschen Idealismus war. Vielmehr waren diesem im Laufe des Jahrhunderts gleich zwei Gegnerschaften erwachsen, auf die ich im zweiten Kapitel genauer eingehen werde.

B) Zeitgenössische Philosophie

Ich komme nun zu der Frage einer Auseinandersetzung der Physiker mit *zeitgenössischer Philosophie* im allgemeinen und umgekehrt der Reaktion von Philosophen unserer Zeit auf die philosophischen Auslassungen der Physiker. Es ist nicht leicht, hier eine zusammenhängende und sinnvolle Geschichte zu erzählen – gar eine Geschichte mit einer Pointe, wie wir sie für das 19. Jahrhundert immerhin haben. Zu beachten ist, daß ich hier nicht nach einem Eingehen zeitgenössischer Philosophen auf die moderne *Physik* frage. In dieser Hinsicht wäre natürlich die ziemlich geschlossene Bewegung des logischen Empirismus (oder: Positivismus) der 1930er bis 1960er Jahre zu nennen, für die vor allem der Wiener Kreis eine maßgebliche Rolle gespielt hat und die sich auch in verbindlicheren Gründungen wie dem Verein Ernst Mach (Wien), der Gesellschaft für empirische Philosophie (Berlin), der Zeitschrift *Erkenntnis* und der Schriftenreihe *International Encyclopedia of Unified Science* geäußert hat. Philosophen wie Carnap, Hempel, Reichenbach, Ph. Frank, Schlick und andere, die zu dieser Bewegung gehörten, haben die neuere Physik durchaus zur Kenntnis genommen und sich im Laufe der Zeit sogar den Vorwurf eingehandelt, der Physik ein zu großes Gewicht als Paradigma von Wissenschaftlichkeit verliehen zu haben. Eine philosophische Beschäftigung mit der Physik hat es sehr wohl gegeben, und in diesem Zusammenhang wären auch einige Neukantianer wie Rickert und Cassirer zu nennen. Nicht die fachphilosophische Beschäftigung mit der Physik ist ein Desiderat, sondern die Diskussion der philosophischen Kreationen der *Physiker*. Mein ohnehin nur exemplarisches Vorgehen in diesem Kapitel ist demnach auch von der Lage her gerechtfertigt.

Für viele überraschend enthält der dem Philosophen Bertrand Russell gewidmete Band der Reihe *The Library of Living Philosophers* einen Beitrag Einsteins.[20] Auch Einstein selbst ist ein Band dieser Reihe gewidmet – und zwar bis heute als einzigem Nichtphilosophen in einem professionellen Sinn. Es kennzeichnet aber die Lage, daß fast alle Autoren des Einstein-Bandes Physiker oder der Physik nahestehende Wissenschaftsphilosophen waren.[21] Insofern bleibt dieser Band bei der Physik, während der für Russell natürlich ganz philosophisch orientiert ist – Einsteins Beitrag macht da keine Ausnahme. Eher noch hat man den Eindruck, als wolle der Physiker Einstein den Philosophen Russell auf dessen Spur überholen, indem er findet, daß in Russells *Inquiry into Meaning and Truth*,[22] das damals gerade erschienen war, «das Gespenst der metaphysischen Angst einigen Schaden angerichtet hat».[23] Wir wollen nun sehen, wie Einstein in die Lage geraten konnte, sich als Physiker metaphysischer zu gebärden als sein philosophischer Kollege Russell.

In seinem Aufsatz entschuldigt sich Einstein zunächst für seine Auslassungen mit einem Umstand, dem wir hier schon mehrfach begegnet sind: daß der Physiker nämlich «durch die gegenwärtigen Schwierigkeiten seiner Wissenschaft zu Auseinandersetzungen mit philosophischen Problemen in höherem Maße gezwungen [werde], als es bei früheren Generationen der Fall war».[24] Für die weiteren Ausführungen geht Einstein dann von zwei Illusionen aus, der unphilosophischen Illusion des naiven Realismus und, als anderem Extrem, der philosophischen Illusion, «alles Wissenswerte durch bloßes Nachdenken zu finden». Mit Bezug auf diese beiden Extreme möchte Einstein vernünftiges Philosophieren – zu dem er natürlich Russells wie auch sein eigenes zählt – als eine geschickte und angemessene Vermeidung dieser beiden Illusionen verstehen.

Auf der Suche nach einem Mittelweg gehen aber selbst bedeutende Philosophen immer wieder in die Irre. Einstein versucht sein eigenes Denken zwischen Hume und Kant anzusiedeln. Humes Skepsis gegenüber der Sicherheit unserer empirischen Erkenntnis findet er heilsam, und er wundert sich, «daß nach ihm [Hume] viele und zum Teil hochgeachtete Philosophen so viel Verschwommenes haben schreiben und dankbare Leser finden können».[25] Andererseits findet Einstein – und das offenbar als Physiker –, daß Hume zu weit gegangen sei mit seinem totalen Phänomenalismus. An dieser Stelle begrüßt er das Eingreifen Kants, der Hume gewisse sichere Erkenntnisse a priori auch in den Naturwissenschaften entgegenhielt, damit aber seinerseits wieder zu weit in die entgegengesetzte Richtung ging. Den vertretbaren Teil von

Kants Lehre sieht Einstein in der «Konstatierung, daß wir uns mit gewisser Berechtigung beim Denken solcher Begriffe bedienen, zu welchen es keinen Zugang aus dem sinnlichen Erfahrungsmaterial gibt, wenn man die Sache vom logischen Standpunkte aus betrachtet».[26]

Wir treffen hier auf den von Einstein mit Vorliebe geäußerten Gedanken, daß unsere Begriffe, insbesondere die wissenschaftlichen, «freie Schöpfungen des Denkens» sind, die wir nicht induktiv aus den Sinneserlebnissen gewonnen haben. Als Paradigma führt er den Begriff der ganzen Zahl als offenbarer Erfindung des menschlichen Geistes an.[27] In diesem Zusammenhang erläutert Einstein seine Verwendung des Wortes ‹metaphysisch›. Im *negativen,* Humeschen Sinne wären alle Begriffe metaphysisch, «welche sich nicht aus dem sinnlichen Rohmaterial herleiten lassen».[28] Das entspricht in der Tat genau dem Humeschen Reduktionsprinzip: «Wenn wir auch nur den leisesten Verdacht haben, daß ein philosophischer Term ohne jede Bedeutung oder Vorstellung [idea] verwendet wird (wie es nur allzu häufig vorkommt), brauchen wir uns nur zu fragen, *von welchem Eindruck [impression] diese Vorstellung abgeleitet ist.* Und wenn es unmöglich ist, eine zuzuweisen, so wird dies dazu beitragen, unseren Verdacht zu bestätigen.»[29] Nach Einsteins antiinduktiver Auffassung wäre damit aber nahezu alles Denken – jedenfalls das wissenschaftliche – metaphysisch. Mit *positiver* Wendung bekennt Einstein sich denn auch als Metaphysiker in diesem Sinne, begrenzt allerdings durch die Überzeugung, daß «alles Denken materialen Inhalt durch nichts anderes als durch seine Beziehung zu jenem sinnlichen Material [erhält]».[30] Trotz dieses Bekenntnisses am Schluß distanziert sich Einstein hier also «von der verhängnisvollen ‹Angst vor der Metaphysik› ..., die eine Krankheit des gegenwärtigen empiristischen Philosophierens bedeutet». Auch Russell sieht er von dieser Krankheit erfaßt, indem dieser in Humescher Manier von Dingen als von «Bündeln von Qualitäten» spricht, während Einstein keinen Anstoß daran nimmt, «das Ding (Objekt im Sinne der Physik) als selbständigen Begriff ins System aufzunehmen ...»[31]

In *Reply to Criticism* ist Russell nur recht beiläufig auf Einsteins Beitrag eingegangen.[32] Das war gewiß keine Geringschätzung seiner Person als philosophierender Physiker. Von dem Mathematiker Littlewood ist ein Gespräch mit Russell aus dem Jahre 1919 übermittelt, das ich hier zitieren will:[33]

Ich hatte gerade Eddingtons *Report on Relativity* gelesen ... Ich fühlte, daß diese Theorie ein geistiger Fortschritt und eine Erleuchtung war, wie sie in dieser Größe noch nie aufgetreten waren. Ich erklärte es Russell, der um diese Zeit noch keine Physik kannte. Er war ähnlich beeindruckt. Plötzlich brach es aus ihm hervor ...: «Wenn ich denke, mein Leben mit absolutem Mist verbracht zu haben.»

Respekt war hier also durchaus vorhanden, und wie hätte es anders sein können! Typisch ist nun aber, wie in Russells Antwort auf Einsteins Beitrag von Anfang an ein Unterton mitschwingt: Diese Physiker machen sich die Sache doch reichlich einfach. So gleich zu Beginn, wo es heißt:[34]

Ich empfinde es als eine Ehre, daß Einstein gewillt war, diesen Essay beizutragen, und sein Lob erfreut mich sehr. Aber was die Substanz seines Essay angeht, so bin ich in einer Schwierigkeit: er sagt so viele bedeutende Sachen so knapp, daß ich nicht weiß, ob ich nur in einem Satz oder in einem ganzen Buch antworten soll, und auch nicht, wie weit ich mit ihm übereinstimme oder nicht.

Man spürt hier, daß Russell die kleine Arbeit von Einstein nicht eigentlich ernst nehmen kann. Er spricht sogleich davon, daß philosophische Fragen häufig durch Parteiräson, nicht durch eingehende Untersuchungen entschieden werden. Zu Einsteins eigener These, daß unsere Begriffe freie Schöpfungen des menschlichen Geistes seien, bemerkt er, daß sie wahr oder falsch sein könne, je nachdem, wie man sie interpretiert. Die Entstehung des Zahlbegriffs hält Russell durchaus für erfahrungsabhängig. In der einzigen Passage, in der er etwas näher auf Einsteins Beitrag eingeht, entwickelt er den hübschen Gedanken, daß die Menschheit, wenn sie in einer durchgehend gasförmigen Umgebung leben müßte, wohl eine Mathematik hätte entwickeln können, aber nicht auf der Grundlage der Arithmetik, sondern der Topologie:[35]

Ein solarer Einstein mag die Arithmetik [auch unter diesen Umständen] erfinden und sich eine Welt vorstellen, in der sie anwendbar wäre, aber für Schuljungen würde solche Materie als zu schwierig angesehen werden.

Sogar ein Einfluß der Temperatur auf die Metaphysik wird als möglich hingestellt, und die Sache wird an dieser Stelle fast zu einer Farce.
    Der kleine Dialog zwischen den beiden Geistesgrößen ließe sich leicht auf ein höheres Niveau heben, wenn man ihn seines Lakonismus entklei-

den würde. Ein Blick auf Kant, zum Beispiel, auf den Einstein sich ja beruft, hätte in der fraglichen Angelegenheit gewiß weitergeholfen. Gleich zu Beginn seiner *Kritik der reinen Vernunft* macht Kant einen klaren Unterschied zwischen der Frage, ob ein Begriff letztlich aus der Erfahrung stammt – ein empirischer Begriff ist – oder aber nur anläßlich von Erfahrung gelernt wird, an sich aber ein apriorischer oder gar transzendentaler Begriff ist. Für den Zahlbegriff etwa würde Kant sagen, daß wir ihn, wie überhaupt alle Begriffe, selbstverständlich anhand unserer Erfahrungen mit gewöhnlichen Gegenständen gelernt haben, nach diesem Prozeß aber einsehen können, daß es sich dabei nicht um einen empirischen Begriff handelt. Auf Einsteins Auffassung von der Rolle der Mathematik in der Naturerkenntnis komme ich ebenso zurück wie auf seine angebliche Metaphysik. Wir werden dann sehen, daß Einstein in dieser Sache einen nicht ganz eindeutigen Standpunkt einnimmt, der nur mit einiger Vorsicht kantianisch genannt werden kann.

Die kleine Belehrung, die Einstein in seinem Aufsatz Russell erteilen möchte, hat ein Gegenstück – ungleich an Umfang und Engagement –, aber ich möchte es doch so nennen, weil hier nicht ein Physiker einen Philosophen, sondern umgekehrt eine Philosophin zwei Physiker zu tadeln weiß. Es geht um das schon erwähnte Buch *Philosophy and the Physicists* von Susan Stebbing aus dem Jahr 1937.[36] Das Buch illustriert die Reaktion einer Fachphilosophin auf die philosophischen Gehversuche zweier Physiker: Eddington und Jeans. Beide haben im Laufe ihres Lebens populärwissenschaftliche Bücher geschrieben, in denen sie einem interessierten Laienkreis das Weltbild der Physik auf dem neuesten Stand mitteilen, dabei unversehens und manchmal auch mit Absicht ins Philosophieren geraten und philosophische oder auch theologische Konsequenzen aus der neuen Physik ziehen wollen. Die Bücher von Eddington und Jeans sind streckenweise Musterbeispiele für philosophischen Dilettantismus – versehen mit der Autorität der Wissenschaft und bar jedes expliziten und engeren Zusammenhangs mit den zeitgenössischen philosophischen Strömungen. Es kann kaum verwundern, daß diese Bücher den Unwillen des einen oder anderen Philosophen erregt haben. Susan Stebbing faßt ihren Unmut folgendermaßen zusammen:[37]

... weder Sir Arthur Eddington noch Sir James Jeans scheint es sehr zu kümmern, ob ihre Methode der Darstellung von Ansichten, die die philosophische Bedeutung physikalischer Theorien betreffen, es dem gewöhnlichen Leser nicht schwierig oder gar unmöglich macht zu verstehen, was genau gesagt worden ist. Beide Autoren nähern sich ihrer Aufgabe durch einen emotionalen Nebel hindurch; sie präsentieren ihre Ansichten mit einer Portion Personifizierung und Metaphorik, die sie auf das Niveau von Erweckungspredigern reduziert. Aber wir gewöhnlichen Leser haben gewiß ein Recht zu erwarten, daß ein Wissenschaftler, der sich anschickt, zu unserem Nutzen philosophische Probleme seines Faches zu diskutieren, dies in einem wissenschaftlichen Geiste tun wird. Er befindet sich in einer besonderen Verpflichtung, billige Gefühlsduselei und bestechende Appelle zu vermeiden und so klar zu schreiben, wie es die schwierige Natur des Gegenstandes gestattet. Dieser Verpflichtung scheint sich Sir James Jeans überhaupt nicht bewußt zu sein, während Sir Arthur Eddington, in seinem Bestreben unterhaltend zu sein, den Leser in einen Zustand ernster geistiger Verwirrung befördert.

Ich kann hier diese Vorwürfe nicht im einzelnen durchgehen; zwei davon werde ich sogleich noch illustrieren. Generell ist zu vermuten, daß alle diese Vorwürfe sehr wohl Erklärungen finden – wenn auch nicht in dem Sinne, daß man schließlich sagen könnte, wer hier in einem absoluten Sinne «recht» hat. Die Lösung des Gegensatzes wäre wohl mehr sozialpsychologischer Natur; sie hätte ganz verschiedenartige Temperamente, Denkweisen und Biographien zu beschreiben und könnte dadurch verständlich machen, welche Diskrepanz hier vorliegt. Ich meine damit nicht, daß wir überhaupt keine Möglichkeit haben, naturphilosophische Probleme objektiv zu erörtern. Ich sage nur, daß dies nicht *ohne weiteres,* z. B. nicht ohne gegenseitige Schulung, zu haben ist. Zufällige Konstellationen werden in der Regel nur Mißverständnisse hervorbringen.

Was jedoch läßt Susan Stebbing so unbefriedigt, wenn sie Jeans and Eddington liest? Den «emotional fog», den Jeans um seine Geschichten verbreitet, illustriert sie etwa mit einer Stelle aus *The Mysterious Universe,*[38] obwohl natürlich bereits der Titel des Buches Illustration genug sein könnte. Jeans sieht den Menschen damit beschäftigt, die Natur und den Zweck des Universums zu entdecken. Sein erster, wenn auch nicht sein letzter Eindruck bei diesem Geschäft sei Schrecken:[39]

Unser erster Eindruck hat einige Verwandtschaft mit Schrecken *(terror).* Wir finden das Universum erschreckend wegen seiner riesigen sinnlosen Entfernungen, erschreckend wegen seiner unbegreiflich langen Zeitstrecken, gegen die die Geschichte der Menschheit nichts ist als ein kurzes Augenzwinkern, erschreckend wegen unserer völligen Verlassenheit und wegen der materiellen Geringfügigkeit unserer Heimat im Raume ... Aber vor allem flößt uns das Universum Schrecken ein, weil es so gleichgültig gegen Leben zu sein scheint, das unserem eigenen ähnelt; Empfindung, Streben und Vollendung, Kunst und Religion scheinen seinem Plan gleichermaßen fremd zu sein. Vielleicht sollten wir sogar sagen, es scheint Leben wie unserem eigenen in aktiver Weise feindlich zu sein.

Kurz darauf heißt es dann noch in beinahe existentialistischer Manier:

In ein solches Universum sind wir nun hineingestolpert, wenn nicht gerade durch ein Mißverständnis, so doch mindestens infolge eines Umstandes, den man wohl mit Fug und Recht als Zufall bezeichnen kann.

Was Stebbing an diesem Text vor allem stört, ist die unterstellte Absicht des Autors, den Leser durch die Art der Beschreibung des Gegenstandes *einzuschüchtern,* der ihm zu einem unbegreiflichen Monstrum von raum-zeitlichen Dimensionen gerät. Stebbing lobt Jeans immer dann, wenn er auf geschickte Art Größenvergleiche anstellt, um astronomische Fakten zu illustrieren. Hier aber – davon ist sie überzeugt – dienen ihm diese Dimensionen zur Einschüchterung, indem er sie ganz willkürlich zu *Werten* erhebt und das auch noch, ohne dem Leser diesen Schritt bewußtzumachen:[40]

In Übereinstimmung mit dem Geist einer Zeit, in der der Mensch Größe und materielle Stärke bewundert, besteht Jeans auf der Bedeutsamkeit astronomischer Entfernungen, auf der Kleinheit der Erde und auf der Kürze der Menschheitsgeschichte ... Der Wert, den Jeans so offensichtlich der Erhabenheit [körperlicher] Größe zuweist, wird benutzt, um den Leser auf einen ärmlichen Geisteszustand zu reduzieren und ihn zu erschrecken.

Jeans spricht von den «vast meaningless distances», die uns erschrekken. Hierzu meint Stebbing:[41]

Daß die ungeheuren Distanzen, mit denen es der Astronom zu tun hat, «sinnlos» genannt werden, geschieht ohne Zweifel, um [das Gefühl unserer eigenen Schwäche und Bedeutungslosigkeit] zu intensivieren. Wenige Leser werden hier innehalten und sich fragen, ob eine kleine Distanz sinnvoll wäre. Es ist unmöglich zu sagen, welche Antwort Jeans gäbe, würde ihm diese Frage vorgelegt werden. Nirgends hat er ein Kriterium vorgeschlagen, um «Bedeutsamkeit» in bezug auf Entfernungen zu bestimmen.

Es ist bemerkenswert, daß unsere Philosophin nicht auf die Idee gekommen ist, daß Jeans mit dem Wort «meaningless» einfach das Fehlen einer Einsicht dahingehend gemeint haben könnte, welche *Funktion* die Größe des Universums für die menschliche Existenz hat – eine Frage, die heute im Rahmen des anthropischen Prinzips beantwortet wird: Es gibt in unserer Welt realisierte *kosmologische* Bedingungen, deren Abwesenheit nur mit einem menschenleeren Universum verträglich wäre.[42] Aber was Stebbing Mitte der dreißiger Jahre blind macht, sind das Wort «meaning» und das Begriffspaar «meaningless» – «meaningful». In allen Lagern der analytischen Philosophie waren das damals Reizworte, mit denen nicht zu scherzen war, und in diese Falle war der ahnungslose Jeans hineingetappt.

Nicht viel anders ergeht es Eddington mit seinen zwei Tischen. In seinem Buch *The Nature of the Physical World*[43] verblüfft Eddington den Leser gleich zu Beginn mit dem Satz:

Ich habe es mir bequem gemacht für die Aufgabe, diese Vorlesungen zu schreiben, und habe meine Stühle an meine beiden Tische herangezogen.

Im Fortgang stellt sich dann heraus, daß Eddington es bei einem Schreibtisch belassen würde, wäre er nicht Physiker geworden und hätte aus der Physik gelernt, daß es noch einen ganz anderen, einen wissenschaftlichen Tisch neben dem gewöhnlichen, seit langem vertrauten gibt. Von dem gewöhnlichen Tisch weiß er:

Er ist ausgedehnt; er ist vergleichsweise beständig; er ist farbig; vor allem ist er *substantiell*.

Von dem wissenschaftlichen Tisch aber hat er gelernt:

Er gehört nicht zu der vorher erwähnten Welt ... Mein wissenschaftlicher Tisch ist nahezu leer. Spärlich verstreut in dieser Leere sind zahlreiche elektrische Ladungen, die mit großer Geschwindigkeit umhersausen; aber ihre gesamte Masse beträgt nicht mehr als ein Milliardstel der Masse des Tisches.

Wenig später lesen wir dann noch:[44]

Ich brauche Ihnen nicht zu sagen, daß mir die moderne Physik durch minutiöse Prüfung und unbarmherzige Logik versichert hat, daß mein zweiter, wissenschaftlicher Tisch der einzige ist, der wirklich da ist – wo immer sich dieses ‹Da› befinden mag. Auf der anderen Seite brauche ich Ihnen nicht zu sagen, daß die moderne Physik es niemals schaffen wird, mir den ersten Tisch auszutreiben, der sichtbar vor meinen Augen steht und den ich mit Händen greifen kann.

Der arme Eddington muß also mit *beiden* Tischen leben, und um dieses Schicksal zu ertragen, sublimiert er das Verhältnis der beiden Welten durch einen terminologischen und einen metaphorischen Ausdruck. Er sagt zum einen, die Wissenschaft strebe nach einer Weltkonstruktion, die ein *Symbol* der Welt unserer gewöhnlichen Erfahrung sei oder – so die andere Formulierung – eine Welt von *Schatten*:[45]

Der Schatten meines Ellbogens ruht auf dem Schatten des Tisches, gerade so wie die Schattentinte über das Schattenpapier fließt. Alles ist symbolisch, und der Physiker beläßt es als ein Symbol ...
   Die unverhohlene Einsicht, daß die physikalische Wissenschaft sich mit einer Welt von Schatten befaßt, ist einer der wichtigsten aller jüngst gemachten Fortschritte.

Nachdem wir nun schon wissen, wie Susan Stebbing auf Jeans reagiert, können Sie sich denken, daß es Eddington nicht viel besser ergeht.[46] Wieso zwei Tische? Ist der Mann schizophren? Wieso ist der wissenschaftliche Tisch der eigentlich existente und doch nur ein Schatten des gewöhnlichen? Über viele Seiten findet Stebbing Ansätze zur Kritik – einer banalen Kritik, wie sie selbst weiß, da sie wörtlich nimmt, was Eddington nur bildlich meint, doch aber davon nicht loskommt. Denn eine *nicht*metaphorische Erklärung der eigentümlichen Redeweise kann sie im ganzen Werk Eddingtons nicht finden. Typischerweise geht sie aber nicht auf die Erklärung ein, die Eddington seinem Leser sofort anbietet: Er stellt die naheliegende Frage, ob man nicht besser von zwei verschiedenen Aspekten oder Interpretationen *ein und desselben Tisches* und allgemeiner ein und derselben Welt reden sollte. Hier ist seine Antwort:[47]

Ja, zweifellos sind sie letztlich auf eine gewisse Art zu identifizieren. Aber der Vorgang, durch den die externe Welt der Physik transformiert wird in eine Welt vertrauter Bekanntschaft im menschlichen Bewußtsein, *liegt außerhalb der*

Physik. Und so bleibt die nach den Methoden der Physik gelernte Welt getrennt von der dem Bewußtsein vertrauten Welt ... Provisorisch betrachten wir daher den Tisch, der das Objekt physikalischer Forschung ist, als vollkommen getrennt von dem vertrauten Tisch, ohne die Frage ihrer endgültigen Identifizierung vorwegzunehmen. Es trifft zu, daß die gesamte wissenschaftliche Untersuchung von der vertrauten Welt ausgeht und wieder zu ihr zurückkehren muß; aber der Teil der Reise, auf dem der Physiker die Aufsicht führt, liegt auf fremdem Terrain.

Trotz dieser Erklärung und trotz inzwischen von philosophischer Seite eingebrachter Argumente für einen Weltbildrelativismus bleibt Eddingtons Insistenz auf zwei Tischen statt zweier Theorien desselben Tisches eine gewisse Mystifizierung der Situation und ist insofern typisch für seine und im übrigen auch Jeans' Grundhaltung. Beide haben ihre philosophischen Arbeiten in den späten zwanziger und den dreißiger Jahren unter dem unmittelbaren Eindruck der neuen Quantentheorie geschrieben. Und beide waren durchdrungen von der, wie es ihnen schien, unvermeidlichen Konsequenz aus der neuen Physik, daß die Welt an sich gänzlich anders beschaffen ist, als sie uns auf Grund unserer täglichen Erfahrungen und auch noch der klassischen Physik erscheint. Da war ein Schuß Irrationalismus hier und da naheliegend für das geistige Temperament, das diese beiden Wissenschaftler überdies gehabt haben müssen. Vom nüchternen Standpunkt der analytischen Philosophie, den Susan Stebbing einnahm, mußte diese Reaktion als ausgesprochen exaltiert erscheinen, und sie ist in der Tat auch nicht repräsentativ für das durchschnittliche Empfinden der Physiker. Sie ist aber *auch* nicht gänzlich untypisch dafür – zumindest für den Bereich der Physiker, die sich überhaupt philosophisch geäußert und exponiert haben. Dichtung, Gleichnis, Symbol liegen hier häufig näher als die schlichte, trockene Analyse der Physik selbst. Es handelt sich auch nicht um eine englische Marotte, und um beides sicherzustellen, sollen noch ein paar Beispiele von Äußerungen folgen, die leicht das Opfer philosophischer Kritik hätten werden können.

Ein erstes Beispiel liegt noch sehr nahe bei dem Fall Jeans, nur daß wir hier auf einen Physiker stoßen, der durch den Kontext, den er mitliefert, vielleicht sogar Stebbings Billigung gefunden hätte: Der Astronom Hans Kienle von der Universitätssternwarte Göttingen schließt im Jahr 1932 einen Vortrag über das Wesen astronomischer Forschung mit der Erwähnung ganz andersartiger Interpretationen des Weltalls, als die Physik sie liefert. Und er scheut sich dabei nicht, auch die Astrologie als einen möglichen Weltbildlieferanten aufzuführen. Dann aber kehrt er noch einmal zu seiner Astronomie zurück und gibt sein Verhältnis zu der Größe des Universums (im Sinne von Jeans) zu erkennen:[48]

Unsere Welt ist die, in der Atome Sonnen bauen, Sonnen Milchstraßen, Milchstraßen und Übermilchstraßen einen Kosmos. Aber wir sind bescheiden genug zu bekennen, daß diese Welt, in der der Mensch mit seiner Erde und seiner Sonne ein Nichts ist, verloren an irgendeiner Stelle des unermeßlichen Alls, nur eine Seite ist. Wir beugen uns vor dem Geheimnis, das die andere Seite uns verhüllt. Wir widersprechen nicht, wenn man uns zuruft:
> Schwatzet mir nicht so viel von Nebelflecken und Sonnen!
> Ist die Natur nur groß, weil sie zu zählen euch gibt?
> Euer Gegenstand ist der erhabenste freilich im Raum;
> Aber, Freunde, im Raum wohnt das Erhabene nicht.

Einschüchterung ist hier offenbar nicht zu befürchten: Kienle weiß, daß das eigentlich Erhabene woanders zu Hause ist als im Raum. Aber man darf wohl fragen, was für ihn «die andere Seite» ist und ob es, ohne sich den Vorwurf der Geheimnistuerei zuzuziehen, gestattet ist, von derart verhüllten Aspekten bloße Andeutungen zu machen, ohne schon die Katze aus dem Sack zu lassen.

Unser nächstes Beispiel betrifft den (im akademischen Sinne) vielleicht philosophisch gebildetsten unter den Physikern der ersten Hälfte des vorigen Jahrhunderts. Wie wir in Kapitel V und VI genauer sehen werden, sind seit dem Ausgang des 19. Jahrhunderts die traditionell verstandene Kausalität und das Kausalprinzip in verschiedener Hinsicht in Mißkredit geraten und aus der Physik verdrängt worden. Das hat aber einige wenige Physiker nicht davon abgehalten, an dieser Begrifflichkeit in verschärfter Form festzuhalten, darunter so bedeutende, an der rein physikalischen Entwicklung maßgeblich beteiligte Gelehrte wie Planck, Einstein, Schrödinger, de Broglie und andere. Von diesen sind die beiden zuletzt genannten vorübergehend und aus verschiedenen Gründen schwankend gewesen. Schrödinger war von den Überlegungen Exners beeinflußt, wonach diejenigen Vorgänge, die wir gewohnt sind, kausal zu interpretieren, in ihrer Gesamtheit von makroskopischer Größenordnung seien und auf der Grundlage des neuen Atomismus am besten durch statistische Gesetzmäßigkeiten erklärt werden könnten; dabei ist es gleichgültig, ob auf atomarer Ebene Determinismus herrscht oder Zufall. Es bestand dann die *Möglichkeit,* der Zufallshypothese zu folgen, also die andere Kombination (makroskopische Statistik plus mikroskopischer Determinismus) abzulehnen, zu der Schrödinger vorübergehend neigte. Als er in der ersten Hälfte der zwanziger Jahre nach Zürich berufen wurde, hat er in seiner Antrittsvorlesung «Was ist ein Naturgesetz?» dieser Kombination die Formulierung gegeben:[49]

Wir sollten uns klarmachen, daß eine derartige *Zwiefachheit der Naturgesetze* recht unwahrscheinlich ist … In der Welt der Erscheinung klare Verständlichkeit – hinter ihr *ein dunkles, ewig unverstandenes Machtgebot, ein rätselvolles «Müssen»* [Hervorhebung durch d. Verf.] … Eine derartige doppelte Begründung der Gesetzmäßigkeit in der Natur ist an sich unwahrscheinlich. *Die Beweislast obliegt den Verfechtern, nicht den Zweiflern an der absoluten Kausalität.* Denn daran zu zweifeln ist heute bei weitem das *Natürlichere.*

Mit der Beschreibung der physikalischen Kausalität als «ein dunkles, ewig unverstandenes Machtgebot, ein rätselvolles ‹Müssen›», versucht Schrödinger dasjenige an ihr zu treffen, was dem natürlichen Empfinden derselben durch weite Kreise entgegenkommt. Es ist keine Frage, daß Schrödinger hier als Physiker aus der Rolle fällt, indem er sich einem allgemeinen kausalfeindlichen Zeitgefühl anschließt. Er muß sich dann aber auch gefallen lassen, daß seine Worte sofort von denen aufgegriffen werden, die als Historiker nach externen Einflüssen auf die Entwicklung der Physik suchen. So etwa Paul Forman, der in einer großangelegten Untersuchung[50] des Antikausalismus der Weimarer Zeit Schrödingers Worte neben Worte von Spengler stellte, um sie auf diese Weise zu interpretieren und zu bestätigen:

Aus [dem Kausalitätsprinzip] redet schon die Weltangst. In ihm bannt sie das Dämonische in eine Notwendigkeit von dauernder Geltung, die starr und *entseelend* über das physikalische Weltbild gebreitet ist.

Man fragt sich, ob es Schrödinger wirklich angenehm war, seine Worte zum Naturgesetz neben denen Spenglers wiederzufinden.

Unser letztes Beispiel ist ein Fall, bei dem ein Stück Dichtung herhalten muß, um die Ratlosigkeit des Physikers angesichts einer neuen, noch kaum erprobten physikalischen Theorie auszudrücken. Wilhelm Wien begann einen im Mai 1918 in Dorpat gehaltenen Vortrag über Physik und Erkenntnistheorie mit einem kurzen Abriß der allgemeinen Relativitätstheorie, die damals ganze zwei Jahre alt und nur durch die Erklärung der Periheldrehung des Merkur empirisch erprobt war. Natürlich hat der Experimentalphysiker Wien seine Schwierigkeiten mit der Theorie und drückt diese zunächst so aus:[51]

Wenn so die allgemeine Relativitätstheorie erkenntnistheoretisch in hohem Grade bedeutsam ist, so wird man doch nicht leugnen können, daß sie die Physik auf Wege führt, die weitab von der Richtung liegen, welche den großen Physikern des neunzehnten Jahrhunderts vorgeschwebt hatte. Auch jetzt wird kaum ein Physiker ohne inneres Widerstreben diese Wege beschreiten ... Nur ungern wird er sich in dieses Labyrinth abgezogener Begriffe verlieren, ohne sich des Ariadnefadens tatsächlicher Erfahrungen zu versichern ...

Diese gewiß sachgemäße und verständliche Schilderung der eigenen Situation und der anderer Physiker gegenüber der neuen Theorie scheint Wien aber noch nicht zu genügen. Er zieht ein Dichterwort heran, um das «unbehagliche Gefühl» wiederzugeben, das einen angesichts der allgemeinen Relativitätstheorie «beschleicht» – ein paar Zeilen, die selbst im dichterisch tiefsinnigen zweiten Teil von Goethes *Faust* einen Gipfelpunkt mystischer Phantasie darstellen: In der ‹Finstere Galerie› überschriebenen Szene des ersten Akts berichtet Mephisto Faust von den *Müttern:*

> Göttinnen thronen hehr in Einsamkeit,
> Um sie kein Ort, noch weniger eine Zeit;
> Von ihnen sprechen ist Verlegenheit.

Will man zu den Müttern gelangen, so muß man eine Gegend durchschreiten, die Mephisto Faust noch mit folgenden Worten nahebringt:

> Nichts wirst du sehn in ewig leerer Ferne,
> Den Schritt nicht hören, den du tust,
> Nichts Festes finden, wo du ruhst.

Indem Wien diese Zeilen am Ende seiner Befassung mit der allgemeinen Relativitätstheorie zitiert, tut er etwas höchst Unangemessenes. Was hier am Schluß stehen sollte und was selbst der Laie nun erwartet, ist die *Beurteilung* einer wissenschaftlichen Theorie durch einen kompetenten Wissenschafter. Für eine solche Beurteilung existieren Kriterien, deren wichtigstes die empirische Adäquatheit der Theorie ist. Die Worte Mephistos an Faust sind aber gewiß kein solches Kriterium, nicht einmal ein negatives, die Theorie ablehnendes. Man wird durch sie allenfalls in eine gewisse Stimmung furchterregender Ratlosigkeit versetzt, ähnlich derjenigen, die damals die Theorie Einsteins in den Köpfen einiger seiner Kollegen hervorgerufen haben mag. Eine solche Assoziation wird inhaltlich auch dadurch befördert, daß für die Welt der ‹Mütter› die gewöhnliche Raum-Zeit-Struktur ausgesetzt ist – ähnlich wie in der allgemeinen Relativitätstheorie ungewöhnliche Aussagen über Raum und Zeit gemacht werden.[52] Aber aus all dem erwächst uns weder heute noch damals die Berechtigung, über Leben und Tod der Theorie zu entscheiden. Es ist unvorstellbar, daß eines Tages in einer ‹Geschichte der neueren Physik› zu lesen steht, daß Einsteins Theorievorschlag sich nicht durchsetzen konnte, da er auf unerklärliche Weise die meisten Physiker an Goethes ‹Mütter› und ihre Einführung durch Mephisto erinnert hat. Wir haben allen Grund vorsichtig zu sein mit der Heranziehung solcher Zitate.[53]

C) Wissenschaftstheorie

Den Schluß dieses Kapitels soll die Frage bilden, wie die Physiker des 20. Jahrhunderts die zeitgenössische *Wissenschaftstheorie* im engeren Sinne, d.h. der für dieses Gebiet ausgewiesenen Fachleute, gesehen haben. Darüber scheinen nicht allzu viele Äußerungen dokumentiert zu sein, und schon das ist ein Zeichen dafür, daß kein besonderes Interesse vorhanden ist und war. Ich selbst habe gelegentliche Urteile von Physikern gehört, daß der und der Wissenschaftsphilosoph die Physik nicht verstanden habe. Im folgenden will ich zwei oder drei Zeugnisse beibringen, die in diese Richtung gehen und vielleicht sogar die allgemeine Stimmung wiedergeben, soweit man von einer solchen reden kann.

Das eine Zeugnis ist ein Gespräch der drei Häupter der Kopenhagener Schule, das allerdings lange nach den dramatischen Ereignissen der zwanziger Jahre stattgefunden hat. Dieses Gespräch zwischen Bohr, Heisenberg und Pauli hat Heisenberg in seinen Erinnerungen *Der Teil und das Ganze* wiedergegeben, und die Wiedergabe ist daher nicht wörtlich zu verstehen.[54] Die drei waren 1952 zu einer Konferenz in Kopenhagen gekommen, bei der es wohl um die Anfänge von CERN ging. Aber sie haben bei dieser Gelegenheit eben auch philosophiert, und Heisenberg läßt Bohr das Gespräch mit einer Erinnerung an eine große Philosophentagung in Kopenhagen beginnen, zu der man auch Bohr für einen Vortrag eingeladen hatte. Ich nehme an, daß es sich um den 2. Internationalen Kongreß für Einheit der Wissenschaft gehandelt hat, der allerdings schon 1936 stattfand und im Jahr 1952 bereits eine Weile zurücklag. Seit dem Manifest des Wiener Kreises von 1929 und der Gründung einiger Gesellschaften, die der wissenschaftlichen Philosophie verpflichtet waren, wurden eine ganze Reihe von Kongressen zum Oberthema ‹Einheit der Wissenschaft› veranstaltet und deren Ergebnisse in der neuen Zeitschrift *Erkenntnis* publiziert – der Kongreß von 1936 gehörte auch dazu. Er war dem Kausalproblem gewidmet, und Bohr hielt einen Vortrag über Kausalität und Komplementarität.[55] In Heisenbergs Worten berichtet er über dieses Erlebnis wie folgt:[56]

Vor einiger Zeit war hier in Kopenhagen eine Philosophentagung, zu der vor allem Anhänger der positivistischen Richtung gekommen waren. Vertreter der Wiener Schule spielten dabei eine wichtige Rolle. Ich habe versucht, vor diesen Philosophen über die Interpretation der Quantentheorie zu sprechen. Es gab nach meinem Vortrag keine Opposition und keine schwierigen Fragen; aber ich muß gestehen, daß eben dies für mich das Schrecklichste war. Denn wenn man nicht zunächst über die Quantentheorie entsetzt ist, kann man sie doch unmöglich verstanden haben.

Von den Merkwürdigkeiten der Quantentheorie, auf die Bohr hier anspielt, wird in Kapitel VIII und IX ausführlicher die Rede sein. Im Augenblick kommt es mir mehr darauf an, den allgemeinen Gedankengang des Gesprächs zu verfolgen, in dem die drei nun ihren Gegensatz zum Positivismus bzw. zu dem, was sie dafür halten, feststellen. So läßt Heisenberg Pauli antworten:[57]

Die Positivisten haben gelernt, daß die Quantenmechanik die atomaren Phänomene richtig beschreibt; also haben sie keinen Grund, sich gegen sie zu wehren. Was wir dann noch so dazu sagen, wie Komplementarität, Interferenz der Wahrscheinlichkeiten, Unbestimmtheitsrelationen, Schnitt zwischen Subjekt und Objekt usw., gilt den Positivisten als unklares lyrisches Beiwerk, als Rückfall in ein vorwissenschaftliches Denken, als Geschwätz; es braucht jedenfalls nicht ernst genommen zu werden und ist im günstigsten Falle unschädlich. Vielleicht ist eine solche Auffassung in sich logisch ganz geschlossen. Nur weiß ich dann nicht mehr, was es heißt, die Natur zu verstehen.

Das Gespräch geht daraufhin der Frage nach, was es heißt, «die Natur zu verstehen». Dabei wird deutlich, daß die drei Physiker sehr offen dafür sind, in dieses Verstehen alle möglichen Elemente aufzunehmen, die der Positivismus gerade daraus zu eliminieren versucht. Heisenberg läßt Bohr sagen:[58]

Mir geht es eigentlich so, daß ich mich mit den Positivisten sehr leicht über das einigen kann, was sie wollen, aber nicht so leicht über das, was sie nicht wollen.

Was die Positivisten nicht wollen, ergibt sich für Bohr, wie er ausführt, aus der Entwicklung der neuzeitlichen Naturwissenschaft. Sie führte von einem reichen und umfassenden Weltbild, wie man es im ausgehenden Mittelalter kannte, das allerdings auch nahezu reine Phantasie war, zu einer sich auf sehr engen Bahnen bewegenden, dafür aber durch Erfahrung und Mathematik gesicherten Wissenschaft. Den Gewinn dieser Entwicklung sehen die Positivisten – laut Bohr – vor allem in der gesteigerten begrifflichen Präzision (neben der empirischen Sicherheit), und diese wollen sie auf keinen Fall wieder aufgeben. Dazu opfern sie lieber die Befassung mit weitergehenden, insbesondere metaphysischen Fragen. Hierzu Bohr:[59]

Mit der Forderung, äußerste Klarheit in allen Begriffen anzustreben, kann ich mich natürlich einverstanden erklären; aber das Verbot, über die allgemeineren Fragen nachzudenken, weil es dort keine in diesem Sinne klaren Begriffe gebe, will mir nicht einleuchten; denn bei einem solchen Verbot könnte man auch die Quantentheorie nicht verstehen.

Pauli sieht die Schwierigkeit darin, daß in der Quantentheorie die Interpolation zwischen Experiment (oder Messung) und Mathematik nur dadurch gelingt, «daß an der Nahtstelle zwischen beiden echte Philosophie getrieben [wird]» und dafür die gewöhnliche Sprache nicht zu vermeiden ist. Er sieht «die Schwierigkeiten im Verständnis der Quantentheorie eben an dieser Stelle auftauchen, die von den Positivisten meist mit Stillschweigen übergangen wird ... , weil man hier nicht mit so präzisen Begriffen operieren kann».[60]

An dieser Stelle bringt Heisenberg nun Philipp Frank ins Gespräch. Von ihm habe er ein Buch über das Kausalgesetz gelesen,[61] «in dem einzelne Fragestellungen oder Formulierungen immer wieder abgetan werden mit dem Vorwurf, es handle sich um Relikte aus der Metaphysik, aus einer vorwissenschaftlichen oder animistischen Epoche des Denkens». Bohr erinnert sich daran, daß Frank ebenfalls auf dem Philosophenkongreß in Kopenhagen aufgetreten war und er zu seinem Vortrag habe Stellung nehmen müssen. Ich muß hier nun einflechten, worum es ging.

Frank war an sich ein mathematischer Physiker, der sich aber von ganzem Herzen der positivistischen, vom Wiener Kreis ausgegangenen Bewegung der dreißiger Jahre angeschlossen hatte und vor allem als Wissenschaftstheoretiker der Physik bekannt wurde. Auf dem Kongreß von 1936 hielt er, übrigens im direkten Anschluß an Bohr, einen Vortrag über «Philosophische Deutungen und Mißdeutungen der Quantentheorie»,[62] in dem er sich vor allem bemühte, den von Bohr zunächst im Zusammenhang mit der Quantentheorie eingeführten, dann aber auch darüber hinaus verwendeten Begriff der Komplementarität «so auszusprechen, daß er zu keinen metaphysischen Mißdeutungen Anlaß gibt, aber doch auf Gebiete außerhalb der Physik übertragen werden kann».[63] Mit dieser Säuberungsaktion verbindet Frank eine allgemeine Kritik an Mißdeutungen physikalischer Theorien, wobei er die Täter häufig auch unter den Physikern selbst zu sehen meint. «Der Physiker ist glücklich, wenn er in seiner Wissenschaft Sätze findet, die in ihrer Formulierung Ähnlichkeit mit Sätzen der idealistischen Philosophie haben. Er ist stolz darauf, durch sein Spezialfach etwas zur Erläuterung jener für die Weltanschauung wichtigen allgemeinen Lehren beitragen zu können.» Nach Frank macht dabei aber der philosophisch ungelernte Physiker Fehler, indem etwa «die kleinste Ähnlichkeit im Wortlaut [genügt], um den Physiker zu bewegen, einen Satz seiner Wissenschaft als Unterstützung für die idealistische Philosophie anzubieten».[64] Dies sei – so Frank – auch der Bohrschen Komplementarität widerfahren – wenn auch nicht durch Bohr selbst –, indem man sie zur Stützung des biologischen Vitalismus und der Theorie der Willensfreiheit herangezogen habe.

Es gibt leider kein Protokoll von der Reaktion Bohrs auf den Vortrag von Frank. Aber Heisenberg läßt Bohr nun aus der Erinnerung berichten, daß er folgende Paraphrase des Frankschen Unternehmens versucht habe:[65]

Ich wollte fragen: ‹Was ist ein Fachmann?› Viele würden vielleicht antworten, ein Fachmann sei ein Mensch, der sehr viel über das betreffende Fach weiß. Diese Definition könne ich aber nicht zugeben, denn man könne eigentlich nie wirklich viel über ein Gebiet wissen. Ich möchte lieber so formulieren: Ein Fachmann ist ein Mann, der einige der gröbsten Fehler kennt, die man in dem betreffenden Fach machen kann, und der sie deshalb zu vermeiden versteht. In diesem Sinne würde ich also Philipp Frank einen Fachmann der Metaphysik nennen, da er sicher einige der gröbsten Fehler in der Metaphysik zu vermeiden weiß.

Bohr beeilt sich hinzuzufügen, er habe das damals ganz ehrlich gemeint. Aber schon in der Wiedergabe Heisenbergs klingt es wie Hohn. Kurz zuvor hat er Bohr seinen Lieblingsspruch von Schiller (aus *Sprüche des Konfuzius*) zitieren lassen:

> Nur die Fülle führt zur Klarheit,
> und im Abgrund wohnt die Wahrheit.

Damit wird allerdings eine Einstellung zum Ausdruck gebracht, die zum positivistischen Argwohn gegenüber jeder Form der metaphysischen Verunreinigung der Physik wie die Faust aufs Auge paßt. Frank hat in seinem Schlußwort zu jenem Kongreß in Kopenhagen gesagt, «[es sei] manchmal behauptet worden, daß ein gewisser Gegensatz zwischen der Auffassung des logischen Empirismus und der Bohrschen Auffassung der Quantenmechanik [bestehe]. [Er glaube], daß auf dieser Tagung ganz klargestellt wurde, daß das nicht der Fall sei.»[66] Frank scheint demnach nicht bemerkt zu haben, daß genau dies der Punkt war, der Bohr am meisten beunruhigt hatte.

Wollte man Bohrs Erlebnis mit den Philosophen auf dem Kongreß von 1936 in einem Wort zusammenfassen, so müßte es wohl Enttäuschung lauten. Bohr war enttäuscht von einer Art Philosophie, die gerade als Wissenschaftsphilosophie sich nicht von einem spekulativen Potential anregen lassen will, das große Schritte in der Entwicklung der Physik mit sich bringt, sondern, ganz unabhängig von den jeweils gewonnenen Einsichten, eine Minimierung des philosophischen Gehalts der Naturwissenschaften anstrebt. Als einen kleinen Epilog will ich noch das Zeugnis zweier Zeitgenossen vorlegen, aus dem uns dieselbe Enttäuschung entgegenschlägt. Es handelt sich um das Kapitel «Wider die Philosophie» aus dem Buch *Der Traum von der Einheit des Universums* von Steven Weinberg,[67] Nobelpreisträger für Physik des Jahres 1979, sowie einen Kommentar des Physico-Chemikers Müller-Herold[68] zu einem Vortrag, der im Rahmen einer ganzen Reihe mit dem Titel «Wozu Wissenschaftsphilosophie?» 1987 an der ETH Zürich gehalten wurde.[69] Die Frage beider Autoren ist in einer Formulierung Müller-Herolds enthalten:[70]

Was sucht der philosophisch interessierte Naturwissenschaftler im Dialog mit dem Berufsphilosophentum? und: Was findet er davon in der heutigen Wissenschaftsphilosophie?

Müller-Herolds Antwort ist:

Was er sucht, das sucht er vergeblich, und was er findet, interessiert ihn nur wenig.

Ähnlich heißt es bei Weinberg:[71]

... der Wissenschaftsphilosophie ... möchte ich [nicht] jeglichen Wert absprechen. Nur sollte man von ihr nicht erwarten, daß sie den Wissenschaftlern von heute im Hinblick auf ihre praktische Tätigkeit und deren mutmaßliche Ergebnisse auch nur die geringste Hilfe und Anleitung bietet.

Auch der geringe Wert, welcher der Wissenschaftsphilosophie immerhin zugebilligt wird, ist dann aber nicht mehr als der einer «gefälligen Randglosse zur Geschichte und zu den Entdeckungen der Wissenschaft». Wieder muß man also Enttäuschung konstatieren. Bei Müller-Herold erstreckt sich diese auch auf das Fehlen einer philosophiefachlichen Reaktion auf die philosophischen Bemühungen von Naturwissenschaftlern, wie ich sie hier thematisiere. Er führt Paulis und Bohrs einschlägige Bemühungen in der Überzeugung an, daß tatsächlich philosophische Impulse von den Naturwissenschaften ausgehen:

Wenn philosophische Aufsätze führender Fachvertreter ausbleiben, so heißt das in der Regel nur, daß fachlich nichts Aufregendes geschieht.

Weinberg untersucht sogar ausführlicher den Wert oder Unwert philosophischer Doktrinen, welche die naturwissenschaftliche Forschung vorübergehend beherrscht haben, und er kommt zu dem Ergebnis:[72]

Wenn philosophische Doktrinen in der Vergangenheit für Wissenschaftler nützlich gewesen sein mögen, so haben sie sich doch häufig überlebt und auf die Dauer mehr Schaden verursacht, als sie jemals an Nutzen gebracht haben.

Insbesondere eine genauere Untersuchung der wissenschaftsfremden Ideen im Positivismus bringt Weinberg schließlich zu der Empfehlung:[73]

Metaphysik und Erkenntnistheorie sollten zumindest der Absicht nach eine konstruktive Rolle in der Wissenschaft spielen.

Anläßlich seiner Kritik am soziologischen Relativismus (oder wie er auch bisweilen genannt wird: Konstruktivismus) formuliert Weinberg selbst ein metaphysisches Bekenntnis:[74]

Es ist schlicht und einfach falsch, aus der Beobachtung, daß die Wissenschaft ein sozialer Prozeß ist, den Schluß zu ziehen, daß das Endprodukt, unsere wissenschaftlichen Theorien, durch die an diesem Prozeß beteiligten sozialen und historischen Kräfte festgelegt werde ... Nach meiner festen Überzeugung entdecken wir in der Physik etwas Reales, etwas, das so ist, wie es ist, unabhängig von den sozialen und historischen Bedingungen, die uns erlauben, es zu entdecken.

Müller-Herold, unser anderer Zeuge, ergänzt seine Einstellung durch die Empfehlung an die Naturwissenschaftler, die «großen Universalphilosophen» zu lesen, also etwa Hegel, Nietzsche, Heidegger, weil diese Autoren dem Leser «eine faszinierende und inspirierende *Andersartigkeit*» zu bieten haben. Der Naturwissenschaftler suche eben gerade nicht «eine Philosophie, die in Fragestellung und Methode die Naturwissenschaften nachahmt ..., sondern eine Philosophie, die *den Naturwissenschaften gegenüber ihren Stolz* hat».[75] Es ist schwer einzuschätzen, inwieweit diese Art des philosophischen Bedürfnisses bei Naturwissenschaftlern getrennt von ihrem wissenschaftlichen Interesse wirklich auftritt. Natürlich hängt die Antwort davon ab, wie hoch der Betreffende die Bedeutung der Physik im Rahmen der kulturellen oder zumindest wissenschaftlichen Gesamtleistung einer Zeit einschätzt. Ein von der Physik unabhängiges philosophisches Interesse ist immer auch das Eingeständnis, daß die Physik zu den Grundfragen menschlicher Existenz nur einen bescheidenen Beitrag leisten kann.

II. Positivismus und reale Außenwelt
(Planck versus Mach)

Daß ich erkenne, was die Welt
Im Innersten zusammenhält
Goethe, *Faust I*

a) Philosophische Beweise des Realismus

Mit dem ersten Kapitel habe ich nur Schlaglichter setzen wollen. Anhand einiger Beispiele sollte illustriert werden, daß es tatsächlich so etwas wie ein gesteigertes philosophisches Engagement von Physikern aus der ersten Hälfte des 20. Jahrhunderts gegeben hat – ein Engagement, das sich sowohl auf die philosophische Tradition als auch auf die Gegenwart sowie speziell auf die Grundlagen des eigenen Faches bezogen hat. In diesem Kapitel soll es nun um etwas gehen, das man das *erkenntnistheoretische Grundproblem* nennen kann: die Frage nach einer hinsichtlich ihrer Existenz vom menschlichen Bewußtsein unabhängigen, realen Außenwelt. Dies ist ein für die philosophische Basis der Physik entscheidendes Problem. Für den Realisten bildet diese Basis die Gesamtheit aller materiellen Gegenstände, für den Idealisten besteht sie aus Sinnesdaten, Empfindungen und dergleichen. Niemand wird bestreiten, daß es die Empfindungen unserer äußeren Sinne sind, des Gehörs, des Gesichts, des Tastens etc., die uns über das informieren, wovon die Physik schließlich handelt. Die entscheidende Frage aber ist, *wovon* wir durch die äußeren Sinne eigentlich Kenntnis erlangen. Bleiben Empfindungen ihrem *Stoff* nach nun einmal Empfindungen? Oder sind diese nur die Zeugen für ein von ihnen mehr oder weniger verschiedenes wirkliches Geschehen? Glauben wir ersteres, so sind wir Positivisten (oder, in diesem Fall: Idealisten), glauben wir letzteres, so sind wir Realisten – erkenntnistheoretische Realisten. Das erkenntnistheoretische Grundproblem kann man natürlich aufwerfen und auch so oder so beantworten, ohne schon Physik betrieben zu haben oder die Ergebnisse der Physik bzw. anderer Naturwissenschaften für eine Antwort heranzuziehen. Im Sinne unserer Aufgabe interessieren muß uns jedoch die Frage, welchen spezifischen Beitrag die *Physik* zur Beantwortung des Problems leisten kann und inwieweit die *Physiker* sich eine Meinung darüber gebildet haben, worin dieser Beitrag besteht.

Nun kann sich das Bedürfnis des Menschen, zu wissen, in was für einer Welt er lebt und was in dieser Welt wichtig ist und was nicht, auf verschiedene Weise artikulieren. Der Modus, mit dem wir es im folgenden zu tun haben, läßt sich vorab vielleicht am besten durch die Vermutung kennzeichnen, daß der Teilbereich alles Existierenden, zu dem wir ohne unsere sinnliche Wahrnehmung keinen Zugang haben würden, gleichwohl ein Bereich ist, über den wir mehr wissen können, als uns durch die sinnliche Wahrnehmung zugänglich ist. Das Problem ist dann, wovon wir in diesem Falle ein Wissen haben und worin dieses Wissen dementsprechend besteht. Schon Platon hat im Dialog *Theaitet* (151d bis 186e) die Gleichsetzung von Wissen und Wahrnehmung bestritten und den Satz des Protagoras angegriffen, der einzelne Mensch mit seiner Sinneswahrnehmung sei das Maß aller Dinge. In der Neuzeit hat als erster Descartes das Problem neu formuliert. Ausgehend von den Sinnestäuschungen, macht er uns klar, daß wir uns schließlich über nahezu alles täuschen können und daß intuitive Gewißheit allenfalls zu haben ist, wenn wir uns auf unsere jeweils eigenen Vorstellungen beschränken. Die epistemische Unmittelbarkeit zu den Dingen, wie sie den naiven Realismus kennzeichnet, ist zerstört und der monströse Standpunkt des Solipsismus, eine Erfindung Descartes', in die Welt gesetzt.

Von nun an versuchen alle Philosophen – und Descartes macht auch dieses vor –, Beweise der unabhängigen Existenz der Körperwelt zu geben. Aber nach anderthalb Jahrhunderten muß Kant immer noch feststellen, daß es «ein Skandal der Philosophie und allgemeinen Menschenvernunft [bleibe], das Dasein der Dinge außer uns ... bloß auf Glauben annehmen zu müssen ...» (*Kritik der reinen Vernunft*, B XXXIX). Dementsprechend hat Kant die Reihe der Beweise um einen weiteren vermehrt (ibid. B 274f.), der sich durch ein besonders großes philosophisches Raffinement auszeichnet. Aber auch das hat nichts genutzt. Wie verzweifelt die Situation geworden ist, belegt nach weiteren anderthalb Jahrhunderten ein Vortrag G.E. Moores, des Vaters der analytischen Philosophie, betitelt «Proof of an External World». An seinem Ende, nach mühsamen Entwicklungen, die mit großer Ausführlichkeit auch Kant einschließen, und in einer Haltung, die einen an Luthers Bekenntnis auf dem Reichstage zu Worms denken läßt, besteht der fragliche Beweis überraschenderweise darin, daß zwei menschliche Hände existieren, und auf die ausdrückliche Frage, wie dieser Beweis aussehe, läßt Moore seine Hörer noch wissen, er erbringe ihn dadurch, «daß ich meine beiden Hände hochhalte und sage, indem ich eine gewisse Bewegung mit der rechten Hand mache, ‹Hier ist eine Hand!› und dann hinzufüge, indem ich eine gewisse Bewegung auch mit der linken mache, ‹Und hier ist noch eine!›»[1]

Ich erwähne diesen Beweis für eine reale Außenwelt nicht, um das Ansehen des Mannes, den man in seiner Art nur schätzen kann, zu schädigen. Es geht hier nicht um die philosophische Erheblichkeit dieser Beweise, die in den einzelnen Fällen, und sicher bei Kant und Moore, verschieden ausfällt. Es geht darum, daß alle diese Beweise, wenn wir einmal von ihrer philosophischen Konstruktionsweise absehen und statt dessen die Erfahrung ins Spiel bringen, die wir auf der Grundlage der Sinneswahrnehmung machen, auf dem Niveau der ganz *alltäglichen,* von jedermann zu machenden Erfahrung stehenbleiben. Erst in jüngster Zeit hat man sich seitens der Philosophie mit der Angelegenheit unter ausdrücklicher Einbeziehung der Tatsache befaßt, daß wir seit über dreihundert Jahren eine ständig fortschreitende *wissenschaftliche* Erfahrung besitzen. Auf der Grundlage dieser historischen Tatsache ist der Standpunkt des so genannten *wissenschaftlichen Realismus* entwickelt worden. Wer auf diesem Standpunkt steht, glaubt, daß wir unsere Naturwissenschaften, insbesondere die Physik, nicht hätten, wenn wir keine Realisten wären. Und er glaubt ferner, daß wir das Zustandekommen eines realistischen Weltbildes mit unseren Sinneswahrnehmungen als empirischer Grundlage selbst wieder durch bestimmte naturwissenschaftliche, insbesondere sinnesphysiologische und neurobiologische Einsichten verstehen können.

Den zweiten Punkt, der die Physik nur mittelbar betrifft, können wir hier nicht näher erörtern. Schon Helmholtz hat sich ihn zu eigen gemacht: Er argumentiert für den Realismus aufgrund sinnesphysiologischer Untersuchungen. «Unsere Empfindungen», sagt er, «sind eben Wirkungen, welche durch äußere Ursachen in unseren Organen hervorgebracht werden.»[2] Zwar sind sie keine ‹Abbilder› der Wirklichkeit, weil wir keine Aussagen über ihre Ähnlichkeit mit der Wirklichkeit machen können. Aber sie sind «Zeichen», weil wir prüfen können, «daß das gleiche Objekt unter gleichen Umständen zur Einwirkung kommend das gleiche Zeichen hervorruft». Diese Beziehung reicht aus, um uns «Gesetzmäßigkeiten in den Vorgängen der wirklichen Welt» wahrnehmen zu lassen, und daher sind unsere Sinnesempfindungen zwar «nur Zeichen, deren besondere Art ganz von unserer Organisation abhängt, [aber sie] sind doch nicht als leerer Schein zu verwerfen, sondern sie sind ... Zeichen von *Etwas*». Helmholtz' Realismus geht so weit, daß wir seines Erachtens «das Gesetzliche in unseren Empfindungen sogar in idealistischer Anschauungsweise kaum anders auszusprechen wissen, als indem wir sagen: ‹Die mit dem Charakter der Wahrnehmung auftretenden Bewußtseinsakte verlaufen so, als ob die von der realistischen Hypothese angenommene Welt der stofflichen Dinge wirklich bestände!›»[3]

Das Helmholtzsche Argument für den Realismus ist kein Argument ab ovo. Vielmehr wird unter Voraussetzung realistischer Annahmen gezeigt, daß aufgrund solcher Annahmen und mit Hilfe spezieller Wissenschaften (wie der Wahrnehmungsphysiologie) dieser Ansatz konsistent ausgebaut und insbesondere der Erkenntnisvorgang selbst als ein natürlicher Vorgang verstanden werden kann. Auf diesem Wege einer naturalistischen Erkenntnistheorie wäre dann auch das in Kapitel I behandelte Stebbing/Eddingtonsche Problem zu lösen. Man kann die Existenz der Naturwissenschaften aber noch auf gänzlich andere Weise in einem Argument zugunsten des wissenschaftlichen Realismus einsetzen. Soeben wurde gesagt, der wissenschaftliche Realist glaube, daß es ohne die Annahme einer realen Außenwelt keine Naturwissenschaft gäbe. Warum glaubt man das? Niemand, der diesen Glauben hat, würde bestreiten, daß auch schon unsere alltägliche Erfahrung ausreicht, um eine realistische Interpretation derselben von einer idealistischen oder positivistischen zu unterscheiden. Aber die wissenschaftliche Erfahrung – das ist das Argument – macht den Unterschied um so deutlicher, je weiter die Wissenschaft fortschreitet, und sie macht zugleich die gegensätzliche Position immer unwahrscheinlicher. Es ist insbesondere der *Fortschritt der Physik*, der den Realismus ständig neu bestätigt. In den Worten eines zeitgenössischen Philosophen:[4]

... das typisch realistische Argument gegen den Idealismus ist, daß dieser den Erfolg der Wissenschaft zu einem Wunder macht ... der heutige Positivist muß es ohne Erklärung lassen ..., daß ‹Elektron-Kalküle› und ‹Raumzeit-Kalküle› und ‹DNS-Kalküle› beobachtbare Phänomene korrekt vorhersagen, wobei es, in Wirklichkeit, keine Elektronen gibt und ebensowenig eine gekrümmte Raumzeit und auch keine DNS-Moleküle. Wenn es solche Dinge gibt, dann ist es eine natürliche Erklärung des Erfolges dieser Theorien [nämlich jener ‹Kalküle›], daß sie *partiell wahre Beschreibungen* des Verhaltens jener Dinge gibt ... Aber wenn diese Objekte gar nicht wirklich existieren, dann ist es ein *Wunder,* daß eine Theorie, die von der Schwerkraft als einer Fernkraft spricht, Phänomene erfolgreich voraussagt; es ist ein *Wunder,* daß eine Theorie, die von einer gekrümmten Raumzeit spricht, erfolgreich Phänomene voraussagt ...

Dieses Argument ist offenbar von ganz anderer Art als das Helmholtzsche. Während im letzteren schon unter Voraussetzung einer realistischen Interpretation spezielle Naturwissenschaften eingesetzt werden, um den *Erkenntnisvorgang selbst* als einen natürlichen Vorgang zu verstehen, wird in dem ‹Wunder-Argument› die Physik eingesetzt, gerade insofern sie von Dingen handelt, die *weitab liegen* von der bloßen Sinneswahrnehmung – ja, ihr geradezu entzogen sind, wie etwa Elektronen und andere Elementarteilchen. Die Gegenüberstellung von Atomen und Empfindungen betont einen *Kontrast,* dessen Bewußtmachung die Physiker um 1900 zur Diskussion erkenntnistheoretischer Fragen angeregt hat – vor allem eben zu der Hauptfrage, was hier, als Resultante gewissermaßen, die Wirklichkeit ist. Die Frage ist nicht deswegen veraltet, weil wir heute mehr über die Atome wissen als damals. Wir können heute gerne statt von Atomen von Leptonen und Quarks reden. Der Beitrag der Physik bliebe, daß sie hier von etwas Kunde gibt, an dessen Existenz zu zweifeln den Gegenstand der Physik zu etwas machen würde, was er nie hat sein sollen: zu einem Wunder.

b) Der wissenschaftliche Realismus und die Physiker

Bis hierher haben wir unseren Gegenstand mehr von der Philosophie her eingeführt und gegen Ende des Gedankenganges wohl schon den Eindruck erweckt, daß in unserer Streitfrage gerade der Wissenschaftler vernünftigerweise kaum etwas anderes tun kann, als sich auf die Seite der Realisten zu schlagen. Vielleicht ist dies der heutige Trend, und vielleicht wird er anhalten. In der Tat kann man realistische Bekenntnisse von Physikern schon aus der Zeitung erhalten. Im *Hamburger Abendblatt* etwa wird der Vorsitzende des Direktoriums der großen

Beschleunigeranlage DESY, Prof. Dr. A. Wagner, mit den Worten zitiert: «Unsere Forschung [bei DESY] ist noch weiter von unseren Sinnen entfernt als die Mikro- oder Nanotechnologie, von der man jüngst so viel hört ... Grundlagenforschung hat das Ziel, die inneren Zusammenhänge in der Natur zu erkennen.» Das ist offenbar eine immanent metaphysische Äußerung eines Physikers, der, wie viele andere Physiker auch, das faustische

> Daß ich erkenne, was die Welt
> Im Innersten zusammenhält

zu seinem Berufsbekenntnis gemacht hat. Dasselbe muß wohl für Manfred Eigen (Nobelpreis für Chemie 1967) gelten, der in derselben Zeitung in einem Interview äußerte, er wünsche soviel wie möglich von dem zu verstehen, «was die Welt im Innersten zusammenhält».[5] Nun sind diese Bekenntnisse spontan und in der der Wahrheitsfindung nicht unbedingt dienlichen Situation des Interviews abgegeben worden. Zweifellos als das Ergebnis einer besonnenen Reflexion sind aber die beiden folgenden Stellungnahmen zu werten. Einen 1926 in Düsseldorf gehaltenen Vortrag beschloß Planck mit den Worten:[6]

Es hat Zeiten gegeben, in denen sich Philosophie und Naturwissenschaft fremd und unfreundlich gegenüberstanden. Diese Zeiten sind längst vorüber. Die Philosophen haben eingesehen, daß es nicht angängig ist, den Naturforschern Vorschriften zu machen, nach welchen Methoden und zu welchen Zielen hin sie arbeiten sollen, und die Naturforscher sind sich klar darüber geworden, daß der Ausgangspunkt ihrer Forschungen nicht in den Sinneswahrnehmungen allein gelegen ist und daß auch die Naturwissenschaft ohne eine gewisse Dosis Metaphysik nicht auskommen kann. Gerade die neuere Physik prägt uns die alte Wahrheit wiederum mit aller Schärfe ein: es gibt Realitäten, die unabhängig sind von unseren Sinnesempfindungen, und es gibt Probleme und Konflikte, in denen diese Realitäten für uns einen höheren Wert besitzen als die reichsten Schätze unserer gesamten Sinnenwelt.

Hier erinnert Planck an die Wende im Verhältnis von Physik und Philosophie, wie wir sie in der Einleitung schon durch Sommerfeld erfahren haben, und nennt als den Ertrag, den diese Wende für die Naturwissenschaft und insbesondere die Physik gebracht hat, die Öffnung gegenüber metaphysischen Fragen. Und ähnlich äußert sich Einstein zwei Jahrzehnte später:[7]

Ich glaube, daß jeder wahre Theoretiker ein gezähmter Metaphysiker ist, mag er sich auch noch so sehr als ‹Positivist› empfinden ... Der gezähmte Metaphysiker glaubt, daß ... die Totalität der sinnlichen Erfahrung auf der Grundlage eines Begriffssystems von großer Einfachheit ‹verstanden› werden kann. Der Skeptiker wird sagen, daß dies ein ‹Wunderglaube› sei. Das ist er allerdings, aber es ist ein Wunderglaube, der sich in einem erstaunlichen Maße bewährt hat in der Entwicklung der Wissenschaft.

Diese dem wissenschaftlichen Realismus zustimmenden Stellungnahmen dürfen uns nun aber nicht darüber hinwegsehen lassen, daß der Auftritt des deutschen Idealismus und die dadurch herbeigeführte (aber von der Sache her gerade nicht wünschenswerte) Entfremdung von empirischer Naturwissenschaft und spekulativer Philosophie am Ende zu einer positivistischen Strömung innerhalb der Physik geführt hat, die erklärtermaßen antirealistisch und metaphysikfeindlich war. «Ein Metaphysiker», so formuliert z. B. Maxwell, «ist nichts als ein Physiker, dem man sämtliche Waffen abgenommen hat.»[8] Die Tendenz der Metaphysik, ohne Rücksicht auf die Physik konzipiert zu werden, um dann aber durch deren Fortschritte immer wieder obsolet zu werden, hat Maxwell zu der bissigen Bemerkung veranlaßt: «Nehmen wir die Metaphysiker einzeln vor, so finden wir, daß ihre Metaphysik ist wie ihre Physik.»[9] – womit er natürlich meinte: «so *schlecht* wie». Ebenso unerbittlich in der Ablehnung jeder metaphysischer Begründung oder Einkleidung der Physik war Ernst Mach. Seine *Mechanik* eröffnet er mit den Worten, ihre Tendenz sei «eine aufklärende oder, um es noch deutlicher zu sagen, eine anti-metaphysische».[10] Mach sah sich in dieser Haltung von der allgemeinen Zeitströmung bestätigt und hat 1910 geäußert, er betrachte «heute den metaphysikfreien Standpunkt als ein Produkt der allgemeinen Kulturentwicklung».[11] Wir werden noch sehen, inwiefern diese Auffassung zu Recht bestand. Jedenfalls waren sowohl Planck als auch Einstein in ihren frühen Jahren stark von Machs Positivismus beeinflußt, und beide sind erst in ihren späteren Jahren zu einer Auffassung gelangt, die aus den soeben gegebenen Zitaten spricht.

Auf beiden Seiten handelte es sich dabei nicht nur um Lippenbekenntnisse, sondern um ein echtes philosophisches Anliegen. Die

Generation zwischen Mach und Einstein hat es da besonders schwer gehabt. Noch Boltzmann spricht hoffnungsvoll von der Zeit, in der die «Menschheit von der geistigen Migräne, welche man Metaphysik nennt, befreit werden wird».[12] Wir werden jedoch bald sehen, daß Boltzmann sich diese Befreiung keineswegs ohne die Beteiligung der Philosophie vorgestellt hat – zumindest nicht ohne die Philosophie der Physiker.

c) Positivismus und reale Außenwelt: Die Planck-Mach-Debatte

Der Titel dieses Abschnitts ist auch der Titel eines Vortrags, den Max Planck 1930 vor der Kaiser-Wilhelm-Gesellschaft – dem Vorgänger der später nach ihm selbst benannten Max-Planck-Gesellschaft – gehalten hat. Er steht gewissermaßen für den philosophischen Lebenskampf dieses Mannes, der ein Kampf gegen den erkenntnistheoretischen Positivismus und für den Glauben an eine reale Außenwelt als Grundlage jeder rationalen und zugleich fruchtbaren Naturwissenschaft war. Offiziell hat Planck diesen Kampf schon 1908 eröffnet und sogleich als seinen Hauptgegner Ernst Mach benannt. Mach, der um diese Zeit schon ein alter und kranker Mann war, hat Plancks Angriff erwidert und damit die in der Literatur so genannte Mach-Planck-Debatte vom Zaune gebrochen – eine Debatte, an der sich alsbald andere Parteigänger beteiligt haben und die über Machs Tod hinaus angedauert hat.[13]

Im Übergang zum Inhalt der Kontroverse ist es angemessen, zunächst auf einige Äußerlichkeiten einzugehen. Die wichtigste davon ist die Schärfe, mit der sie geführt wurde, besser noch, die sie schließlich annahm. Plancks ursprünglicher Vortrag von 1908 hatte den zunächst ganz anderes verheißenden Titel «Die Einheit des physikalischen Weltbildes».[14] Der Vortrag des Fünfzigjährigen soll – so waren die Zeiten damals – sein erster öffentlicher Auftritt im Ausland, nämlich an der Universität Leiden, gewesen sein. Jedenfalls war es die erste öffentliche Verlautbarung seiner Wissenschaftsphilosophie. Der Positivismus und Mach treten erst gegen Ende des bis dahin ganz sachlichen Vortrags auf. Dort spricht Planck auf einmal die Vermutung aus, die positivistisch orientierten Machschen Ideen könnten dazu führen, «den Fortschritt der Wissenschaft in verhängnisvoller Weise zu hemmen». Der Vortrag schließt rein rhetorisch mit dem Appell an unser Vertrauen auf die Kraft des untrüglich die falschen von den wahren Propheten scheidenden Bibelwortes: «An ihren Früchten sollt ihr sie erkennen!»

In seiner Antwort zeigte sich Mach scheinbar ungerührt, wenn er es zunächst ablehnte, «auf die Form zu reagieren oder diese gar nachzuahmen – *le style est l'homme* ...».[15] Die Ausführungen streben dann aber einem gewissen Höhepunkt zu, und dieser Höhepunkt ist «der Glaube an die Realität der Atome», für den Plancks Gegenspieler «kaum genug degradierende Worte ... finden kann». Mach fährt dann fort:[16]

Will man sich an psychologischen Konjekturen erfreuen, so muß man seinen Vortrag selbst lesen, und ich kann nur wünschen, daß es geschehe. Nachdem nun Planck noch mit christlicher Milde zur Achtung für den Gegner gemahnt, brandmarkt er mich schließlich mit dem bekannten Bibelworte als falschen Propheten. Man sieht, die Physiker sind auf dem besten Wege, eine Kirche zu werden, und eignen sich auch schon deren geläufige Mittel an. Hierauf antworte ich nun einfach: Wenn der Glaube an die Realität der Atome für euch so wesentlich ist, so sage ich mich von der physikalischen Denkweise los ... so will ich kein richtiger Physiker sein ... so verzichte ich auf jede wissenschaftliche Wertschätzung ... kurz, so danke ich schönstens für die Gemeinschaft der Gläubigen. Denn die Denkfreiheit ist mir lieber.

Plancks erste Reaktion auf Machs Artikel läßt nichts Gutes ahnen. In zwei Briefen an von Laue (vom 4. 7. und 5. 8. 1910) lesen wir:[17]

Auf die Anzapfung von E. Mach in der neuesten Nummer der Physikalischen Zeitschrift, wegen meines Leidener Vortrags, werde ich nun doch wohl etwas erwidern. Bis zum Oktober will ich ihm seine Freude an dem Artikel gönnen; später wird er wohl wünschen, ihn nicht geschrieben zu haben ...

Natürlich möchte ich alles vermeiden, was den würdigen alten Herrn persönlich verletzen könnte, aber seiner «anti-metaphysischen» Theorie muß ich nun doch eins hinaufgeben, das bin ich meiner eigenen Überzeugung schuldig ...

Und in der Tat folgt nun etwas, das man nur noch unschön nennen kann. Nachdem Planck in seiner Replik zunächst, wenn auch in scharfem Ton, zur Sache spricht, bricht er mitten im Aufsatz die Diskussion ab und wendet sich in von nun an fortgesetzt hämischen und herabsetzenden Worten der Aufgabe zu, Machs Ausführungen in seinen

Büchern zur Wärmelehre und Mechanik als *physikalische* Leistungen mit seinen eigenen oder jedenfalls denen der orthodoxen theoretischen Physik zu vergleichen. Leitstern ist ihm dabei das erwähnte Bibelwort. «Prüfen wir also einmal die Früchte, es liegen ja auf beiden Seiten schon einige vor» – damit geht es los. Und am Schluß heißt es: «Also mit den ‹Früchten› [nämlich Machs] läßt sich einstweilen noch kein Staat machen.»[18]

Über diesen in der Form peinlichen Streit hat später Sommerfeld wie einen Mantel die Worte gebreitet:[19]

> Die Diskussion zwischen Planck und Mach zeigte den Gegensatz zwischen einem produktiven Physiker wie Planck und einem reflektierenden Physiker wie Mach.

Ich möchte das Augenmerk weniger auf das gemeinsame ‹Physiker› als auf die separierenden Epitheta ‹produktiv› und ‹reflektierend› richten. Das Unschöne an Plancks Vorgehen ist doch, daß er in einem wissenschaftlichen Vortrag und dann noch einmal in seiner Replik zumindest zwischen den Zeilen seine *Rivalität* mit Mach zum Thema macht und dabei nicht an Machs philosophische Reflexionsfähigkeit anknüpft, sondern seine physikalische Produktivität zum Maßstab macht. Eine persönliche Rivalität der beiden Gelehrten scheidet dabei gänzlich aus. Sie haben sich, soweit ich weiß, persönlich gar nicht gekannt. Etwas anderes ist es, daß aus Plancks Worten eine gehörige Portion Elitismus spricht: Er sah sich nicht in der Lage, Mach als theoretischen Physiker (der er auch gar nicht war[20]) ernst zu nehmen. Und da störte ihn, daß Mach dennoch als *Physiker,* d.h. mit der damit verbundenen Autorität, etwas über das Wesen der Physik hatte sagen wollen. Tatsächlich hat Mach Wert darauf gelegt, nicht als Philosoph zu gelten, und seine Erkenntnistheorie sollte ausdrücklich als das Fazit eines Physikers (genauer: eines «Naturforschers») bezeichnet werden:[21]

> Das Land des Transzendenten ist mir verschlossen ... so kann man die weite Kluft ermessen, welche zwischen vielen Philosophen und mir besteht. Ich habe schon deshalb ausdrücklich erklärt, daß ich *gar kein Philosoph, sondern nur Naturforscher bin* ...

Und auch die gewünschte Zielgruppe war für Mach ausdrücklich nicht die Gemeinschaft der Philosophen, sondern die der Naturforscher:[22]

Ob es mir jemals gelingen wird, den *Philosophen* meine Grundgedanken plausibel zu machen, muß ich dahingestellt sein lassen. Bei aller Hochachtung vor der riesigen Geistesarbeit der großen Philosophen aller Zeiten ist mir dies zunächst auch weniger wichtig. Aufrichtig und lebhaft wünsche ich aber eine Verständigung mit den Naturforschern, und diese halte ich auch für erreichbar.

In Machs Augen war also Planck der richtige, gewünschte Diskussionspartner für seine philosophisch orientierte Unternehmung. In Plancks Augen durften jedoch philosophische Ausflüge im Namen der Physik nur die guten Physiker machen. Die anderen hatten bei der Physik zu bleiben.

Aus dem Verhalten Plancks geht jedoch auch hervor, wie wichtig ihm die Sache war. Es war ihm ein wichtiges philosophisches Anliegen, gesichert zu wissen, daß sich die Physik mit einer Wirklichkeit befaßt, die nicht an der Oberfläche der Sinnesempfindungen liegt. Natürlich erklärt sein Anliegen allein nicht schon die Entgleisungen, deren er sich schuldig machte. Hinzu kommt, daß Planck sich vom *Gefühl* her seiner Sache absolut sicher war, während er in dem, was er an *Verstand und Wissen* in dieser Hinsicht zu bieten hatte, Machs positivistischer Position viel weniger entgegenzusetzen wußte. Mit anderen Worten: *Philosophisch* fühlte sich Planck Mach unterlegen. Um so mehr lag ihm daran, deutlich zu machen, wer hier der bessere Physiker war. Mach hatte seinen erkenntnistheoretischen Standpunkt ausführlich in zwei umfangreichen Büchern dargelegt.[23] Demgegenüber war der Vortrag, in dem Planck Mach angegriffen hatte, seine erste philosophische Arbeit. Das Mißverhältnis konnte nicht größer sein. Zu seiner Unsicherheit kam hinzu, daß der an gymnasialer wie auch an universitärer Pädagogik interessierte Planck[24] den Eindruck hatte, daß die Machsche Richtung sich in vielen Köpfen der Physik festzusetzen begann und auf diese Weise den Nachwuchs gefährden konnte. Mach hat bestritten, daß der Einfluß seiner Lehre zu diesem Zeitpunkt (1910) erheblich oder auch nur nennenswert gewesen sei. Woher immer nun Planck seinen Eindruck haben mochte, jetzt schien es ihm an der Zeit zu sein, die Stimme zu erheben und den eigenen Einfluß geltend zu machen.

d) Die Position Plancks: Aufbau eines physikalischen Weltbildes

Was ist nun der *Inhalt* der Planckschen Ausführungen?[25] Welche Position möchte er gegenüber der Machschen verteidigen, und wie faßt er selbst die Position seines Gegners auf? In der Beantwortung dieser Fragen können wir zunächst von der Kritik an Machs Position absehen. Letztere erscheint zu Beginn nur als eine alternative Möglichkeit gegenüber jener, für die Planck argumentieren möchte. Die Frage, um die es ihm eigentlich geht, ist nämlich die Frage, ob unser physikalisches Weltbild lediglich eine zweckmäßige, aber im Grunde willkürliche Schöpfung unseres Geistes ist oder reale, von uns gänzlich unabhängige Naturvorgänge abbildet. Für die erste Option lassen sich die Position Machs, aber auch viele andere Auffassungen einsetzen, denen eine gewisse Betonung der Abhängigkeit unseres Weltbildes vom menschlichen Erkenntnisvermögen gemeinsam ist.[26] Weder diese Positionen noch die realistische Gegenposition, für die Planck eintreten will, sind von ihm in der ersten Formulierung schon hinreichend deutlich ausgedrückt. Eine andere Sache aber macht Planck von Anfang an klar. Er möchte diese Frage an die andere koppeln, in welchem Sinne und in welcher Richtung die Physik *Fortschritte* gemacht habe, und insbesondere, ob diese Richtung als eine Entwicklung auf ein ‹Einheitssystem› hin bestimmt werden könne. Der Titel des Vortrags «Die Einheit des physikalischen Weltbildes» enthält bereits das zentrale Argument: Planck will die Entwicklung der Physik zur Einheit als untrügliches Zeichen dafür verstanden wissen, daß sich die Physik mit einer realen Außenwelt befaßt und diese vom menschlichen Geist völlig unabhängige Welt in ihrer wohlbestimmten Verfassung immer genauer erkennt.

Planck beschreibt die Entwicklung der Physik als einen *doppelten Prozeß,* bei dem man zwar auch etwas verliert, vor allem aber etwas gewinnt.[27] Das Verlustgeschäft besteht in der *Entanthropomorphisierung* unserer an den verschiedensten sinnlichen Bezügen so reichen primären Lebenswelt, im Abbau «der bunten Farbenpracht des ursprünglichen Bildes, welches den mannigfachen Bedürfnissen des Menschen entsprossen war und zu welchem alle spezifischen Sinnesempfindungen ihren Beitrag beigesteuert haben»,[28] also insgesamt im «auffallenden Zurücktreten des menschlich-historischen Elements in allen physikalischen Definitionen».[29] Planck gibt ohne weiteres zu, daß diese Abstraktion von der ursprünglich erlebten Welt, wie sie sich in der Physik vollzieht, «für die Verwertung [des entstehenden rein physikalischen Weltbildes] in der Wirklichkeit [des Lebens] ein schwerer Nachteil» sei, zu dem noch hinzukomme, «daß eine absolute Ausschaltung der Sinnesempfindungen ja gar nicht möglich ist»,[30] da «doch die Empfindungen anerkanntermaßen den Ausgangspunkt aller physikalischen Forschung bilden».[31] Planck bezeichnet diesen Teil der Entwicklung der Physik, durch den wir scheinbar freiwillig Verzicht leisten auf einen großen Teil der reichhaltigen Palette unserer sinnlichen Verbindungen mit der Umwelt, geradezu als ein Paradoxon und spricht von «unschätzbaren Vorteilen», welche eine solche Selbstentäußerung aufzuwiegen vermögen. «Welches ist», so fragt Planck, «das eigentümliche Moment, welches trotz dieser offenbaren Nachteile dem zukünftigen [angestrebten] Weltbild dennoch einen so entscheidenden Vorrang verschafft, daß es sich gegen alle früheren [vorgalileischen] durchsetzen kann?»[32]

Die Antwort gibt uns der *andere Teil der Entwicklung*. Dieser besteht im Zusammenschweißen einer ursprünglich theoretisch äußerst disparaten Erscheinungswelt zu einem *einheitlichen System*:[33]

... die Signatur der ganzen bisherigen Entwicklung der theoretischen Physik ist eine Vereinheitlichung ihres Systems, welche erzielt ist durch eine gewisse Emanzipierung von den anthropomorphen Elementen, speziell den spezifischen Sinnesempfindungen.

Ausführlicher heißt es unter Verwendung eines auf Aristoteles zurückgehenden Kriteriums für eine Ganzheit:[34]

Sehen wir nämlich genauer zu, so glich das alte System der Physik gar nicht einem einzelnen Bild, sondern viel eher einer Gemäldesammlung; denn für jede Klasse von Naturerscheinungen hatte man ein besonderes Bild. Und diese verschiedenen Bilder hingen nicht miteinander zusammen; man konnte eines von ihnen entfernen, ohne die anderen zu beeinträchtigen. Das wird in dem zukünftigen physikalischen Weltbild nicht möglich sein. Kein einziger Zug desselben wird als unwesentlich fortgelassen werden können, jeder ist vielmehr unentbehrlicher Bestandteil des Ganzen ...

Wenn Planck hier von den verschiedenen anfänglichen Bildern spricht, die nicht miteinander zusammenhängen, so hatte er diese Situation an früherer Stelle des Aufsatzes dahingehend erläutert, daß «die Geometrie aus der Erd- und Feldmeßkunst, die Mechanik aus der Maschinenlehre, die Akustik, die Optik, die Wärmelehre aus den entsprechenden spezifischen Sinnesempfindungen, die Elektrizitätslehre aus den Beobachtungen am geriebenen Bernstein usw. [entsteht]» und «die ganze Physik ursprünglich in gewissem Sinne einen anthropomorphen Charakter [trägt]».[35] Später jedoch, im Laufe ihrer Entwicklung, ändert sich das. Es ändert sich im Sinne des Zurücktretens der praktischen Anlässe und Bedürfnisse, es ändert sich im Sinne der Ausschaltung der Sinnesempfindungen zugunsten von objektiven Meßverfahren. Die Physik strebt *bewußt* «die vollständige Loslösung des physikalischen Weltbildes von der Individualität des bildenden Geistes»[36] an. Und indem sie das tut, zeigt sich eben als Gewinn, daß sie zu einem begrifflichen System von immer größerer Einfachheit und Einheitlichkeit gelangt.

Die Einsicht, daß es mit dem Erfolg der Physik genau diese Bewandtnis hat, ist unter Physikern so verbreitet, daß es angemessen ist, sie durch einige weitere Zitate zu belegen.[37] Hier ist als erstes eine knappe, aber prägnante Äußerung von Einstein:[38]

Es muß zugegeben werden, daß eine Theorie einen großen Vorteil hat, wenn ihre Grundbegriffe und fundamentalen Hypothesen «nahe an der Erfahrung» sind ...

Aber je tiefer unser Wissen wird, desto mehr müssen wir diesen Vorteil aufgeben zugunsten logischer Einfachheit und Uniformität in den Grundlagen der Physik.

Wenn Einstein hier die Erfahrungsnähe einer Theorie zunächst als einen Vorteil preist, so gewiß auch wegen der dadurch garantierten besseren empirischen Überprüfbarkeit der Theorie. Stärker am Eigenwert unserer unmittelbaren Eindrücke orientiert zeigt sich Friedrich Hund mit der folgenden Formulierung desselben Gedankens:[39]

Das *wissenschaftliche Naturbild* schneidet ... aus dem Gesamterlebnis Natur ganz bestimmte Seiten heraus ...

Wenn hier vom *Naturbild der Physik* gesprochen wird, so bedeutet das das Eingehen auf eine folgenschwere Beschränkung der Blickrichtung, die Ausschließung der lebendigen Natur. Als Gegengabe gegen diesen Verzicht, der die Physik als Fachwissenschaft begründet hat, empfing der menschliche Geist Erkenntnisse von einer Sicherheit und Unanfechtbarkeit, einer Schärfe und Geschlossenheit ..., wie sie keine andere Erfahrungswissenschaft und außer der Mathematik überhaupt keine Wissenschaft aufzuweisen hat.

Einige Autoren sehen die primäre und unberührte Natur durch Goethe und die im Experiment physikalisch aufbereitete Natur durch Newton personifiziert. So etwa Heisenberg, wenn er schreibt:[40]

Auch [in der Optik] sehen wir deutlich, daß die Naturwissenschaft immer mehr auf ein Lebendigmachen des sinnlich unmittelbar gegebenen Phänomens verzichtet und nur den mathematisch-formalen Kern des Vorgangs herausschält. Es ist zweifellos eine Entdeckung ersten Ranges, daß die elektrischen, magnetischen und optischen Erscheinungen ... sich auf das gleiche einfache System der Maxwellschen Gleichungen zurückführen lassen. Andererseits müssen wir zugeben, daß zwar ein von Natur Blinder [durch das Studium der Optik] doch nie die geringste Kenntnis davon erwirbt, was Licht sei. Dieser Verzicht auf Lebendigkeit und Unmittelbarkeit, der die Voraussetzung war für die Fortschritte der Naturwissenschaft seit Newton, bildet auch den eigentlichen Grund für den erbitterten Kampf, den Goethe gegen die physikalische Optik in seiner Farbenlehre geführt hat. Es wäre oberflächlich, diesen Kampf als unwichtig zu vergessen ... Wenn man hier Goethe etwas vorwerfen kann, dann nur einen Mangel an letzter Konsequenz; er hätte nicht die Ansichten Newtons bekämpfen sollen, sondern sagen müssen, daß die ganze Physik Newtons: Optik, Mechanik und Gravitationsgesetz, vom Teufel stammt.

Auch Max Born zieht zur Verdeutlichung des Weges, den die Physik gegangen ist, die Gegensätzlichkeit der Denkweisen von Newton und Goethe heran. In der Einleitung zu seiner Darstellung von Einsteins Relativitätstheorie heißt es zunächst:[41]

Die *Wichtigkeit des Ich* im Weltbilde deucht mir ein Maßstab, an dem man Glaubenslehren, philosophische Systeme, künstlerische und wissenschaftliche Weltauffassungen aufreihen kann, wie Perlen auf einer Schnur ...
Das naturwissenschaftliche Denken steht an dem Ende jener Reihe, dort, wo das Ich ... nur noch eine unbedeutende Rolle spielt, und jeder Fortschritt in den Begriffsbildungen der Physik, Astronomie, Chemie bedeutet eine Annäherung an das Ziel der *Ausschaltung des Ich*. (Hervorhebung durch d. Verf.)

Und nun Goethe contra Newton:

Unhörbare Töne, unsichtbares Licht, unfühlbare Wärme: das ist die Welt der Physik, kalt und tot für den, der die lebendige Natur empfinden, ihre Zusammenhänge als Harmonie begreifen, ihre Größe anbetend bewundern will. Goethe hat diese starre Welt verabscheut; seine grimmige Polemik gegen *Newton*, in dem er die Verkörperung einer feindlichen Naturauffassung sah, beweist, daß es sich hier um mehr handelt als um den sachlichen Streit zweier Forscher über Einzelfragen der Farbenlehre. Goethe ist der Repräsentant einer Weltauffassung, die in der oben entworfenen Skala nach der Bedeutung des Ich ziemlich am entgegengesetzten Ende steht wie das Weltbild der exakten Naturwissenschaften.

Auch zur ausdrücklichen Abwehr von Lehren ‹falscher Propheten› haben sich Physiker des 20. Jahrhunderts immer wieder auf die realistische Denkweise bezogen. Ein Beispiel hierfür ist der österreichische Experimentalphysiker Franz Exner (Nachfolger Loschmidts und Lehrer Schrödingers an der Universität Wien) mit seinem Buch über die physikalischen Grundlagen der Naturwissenschaften.[42] Zwischen der ersten und zweiten Auflage dieses Buches (1917 bzw. 1922) war der erste Band von Spenglers *Untergang des Abendlandes* (1919) erschienen.[43] Durch Spenglers Buch fühlte sich Exner in mehrerlei Hinsicht als Physiker herausgefordert, und er geht im Vorwort zur zweiten Auflage seines Buches auf Spenglers Buch ein. Seine Gefühle gegenüber dem Werk sind zwiespältig. Er lobt es wegen «seiner reichen Fülle origineller Ideen und fesselnder Anregungen» und findet, daß derartiges «in unserer banausischen Zeit nur doppelt mit Freude begrüßt werden [kann]». Auf der anderen Seite heißt es aber sogleich auch, daß «der Naturforscher ... sich schwerer Bedenken gegen die Methodik des Werkes nicht zu enthalten [vermag]», und er bezeichnet Spenglers Buch als «den Gegenpol zu dem vorliegenden [also seinem eigenen] Buche ... sofern nämlich nicht die Verschiedenheit der beiderseits behandelten Materien, sondern lediglich die Art und Weise, diese zu behandeln und zu beurteilen, in Betracht kommt». In seiner (indirekten) Kritik an Plancks Konzeption einer realen Außenwelt benutzt Spengler eine andere Terminologie als die übliche, nämlich eine, die sich auf das Begriffspaar Subjekt und Objekt stützt. Natürlich gerät ihm dann seine eigene Interpretation der Physik vom Standpunkte Exners und Plancks viel zu subjektivistisch. Exner schrieb in seinem neuen Vorwort: «Fast an der Spitze seiner Deduktionen steht der Satz: ‹Ohne Subjekt gibt es kein Objekt›, und im Hinblick auf die wissenschaftliche Tätigkeit des Menschen meint er [Spengler]: ‹In jeder Wissenschaft ... erzählt der Mensch sich selbst.›» Gegen diese Auffassung wirft Exner sein eigenes Werk in die Waagschale, mit dem er sich die Aufgabe gestellt hatte, «die Eigenschaften der objektiven physikalischen Welt soweit als möglich unabhängig vom Subjekt und so darzustellen, daß ihre Gesetze keinen Bezug mehr auf das menschliche Individuum haben». Verallgemeinernd fährt er dann fort:

In der Tat hat auch die physikalische Forschung von ihren Anfängen bis zur Gegenwart immer das eine Ziel verfolgt: die möglichste Loslösung des Objektes vom Subjekt, und diesem Ziel ist sie im Laufe der Zeit beträchtlich nahe gekommen, sie hat den Nachweis erbracht, daß es wohl ein Objekt auch ohne Subjekt gibt.

‹Immer mehr Newton, immer weniger Goethe› – so ließe sich dieser Doppelprozeß der Entwicklung der Physik auch kurz formulieren. Ich habe bereits erwähnt, daß Planck den Fortschritt der Physik auf ein einheitliches Theoriegebäude hin als ein Zeichen dafür nimmt, daß der eigentliche Gegenstand der physikalischen Forschung eine vom Menschen unabhängige reale Außenwelt ist. Für diesen offenbar entscheidenden Schritt kann ich bei Planck keine weitere Begründung finden, als daß die fragliche Entwicklung zur Einheit als eine *sukzessive Entfernung* aller (oder doch möglichst aller) anthropomorphen Elemente aus der Physik gesehen wird: Ein Weltbild aus anderem Stoff wird so allmählich (dem geistigen Auge) sichtbar. In dem Maße, in dem der Mensch als Subjekt der Erkenntnis (nicht als Objekt!) aus dem physikalischen Weltbild verschwindet, tritt immer deutlicher hervor, wie der Gegenstand der Physik sozusagen ‹an sich› beschaffen ist. Dieses Selbstverständnis der Physik war zu Beginn des 19. Jahrhunderts keineswegs neu. Aber man muß doch sagen, daß es in Plancks Vortrag (von 1908) eine für das 20. Jahrhundert verbindliche Formulierung gefunden hat. Sie verdient den Namen eines *wissenschaftlichen Realismus,* weil das Argument für eine realistische Auffassung der Natur durch das Vorgehen der zuständigen Wissenschaften, insbesondere der Physik, bestimmt ist. Einer mehr technischen Charakterisierung des wissenschaftlichen Realismus werden wir in Kapitel III begegnen.

Der wissenschaftliche Realismus liegt zwischen dem naiven Realismus und dem Phänomenalismus. Er versucht sich an einer vernünftigen Grenzziehung zwischen Subjekt und Objekt. Der naive Realismus verlegt die Grenze zu weit in das Subjekt, der Phänomenalismus zu weit in das Objekt. Wieder werden durch die Auffassung der Physiker philosophische Extreme vermieden. Der wissenschaftliche Realismus ist eine geläuterte Fassung des naiven Realismus. Schon der naive Realist erklärt die von ihm wahrgenommenen Kohärenzen, etwa die scheinbare Konstanz der Dinge unserer gewöhnlichen Umwelt, mit Existenzannahmen: beispielsweise die scheinbare Konstanz der Dinge mit deren Wirklichkeit zusammen mit deren (wirklicher) Konstanz. Aber er geht darin zu weit. Das Blatt muß nicht grün sein, weil wir es grün sehen. Der Phänomenalist verfällt dem anderen Extrem. Eine typische Wendung bei Hume lautet (*Treatise of Human Nature*, I.IV.II):

Wir dürfen sehr wohl fragen, *was uns glauben macht, daß es Körper gibt*. Aber es ist vergeblich zu fragen, *ob es Körper gibt oder nicht*.

Hier wird eine ganze ‹Welt› durch ein Frageverbot für unzugänglich erklärt, und der Glaube an diese Welt läßt sich bereits nicht mehr einfach durch deren Existenz rechtfertigen. Der wissenschaftliche Realist ist vorsichtiger mit solchen pauschalen Verwerfungen. Er begibt sich zuerst auf den Weg der Entanthropomorphisierung und schaut zu, ob sich *danach* immer noch die Stimmigkeit und Kohärenz der Phänomene ergibt, wie die Physik sie uns von den Elementarteilchen bis zu den fernsten Galaxien lehrt. Soweit dies der Fall ist, ist ihm die einfachste Erklärung hierfür die Annahme, daß wir mit unserer Physik im Begriff sind, eine reale Außenwelt zu erkennen, die sich so verhält, wie die Physik uns das lehrt.

Wir müssen uns nun kurz der Frage zuwenden, wie Planck gegen Ende seines Vortrags die *Position Machs* einführt und kritisiert. Selbst wenn man bedenkt, daß es sich hier um einen populären Vortrag handelte, muß man sagen, daß er sich diese Sache ziemlich leicht machte. Einführend charakterisierte Planck den Machschen Positivismus durch die drei Thesen:[44]

1.) es gebe keine andere Realität als die eigenen Empfindungen;
2.) alle Naturwissenschaft sei nur eine ökonomische Anpassung unserer Gedanken an unsere Empfindungen – Anpassung im darwinistischen Sinne;
3.) die Grenze zwischen Physischem und Psychischem sei nur eine praktische und konventionelle.

Sie werden sich denken können, daß dies nicht der ganze Mach ist, und dementsprechend dürftig fällt nun auch *Plancks Kritik* aus. Soweit sie sich unmittelbar auf die drei Thesen bezieht, wird zu 3.) gar nichts gesagt, und 2.) wird fast nur rhetorisch behandelt: Planck appelliert an die größten Geister der Physik von Kopernikus über Newton bis Faraday, die ihre neuen Gedanken nur im festen Glauben an deren Verankerung in der Realität haben durchkämpfen können, nicht aber durch ihre Ökonomie. Das einzige brauchbare Argument hat Planck gegen 1.): Wenn die Realität sich in Empfindungen erschöpfte, wäre der Erfolg der Physik ein Wunder. Eben das ist das bleibende Argument des wissenschaftlichen Realismus. Über diese Befassung mit den angeblichen Thesen Machs hinaus scheint mit der Hauptvorwurf, den Planck dem «Machschen System», wie er es einmal nennt, macht, der zu sein, daß ihm etwas fehle, nämlich «das vornehmste Kennzeichen jeder naturwissenschaftlichen Forschung: die Forderung eines *konstanten* ... Weltbildes» und damit das Fehlen dessen, was nun gerade das feste Ziel sei, «dem sich die wirkliche Naturwissenschaft ... fortwährend annähert ... Dieses Konstante, von jeder menschlichen, überhaupt jeder intellektuellen Individualität Unabhängige [sei nun aber das,] was wir [d.h. Planck] das Reale nennen».[45] Mit anderen Worten, dem Positivismus fehle der Realismus in *diesem* Sinne.

e) Die Position Machs: Neutraler Monismus

Wenn ich nun auch die *Gegenseite* zu Worte kommen lasse, so muß von vorneherein klar sein, daß es hier nicht um eine angemessene Darstellung der Machschen Erkenntnis- und Wissenschaftstheorie gehen kann.[46] Dieser Umstand ist aber vielleicht dadurch gerechtfertigt, daß auch Mach seine Erkenntnistheorie nicht wirklich ausgearbeitet, sondern nur skizziert hat. Und was hier für Mach gilt, gilt auch für alle seine Anhänger und Nachfolger: Wir besitzen keine geschlossene und zugleich ausführliche Darstellung des Machschen Phänomenalismus, und damit wird auch die folgende Skizze belastet sein.

Machs Wissenschaftstheorie ruht auf zwei Säulen: vom Gegenstand her auf seinem Phänomenalismus und von der Methode her auf dem Ökonomieprinzip. In seiner Antwort auf Planck[47] hat Mach beide Komponenten ins Spiel gebracht und sich in bezug auf beide als mißverstanden erklärt. Die Antwort hat sogar die Tendenz, alle Differenzen zwischen ihm und Planck herunterzuspielen. In seiner Replik ist Planck dann nur noch einmal auf das Ökonomieprinzip eingegangen. Gewichtiger aber und vorrangig ist die Differenz auf der anderen Seite: Sie liegt bei der Frage, was der *Gegenstand* der Physik ist. Dies ist von dem Machianer Friedrich Adler in einer eigenen Stellungnahme besonders klar herausgearbeitet worden.[48]

Ich beginne mit Machs *Phänomenalismus,* der von ihm folgendermaßen beschrieben wird:[49]

Für mich ist das Physische und das Psychische dem Wesen nach *identisch,* unmittelbar *bekannt* und *gegeben,* nur der Betrachtung nach verschieden ...

... Mir erscheint die *psychologische* Beobachtung als eine ebenso wichtige und fundamentale Erkenntnisquelle wie die *physikalische* Beobachtung.

Das sind für einen realistisch eingestellten Naturwissenschaftler wahrlich provozierende Auffassungen. Denn klar ist ja, daß die beabsichtigte Gleichschaltung des Physischen mit dem Psychischen zum größeren Schaden des ersteren ist. Das Physische wird aus seiner Außenwelt, die ihm die Physik zugewiesen hatte, gleichsam in den Bereich der Bewußtseinsinhalte zurückgenommen und insofern dem Psychischen erst einmal gleichgestellt. Aber es ist nun auch zu erwarten, daß Machs Phänomenalismus jenen riesigen Bereich des Subjektiven, den die Physik ausdrücklich und obendrein mit dem größten Bedauern aus ihrem Gegenstandsbereich ausgeschlossen hatte, beibehält und in einer neuen Wissenschaft gemeinsam mit dem Physischen behandelt. Tatsächlich führt Mach dann weiter aus:[50]

Sehen wir uns den Sachverhalt unbefangen an. Die Welt besteht aus Farben, Tönen, Wärmen, Drücken, Räumen, Zeiten u.s.w., die wir jetzt nicht *Empfindungen* und nicht *Erscheinungen* nennen wollen, weil in beiden Namen schon eine einseitige, willkürliche Theorie liegt. Wir nennen sie einfach *Elemente.* Die Erfassung des Flusses dieser Elemente, ob mittelbar oder unmittelbar, ist das eigentliche Ziel der Naturwissenschaft.

Offenbar zielt dieser Ansatz auf eine Erkenntnistheorie, die von vorneherein eine Einheit ganz anderer Art besitzt als diejenige, welche in realistischer Sichtweise erst am Ende der Physik vollendet erscheint. Ihr zufolge wird z.B. die Psychologie zu einem Teil der Naturwissenschaft, während sie auf dem anderen Wege zumindest kein Teil der Physik wird.

Zum Einbau der Empfindungen in die Welt der ‹Elemente› heißt es dann weiter:

Solange wir uns, den eigenen Körper nicht beachtend, mit der *gegenseitigen* Abhängigkeit jener Gruppen von Elementen beschäftigen, welche die *fremden* Körper, Menschen und Tiere eingeschlossen, ausmachen, bleiben wir Physiker. Wir untersuchen z. B. die Änderung der roten Farbe eines Körpers durch Änderung der Beleuchtung. Sobald wir aber den besonderen Einfluß jener Elemente auf dieses Rot betrachten, welche unseren Körper ausmachen ... sind wir im Gebiete der physiologischen Psychologie. Wir schließen die Augen, und das Rot mit der ganzen sichtbaren Welt ist weg. So liegt in dem Wahrnehmungsfelde eines jeden Sinnes ein Teil, welcher auf alle übrigen einen anderen und stärkeren Einfluß übt als jene aufeinander. Hiermit ist aber auch alles gesagt. Mit Rücksicht darauf bezeichnen wir *alle* Elemente, sofern wir sie als abhängig von jenem besonderen Teil (unserem Körper) betrachten, als *Empfindungen*. Daß die Welt unsere Empfindung sei, ist in diesem Sinne nicht zweifelhaft.

Besonders zu beachten ist hier die gesucht neutrale Terminologie der ‹Elemente›. Mach möchte weder als Materialist noch als Idealist gelten. Anders gesagt, er möchte sich überhaupt nicht in die dualistische Dimension von Körper und Geist verwickeln und die Trennung von Subjekt und Objekt vermeiden. Mach ist ein – wie man es genannt hat – *neutraler Monist,* für den das Gegebene – der Gegenstand unserer Erkenntnis – ungeschieden und Eines ist im Hinblick auf die Unterteilung in Physik, Sinnesphysiologie und Psychologie. Diese Disziplinen liefern *Aspekte,* unter denen wir das Gegebene betrachten können, die aber vom Ganzen jeweils nur einen Ausschnitt erfassen und eine ursprüngliche Einheit zerstören. Mach sagt:[51]

Die Grundanschauungen der Menschen bilden sich naturgemäß in der Anpassung an einen engeren oder weiteren Erfahrungs- und Gedankenkreis. Dem Physiker genügt vielleicht noch der Gedanke einer starren Materie, deren einzige Veränderung in der Bewegung, der Ortsveränderung, besteht. Der Physiologe bzw. der Psychologe vermag mit solchem Ding gar nichts anzufangen. Wer aber an den Zusammenschluß der Wissenschaften zu einem Ganzen denkt, muß nach einer Vorstellung suchen, die er auf allen Gebieten festhalten kann. Wenn wir nun die ganze *materielle* Welt in *Elemente* auflösen, welche *zugleich* auch Elemente der *psychischen* Welt sind, die als solche letztere gewöhnlich Empfindungen heißen, wenn wir ferner die Erforschung der Verbindung, des Zusammenhanges, der gegenseitigen Abhängigkeit dieser *gleichartigen* Elemente *aller* Gebiete als die einzige Aufgabe der Wissenschaft ansehen; so können wir mit Grund erwarten, auf dieser Vorstellung einen einheitlichen *monistischen* Bau aufzuführen und den leidigen verwirrenden Dualismus loszuwerden. Indem man die *Materie* als das absolut Beständige und Unveränderliche ansieht, zerstört man ja in der Tat den Zusammenhang zwischen Physik und Psychologie.

Dies ist eine für das Verständnis Machs überaus wichtige Passage. Im genauen Gegensatz zu der Denkweise Plancks, für den die Einheit der Physik am *Ende* der Entwicklung steht, während sich am Anfang nur eine verwirrende Vielfalt an Empfindungen darbietet, liegt für Mach die (dann freilich auch ganz anders zu verstehende) Einheit im noch unzerstörten, durch keine besonderen Aspekte schon verfälschten Gegenstand. Das physikalische Weltbild ist demgegenüber eine mehr oder weniger künstliche Konstruktion wie jedes Bild von unserem Ich, das die Psychologie erdenkt. Offenbar ist dieser phänomenalistische Ausgangspunkt meilenweit entfernt von der oben beschriebenen Ausgangsposition des wissenschaftlichen Realismus, ob dieser nun die Psychologie noch auf die fertige Physik zu reduzieren weiß oder nicht. Nur im ersteren Falle jedoch würde die realistische Physik am Ende wenigstens eine Art Ersatz für die Einheit besitzen, welche der Machschen Physik schon in die Wiege gelegt wurde.

Fremd stehen sich die beiden Standpunkte aber auch hinsichtlich ihrer *Ziele* gegenüber. Dem Gewinn an Vielfalt unserer Empfindungen steht bei Mach eine Einschränkung gegenüber, die wohl der eigentliche Stein des Anstoßes für einen liberalen Realismus sein muß: Die Empfindungen sind für ihn nicht nur der Ausgangspunkt unserer Erkenntnis, sie und die zwischen ihnen bestehenden Abhängigkeiten bilden den *gesamten* Inhalt wissenschaftlicher Erkenntnis. Mit Bezug auf die Physik drückt Mach dies so aus:[52]

Man könnte nun z. B. in bezug auf Physik der Ansicht sein, daß es weniger auf Darstellung der sinnlichen Tatsachen als auf die Atome, Kräfte und Gesetze ankommt, welche gewissermaßen den *Kern* jener sinnlichen Tatsachen bilden.

Unbefangene Überlegung lehrt aber, daß jedes *praktische* und *intellektuelle* Bedürfnis befriedigt ist, sobald unsere Gedanken die sinnlichen Tatsachen vollständig nachzubilden vermögen. Diese Nachbildung ist nun *Ziel* und *Zweck* der Physik, die Atome, Kräfte, Gesetze aber sind nur die *Mittel,* welche uns jene Nachbildung erleichtern. Der Wert der letzteren reicht nur so weit als ihre Hilfe.

Dies heißt nun nicht, daß wir keine Abstraktionen vornehmen, keine Begriffe bilden und damit eigentlich keine Wissenschaft treiben dürfen. Verglichen mit der von Planck vertretenen, gewissermaßen spekulativen Richtung der Physik ist Mach jedoch mit all diesen Erweiterungen äußerst zurückhaltend – vor allem dann, wenn die Gefahr besteht, Begriffe zu hypostasieren, d. h. Abstraktionen, die wir in *Gedanken* vornehmen, für eine Wirklichkeit außerhalb derselben auszugeben. Ähnliches gilt im Bereich der sogenannten Sinnestäuschungen, dem das folgende Beispiel entstammt:[53]

Man pflegt in der populären Denk- und Redeweise der *Wirklichkeit* den *Schein* gegenüberzustellen. Einen Bleistift, den wir in der Luft vor uns halten, sehen wir gerade; tauchen wir denselben schief ins Wasser, so sehen wir ihn geknickt. Man sagt nun im letzteren Falle: Der Bleistift *scheint* geknickt, ist aber in *Wirklichkeit* gerade. Was berechtigt uns aber, *eine* Tatsache der *anderen* gegenüber für Wirklichkeit zu erklären und die andere zum Schein herabzudrücken? In beiden Fällen liegen doch Tatsachen vor, welche eben verschieden bedingte, verschiedenartige Zusammenhänge der *Elemente* darstellen. Der eingetauchte Bleistift ist eben wegen seiner Umgebung *optisch* geknickt, *haptisch* und *metrisch* aber gerade.

Schon früher hatte Mach bemerkt, «daß die Sinne weder falsch noch richtig zeigen». Offenbar ist dies nichts anderes als die Konsequenz der Auffassung, daß unsere Empfindungen nicht mehr Empfindungen von etwas sind – von etwas sozusagen Dahinterliegendem, von dem wir durch sie Kunde erhalten. Sie selbst sind der erste und letzte Gegenstand der Physik. Der optisch geknickte Stab ist nicht weniger ‹wirklich› als der optisch nicht geknickte.

In gewissem Sinne drückt nun gerade das *Ökonomieprinzip* aus, daß wir mit unseren Interpolationen und Extrapolationen der Empfindungen nicht zu weit gehen dürfen. Insoweit hat Planck recht, wenn er Mach unterstellt, dieses Prinzip «habe die physikalische Erkenntnis von allen metaphysischen Elementen zu befreien».[54] Hierzu hatte Mach in seiner *Mechanik* schon ausgeführt:[55]

Alle Wissenschaft hat Erfahrungen zu ersetzen oder zu *ersparen* durch Nachbildung und Vorbildung von Tatsachen in Gedanken, welche Nachbildungen leichter zur Hand sind als die Erfahrung selbst und diese in mancher Beziehung vertreten können. Diese *ökonomische* Funktion der Wissenschaft, welche deren Wesen ganz durchdringt, wird schon durch die allgemeinsten Überlegungen klar. Mit der Erkenntnis des ökonomischen Charakters verschwindet auch alle Mystik aus der Wissenschaft.

Die Ökonomie, mit der wir in der Wissenschaft vorgehen, zeigt sich nach Mach in verschiedenster Weise. Schon die Sprache ist für ihn eine ökonomische Einrichtung. Die chinesische Schrift wird von ihm gelobt, weil für sie als reine Begriffsschrift gilt, daß sich das Lesen der Sprache hier nicht mehr von dem Verstehen derselben unterscheidet. «Unsere Kinder lesen oft, was sie nicht verstehen. Der Chinese kann nur lesen, was er versteht.»[56] Auch die Mathematik ist nach Gesichtspunkten der Ökonomie eingerichtet, und das macht diejenigen Teile der Physik ökonomisch, die ihre Begriffe und Gesetze mathematisiert haben, also beispielsweise die Mechanik. Der wichtigste Fall wissenschaftlicher Ökonomie aber ist das Gesetz, das ja in der Physik immer auch in eine mathematische Gleichung gekleidet ist. Anhand des Brechungsgesetzes führt Mach aus:[57]

Bei höher entwickelten Wissenschaften gelingt es, die Nachbildungsanweisung für sehr viele Tatsachen in einen einzigen Ausdruck zu fassen. Statt z. B. die verschiedenen vorkommenden Fälle der Lichtbrechung uns einzeln zu merken, können wir alle vorkommenden sofort nachbilden oder vorbilden, wenn wir wissen, daß der einfallende, der gebrochene Strahl und das Lot in einer Ebene liegen und $\sin \alpha / \sin \beta = n$ ist. Wir haben dann statt der unzähligen Brechungsfälle bei verschiedenen Stoffkombinationen und Einfallswinkeln nur diese Anweisung und die Werte der n zu merken, was viel leichter angeht. Die ökonomische Tendenz ist hier unverkennbar. In der Natur gibt es auch kein Brechungsgesetz, sondern nur verschiedene Fälle der Brechung. Das Brechungsgesetz ist eine zusammenfassende konzentrierte Nachbildungsanweisung für *uns* ...

Besonders typisch ist hier am Schluß die Betonung, daß es in der Natur eigentlich keine Gesetze gebe. Mach hat immer wieder betont, daß die Natur *nur einmal* da sei. Allgemeinheit und Wiederholung werden *von uns* hineingetragen und involvieren immer schon eine wenn auch ökonomische Abstraktion. Ein Realist würde demgegenüber die Existenz von Gesetzen auch in der noch unerkannten Natur vielleicht in dem Sinne akzeptieren, daß durch ein Gesetz eine bestimmte Menge *physikalisch möglicher* Fälle ausgezeichnet ist. Diese möglichen Fälle werden zwar nicht immer alle realisiert sein. Aber die Natur wird sich an das Gesetz halten. Sie ‹weiß› gewissermaßen von selbst und nicht erst durch uns, was in einem einschlägigen Fall zu geschehen hat, und manifestiert so die Anwesenheit des Gesetzes.

Ein wichtiger Aspekt des Ökonomieprinzips ist Machs *Prinzip der Kontinuität*. «Nur nach diesem Prinzip», sagt Mach, «kann sich eine nützliche und ökonomische Auffassung der Erfahrung ergeben.»[58] Das Prinzip besagt, daß wir bei quantitativer Verfeinerung eines Vorgangs Vorstellungen, die wir in einem gröberen Stadium als Phänomene gewonnen haben, auch auf die feineren Stadien ausdehnen sollen, selbst wenn die früheren Erscheinungen verschwunden oder andere geworden sind. Im Sinne des Ökonomieprinzips ergänzen wir hier Erfahrungen durch an ihnen gewonnene Vorstellungen in Bereichen, wo wir *diese* Erfahrungen nicht mehr machen. Mach hat nichts gegen die Verfeinerung der Beobachtungsmittel. «Die Vergleichung zwischen Theorie und Erfahrung kann mit der Verfeinerung der Beobachtungsmittel immer weiter getrieben werden.»[59] Die Abweichung vom Realismus ergibt sich aber auch hier durch eine andere Interpretation. Wenn wir das Auge durch ein Fernrohr oder Mikroskop verfeinern und in gewöhnlicher, realistischer Auffassung ein und denselben Gegenstand immer besser sehen, um auf diese Weise seiner ‹wirklichen› Verfassung auf die Spur zu kommen, so ist für Mach diese Beschreibung höchstens eine *façon de parler*. Als Phänomenalist kann er nur sagen, daß diese Verfeinerung *neue Phänomene* hervorbringt, die mit den alten, weniger genauen Beobachtungen zwar in einer Kontinuität stehen, aber nicht irgend etwas *besser* erkennen lassen als vorher. Ob nun Verfeinerung am ‹Objekt› oder am ‹Beobachtungsmittel› – es kommt immer nur auf den Zusammenhang der Erscheinungen an, und unsere realistische Ausdrucksweise, die uns zum Beispiel von ‹Dingen› reden läßt, ist auch nur eine ökonomische Methode, die diese Zusammenhänge berücksichtigt.

Man fragt sich natürlich, wo das Kontinuitätsprinzip seine Grenze hat – wo einmal gewonnene Hilfsvorstellungen noch zulässig sind und wo nicht mehr. Mach gibt als Beispiel den Fall eines schwingenden Stabes und die Extrapolation der Vorstellung von Schwingungen über das Beobachtbare hinaus:[60]

Wenn wir einen langen elastischen Stab einklemmen, so kann derselbe in langsame, direkt beobachtbare Schwingungen versetzt werden. Diese Schwingungen kann man sehen, tasten, graphisch verzeichnen usw. Bei Abkürzung des Stabes werden die Schwingungen rascher und können nicht mehr direkt gesehen werden; der Stab gibt ein verwischtes Bild, eine neue Erscheinung. Allein die Tastempfindung ist der früheren noch ähnlich; wir können den Stab seine Bewegungen noch aufzeichnen lassen, und wenn wir die *Vorstellung* der Schwingungen noch festhalten, so sehen wir die Ergebnisse der Versuche voraus. Bei weiterer Abkürzung des Stabes ändert sich auch die Tastempfindung, er fängt zudem an zu tönen, es tritt also wieder eine neue Erscheinung auf. Da sich aber nicht alle Erscheinungen *auf einmal* gänzlich ändern, sondern immer nur eine oder die andere, bleibt der *begleitende* Gedanke der Schwingung ... noch immer *nützlich,* noch immer ökonomisch. Selbst wenn der Ton so hoch und die Schwingungen so klein geworden sind, daß die erwähnten Beobachtungsmittel der früheren Fälle versagen, stellen wir uns mit *Vorteil* noch den tönenden Stab schwingend vor und können die Schwingungen ... voraussagen. Würden *alle* Erscheinungen bei weiterer Abkürzung plötzlich in *neue* übergehen, so würde die Vorstellung der Schwingung nichts mehr *nützen,* weil dieselbe kein Mittel mehr bieten würde, die neuen Erfahrungen durch die früheren zu *ergänzen*.

Erneut ist zu beachten, wie weit Mach hier entfernt ist von der Annahme, der Stab, dessen Schwingungen wir nicht mehr sehen, *schwinge in Wirklichkeit weiter* und wir könnten das unter den und den verbesserten Umständen auch sehen. Selbst wenn diese Umstände einträten, und wir sähen die (nun schnelleren) Schwingungen immer noch, wäre das kein Triumph für den Realisten. Es wäre eine neue Erscheinung, entsprechend den neuen Umständen. Planck hatte in seinem Vortrag gesagt:[61]

Kein Physiker zweifelt wohl an der Zulässigkeit der Behauptung, daß ein mit physikalischer Intelligenz begabtes Geschöpf, welches ein spezifisches Organ für ultraviolette Strahlen besitzt, diese Strahlen als gleichartig mit den sichtbaren anerkennen würde, obwohl noch niemand weder einen ultravioletten Strahl noch ein solches Geschöpf gesehen hat.

Für Planck ist diese Behauptung ein Beispiel dafür, wie man in der Physik «über das direkt Beobachtete hinaus Schlüsse macht, die nie und nimmer durch menschliche Beobachtungen geprüft werden können». An Machs Kontinuitätsprinzip hat Planck dabei wohl gar nicht gedacht. Tun wir dies aber, so sehen wir leicht, wie schwierig es werden kann, die Grenzen dieses Prinzips genauer zu bestimmen. Denn auf der einen Seite erinnert die Extrapolation der Gleichartigkeit unserer Farbempfindungen für die verschiedenen sichtbaren Farben auf einen neuen Frequenzbereich zweifellos an das in Rede stehende Prinzip. Andererseits muß man sich aber sagen, daß unsere gewöhnliche Wahrnehmung von Licht von der physikalischen Vorstellung, die man sich schließlich vom Licht gemacht hat, zu weit entfernt ist, als daß die *physikalische* Gleichartigkeit unsichtbarer elektromagnetischer Strahlung allemal eine *physiologische* Entsprechung haben müßte. Wie also soll man sich entscheiden?

Noch weiter entfernen wir uns von unseren Empfindungen mit der Frage, wie wir *Atome* wahrnehmen würden und ob wir ihre Existenz noch mit dem Kontinuitätsprinzip erschließen könnten. Nach Machs Auffassung überschreitet man bei den Atomen dessen Grenze definitiv. Er vergleicht diesen Fall mit dem vorhergehenden folgendermaßen:[62]

Nicht jede bestehende wissenschaftliche Theorie ergibt sich so natürlich und *ungekünstelt* [wie die vorher behandelte Theorie des Stabes]. Wenn z. B. chemische, elektrische, optische Erscheinungen durch Atome erklärt werden, so hat sich die Hilfsvorstellung der Atome nicht nach dem Prinzip der Kontinuität ergeben, sie ist vielmehr für diesen Zweck eigens erfunden. Atome können wir nirgends wahrnehmen, sie sind wie alle Substanzen Gedankendinge. Ja, den Atomen werden zum Teil Eigenschaften zugeschrieben, welche allen bisher beobachteten widersprechen. Mögen die Atomtheorien immerhin geeignet sein, eine Reihe von Tatsachen darzustellen, die Naturforscher, welche Newtons Regeln des Philosophierens sich zu Herzen genommen haben, werden diese Theorien nur als *provisorische* Hilfsmittel gelten lassen und einen Ersatz durch eine natürlichere Anschauung anstreben.

Atome bekommen wir also (soweit überhaupt) auf andere Weise, und Einzelheiten dazu werden im kommenden Abschnitt behandelt werden. Dabei werden wir auch einer interessanten Beziehung von Atomtheorien zum Einsatz der Mathematik in der Physik begegnen.

In seiner Antwort auf Planck hat Mach die biologischen Wurzeln seines Ökonomieprinzips betont. Sie liegen in einem zu seiner Zeit, d.h. in der zweiten Hälfte des 19. Jahrhunderts, sehr populären Wissenschaftsdarwinismus, der heute als sogenannte evolutionäre Erkenntnistheorie wiederaufgelebt ist. Danach schreitet die Wissenschaft voran durch einen «Wettstreit der Gedanken als Lebenskampf». Ein wesentliches Hilfsmittel für den Überlebenskampf ist die Denkökonomie. Denn das Überleben ist eine Frage der «Anpassung der Gedanken an die Tatsachen und der Anpassung der Gedanken aneinander». Als ökonomischer Prozeß bietet dieser Vorgang einen besonderen Überlebensvorteil und schließt zwecklose Tätigkeit aus.[63] Später in demselben Artikel sagt Mach dann aber, «die Denkökonomie sei in ihren Zielen durchaus nicht auf die Untersuchung menschlich-praktisch-ökonomischer Bedürfnisse beschränkt»,[64] obwohl sie von ihnen ausgeht. Das gibt Planck die Gelegenheit zu replizieren:[65]

... es geht doch nicht an, zuerst das Prinzip der Ökonomie durch ausdrückliche Berufung auf seine menschlich-praktische Bedeutung als Trumpf gegen die Metaphysik auszuspielen und dann nachträglich, wenn es so nicht mehr passen will, das Menschlich-Praktische an der Ökonomie ebenso ausdrücklich wieder in Abrede zu stellen. Mit diesem geschmeidigen Begriff der Ökonomie läßt sich natürlich alles machen, oder vielmehr: es läßt sich überhaupt nichts Bestimmtes machen.

Dieser Vorwurf ist berechtigt, und wir haben nun schon öfter gesehen, welche Schwierigkeiten man sich einhandelt, wenn man den Sprung ins kalte Wasser der metaphysischen Annahmen nicht machen will. Man hat Schwierigkeiten festzulegen, *wie weit* man gehen will mit der Einführung gedanklicher Fiktionen als bloß zweckmäßiger Hilfsmittel. Der reine Metaphysiker springt einfach ins Wasser. Den Physiker zieht die Entwicklung seiner Disziplin in die metaphysische Richtung, und es ergeht ihm wie dem angelnden Fischer mit der Meerjungfrau in Goethes Ballade:

> Sie sprach zu ihm, sie sang zu ihm;
> Da war's um ihn geschehn:
> Halb zog sie ihn, halb sank er hin,
> Und ward nicht mehr gesehn.

Es kann heute keine Frage sein, daß die Kontroverse zwischen Mach und Planck zugunsten Plancks ausgegangen ist, sofern man sie als paradigmatisch ansieht für die Auseinandersetzung zwischen einem bestimmten Phänomenalismus und dem wissenschaftlichen Realismus. Und das ist der Fall, obwohl Mach in dieser Auseinandersetzung der philosophisch bedeutendere Kopf war. Sein Herz aber hatte er an eine Sache gehängt, über welche die Physik mit einer gewissen Brutalität hinweggehen mußte, um sich selbst treu zu bleiben. So ist denn Machs Theorie, wie schon gesagt, nie wirklich ausgearbeitet worden, weder von ihm noch von einem seiner Anhänger oder Nachfolger. Eine solche Ausarbeitung würde in allen Einzelheiten zeigen, daß man es hier mit einer *anderen Physik* zu tun bekäme – einer echten Alternative und nicht nur einem Ergebnis feierabendlicher Träumereien. Hätte auch Machs Vorgehen genügend viele Geister angezogen, so hätten wir heute eine zweite Physik, und ein Student müßte sich entscheiden, welche Physik er studieren will, wenn nicht gar beide. Aber es ist anders gekommen, und Planck hat in einem Nachspiel seiner Kontroverse mit Mach in den dreißiger Jahren noch einmal unnachgiebig ausgesprochen:[66]

… wer sucht, der muß etwas als vorhanden annehmen, nach dem er sucht. Dieses Etwas ist das Reale im metaphysischen Sinn … [ich halte] … das metaphysisch Reale für die unerläßliche Voraussetzung der Naturwissenschaft und den Glauben daran für die Wurzel des wissenschaftlichen Erkenntnistriebes, ja ich wage die Behauptung, daß jeder echte Naturforscher die Existenz einer realen Welt in dem geschilderten Sinn als eine Selbstverständlichkeit betrachtet, über die er nicht einmal gern kritisch nachdenkt, weil jeder Zweifel daran ihn nur von seiner Arbeit ablenken würde.

III. Für und gegen Atome (Boltzmann versus Mach)

> Ham's schon mal eins g'sehn?
> *Ernst Mach*

Die Kontroverse, über die ich in diesem Kapitel ein paar Worte sagen will, ist älter als die zwischen Planck und Mach. Aber sie ist nicht älter, als die Kontroverse zwischen Planck und Mach *hätte* sein können. Die Auseinandersetzung zwischen Realismus und Positivismus reicht wenigstens bis ins 17. Jahrhundert zurück; tatsächlich betrifft sie in immer wieder abgewandelter Form ein klassisches Problem abendländischen Philosophierens, das schon der Antike bekannt war. In einem etwas spezielleren Sinne gilt dies auch für die Auseinandersetzungen um die Existenz von Atomen. Der *Atomismus* hat in der Antike von Demokrit über Epikur bis in die Spätantike hinein eine Tradition entwickelt und in Gegnerschaft zu anderen Traditionen wie etwa der Kontinuumsphysik der Stoiker gestanden. Im 17. Jahrhundert wurde der Atomismus, der während des Mittelalters keine Rolle gespielt hatte, zuerst durch Gassendi wiederbelebt und ist dann auch von Physikern wie Newton, Boyle, Boscovich und anderen als naturphilosophische Theorie akzeptiert und weiterentwickelt worden. Aber erst im 19. Jahrhundert konnte er vor allem im Zusammenhang mit dem Fortschreiten der Chemie eine wissenschaftliche Bedeutung im modernen Sinne erlangen.

Für den Streit zwischen den Realisten und Positivisten definierte der Atomismus einen *Testfall:* Wer ihn ernstlich vertritt, kann kaum eine andere als die realistische Position einnehmen, und wer ihn ablehnt, hat dafür gute Gründe gerade aufgrund seiner positivistischen Position. Mach soll kein Gespräch über die Existenz der Atome geführt haben, ohne seinen Partner gefragt zu haben: «Ham's schon mal eins g'sehn?» Demgegenüber hat Planck bereits 1908 betont: «Die Atome ... sind nicht mehr und nicht weniger real als die Himmelskörper und als die uns umgebenden irdischen Objekte ...»[1] Auch in der Planck-Mach-

Debatte flackert dieser Streit wieder auf, obwohl zu diesem Zeitpunkt die Sache eigentlich bereits zugunsten der Atome entschieden war und die Verstocktheit eines Mach dazugehörte, auch weiterhin den Skeptiker zu spielen.[2] Für Machs Generation war vielleicht typisch, daß die antimetaphysische Einstellung der Gegner der Atome vehementer als die ausdrücklich realistische Position der Vertreter der Atomistik vorgetragen wurde. Sogar in Boltzmann sehen manche eher einen Instrumentalisten, für den atomistische Annahmen eine elegante Theorie garantierten, gleichgültig, ob ihre Existenzimplikationen nun stimmten oder nicht. Durch Einsteins Theorie der Brownschen Bewegung und ihre empirische Bestätigung durch Perrin ist die Sache des Realismus zwar um ein gutes Stück gefördert worden, aber war noch nicht entschieden, und das gilt in noch stärkerem Maße für die Sache des Atomismus. Dabei klingt es doch reichlich paradox, wenn jemand sagt: Ich glaube an die Atome, aber ein Realist bin ich nicht. Wie wir später sehen werden, fällt vom Standpunkt der Quantentheorie aus wieder ein ganz neues Licht auf eine solche Äußerung.

In der klassischen Physik unterscheiden wir die Mechanik eines n-Körper-Systems von der eines Kontinuums. Die n-Körper werden als ein System von endlich vielen Freiheitsgraden beschrieben, während sich die Mechanik der Kontinua mit Systemen von unendlich vielen Freiheitsgraden befaßt. Vor hundert Jahren drückte man sich über diese Gegenstände noch etwas anders aus, und um darauf gefaßt zu sein, gebe ich hier einen Text von Boltzmann wieder:[3]

Außer der Atomistik in ihrer heutigen Form ist noch eine zweite Methode in der theoretischen Physik üblich, nämlich die Darstellung eines möglichst eng begrenzten Tatsachengebietes durch Differentialgleichungen. Wir wollen sie die Phänomenologie auf mathematisch-physikalischer Grundlage nennen. Da dieselbe ein neues Bild der Tatsachen gibt und es selbstverständlich vorteilhaft ist, möglichst viele Bilder zu besitzen, so ist sie natürlich neben der Atomistik in deren heutiger Gestalt von hohem Wert ... Man hat nun oft die Ansicht ausgesprochen, daß die nach der phänomenologischen Methode erhaltenen Bilder aus inneren Gründen den Vorzug vor denen der Atomistik verdienen.

Dieser Text ist nur aus seinem Kontext heraus verständlich, und dieser ergibt sich hier durch die Auslegung des Wortes ‹Differentialgleichung›: Die Grundgleichungen der Atomistik sind schließlich ebenfalls

Differentialgleichungen, und darauf – hier Differentialgleichungen, dort keine – kann also der Unterschied nicht beruhen. Vielmehr geht es im einen Fall – der Atomistik – um gewöhnliche Differentialgleichungen für Teilchenbahnen, im anderen Fall um partielle Differentialgleichungen für feldartige Gebilde, also für Größen wie die materielle Dichte, das Geschwindigkeitsfeld, den Druck, die Temperatur etc. Der Ausdruck ‹Phänomenologie auf mathematisch-physikalischer Grundlage› bedeutet dann in moderner Ausdrucksweise nichts anderes als die allgemeine Kontinuumsmechanik: die Mechanik kontinuierlich in Raum und Zeit verteilter Materie, deren Zustand durch Größen der angedeuteten Art beschrieben wird. Obwohl sich Boltzmann in unserem Text, der die ersten Sätze einer Arbeit über die Unentbehrlichkeit der Atomistik bildet, sogleich als Pluralist zu erkennen gibt, der neben der Atomistik auch das Konkurrenzunternehmen der Phänomenologie willkommen heißt, führt er diese doch auch ein, um die Atomistik indirekt zu verteidigen.

In physikalischen Kreisen verstand man unter «Phänomenologie» das Programm, alle physikalischen Theorien nur in empirischen, der unmittelbaren Wahrnehmung direkt zugänglichen Begriffen zu formulieren. Daß man die Kontinuumstheorien als phänomenologische Theorien explizit der Atomistik gegenüberstellte, schloß natürlich die Aussage ein, daß die atomistischen Theorien eben keine phänomenologischen waren. Denn sie fußten auf dem Begriff des Atoms, und Atome hatte noch keiner ‹gesehen›. Die Kontinuumstheorien galten hingegen als phänomenologisch. Gegen diese Unterstellungen, und etwas anderes war es zunächst nicht, wandte sich nun Boltzmann mit großer Entschiedenheit:[4]

Wenn die Phänomenologie glaubte, die Natur darstellen zu können, ohne irgendwie über die Erfahrung hinauszugehen, so halte ich das für eine Illusion. Keine Gleichung stellt irgendwelche Vorgänge absolut genau dar, jede idealisiert sie, hebt Gemeinsames heraus und sieht von Verschiedenem ab, geht also über die Erfahrung hinaus. Daß dies notwendig ist, wenn wir irgendeine Vorstellung haben wollen, die uns etwas Künftiges vorauszusagen erlaubt, folgt aus der Natur des Denkprozesses selbst, der darin besteht, daß wir zur Erfahrung etwas hinzufügen und ein geistiges Bild schaffen, welches nicht die Erfahrung ist und darum viele Erfahrungen darstellen kann.

Boltzmann stellt hier schon nicht mehr die Existenzfragen ‹Gibt es die Atome?› und ‹Gibt es das (physikalische) Kontinuum?›, sondern geht einen Schritt weiter und fragt unter der Voraussetzung, daß die Existenzfragen positiv zu beantworten sind: ‹Gehen wir in unseren üblichen Annahmen zu den Atomen bzw. das Kontinuum über unsere Erfahrung hinaus?› Indem er voraussetzt, daß diese Frage sogar von Atomisten positiv beantwortet wird, weist er darauf hin, daß die Phänomenologen in der Gefahr sind, dieselbe Frage für das Kontinuum negativ zu beantworten, ohne doch hinreichend glaubhafte Argumente dafür zu haben. Damit beginnt also aus Boltzmanns Sicht der Streit zwischen den beiden Lagern. Nahe verwandt damit ist die andere Frage, ob die Atome bzw. das Kontinuum Gegenstand unserer unmittelbaren Wahrnehmung seien. Auch hier würden sogar die Atomisten mit «Nein» antworten, während es für einen Phänomenologen reizvoll wäre, hinsichtlich des Kontinuums Argumente für eine positive Antwort zu suchen. Solcher Art sind also die Fragen, die auf diesem Felde schon bei den Grundbegriffen auftreten und die die Wege, welche man hier zu gehen hat, langen Schatten vergleichbar, verdunkeln.

Die Gegnerschaft Machs und Boltzmanns in Sachen Atomistik, die uns in diesem Kapitel beschäftigen soll, ist nicht in Form einer Artikelserie oder eines Schriftwechsels dokumentiert, wo Argument und Gegenargument aufeinanderfolgen. Es verhielt sich einfach so, daß Boltzmann an die Atome glaubte und Mach nicht. Jeder hatte Gründe für seinen Standpunkt; der allgemeinste hatte damit zu tun, daß Boltzmann Realist war und Mach Phänomenalist. Wenn sie sich gelegentlich trafen, haben sie über die Sache diskutiert, aber wir kennen nicht die Einzelheiten dieser Auseinandersetzung. Wir müssen also auf die Begründungen zurückgreifen, soweit sie uns schriftlich überliefert sind.

Mach war als junger Mann selbst Atomist, bevor er Anfang der 1870er Jahre begann, den Atomismus anzugreifen.[5] Anfang des 20. Jahrhunderts wurden Mach Szintillationen vorgeführt, die von einzelnen α-Teilchen hervorgerufen waren. Angeblich soll Mach hiervon so beeindruckt gewesen sein, daß er ausrief: «Nun glaube ich an die Existenz von Atomen!» Dieser simplen Geschichte widersprechen aber spätere Äußerungen Machs, insbesondere aus der Kontroverse mit Planck, wo es (noch 1910) heißt:[6]

> Was ... die ‹Realität› der Atome betrifft, so zweifle ich gar nicht, daß, wenn die Atomtheorie der sinnlich gegebenen Realität ... angepaßt ist, auch die hieraus gezogenen Folgerungen in *irgendeiner* Weise zu den *Tatsachen* in Beziehung stehen werden, nur in *welcher* bleibt fraglich ... Also den Glauben der Physiker in Ehren! Ich kann ihn aber nicht zu dem meinigen machen.

Diese Einstellung verwundert nicht, wenn wir bedenken, was im vorigen Abschnitt über Machs Phänomenalismus gesagt wurde. ‹Tatsachen› sind da nur Abhängigkeiten zwischen Empfindungen und allenfalls gewisse Extrapolationen nach dem Kontinuitätsprinzip. Wie und wo sollten da Atome ins Spiel kommen? Nach der Abkehr von seiner frühen atomistischen Phase und im Zuge der Konsolidierung seiner phänomenalistischen Position wird Mach zur Ablehnung einer realistischen Annahme von Atomen als Substanzen geführt worden sein – und das noch vor den ersten Erfolgen der kinetischen Theorie. Im Hinblick auf die spätere Entwicklung zur Quantentheorie ist bemerkenswert, daß Mach sich sofort nach seinem Positionswechsel vor allem gegen die Vorstellung wendet, Atome, wenn es sie denn geben sollte, zeigten dasselbe insbesondere räumliche Verhalten wie die sichtbaren Körper. Sehr viel kurzsichtiger fällt demgegenüber Voigts Urteil in einem Übersichtsartikel von 1915 zu den jeweiligen Leistungen der atomistischen und der phänomenologischen Richtung aus; danach kann «das Bild, das wir uns von Molekülen und ihren Wechselwirkungen machen, ... nicht wohl etwas anderes sein als die untermikroskopische Verkleinerung irgendeines uns in großen Dimensionen verständlichen und bis zu einem gewissen Grade nachbildbaren Mechanismus».[7] Es läuft auf dasselbe hinaus, wenn im selben Jahr W. Wien schreibt, «daß ebenso, wie alle auf der Erde geltenden Naturgesetze sich im ganzen Weltall bestätigen, diese Gesetze auch im Innern der Atome zu gelten scheinen».[8]

Machs grundsätzliche Skepsis war allerdings instrumentalistisch dadurch gemildert, daß er atomistische Theorien, damals also mechanische Theorien der atomaren Bewegungen, als Mittel (als ‹Instrumente›) zuließ, wenn sie auf phänomenaler Ebene nach den üblichen Kriterien brauchbare Ergebnisse lieferten. «Es wird auch jeder», so seine Ansicht, «der einmal bei der Forschung den Wert einer *anschaulichen*, eine Tatsache darstellenden Vorstellung gefühlt hat, die Anwendung solcher Vorstellungen als *Mittel* gerne zulassen.»[9] Mach lobt die kinetische Theorie angesichts ihrer Erfolge und hat nichts gegen «die Freiheit, die man sich erlaubt, indem man unsichtbare verborgene Bewegungen annimmt». *Aber* all dies wird nur konzediert unter einem entscheidenden, eben instrumentalistischen Vorbehalt: Bei aller Zulässigkeit beliebiger Vorstellungen als Forschungs*mittel* ist es notwendig, «von Zeit zu Zeit die Darstellung der Forschungs*ergebnisse* von den überflüssigen unwesentlichen Zutaten zu reinigen, welche sich durch die Operation mit Hypothesen eingemengt haben».[10] Weil am Ende diese Elimination steht, ist vorher mit den ungedeuteten Teilen einer Theorie alles erlaubt. Gerade wenn die Atome nicht der Erscheinungswelt angehören, sind wir frei, Gott weiß was für mathematische Vorstellungen mit ihnen zu verbinden. Wenn wir Atome schon nicht wahrnehmen können, warum sich dann noch ein Bild von ihnen machen, als ob wir sie wahrnehmen könnten oder eines Tages wahrnehmen würden? Die hier auf die Spitze getriebene pragmatische Haltung, daß jedes Mittel recht sei, um Ergebnisse zu erzielen, scheint Mach geradezu blind gemacht zu haben gegenüber dem Verdacht, daß der mit ihnen erzielte empirische *Erfolg* gewisse Mittel selbst zu Ergebnissen machen kann. Aber das sieht man halt nur, wenn man sich schon die realistische Sehweise angewöhnt hat. Machs Forderung der letztlichen Elimination aller in der ‹Wirklichkeit› ungedeutet bleibenden Hilfsvorstellungen aus der Theorie macht den Hauptunterschied aus zwischen seinem und Boltzmanns Instrumentalismus.

Wie wenig Mach bereit war, die Lehre von Atomen als Gegenständen *sui generis* innerlich zu akzeptieren, zeigt sich auch an seiner impliziten Geringschätzung der mit einer Atomtheorie erreichbaren reduktionistischen Leistungen. Ihm lag der Gedanke gänzlich fern, die Physik könne einmal zur Grundlage für *alle* empirischen Naturwissenschaften werden einschließlich der für die Erkenntnisvorgänge zuständigen Disziplinen wie Physiologie, insbesondere Neurophysiologie und Psychologie. Wenn es nach Mach ginge, könnte diese Situation auch durch die Atomlehre nicht herbeigeführt werden. Im Gegenteil, Mach empfindet den Gedanken, auf sie eine Erkenntnistheorie zu stützen, als Absurdität:[11]

Bald nach Erscheinen der ersten Auflage dieser Schrift belehrte mich ein Physiker darüber, wie ungeschickt ich meine Aufgabe angefaßt hätte. Man könne, meinte er, die Empfindungen nicht analysieren, bevor die Bahnen im Gehirn nicht bekannt seien. Dann allerdings würde sich alles von selbst ergeben. Diese Worte, welche vielleicht bei einem Jüngling der Laplaceschen Zeit auf fruchtbaren Boden gefallen wären und sich zu einer psychologischen Theorie auf Grund ‹verborgener Bewegungen› [!] entwickelt hätten, konnten mich natürlich nicht mehr bessern.

Der Physiker, den Mach hier erwähnt, war kein Geringerer als Ludwig Boltzmann, den er ganz in der Tradition des Reduktionismus Lockescher Prägung sieht. Für Mach jedoch ist dieser Reduktionismus nicht nur noch nicht gelungen, er ist für ihn ein «ungeheuerlicher Gedanke», und das Vorhaben, das auf ihm fußt, undurchführbar aufgrund einer «*verkehrten Fragestellung*», nämlich der nach einer ‹Erklärung› unserer Empfindungen, gerade so, wie wir sie haben, aus in der materiellen Welt gelegenen Ursachen.[12] Daß wir eine solche Erklärung vergeblich suchen, hatte Du Bois-Reymond in seinem berühmten Vortrag von 1872 behauptet und mit dem Stempel ‹Ignorabimus› versehen.[13] Mach sah diese negative Einsicht als einen «wesentlichen Fortschritt» an, meinte aber, daß der berühmte Physiologe den noch wichtigeren Schritt nicht mehr getan habe: Er habe nicht gesehen, «daß ein prinzipiell als unlösbar erkanntes Problem auf einer *verkehrten Fragestellung* beruhen muß». Und noch einen weiteren Fehler wirft Mach ihm vor: Trotz seiner monistischen Tendenz, physische und psychische Elemente einander anzunähern, sieht auch Mach eine wesentliche Asymmetrie:[14]

Während es keiner Schwierigkeit unterliegt, *jedes physische* Erlebnis aus Empfindungen, also psychischen Elementen, aufzubauen, ist keine Möglichkeit abzusehen, wie man aus den in der heutigen Physik üblichen Elementen: Massen und Bewegungen ... irgendein *psychisches* Erlebnis darstellen könnte. Wenn Dubois letzteres richtig erkannte, so bestand sein Fehler doch darin, daß er an den umgekehrten Weg gar nicht dachte, und die Reduktion beider Gebiete aufeinander darum überhaupt für unmöglich hielt.

Der von Mach beschrittene Weg des neutralen Monismus ist im vorigen Kapitel kurz erläutert worden. In diesem Kontext haben Atome und Moleküle lediglich die Funktion von «Gedankensymbolen»:[15]

Kann schon die gewöhnliche ‹Materie› nur als ein sich unbewußt ergebendes, sehr natürliches Gedankensymbol für einen relativ stabilen Complex sinnlicher Elemente betrachtet werden, so muß dies um so mehr von den künstlichen, hypothetischen Atomen und Molekülen der Physik und Chemie gelten. Diesen Mitteln verbleibt ihre Wertschätzung für ihren besonderen beschränkten Zweck. Sie bleiben ökonomische Symbolisierungen der physikalisch-chemischen Erfahrung. Man wird aber von ihnen wie von den Symbolen der Algebra nicht mehr erwarten, als man in dieselben hineingelegt hat ... Schon im Gebiete der Physik selbst bleiben wir vor Überschätzung unserer Symbole bewahrt. Noch weniger aber wird der ungeheuerliche Gedanke, die Atome zur Erklärung der psychischen Vorgänge verwenden zu wollen, sich unserer bemächtigen können.

Die hier gebrauchte Formulierung des bloß ‹symbolischen› Wertes der Atomvorstellung hat Mach an anderer Stelle explizit mit der *Mathematik* verbunden und gesagt:[16]

Die Atomtheorie hat in der Physik eine ähnliche Funktion wie gewisse mathematische Hilfsvorstellungen; sie ist ein mathematisches *Modell* zur Darstellung der Tatsachen. Wenn man auch die Schwingungen durch Sinusformeln, die Abkühlungsvorgänge durch Exponentielle, die Fallräume durch Quadrate der Zeiten darstellt, so denkt doch niemand daran, daß die Schwingungen *an sich* mit einer Winkel- oder Kreisfunktion, der Fall an sich mit dem Quadrieren etwas zu tun hat. Man hat eben bemerkt, daß zwischen den beobachteten Größen ähnliche Beziehungen stattfinden wie zwischen gewissen uns *geläufigen* Funktionen, und benutzt diese *geläufigeren* Vorstellungen zur bequemen Ergänzung der Erfahrung ... Als solche mathematischen Hilfsvorstellungen können auch Räume von mehr als drei Dimensionen nützlich werden ... Man hat deshalb nicht nötig, dieselben für mehr zu halten als für Gedankendinge.

In der Kopenhagener Deutung hat die Quantentheorie gelehrt, daß es auf einer tieferen Ebene als derjenigen der Phänomene tatsächlich nicht mehr – für uns jedenfalls nicht mehr – gibt als mathematische Kalkulationen – insofern klingt Machs Aussage wiederum durchaus modern.

Bereits in seinem Büchlein von 1872 über das Energieprinzip hatte Mach es als ganz willkürlich bezeichnet, Atome und Moleküle in einem dreidimensionalen Raum angeordnet zu denken.[17] Wir könnten mit demselben Recht statt des gewöhnlichen Raums auch die eindimensionale Tonreihe für die ‹Veranschaulichung› der Teilchen wählen. In beiden Fällen würden wir uns aber Beschränkungen auferlegen, die nicht nötig sind: «Es liegt keine Notwendigkeit vor, sich das bloß Gedachte räumlich, d.h. mit den Beziehungen des Sichtbaren und Tastbaren, zu denken, ebensowenig als es nötig ist, dasselbe in einer bestimmten Tonhöhe zu denken.» Mach zeigt dann, daß diese Beschränkungen dadurch schrittweise aufgehoben werden können, daß man zur Darstellung in Räumen höherer Dimension als 3 (oder gar 1) übergeht. Selbstverständlich werden damit nur Hilfsvorstellungen eingeführt, die nicht dieselbe physikalische Interpretation haben wie im dreidimensionalen Fall. Ihre Zweckmäßigkeit müssen sie von anderswoher beziehen.

Fragwürdig werden alle diese im Namen des Atomismus unternommenen instrumentalistischen Überlegungen jedoch durch den Umstand, daß man sie überhaupt noch an diesem Namen aufhängt. Denn mit welchem Recht tut man dies, wenn die eingebauten Hilfsvorstellungen völlig beliebig sein dürfen und jedenfalls keine aus dem Atomismus stammenden Ideen zu sein brauchen? Angenommen, man hätte mit einem solchen Elaborat Erfolg, wie käme man dazu, diesen Erfolg dem Atomismus zuzuschreiben, wenn in dem ganzen Unternehmen nur noch dessen Name übrig ist?

Ludwig Boltzmann, dessen Position ich mich jetzt zuwende, hat eine geistige Entwicklung durchgemacht, die nicht der Tragik entbehrt. Boltzmann stand an der Schwelle der Durchsetzung des modernen Atomismus. Als junger Mann war er ein reiner Physiker, der die von Clausius und Maxwell angebahnte kinetische Gastheorie mit der nach ihm benannten Gleichung bereichert und zu einer gewissen Vollendung gebracht hatte. Die Theorie war aber atomistisch, und die Atome blieben das ganze 19. Jahrhundert hindurch ein spekulatives Objekt. Viele Physiker, enttäuscht von der erwähnten unglücklichen Ehe mit dem deutschen Idealismus, nahmen eine bewußt positivistische oder phänomenalistische Haltung ein, die dem Atomismus nicht günstig war. Trotz beachtlicher empirischer Erfolge stellten sich für die kinetische Theorie auch Schwierigkeiten ein, und Boltzmann, der von dem atomistischen Ansatz überzeugt war, sah sich mehr und mehr dazu veranlaßt, philosophische Argumente zugunsten der Theorie vorzubringen. Lise Meitner erinnert sich aus dieser Zeit, Boltzmann habe erzählt, «wieviel Schwierigkeit und Widerstand er begegnet sei, weil er von der realen Existenz der Atome überzeugt war, und wie er von philosophischer Seite angegriffen worden sei, ohne immer zu verstehen, was man gegen ihn hatte».[18] In der Tat hat Boltzmann gegen Ende seines Lebens die Sitzungen der Philosophischen Gesellschaft häufiger als die physikalischen Fachveranstaltungen besucht[19] und auch von sich aus überwiegend philosophische, nicht mehr physikalische Arbeit geleistet, jedoch ohne daß sich der beabsichtigte Effekt einstellte. Philosophische Unterstützung suchend, sah Boltzmann sich immer mehr in das Lager seiner Gegner abgedrängt.

Ich halte es allerdings für übertrieben, den Vorgang als eine ‹Konversion› zu bezeichnen.[20] Und erst recht gehört die Geschichte, daß Boltzmanns Freitod von Machs unnachgiebiger Haltung in Sachen Atomistik verursacht worden sei, wohl in das Reich der Fabel.[21] Anders als Mach und Planck kannten sich Mach und Boltzmann persönlich und standen auf gutem Fuße miteinander. Im übrigen war Boltzmann auf dem Kontinent der führende Atomist seiner Zeit und wurde von seinen Kollegen – insbesondere von denen auf dem Kontinent, neben Mach noch Ostwald, Helm, Poincaré, Duhem und Zermelo – auch als solcher gesehen. Aber er war ein Atomist besonderer Sorte und verhielt sich gegenüber der jüngsten Entwicklung der Physik eher konservativ. Eine sehr persönlich gehaltene Äußerung über seinen Standpunkt findet sich in einem 1899, also nur sieben Jahre vor seinem Tode, gehaltenen Vortrag «Über die Entwicklung der Methoden der theoretischen Physik in neuerer Zeit». Boltzmann schildert diese Entwicklung zunächst bis zu der «Entwicklungsstufe ... beim Beginne meiner Studien»:[22]

Während man ... in den ersten Zeiten außer dem greifbaren Stoffe noch einen Wärmestoff, Lichtstoff, zwei magnetische, zwei elektrische Fluida usw. angenommen hatte, reichte man jetzt mit dem ponderablen Stoffe, dem Lichtäther, und den elektrischen Flüssigkeiten aus. Jeden dieser Stoffe dachte man sich bestehend aus Atomen, und die Aufgabe der Physik schien sich für alle Zukunft darauf zu reduzieren, das Wirkungsgesetz der zwischen je zwei Atomen tätigen Fernkraft festzustellen und dann die aus allen diesen Wechselwirkungen folgenden Gleichungen unter den entsprechenden Anfangsbedingungen zu integrieren.

Nach dieser nüchternen Feststellung bricht es dann förmlich aus ihm heraus, wenn er daran denkt, was in der Zwischenzeit, also in einem runden halben Jahrhundert, nicht alles an Umwälzungen in der theoretischen Physik geschehen sei! Er kommt sich vor wie ein Greis innerhalb der Wissenschaft und möchte sagen:

... ich bin allein übriggeblieben von denen, die das Alte noch mit voller Seele umfaßten, wenigstens bin ich der einzige, der noch dafür ... kämpft.

Und nun folgt geradezu ein wissenschaftliches Credo mit den Worten:

Ich betrachte es als meine Lebensaufgabe, durch möglichst klare, logisch geordnete Ausarbeitung der Resultate der alten klassischen Theorie ... dazu beizutragen, daß das viele Gute und für immer Brauchbare, das meiner Überzeugung nach darin enthalten ist, nicht einst zum zweiten Male entdeckt werden muß, was nicht der erste Fall dieser Art in der Wissenschaft wäre.

Boltzmann tritt hier der Tendenz zu einer rein phänomenologisch betriebenen Physik entgegen, für die eine berühmt gewordene lakonische Formulierung von Kirchhoff kennzeichnend ist, wonach die Aufgabe der Mechanik darin besteht, «die in der Natur vor sich gehenden Bewegungen zu *beschreiben*», und zwar in dem einschränkenden Sinne, «daß es sich nur darum handeln soll anzugeben, welches die Erscheinungen sind, die stattfinden, nicht aber darum, ihre *Ursachen* zu ermitteln».[23] Boltzmann liebte demgegenüber Theorien mit einem *möglichst hohen Erklärungspotential,* und das besaß zweifellos seine kinetische Gastheorie. Man hat auch nicht lange darauf warten müssen, daß berühmte Physiker schon der nächsten Generation sie gerade deswegen gepriesen haben, allen voran Einstein, der es im genauen Gegensatz zur Phänomenologie als eine der «Sehnsüchte der Theorie» bezeichnet,[24]

[daß] wir nicht nur wissen wollen, wie die Natur ist (und wie ihre Vorgänge ablaufen), sondern wir wollen auch nach Möglichkeit das vielleicht utopisch und anmaßend erscheinende Ziel erreichen zu wissen, warum die Natur *so und nicht anders ist.*

Diese Forderung fand Einstein in Boltzmanns molekularkinetischer Theorie der Gase besonders gut erfüllt: Man lerne hier physikalische, insbesondere phänomenologische Beziehungen für Gase *als logisch notwendige Folgerungen* aus den Grundhypothesen dieser Theorie kennen und erlebe gewissermaßen, «daß selbst Gott jene Zusammenhänge nicht anders hätte festlegen können, als sie tatsächlich sind ... Hier hat für mich», schwärmt Einstein, «stets der eigentliche Zauber wissenschaftlichen Nachdenkens gelegen; es ist sozusagen die religiöse Basis des wissenschaftlichen Bemühens.»

Was für Argumente hat nun Boltzmann zugunsten der Atomistik vorgebracht? Da ist zunächst ein noch sehr unspezifisches, pluralistisches Argument: Die jüngste Entwicklung der Atomistik in Form der kinetischen Gastheorie war parallel und sogar in Konkurrenz zur Entwicklung der Kontinuumsmechanik erfolgt. Eine solche Situation hat Boltzmann grundsätzlich begrüßt und als forschungsstrategisch vorteilhaft angesehen; denn die Parallelentwicklung der ‹Phänomenologie› (= Kontinuumsmechanik) ermöglicht Gegenargumente zur Atomistik, wie umgekehrt diese die Kritik an der phänomenologischen Richtung ermöglicht. Boltzmann war also Pluralist, wenn auch wahrscheinlich nur in dem schwächeren Sinn, daß dieser Zustand nicht ewig andauern, sondern aus einer solchen Auseinandersetzung schließlich *eine* Theorie als Sieger hervorgehen sollte. Das folgende Zitat ist in dieser Hinsicht allerdings auslegungsfähig:[25]

Man würde nichts von der Sicherheit verlieren, wenn man die Phänomenologie der möglichst sichergestellten Resultate streng von den zur Zusammenfassung dienenden Hypothesen der Atomistik trennt und beide als gleich unentbehrlich mit gleichem Eifer fortentwickelt, aber nicht unter bloßer einseitiger Beachtung der Vorzüge der Phänomenologie behauptet, daß diese jedenfalls einmal die heutige Atomistik verdrängen werde.

Natürlich gewinnt eine Theorie durch die bloße Existenz einer gegnerischen Theorie noch keinen Vorteil gegenüber *dieser* Theorie. Vielmehr ist die Situation soweit noch völlig symmetrisch. Ähnlich steht es mit dem Argument, die Kontinuumsauffassung von der Materie sei der atomistischen dadurch überlegen, daß sie weniger weit über die Erfahrung hinausgehe als letztere. Dazu Boltzmann:[26]

Ich glaube, daß die Behauptung, Differentialgleichungen gingen weniger über die Tatsachen hinaus als die allgemeinste Form atomistischer Ansichten, auf einem Zirkelschluß beruhen würde. Wenn man schon von vorneherein der Ansicht ist, daß unsere Wahrnehmungen durch das Bild eines Kontinuums dargestellt werden, dann gehen allerdings nicht die Differentialgleichungen, wohl aber die Atomistik über die vorgefaßte Ansicht hinaus. Ganz anders, wenn man atomistisch zu denken gewohnt ist; dann kehrt sich die Sache um, und die Vorstellung des Kontinuums scheint über die Tatsachen hinauszugehen.

Kurz gesagt: Man bevorzugt, was man gewohnt ist. Diese Zurechtrückung ist symmetrisch, aber im vorliegenden Falle will natürlich der Atomist Boltzmann der Gegenseite sagen: Ihr Phänomenologen bildet euch nur ein, daß die Vorstellung des Kontinuums weniger als die atomistische Auffassung in der Gefahr ist, empirisch widerlegt zu werden. In Wahrheit habt ihr diese Vorstellung, aus was für Gründen auch immer, zuerst gehabt und euch dann an sie gewöhnt. In einem anderen Zusammenhang besteht allerdings *eine echte Asymmetrie:* Man kann aus der kinetischen Gastheorie etwa diese oder jene Zustandsgleichung für Gase, die Wärmeleitungsgleichung und andere phänomenologische Gesetze ‹ableiten›, nicht aber umgekehrt aus Annahmen der Kontinuumsmechanik die Grundgleichungen der Punktmechanik.

Nicht diese, sondern eine andere Asymmetrie zieht Boltzmann aber heran, um der Atomistik einen ‹Startvorteil› zu verschaffen. In einem längeren Gedankengang,[27] der von Kants Antinomie der reinen Vernunft ausgeht, polemisiert Boltzmann gegen die zu freigebige Inanspruchnahme von ‹Denkgesetzen› seitens der Philosophie und erinnert schließlich an die neuesten empirischen Erkenntnisse, die in atomistischer Ausdeutung ergeben haben, daß die jüngst entdeckten «Elektronen noch viel kleiner als die Atome ... sind», und versichert dem Leser, es sei inzwischen schon «in aller Munde, daß die Atome aus zahlreichen Elementen aufgebaut sind ...». Auf die überkommene Wortbedeutung von ‹Atom› darf man sich mithin schon nicht mehr verlassen. Aber auch die erwähnten empirischen «Tatsachen und die daraus gezogenen Konsequenzen sind nicht imstande, die Frage nach der begrenzten oder unendlichen Teilbarkeit der Materie zum Austrag zu bringen ...». Das gehe nur, «wenn man in möglichst unbefangener Weise die Begriffsbildung selbst [prüft], sie widerspruchslos und möglichst zweckmäßig zu gestalten [sucht].» Das Ergebnis ist dann folgendes:

Da zeigt sich nun, daß wir das Unendliche nicht anders definieren können als die Limite immer wachsender endlicher Größen ... Wollen wir uns daher vom Kontinuum ein Bild in Worten machen, so müssen wir uns notwendig zuerst eine große *endliche* Zahl von Teilchen denken ... und das Verhalten des Inbegriffs solcher Teilchen untersuchen. Gewisse Eigenschaften dieses Inbegriffs können sich nun einer bestimmten Limite nähern, wenn man die Anzahl der Teilchen immer mehr zu-, ihre Größe immer mehr abnehmen läßt. Von diesen Eigenschaften darf man dann behaupten, daß sie dem Kontinuum zukommen ...

Die Frage, ob die Materie atomistisch zusammengesetzt oder kontinuierlich ist, reduziert sich daher darauf, ob jene Eigenschaften bei Annahme einer außerordentlich großen, *endlichen* [Teilchenzahl] oder ihre Limite bei stets wachsender Teilchenzahl die beobachteten Eigenschaften der Materie am genauesten darstellen. (Hervorhebungen durch d. Verf.)

Boltzmann will damit zumindest sagen, daß der Vertreter der Kontinuumsmechanik sich bei der *Definition* des physikalischen Begriffs des Kontinuums auf die Grundbegriffe der Atomistik stützen muß. Die Einzelheiten dieses Verfahrens werden von Boltzmann offengelassen. Jedenfalls scheint er der Ansicht gewesen zu sein, daß man die physikalische Begrifflichkeit des Unendlichen nicht anders erhält als über einen entsprechenden Begriff des Endlichen. Boltzmann kannte zumindest die Grundlagen der Cantorschen Mengenlehre, und er hat sie in seinen naturphilosophischen Vorlesungen auch behandelt.[28] Aber dort heißt es dann auch:

In der Physik sieht man das Unendliche nicht von diesem Gesichtspunkte an; in der Physik pflegt man heute noch das Unendliche nur als Grenzübergang zu betrachten; man denkt sich, daß man nur mit endlichen Zahlen rechnen will; diese aber können sehr groß gemacht werden, und man kann zur Grenze übergehen ... Wenn man an diesem Begriffe festhält, *braucht man die Mengenlehre nicht,* man kann auch so alle Probleme eindeutig lösen. (Hervorhebung durch d. Verf.)

Im Kern geht es Boltzmann mithin wohl um die Ablehnung des Kontinuums als einer aktual unendlichen Menge. Wenn wir ein absolutes Kontinuum auch in der Physik gelten ließen, kämen wir in Widersprüche, und das sei geradezu «der Beweis für die atomistische Zusammensetzung der Materie».

Bisher ging es um den Vergleich der Atomistik mit ihrem Gegenstück, der Kontinuumsmechanik oder, wie Boltzmann sich ausdrückte, der (mathematisch-physikalischen) Phänomenologie. Man kann die Atomistik aber auch für sich betrachten und nach Boltzmanns Argumenten unter dieser Voraussetzung fragen. Eine treffende Charakterisierung hat G. Fasol in seiner Zusammenfassung von Boltzmanns naturphilosophischen Vorlesungen gegeben:[29]

Boltzmann hat leidenschaftlich an die Atome geglaubt. Während seines ganzen Lebens hat er viele Kämpfe zugunsten ihrer Akzeptanz durchgefochten. Dieser intellektuelle Kampf erscheint direkt oder indirekt an vielen Stellen seiner Vorlesungen über Philosophie. Es ist interessant zu bemerken, daß Boltzmann an keiner Stelle seiner Vorlesungen explizit behauptet, daß die Atome wirklich existieren. Er wird sehr ausführlich in dem Nachweis, daß Atome ein nützliches Bild zur Erklärung gewisser Züge der Natur sind. Er erläutert viele spezifische Eigenschaften dieser nützlichen, ‹Atome› genannten Bilder. Aber er stellt fest, daß man ‹Atome› nur als einen nützlichen Begriff ansehen sollte und daß man bereit sein sollte, ihn fallenzulassen, sobald man einen noch nützlicheren Begriff gefunden hat. Natürlich ist er äußerst listig in diesem Geschäft. Er entzieht sich der Konfrontation mit solchen Wissenschaftlern, die nicht an die Existenz der Atome glauben, indem er betont, daß es nicht darauf ankomme, ob ‹Atome› existieren oder nicht. Es ist allein angemessen zuzusehen, ob dieser Begriff uns dabei nützt, in unserer Welt besser zu überleben. Auf diese Weise läßt Boltzmann sehr geschickt jegliche Auseinandersetzung über die Existenz von Atomen irrelevant erscheinen.

Ich will abschließend diese Beschreibung mit einer Reihe von Zitaten Boltzmanns illustrieren, indem ich mit naiv zuversichtlichen Äußerungen beginne und mit sehr vorsichtigen, unkomprimittierenden ende.

Gegen Schluß seiner Gedenkrede auf den gerade verstorbenen Wiener Physiker Josef Loschmidt meint Boltzmann, nun sei ja der Leib Loschmidts in seine Atome zerfallen, aber der Verstorbene selbst habe uns in die Lage versetzt zu wissen, in wie viele, wobei die Loschmidtsche Zahl an der Tafel stand, «damit es in einer Rede zu Ehren eines Experimentalphysikers nicht an jeder Demonstration fehle».[30] Während Boltzmann hier spricht wie jemand, der die Existenz der Atome für genauso selbstverständlich hält wie die von Stühlen und Tischen, wird in der folgenden Äußerung ausdrücklich die empirische Leistung der Atomistik anhand einer speziellen Theorie ausgesprochen:[31]

[Die Theorie der Gase] stimmt in so vielen Hinsichten mit den Tatsachen überein, daß wir kaum daran zweifeln können, daß in Gasen gewisse Entitäten, deren Anzahl und Größe wir ungefähr bestimmen können, umeinanderfliegen.

Und noch einmal in einer etwas spezifischeren Formulierung:[32]

Vielleicht wird die atomistische Hypothese einmal durch eine andere verdrängt werden, vielleicht, aber nicht wahrscheinlich ... Ich brauche wohl nicht zu erinnern an die genialen Schlüsse Thomsons, welcher auf den verschiedensten Wegen immer in recht befriedigender Übereinstimmung berechnete, aus wie vielen [Atomen] ein Kubikmillimeter Wasser besteht. Ich brauche nicht zu erwähnen, daß, abgesehen von vielen Tatsachen der Chemie, mittels der atomistischen Hypothese die Vorausberechnung der Abhängigkeit der Reibungskonstante der Gase von der Temperatur, des absoluten und relativen Wertes der Diffusions- und Wärmeleitungskonstante gelang, Voraussagen, welche sich gewiß der Berechnung der Existenz des Planeten Neptun ... an die Seite stellen lassen.

Diesen zuversichtlichen Äußerungen des Physikers Boltzmann stehen nun aber Verlautbarungen gegenüber, die von schweren Zweifeln philosophischer Natur zeugen.

Eine unterhaltsame Geschichte erzählte Boltzmann den Hörern seiner philosophischen Antrittsvorlesung:[33] Er berichtet dort, wie er einmal im Sitzungssaal der Wiener Akademie mit Physikern, darunter Mach, über den Wert der atomistischen Theorien debattiert habe. Da habe Mach plötzlich lakonisch gesagt: «Ich glaube nicht, daß es die Atome gibt.» In seiner Vorlesung nimmt Boltzmann diese Äußerung nun sofort zum Anlaß für die Überlegung, daß wir zwar für gewöhnliche Begriffe wie Tisch, Hund, Mensch, ja sogar für Fabelbegriffe wie Greif, Einhorn, Pegasus etc. wissen, was die Frage bedeutet, ob Dinge dieser Art existieren. «Wenn wir dagegen ganz neue Vorstellungen bilden», fährt Boltzmann fort, «wie die des Raumes, der Zeit, der Atome, der Seele, ja selbst Gottes, weiß man da, fragte ich mich, überhaupt, was man darunter versteht, wenn man nach der Existenz dieser Dinge fragt? Ist es da nicht das einzig Richtige, sich klarzuwerden, was man mit der Frage nach der Existenz dieser Dinge überhaupt für einen Begriff verbindet?» Nach heutigen Begriffen und angesichts der Beispielliste, die Boltzmann gibt, würde man in der Tat seinem Verdacht zustimmen, daß hier eine Analyse notwendig ist, da verschiedene Existenzbegriffe im Spiele sein könnten, z. B. ein anderer in ‹Gott existiert› als in ‹die Zeit existiert› oder in ‹der Mond existiert›.

In seiner Antrittsvorlesung verfolgte Boltzmann diesen Fragenkomplex nicht weiter. Aber in seiner Gedenkrede auf Loschmidt, in jener

Für und gegen Atome (Boltzmann versus Mach)

Rede also, in der er etwas respektlos die Atomhypothese auf den Leib des Verstorbenen anwendete, wagte er sich weiter vor.[34] Er bezeichnet zunächst die Frage nach der Zusammensetzung der Materie als eine der wichtigsten Fragen der Zeit. Nur stelle man sie heute in einer etwas anderen Form als früher:

Während man damals die letzten Elemente des Seienden, der Materie *selbst* suchte, so fragt man heute, aus welchen einfachen Elementen man die geistigen *Bilder* zusammensetzen muß, *um die beste Übereinstimmung mit den Erscheinungen zu erzielen.* (Hervorhebungen durch d. Verf.)

Indem Boltzmann nicht nur an dieser Stelle hinzufügt, man meine «wohl in beiden Fällen so ziemlich dasselbe», will er wohl eigentlich sagen: Man *sollte* mit der Frage, ob die Atome existieren, dasselbe meinen wie mit der Frage: Ist die Theorie, in der wir die Atome durch das und das Bild eingebracht haben, empirisch erfolgreich?

Wenn Boltzmann hier davon spricht, in der Theorie machten sich die Physiker ein *Bild* von dem Gegenstande der Theorie, benutzt er eine von Hertz geschaffene und alsbald unter Physikern sehr beliebt gewordene Bedeutungslehre physikalischer Theorien. Sie ist im Grunde ein Spezialfall einer allgemeinen Bedeutungslehre für eine gewöhnliche Sprache, wonach in der Frage «Was bedeutet das Wort ‹Pferd›?» dieses Wort nicht direkt ein Pferd bedeutet, sondern vorerst die *Vorstellung,* die wir von einem Pferd haben, und erst sekundär diese Vorstellung den eigentlichen Gegenstand, ein Pferd, bedeutet. In der Physik versuchen wir, die Bilder so zu wählen, daß ihre Konsequenzen mit den beobachtbaren Erscheinungen des gemeinten Gegenstandsbereichs in Einklang sind. Diese semantische Theorie wird im folgenden Kapitel ausführlich zu behandeln sein. Im Augenblick interessiert uns daran die offensichtliche Meinung Boltzmanns und seiner Zeitgenossen, daß sie dadurch vorsichtiger und irgendwie wissenschaftlicher geworden seien, daß sie anstatt von den Gegenständen selbst nur von ihren Bildern sprechen. Das Vorwort von Boltzmanns *Gastheorie* steht unter dem Motto «Alles Vergängliche ist nur ein Gleichnis», und in der Einleitung heißt es dann nach dem Aufruf «weg mit jeder Dogmatik in atomistischem oder antiatomistischem Sinne»:[35]

Indem wir obendrein die Vorstellungen der Gastheorie als mechanische Analogien bezeichnen, drücken wir schon durch die Wahl dieses Wortes deutlich aus, wie weit wir von der Vorstellung entfernt sind, als träfen sie [die Vorstellungen] in allen Stücken die wahre Beschaffenheit der kleinsten Teile der Körper.

Noch vierzig Jahre später apostrophierte Schrödinger diese «Physik der Modelle» als «ein Ideal der exakten Naturbeschreibung ..., das als Krönung jahrhundertelangen Forschens und Erfüllung jahrtausendealter Hoffnung einen Höhepunkt bildet und das klassische [Ideal] heißt».[36]

Unter Verwendung dieses Ideals hat Boltzmann dem Glauben an die Existenz der Atome die obige passable, wenn auch gewagte Formulierung gegeben. Sie war gewagt, weil, wie Boltzmann natürlich wußte, noch so viele empirische Erfolge die Atomhypothese nicht *beweisen* können. Aber diese Hypothese ist doch wenigstens durch obige Formulierung mit der Möglichkeit, bestätigt oder entkräftet zu werden, in Verbindung gebracht. Gewagt war sie aber noch aus einem anderen Grund. Wenn Boltzmann sagt, mit der Existenzaussage sei vermutlich nichts anderes als der empirische Erfolg einer durch geeignete Bilder ausstaffierten Theorie *gemeint,* muß man ihm entgegenhalten, daß dies ganz sicher nicht der Fall ist. Hier besteht zwar ein Zusammenhang, aber sicher keine Sinnidentität. Die verwendeten Bilder können uns in die Irre führen, und sie haben auch Boltzmann mehr als einmal dazu verführt, sie mit den darzustellenden Gegenständen zu identifizieren, so etwa, wenn er sagt, die Atome seien in der Tat «nur gedachte Symbole, um Bilder zu erhalten, um richtig einzugreifen, sie könnten nicht unabhängig vom Denkenden existieren».[37] Aber Loschmidts Leib ist nicht in ‹gedachte Symbole› zerfallen, sondern in Atome.

Abschließend muß man konstatieren, daß auch Boltzmann, wie Planck, in seiner Auseinandersetzung mit Mach schließlich obsiegt hat. Aber von einer etwas höheren Warte aus gesehen, hat auch Mach mit dem folgenden Urteil recht behalten:[38]

Wenn einmal die jetzt lebenden Physiker vom Schauplatz abgetreten sein werden, wird ein künftiger Historiker ... leicht und ohne Widerspruch darlegen, wie furchtbar ernst und wie erschreckend naiv die mechanistischen, insbesondere atomistischen Vorstellungen von der großen Mehrzahl bedeutender Forscher der Gegenwart aufgefaßt worden sind und wie nur sehr wenige Menschen von eigentümlicher Denkrichtung sich auf der Gegenseite befunden haben.

Im Sinne *dieser* Unterscheidung wird man neben Mach auch Boltzmann auf der Gegenseite finden. Andererseits hat Einstein einmal gesagt, wenn wir von den Physikern über die von ihnen benutzten Methoden etwas lernen wollten, so sollten wir an dem Grundsatz festhalten: ‹Höret nicht auf ihre Worte, sondern haltet euch an ihre Taten!›[39] Beherzigt man dies im vorliegenden Falle, so ist zu konstatieren, daß Boltzmann ein dickes Buch über atomistische Gastheorie und Mach ein fast so dickes über die Analyse der Empfindungen geschrieben hat. Diesen Gegensatz ihrer Taten haben sie dann mit Worten, wie sorgfältig diese auch immer gewählt waren, wieder verschleiert.

IV. Theorien und Bilder

Soweit das Ohr, soweit das Auge reicht;
Du findest nur Bekanntes, das Ihm gleicht.
Und deines Geistes höchster Feuerflug
Hat schon am Gleichnis, hat am Bild genug.
Goethe

Titel und Motto zu diesem Kapitel sollen uns sogleich davor bewahren, in der Behandlung unseres Gegenstandes Einseitigkeiten zu begehen, wie sie in Zusammenhang mit dem deutschen Idealismus gestreift wurden. Dort sahen wir, wie Schelling Empirie und Theorie zu unversöhnlichen Gegnern erklärte, während es in der Physik selbst zu einer gesunden Konkurrenz kam zwischen theoretischer und experimenteller Physik – einer Konkurrenz, die um so fruchtbarer werden mußte, je deutlicher sich auch die Verbindungen zeigten, die zwischen den beiden Gebieten bestanden. Ich möchte dafür lediglich auf die Bestätigung einer Theorie durch die Erfahrung verweisen. Theorien, so ließe sich sogar sagen, sind typischerweise das, wovon man wissen will, ob die Erfahrung sie bestätigt oder entkräftet. Um die Experimentalphysiker zu ärgern, soll Eddington angesichts eines neuen Experiments regelmäßig gefragt haben, ob auch schon die Theorie bekannt sei, die das Experiment bestätigt. Und in der Tat, wenn man an den Komplex der parapsychologischen Experimente denkt und sich fragt, warum es der orthodoxen Physik so schwer fällt, an diese Experimente zu glauben, dann ist der Grund dafür wohl doch eher der, daß uns die Theorie fehlt, die das Durcheinander dieser Experimente zusammen mit unserer gewöhnlichen Erfahrung zu einem vernünftigen Ganzen integriert, als daß uns die Experimente fehlten, die die Angelegenheit glaubhafter machen würden. Auch Einstein bricht eine Lanze für die Theorie und sieht das Verhältnis zwischen ihr und der Erfahrung symmetrischer, als es üblich ist. Er hat einmal einen Kollegen gefragt: Sie machen Experimente, ich mache Theorien. Wissen Sie, was der Unterschied ist? Eine neue Theorie ist etwas, woran keiner glaubt, außer demjenigen, der sie gemacht hat. Ein neues Experiment ist etwas, woran alle glauben, außer demjenigen, der es gemacht hat. Und schon Goethe hat gewußt: Die Erfahrung ist immer nur die halbe Erfahrung – womit er doch wohl meinte: Die andere Hälfte ist ‹graue› Theorie.

Man könnte denken, daß sich solche Kuriositäten leicht vermeiden ließen, wenn man nur eine einwandfreie Definition des Begriffs einer physikalischen Theorie hätte. Begriffe der Physik sind nicht nur zu Anfang ihrer Existenz mehr oder weniger vage, sie bleiben durchweg auch in der Schwebe, und dieser Zustand ist ein notwendiger Bestandteil der Physik als einer sich in bestimmter Weise entwickelnden Disziplin. Dieser Mechanismus schließt natürlich nicht aus, daß der eine oder andere Physiker Definitionsvorschläge macht, und in unserem Falle ist es wieder einmal Boltzmann, der in seiner Abschiedsvorlesung bei seinem Weggang von Graz nach München (1890) ein Loblied auf die damals noch junge theoretische Physik singt, die mit dem verpflichtenden Bekenntnis beginnt, er sei nun einmal ein echter Theoretiker und habe damit zuerst zu fragen: «Was ist die Theorie?» Boltzmanns Antwort lautet (etwas gekürzt):[1]

Ich bin der Meinung, daß die Aufgabe der Theorie in der Konstruktion eines rein in uns existierenden Abbildes der Außenwelt besteht, das uns in allen unseren Gedanken und Experimenten als Leitstern zu dienen hat ...

Schon im Todesjahr Boltzmanns erschien dann die erste eingehende Analyse der Begriffe von Theorie und Experiment aus der Feder des nicht zuletzt durch diese Analyse berühmt gewordenen Pierre Duhem (1906).

a) Boltzmanns Bilder

In den philosophisch orientierten Schriften Boltzmanns findet sich gelegentlich der Hinweis auf eine Neuigkeit: die Einführung des *Bildbegriffs* in den Theoriebegriff. Der Zweck dieses Manövers ist die Verwandlung eines mit der Aufstellung physikalischer Theorien verbundenen unerreichbaren Zieles in ein erreichbares. Typisch für diesen Hinweis ist der folgende Text, der sich auf Arbeiten zur Elektrodynamik bezieht:[2]

Maxwell hatte die Hypothese Webers eine reale physikalische Theorie genannt, womit er sagen wollte, daß ihr Autor objektive Wahrheit dafür in Anspruch nahm, seine eigenen Ausführungen dagegen bezeichnete er als bloße Bilder der Erscheinungen. Hieran anknüpfend, bringt Hertz den Physikern so recht klar zum Bewußtsein, was die Philosophen schon längst ausgesprochen hatten, daß keine Theorie etwas Objektives, mit der Natur wirklich sich Deckendes sein kann, daß vielmehr jede nur ein geistiges Bild der Erscheinungen ist, das sich zu diesen verhält wie das Zeichen zum Bezeichneten.

Daraus folgt, daß es nicht unsere Aufgabe sein kann, eine *absolut richtige Theorie,* sondern vielmehr ein möglichst einfaches, die Erscheinung *möglichst gut darstellendes Abbild* zu finden. (Hervorhebungen durch d. Verf.)

Das Ziel, welches hier als unerreichbar unterstellt wird, ist die Schaffung einer absolut wahren Theorie, und Boltzmann schlägt vor, hinfort nicht mehr diesem Ziel nachzujagen, sondern ruhig Theorien aufzustellen, bei denen man nicht länger ausschließt, daß sie nicht ganz korrekt sind, indem sie nur mehr oder weniger brauchbare Bilder der Theorieobjekte liefern. Manchmal redet Boltzmann so, als ob er die Theorieobjekte geradezu ersetzen möchte durch gewisse Bilder von ihnen, so daß diese zum eigentlichen Gegenstand der Theorie würden. So formuliert er etwa in einer Gedenkrede für Josef Loschmidt:[3]

Eine der wichtigsten Fragen zur Zeit der Vollkraft Loschmidts war die nach der Zusammensetzung der Materie. Sie ist es wohl auch noch heute; nur daß man die Fragestellung etwas anders stilisiert hat. Während man damals die letzten Elemente des Seienden, der Materie *selbst* suchte, so fragt man heute, aus welchen einfachen Elementen man die *geistigen Bilder* zusammensetzen muß, um die beste Übereinstimmung mit den Erscheinungen zu erzielen. (Hervorhebungen durch d. Verf.)

Man sollte sich aber von vorneherein im klaren sein, daß eine solche Ersetzung nicht in Frage kommt, da sie die Theorie ihres Kontaktes mit der Wirklichkeit (einschließlich der Erscheinungen) berauben würde. Vielmehr muß es um einen Theorietyp gehen, für den die Bilder *neben* die Theorieobjekte treten, und zwar *als* Bilder. Allerdings wäre dann noch zu fragen, wieso das bloße Vorkommen von Bildern in einer Theorie bereits signalisiere, daß mit der Theorie etwas nicht stimmt. Dies könnte an einer Auffassung vom Bildbegriff liegen, der zufolge

Bilder allemal defizient gegenüber ihren Originalen sind. Daß Boltzmann diese Auffassung gehabt haben könnte, geht aus seinen eigenen Schriften nicht direkt hervor. Wohl aber läßt sie sich einem Text von Schrödinger entnehmen.[4] In § 1 dieses Textes, überschrieben mit «Die Physik der Modelle», behandelt Schrödinger offensichtlich unser Thema. Im «Ideal der exakten Naturbeschreibung» bildet man gewisse Vorstellungen von den Naturobjekten und ihrem Verhalten, «die in allen Details genau ausgearbeitet [sind], *viel* genauer als irgendwelche Erfahrung ... je verbürgen kann». Nach Skizzierung dieser Art von Beschreibung heißt es dann aber auf einmal einschränkend:

> Natürlich ist man nicht so einfältig zu denken, daß solchermaßen zu erraten sei, wie es auf der Welt wirklich zugeht. Um anzudeuten, daß man das nicht denkt, nennt man den präzisen Denkbehelf, den man sich geschaffen hat, ein *Bild* oder ein *Modell*.

Es wird darauf unser theoretisches Modell mit der Erfahrung so in Zusammenhang gebracht, daß «ein *vollkommenes* Modell, welches mit der Wirklichkeit *ganz genau* übereinstimmte, den Ausgang aller Experimente ganz genau vorausberechnen lassen würde». Indem im übrigen die Anpassung des Denkens an die Erfahrung als ein infiniter Prozeß gesehen wird, schließt Schrödinger, «daß ‹vollkommenes Modell› einen Widerspruch im Beiwort enthält, etwa wie ‹größte ganze Zahl›».

Ich denke, daß auch Boltzmann diese Auffassung vom Bildbegriff in der Physik gehabt hat, zumal Schrödingers physikalische Erziehung in einer Atmosphäre stattgefunden hat, die wesentlich von Boltzmann in Wien geschaffen worden war. Er wird den Bildbegriff in jenen Fällen als besonders geeignet empfunden haben, in denen man angesichts des vorhandenen Wissensstandes nicht nur nicht ausschließen kann, daß eine Theorie falsch ist, sondern auf Grund jenes Wissens schon *weiß*, daß es so ist. Ein berühmtes Beispiel ist Boltzmanns Annahme, daß die Moleküle in einem Gas kleine ‹Billardkugeln› sind. Ähnlich macht man für nicht zu genaue Rechnungen in der Himmelsmechanik die grob falsche Annahme, daß die Planeten und die Sonne Massenpunkte sind. Idealisierungen und Vereinfachungen dieser Art sind in der Physik an der Tagesordnung, und es erschließt sich schon intuitiv, daß in allen diesen Fällen mit unscharfen (mathematischen) Bildern gearbeitet wird. Dieser lockere Gebrauch des fraglichen Begriffs reicht bis auf jene

Ebene hinunter, auf der sich der Fachmann auch dem interessierten Laien verständlich machen will. So sagt etwa Rudolf Kippenhahn in seinem Artikel «Gab es den Urknall wirklich?» aus der Beilage «Wissen» des *Hamburger Abendblatts* vom 7. Mai 2002 zu seinem Interviewer:

Die Astronomen versuchen nur, die Beobachtungen, die wir bis heute gemacht haben, mit den Naturgesetzen, die wir bis heute kennen, zu einem möglichst widerspruchsfreien Bild zu vereinen. Das Bild hängt somit immer vom gegenwärtigen Wissensstand ab. Wenn wir mehr über das Weltall lernen, wenn wir neue Naturgesetze kennenlernen, dann ändert sich auch unser Bild vom Weltall.

Neben dieser lockeren Verwendung gibt es aber gerade heute auch wieder den streng terminologischen Gebrauch, so etwa in der Form der Begriffe der Bildterme und Abbildungsprinzipien im Ludwigschen Aufbau der Physik.[5]

Boltzmanns Interesse am Bildbegriff in der Analyse physikalischer Theorien geht auch daraus hervor, daß er sich veranlaßt sah, für die *Encyclopedia Britannica* von 1902 den Artikel zum Stichwort ‹model› zu schreiben.[6] Dieser Artikel ist unsere späteste und reichhaltigste Quelle für Boltzmanns Begriff von der Sache. Er beginnt mit der ‹Definition›, der zufolge ein Modell eine «tastbare Darstellung ... eines Objekts ist, die entweder tatsächlich existiert oder faktisch oder in Gedanken konstruiert werden muß ...» An dieser Definition hängt nicht viel, und sie gibt im folgenden Text nur eine Art Anhaltspunkt im Rahmen möglicher Modifikationen. Boltzmann kommt dann sogleich wieder auf die Philosophen zu sprechen, die «schon vor langer Zeit das Wesen unserer geistigen Aktivität darin gesehen haben, daß wir mit den verschiedenen wirklichen Gegenständen unserer Umgebung besondere physikalische Attribute – unsere Begriffe – verbinden und mit ihrer Hilfe versuchen, die Gegenstände unserem Verstand *(mind)* darzustellen». Er fügt diesmal hinzu, daß die Mathematiker und Physiker lange Zeit solche Betrachtungen für unfruchtbare Spekulation gehalten haben, «aber in letzter Zeit sind sie durch J.C. Maxwell, H.v. Helmholtz, E. Mach, H. Hertz und viele andere in eine enge Beziehung zu dem ganzen *corpus* mathematischer und physikalischer Theorie getreten». Weiter heißt es dann:

Unter diesem Gesichtspunkt stehen unsere Gedanken zu den Gegenständen in derselben Beziehung wie Modelle zu den Gegenständen, die sie repräsentieren. Das Wesentliche des Vorgangs ist die Zuordnung eines jeweiligen Begriffs zu jedem Gegenstand, ohne dabei vollständige Ähnlichkeit zwischen Gegenstand und Gedanken zu implizieren; denn naturgemäß können wir nur wenig über die Ähnlichkeiten wissen, die zwischen Gegenstand und ihn darstellendem Gedanken bestehen.

Wie seine philosophischen Vorgänger bezieht Boltzmann als nächstes auch die Sprache in seine Betrachtung ein: Analog zu der Art und Weise, wie unsere Gedanken äußere Gegenstände repräsentieren, symbolisieren die Wörter einer Sprache die Gedanken. Im Zentrum der weiteren Ausführungen Boltzmanns steht aber die Bildbeziehung zwischen Gegenstand und Gedanken oder Vorstellung. Im Fortgang des Artikels führt Boltzmann zahlreiche mathematische und physikalische Beispiele für diese Beziehung an. Und es wird vollkommen deutlich, wie er die Frage beantworten würde, was die von uns in der Physik benutzten Bilder sind, *abgesehen davon,* daß sie hier zur Darstellung wirklicher Strukturen verwendet werden: sie sind samt und sonders *mathematische* Strukturen. So heißt es für die damals ‹moderne› Auffassung der Mathematik durch Kirchhoff und seine Anhänger:

Indem die Ressourcen der reinen Mathematik besonders geeignet sind für die exakte Beschreibung von Größenbeziehungen, legte Kirchhoffs Schule besonderen Wert auf die Beschreibung durch mathematische Ausdrücke und Formeln, und als Ziel der Physik wurde die Konstruktion von Formeln angesehen, mit deren Hilfe Phänomene in den verschiedensten Zweigen der Physik mit größtmöglicher Annäherung an die Wirklichkeit bestimmt werden sollten.

Ehe ich im dritten Abschnitt zu den Einzelheiten der Bildtheorie in der Hertzschen Fassung komme, wollen wir sehen, auf welche Weise diese Fragen damals schon auf intuitiver Ebene die Gemüter erregt haben.

b) Lübeck 1895

Die erst mit dem Enzyklopädie-Artikel erreichte Allgemeinheit und Einheitlichkeit des Bildmaterials würden wir angesichts der weiteren Entwicklung der Mathematik heute wohl mit noch größerer Befriedigung entgegennehmen, als Boltzmann es bezüglich des damaligen Standes der Mathematik tat. Aber damals ist auch diese Angelegenheit für einige Zeit kontrovers geblieben, und auf eine recht aufschlußreiche Kontroverse möchte ich etwas genauer eingehen. In diesem Fall waren Boltzmanns Gegner die *Energetiker,* wie sie sich selbst nannten – die ‹Bilderstürmer›, wie man sie in unserem jetzigen Zusammenhange nennen könnte. Vor dem Hintergrund eines Phänomenalismus Machscher Prägung glaubten die Energetiker an die Möglichkeit, die ganze Physik und womöglich alle Naturwissenschaften auf das Energieprinzip – den Satz von der Erhaltung der Energie bei allen Vorgängen in abgeschlossenen Systemen – reduzieren zu können. Boltzmann glaubte hingegen nicht daran, weil ihm das Energieprinzip für eine solche Reduktion als viel zu schwach erschien. Auf der Versammlung der Gesellschaft deutscher Naturforscher und Ärzte für 1895 in Lübeck ergab sich die Gelegenheit, die Gegnerschaft vor einer gewissen Öffentlichkeit auszutragen.[7] Boltzmann hatte dafür gesorgt, daß an der Versammlung ein besonders prominenter Vertreter der Energetik, Wilhelm Ostwald aus Leipzig, und ein besonders engagierter und in Detailfragen bewanderter Energetiker, Georg Helm aus Dresden, teilnahmen und in der Tat sogar Vorträge hielten.

Die Veranstaltung wurde zu einem vernichtenden Tribunal für die Energetiker, und Boltzmann scheint den total überraschten und überforderten Helm förmlich ‹vorgeführt› zu haben. Von der zweiten, eigens anberaumten Diskussion seines Vortrags berichtet Helm an seine Frau:[8] «Ich begann mit einem kräftigen Protest gegen die mir widerfahrene Behandlung; hätte ich gewußt, daß mein wissenschaftlicher Standpunkt von demselben Mann, der mich zum Referat veranlaßt hatte [nämlich Boltzmann], so wegwerfend beurteilt würde, ich hätte mich gehütet, die Arbeit zu übernehmen. Mich aufzufordern, um dann zu behaupten, an der Sache sei nichts, das sei nicht mit offenem Visier vorgegangen. Boltzmann erwiderte, er wisse nicht, wie er mir Genugtuung geben solle, er bäte um Verzeihung, er habe nur die Stellen bezeichnen wollen, wo er mich nicht verstehe usw.» Schließlich berichtet Helm seiner Frau noch von versöhnlicheren Tönen im weiteren Verlauf der Diskussion. Aber der ebenfalls anwesende Sommerfeld weiß es wahrscheinlich neutraler zu berichten, wenn er ausführt:[9]

Das Re*****für die Energetik hatte Helm – Dresden; hinter ihm stand Wilhelm Ostw***, hinter beiden die Naturphilosophie des nicht anwesenden Ernst Ma***. Der Opponent war Boltzmann, sekundiert von Felix Klein. Der Kampf zwischen Boltzmann und Ostwald glich, äußerlich und innerlich, dem Kampf des Stiers mit dem geschmeidigen Fechter. Aber der Stier besiegte diesmal den Torero trotz all seiner Fechtkunst. Die Argumente Boltzmanns schlugen durch. Wir damals jungen Mathematiker standen alle auf der Seite Boltzmanns; es war uns ohne weiteres einleuchtend, daß aus der einen Energiegleichung unmöglich die Bewegungsgleichungen auch nur eines Massenpunktes, geschweige denn eines Systems von beliebigen Freiheitsgraden gefolgert werden könnten.

Ostwalds eigener Vortrag stand unter dem Titel «Die Überwindung des wissenschaftlichen Materialismus».[10] Darunter versteht er die Lehre, «daß die Dinge sich aus bewegten *Atomen* zusammensetzen und daß diese Atome und die zwischen ihnen wirkenden *Kräfte* die letzten Realitäten seien, aus denen die einzelnen Erscheinungen bestehen». Ostwalds Anliegen bestand darin zu zeigen, «*daß diese so allgemein angenommene Auffassung unhaltbar ist* ...» Sein Argument ist im wesentlichen das folgende: Du Bois-Reymond hat vor 23 Jahren auf der Jahresversammlung dieser selben Gesellschaft gezeigt, daß die Atomistik (einschließlich der zugehörigen Reduktionsbehauptung) uns zwei unlösbare Probleme hinterläßt: die Frage nach dem Wesen von Kraft und Stoff (Materie) sowie ihrem Zusammenhang und die Frage nach dem Wesen des Bewußtseins. Dieses berühmte ‹Ignorabimus› ist aber untragbar. Also ist die Atomistik aufzugeben. Dieses ‹normative› Argument unterstützt Ostwald dann noch durch ein direktes Argument, zu dem er den Reversibilitätseinwand verwendet. Und dieses Argument schließt er mit den Worten:

Die tatsächliche Nichtumkehrbarkeit der wirklichen Naturerscheinungen beweist also das Vorhandensein von Vorgängen, welche durch mechanische Gleichungen nicht darstellbar sind, und damit ist das Urteil des wissenschaftlichen Materialismus gesprochen.

Man erwartet nun, daß Ostwald nach diesem Urteilsspruch auf seine Energetik zu sprechen kommt, von der in dem rein negativen Teil des Vortrags noch keine Rede war. Und genau so kommt es auch. Allerdings nicht, ohne daß Ostwald vorher noch in wenigen Sätzen den Atomisten sagt, welchen Kardinalfehler sie machen. Ostwald muß diese Botschaft für einen Höhepunkt seines Vortrags gehalten haben. Denn er hat (viel später) die entsprechende Stelle in seiner Autobiographie als für seinen (damaligen) Standpunkt besonders charakteristisch zitiert.[11] Daran ist zunächst interessant, daß wir hier, wie schon bei Mach, eine Äußerung finden, die zeigt, daß es ausgerechnet die Gegner der Atomistik waren, die (unbewußt) die präzisesten Andeutungen über die spätere, quantenmechanische Form der Atomistik gemacht haben. Ein wichtiges, wenn auch negatives Kennzeichen der Quantenmechanik ist ja, daß sich ihre Objekte der gewöhnlichen, an Objekten der klassischen Physik uneingeschränkt bewährten *anschaulichen Beschreibung* entziehen. In diesem Sinne sagt nun Ostwald (1895!) im unmittelbaren Anschluß an das letzte Zitat:

Wir müssen also ... endgültig [!] auf die Hoffnung verzichten, uns die physische Welt durch Zurückführung der Erscheinungen auf eine Mechanik der Atome *anschaulich* zu deuten.

Das Wort «anschaulich» hat Ostwald hervorgehoben als den Ausdruck, auf den es ihm ankommt, und gerade mit dieser Emphase könnte der Satz so, wie er dasteht, von Bohr, Heisenberg oder einem sonstigen Anhänger der Kopenhagener Interpretation der Quantenmechanik stammen. Er würde, so gelesen, die Abweichung der Quantenmechanik von der klassischen Denkweise in dem vielleicht entscheidenden Punkt, eben der Frage einer Veranschaulichung der Vorgänge in Raum und Zeit, ausdrücken.

In seinem Vortrag fährt Ostwald nun mit der Frage fort: «Aber, höre ich hier sagen, wenn uns die Anschauung der bewegten Atome genommen wird, welches Mittel bleibt uns übrig, uns ein Bild der Wirklichkeit zu machen?» Und in Anwesenheit des Mannes, dessen Gastvorlesungen unter dem Motto erschienen «Alles Vergängliche ist nur ein Gleichnis» gibt er die Antwort:

Auf solche Fragen möchte ich Ihnen zurufen: Du *sollst* dir kein Bildnis oder irgendein Gleichnis machen! Unsere Aufgabe ist nicht, die Welt in einem mehr oder weniger getrübten oder verkrümmten Spiegel zu sehen, sondern so unmittelbar, wie es die Beschaffenheit unseres Geistes nur irgend erlauben will. *Realitäten,* aufweisbare und meßbare Größen miteinander in bestimmte Beziehung zu setzen, so daß, wenn die einen gegeben sind, die anderen gefolgert werden können, das ist die Aufgabe der Wissenschaft, und sie kann nicht durch die Unterlegung irgendeines hypothetischen Bildes, sondern nur durch den

Nachweis gegenseitiger Abhängigkeitsbeziehungen meßbarer Größen gelöst werden.

Mit den ‹Realitäten› meint Ostwald, der hierin mit Mach (und übrigens soweit auch mit Kant) durchaus übereinstimmt, die *Erscheinungen,* und diese können und sollen wir eben so nehmen, wie sie sind. Für sie benötigen wir keine Bilder. Damit wird deutlich, daß Ostwald die Methode der Verwendung von Bildern in der Physik so versteht, daß wir uns Bilder gerade dort machen, wo wir über die Erscheinungen hinausgehen, wie eben bei den Atomen. Was immer unsere Bilder sein mögen, was immer der Stoff sein mag, aus dem sie gemacht sind, sie haben eine Ersatzfunktion, sie treten an die Stelle der Erscheinungen selbst, füllen eine Lücke. Indem Ostwald im übrigen unterstellt, daß die Vorbilder für allfällige Bilder gerade nur die Erscheinungen sein können, erscheint es ihm paradox, gerade *solche* Bilder dort verwenden zu wollen, wo die Erscheinungen fehlen.

Boltzmanns Standpunkt wird von Ostwald noch einmal durch die folgenden Worte ins rechte Licht gerückt:

Ich glaube, daß die Behauptung, Differentialgleichungen gingen weniger über die Tatsachen hinaus als die allgemeinste Form atomistischer Ansichten, auf einem Zirkelschlusse beruhen würde. Wenn man schon von vornherein der Ansicht ist, daß unsere Wahrnehmungen durch das Bild eines Kontinuums dargestellt werden, dann gehen allerdings nicht die Differentialgleichungen, wohl aber die Atomistik über die vorgefaßte Ansicht hinaus. Ganz anders, wenn man atomistisch zu denken gewohnt ist; dann kehrt sich die Sache um, und die Vorstellung des Kontinuums scheint über die Tatsachen hinauszugehen.

Der Streit zwischen Ostwald und Boltzmann blieb nicht auf ihren Auftritt in Lübeck beschränkt, sondern wurde in Fachzeitschriften fortgesetzt. Darüber berichtet Millikan (Nobelpreis für Physik 1923) in seiner Autobiographie nicht ohne Witz:[12]

Die durchdringende und vernichtende Attacke gegen Ostwalds Schule der ‹Energetiker›, welche die deutschen Spitzenphysiker Planck und Boltzmann in den *Annalen der Physik* im Frühjahr 1896 veröffentlichten ..., wies definitiv Fehler in der Argumentation nach, die Ostwald in seiner *Allgemeinen Chemie unterlaufen* waren. In der nächsten Ausgabe der Annalen antwortete Ostwald gänzlich entwaffnend, daß seine Freunde Planck und Boltzmann ihm einige Fehler nachgewiesen hätten, er aber von weiteren solchen wisse, die sie nicht entdeckt hätten.

c) Hertz und der heutige Strukturbegriff

Im Jahr der Lübecker Konferenz (1895) lagen bereits seit einem Jahr in postumer Veröffentlichung Heinrich Hertz' *Prinzipien der Mechanik* vor.[13] Um diese Zeit war die Frage, wie man dieses Thema angemessen behandeln kann, nicht neu. Neu war hingegen die tatsächliche Behandlung, die es durch Hertz erfahren hat. Es ging um eine Darstellung der Mechanik, aus der der Begriff der Kraft als Grundbegriff eliminiert war. Mach hat deswegen geäußert, «daß Descartes, wenn er heute leben würde, in der Hertzschen Mechanik ... sein eigenes Ideal wiedererkennen würde» und daß die Hertzschen Gedanken einen «ganz wesentlichen Fortschritt» in eine von ihm (Mach) selbst vorgezeichnete und wünschbare Entwicklung der Mechanik bedeutete.[14] Aber obwohl der Kraftbegriff den Physikern des ausgehenden 19. Jahrhunderts starke Kopfschmerzen bereitet hatte, fand der Hertzsche Versuch nur wenig Aufmerksamkeit. Allerdings war er auch nur um den Preis zu haben, daß von der Hertzschen und der Newtonschen Mechanik «nur die eine oder die andere ..., nicht aber beide gleichzeitig richtig sein können», die Hertzsche Mechanik also eine echte empirische Alternative zur Newtonschen Mechanik war.[15] Hinzu kam, daß die im Entstehen begriffene Quantenmechanik mehr und mehr die Blicke auf sich zog, weil sie gewichtigere Probleme als die rein begrifflichen Schwierigkeiten mit dem Kraftbegriff zu lösen versprach.

Es gibt aber ein ebenfalls neues Nebenprodukt des Hertzschen Buches, das weithin bekannt geworden ist und das uns hier interessieren soll: seine systematische, leider sehr kurz geratene Einführung des Bildbegriffs in die Mechanik und – tatsächlich – in die Physik überhaupt.[16] Eine Vorarbeit hierzu hatte Hertz schon zehn Jahre früher geleistet: Im Sommersemester 1884 hielt er als (27jähriger) Privatdozent an der Universität Kiel eine Vorlesung über die Konstitution der Materie. Die Vorlesung ist von Hertz handschriftlich ausgearbeitet, aber erst 1999 veröffentlicht worden. Das Thema ist bewußt nicht auf den Atomismus beschränkt, und die ersten Begriffsbildungen sind daher entsprechend allgemein. Dem Trend der Zeit folgend, fragt sich Hertz in der Einleitung sogar nach dem Verhältnis der Physik zur Philosophie. Der Physiker sagt zum Philosophen: «Ich untersuche die Thatsachen der Natur, und du untersuchst die Schwierigkeiten, welche der menschliche Verstand findet, sie zu begreifen.»[17] Auch ist der Bildgedanke schon in der Vorlesung von 1884 andeutungsweise präsent, wenn Hertz gegen Ende der Einleitung ausführt, man sollte nicht glauben, es sei verlorene Mühe, «wenn wir von den Dingen, die wirklich sind, aber in unseren Geist nicht eingehen, *Bilder* geschaffen haben, die mit jenen Dingen in einigen Beziehungen übereinstimmen, während sie in anderen wieder den Stempel unserer Vorstellungen tragen».[18] Aber der Kerngedanke seiner Bildtheorie findet sich erst am Beginn des Mechanikbuches, wo für die Zuordnung von Bildern zu Gegenständen, die dadurch dargestellt werden, ein Wahrheitskriterium angegeben wird.

Hertz unterscheidet drei Begriffe, mit denen wir die Qualität von Bildern innerhalb einer Theorie beurteilen: ihre Zulässigkeit, ihre Richtigkeit und ihre Zweckmäßigkeit. Ein Bild ist zulässig, wenn es – modern gesprochen – logisch widerspruchsfrei ist. Ein Bild ist richtig, wenn es zulässig ist und der folgenden Bedingung genügt:[19]

Wir machen uns innere Scheinbilder oder Symbole der äußeren Gegenstände, und zwar machen wir sie von solcher Art, daß die denknotwendigen Folgen der Bilder stets wieder die Bilder seien von den naturnotwendigen Folgen der abgebildeten Gegenstände.

Diese in der Literatur immer wieder wörtlich zitierten Zeilen sind gleichwohl immer noch interpretationsbedürftig. Den Begriff der Zweckmäßigkeit ganz beiseite lassend, konzentrieren wir uns im folgenden auf die soeben zitierte, bemerkenswerte Bedingung für die *Richtigkeit* eines Bildes von einem Gegenstand.

Die Gegenstände der Physik sind physikalische Systeme, und die mathematischen Nachbildungen, die wir von ihnen haben wollen, sind – für sich genommen – mathematische *Strukturen*. In der physikalischen Anwendung sind sie die ‹inneren Scheinbilder der äußeren Gegenstände›. Die Grundgesetze (die Axiome) der jeweiligen Theorie schränken die Menge der in der Theorie zu betrachtenden Systeme ein. Sie sind alle von derselben Art – gehören zu ein und derselben *Struk-*

turart.[20] Durch den Übergang – die Abbildung – von den physikalischen Systemen zu mathematischen Strukturen und von einem physikalischen Gesetz zu einer Strukturart kann man dann die Hertzsche Forderung der Entsprechung von naturnotwendigen zu denknotwendigen Folgerungen, die den Kern der Richtigkeitsbedingung ausmacht, vielfach erfüllen. Ist diese Übersetzung vorgenommen, wird es insbesondere möglich, auf der physikalischen Seite durch *Messung* erhaltene Ergebnisse mit solchen Werten zu vergleichen, die auf mathematischer Seite durch bloße *Rechnung* gewonnen wurde. Ein Bild ist insbesondere dann verkehrt, wenn Rechnung und Messung für ein und dieselbe Prüfungsinstanz zu verschiedenen Ergebnisse kommen.

Strukturen und Strukturarten sind heute aus der Mathematik weithin bekannt. Der Mathematiker kennt Gruppen, Ringe, Körper, Vektorräume, topologische Räume, Liesche Gruppen, differenzierbare Mannigfaltigkeiten, Riemannsche Räume usw. Jeder dieser Namen steht für eine Strukturart, d.h. für eine Klasse von Strukturen, mit einer gemeinsamen Eigenschaft. Auch der theoretische Physiker ist heute mit einigen dieser Strukturarten vertraut, wobei für ihn die mathematischen Strukturen im allgemeinen nicht schon ganze physikalische Systeme bedeuten, sondern nur gewisse Aspekte davon mathematisch vertreten: So ist z.B. zur Untersuchung der Invarianzverhältnisse einer physikalischen Theorie mit Vorteil der Gruppenbegriff herangezogen worden; Banach-Algebren sind ins Spiel gekommen, nachdem sich gezeigt hatte, daß die Observablen eines quantenmechanischen Systems eine solche bilden usw. Es entspricht nicht der Aufgabenstellung dieses Buches, moderne Rekonstruktionen älterer Teile der Physik vorzunehmen, so reizvoll dies im vorliegenden Fall – der Hertzschen Bildtheorie – auch wäre. Ein paar Andeutungen zur Verständnishilfe mögen genügen.

Den heute wohl einfachsten Zugang zu Hertz' Bildtheorie gewinnt man über den Begriff des Koordinatensystems, z.B. den Begriff des euklidischen Koordinatensystems im euklidischen Raum R_{eu}. Ein solches Koordinatensystem identifiziert einen Punkt im (physikalischen) Raum mit einem Zahlentripel <x,y,z> – den Koordinaten des betreffenden Raumpunktes. Damit haben wir schon eine ein-eindeutige Abbildung von R_{eu} auf den $\mathbb{R}^3$. Das ‹Gesetz›, unter dem diese Abbildung steht, ist die Euklidizität der Metrik in R_{eu}. Das ist die Forderung, daß die Metrik d(a,b), d.h. der Abstand des Punktes a von b in R_{eu}, der euklidische Abstand ist. Die Darstellung von d in Koordinaten ist dann die aus der analytischen Geometrie weithin bekannte

(1) $d^2(a,b) = \Sigma_i (b_i - a_i)^2$.

Darin sind a_i und b_i die euklidischen Koordinaten von a bzw. b in dem geforderten Koordinatensystem. Dieses Axiom bringt sozusagen mit einem Schlage den Bildgedanken für die Geometrie zur Geltung.[21] Der physikalische Raum $<R_{eu};d>$ erhält ein zu ihm isomorphes, mathematisches Bild $<\mathbb{R}^3;d'>$. Hier liegt dann auch der Ansatz zu einer Verallgemeinerung: Aus den Koordinatensystemen der euklidischen Geometrie werden *Isomorphismen,* und aus den beiden Räumen – dem als physikalisch gedachten euklidischen und seinem Muster im Koordinatensystem – werden eine beliebige physikalische Struktur bzw. eine mathematische Struktur als Bild. Die Theorieaussage ist, daß ein Isomorphismus existiert, der die physikalische in die mathematische Struktur abbildet. Im vorliegenden Fall ist das Bild so vollständig, daß alle geometrischen (euklidischen) Sachverhalte in Teilbildern ihren Ausdruck finden, insbesondere die Hertzschen ‹denknotwendigen› bzw. ‹naturnotwendigen› Verhältnisse.

Da gerade die letzteren sich nicht so gut wie der Isomorphiegedanke in der Geometrie vorführen lassen, erläutere ich diese Dinge lieber anhand von zwei näher an der Physik gelegenen Beispielen.

Für das erste nehmen wir an, daß unser Gegenstand ein Mol eines in einen Kasten eingeschlossenen Gases ist, das sich im thermischen Gleichgewicht befindet. Dann sind folgende Größen für den Zustand des Gases relevant: der (skalare) Druck p_α, das Volumen v_α und die Temperatur T_α. Zur Zustandsangabe nötig sind allerdings nur irgend zwei dieser drei Größen. Die dritte ist dann gesetzlich festgelegt durch eine Beziehung

(2) $r(p_\alpha, v_\alpha, T_\alpha)$,

die also nach jeder der drei Variablen eindeutig ‹auflösbar› ist. (2) ist das ‹absolut wahre› Gasgesetz, das wir nie ganz genau kennen, an dessen Existenz aber (hier und in zahllosen anderen Fällen) viele Physiker glauben, weil es eine nützliche Fiktion ist. Entsprechend sind die Argumente in (2) nicht schon Zahlen, sondern echte, noch unskalierte physikalische Größenwerte. Dies soll der Index α ausdrücken.

In einer Hinsicht ist allerdings mit der Einbeziehung von (1) in unsere kleine Theorie noch gar nichts gewonnen, nämlich in der Frage: Um welche Theorie soll es denn gehen? Nach der Hertzschen Vorstellung müssen *Bilder* in die Theorie eingeführt werden. Im vorliegenden Fall ginge es einfach darum, jedem Größenwert eine reelle Zahl als ihr Bild zuzuordnen. Erhält dabei pα' den Zahlenwert p und entsprechend für Volumen und Temperatur, so schreiben wir

(3) $p_\alpha' = p, v_\alpha' = v, T_\alpha' = T.$

Mit den Zahlen als unseren ‹Farben› können wir dann aber auch komplizierte Figuren in dem <p,v,T>-Raum malen und als das jeweilige Bild von (2) festlegen, z. B. können wir das mit der Gleichung

(4) $p \cdot v = R \cdot T$

für das ideale Gas tun, in der die Gaskonstante R numerisch vorgegeben sei. Dann wäre

(5) $r(p_\alpha, v_\alpha, T_\alpha) \Leftrightarrow [p_\alpha' \cdot v_\alpha' = R \cdot T_\alpha']$

in allen Variablen eine plausible Möglichkeit, die Richtigkeit von (4) als Bild für (2) auszudrücken.

Wir haben aber auch noch eine andere, gleichwohl äquivalente Möglichkeit. Nehmen wir an, das Gas ist durch den Druck p_α und das Volumen v_α gegeben. Dann ist (2) äquivalent mit einer gewissen Funktion

(2 a) $T_\alpha = f(p_\alpha, v_\alpha).$

Und ebenso ist (4) äquivalent mit der Funktion

(4 a) $T = 1/R \cdot (p \cdot v).$

Dann ist aber auch unsere Richtigkeitsbedingung (5) mit der Bedingung

(5 a) $f'(p_\alpha, v_\alpha) = 1/R \cdot (p_\alpha' \cdot v_\alpha')$

Hertz und der heutige Strukturbegriff

gleichwertig. Diese Bedingung hat aber die Form der Hertzschen Richtigkeitsbedingung: Wir gehen aus von unserem Gas als dem *Gegenstand* der Theorie, gegeben in diesem Falle durch den Druck p_α und das Volumen v_α. Die *naturnotwendige Folge* ist dann die bestimmte Temperatur $f(p_\alpha,v_\alpha)$, und $f'(p_\alpha,v_\alpha)$ ist ihr *Bild*. Nach Hertz muß dieses gleich der *denknotwendigen Folge* des Bildes des Gegenstandes sein. Und das ist es auch in (4a): Auf dem anderen Wege gehen wir von p_α und v_α, durch die der Gegenstand gegeben war, über zu den Bildern p_α' bzw. v_α' und von diesen zu dem denknotwendig folgenden Bild der Temperatur auf der rechten Seite von (5a). Unser zweites Beispiel ist gegenüber dem ersten ungeheuer allgemein und betrifft sämtliche *Theorien deterministischer Systeme*. Ein solches besteht aus drei ‹physikalischen› Strukturen: einem Zustandsraum S, einer Dynamik F und einer Bewegung (einer ‹Lösung›) f^o. f^o beschreibt die Bewegung des Systems durch seinen Zustandsraum S, ist also wie alle anderen Elemente von F eine Funktion $f^o: \mathbb{R} \to S$, wo $\mathbb{R}$ die Zeit repräsentiert. Die Theorie ist deterministisch, wenn es zu beliebigem Zustand $s^o \in S$ und Zeitpunkt $t^o \in \mathbb{R}$ genau eine Bewegung $g \in F$ gibt, für die die Anfangsbedingung $g(t^o) = s^o$ gilt.

Der soweit explizierte Begriff einer deterministischen Theorie würde modernen axiomatischen Ansprüchen vollauf genügen. Hertz aber würde noch immer vermissen, worum ehedem so heftig gestritten wurde: die Bilder. Für das Folgende genügt (da der Fall der Zeit schon erledigt ist) die Hinzufügung dreier mathematischer Strukturen S_{ma}, F_{ma} und f^o_{ma} zusammen mit einer Bijektion φ von S auf S_{ma}, die als Grundlage für einen Isomorphismus der gegebenen Struktur $<S;F,f^o>$ mit ihrer mathematischen Bildstruktur $<S_{ma};F_{ma},f^o_{ma}>$ dienen kann. Man erhält somit

(6a) $\quad \begin{aligned} &\varphi: S \to S_{ma}, \\ &\psi: F \to F_{ma},\ (\psi \cdot f)(t) = \varphi(f(t)) \\ &\psi \cdot f^o = f^o_{ma}. \end{aligned}$

Daraus halten wir vereinfachend fest (mit $S' = S_{ma}$ usw. für $x' = \varphi(x)$)

(6b) $\quad \varphi: S \to S'$, und $f \in F \Leftrightarrow f' \in F'$ für $f'(t) = \varphi(f(t))$.

Wir führen dann den Gegenstand und sein Bild ein durch seinen Zustand bzw. dessen Bild zur Zeit $t^°$:

(7) $f(t^°) = s^°$ bzw. $f'(t^°) = s^{°\prime}$.

Wir wollen daraus den Zustand zur Zeit $t^1 > t^°$ ermitteln. Eine Voraussage (im Unterschied zu einer Messung) ist nur durch Berechnung möglich, und eine Berechnung können wir nur in der Bildstruktur vornehmen. Wenn das Bild richtig ist, muß aber dasselbe herauskommen wie das, was herauskäme, wenn wir einen direkten Einblick nicht nur in unsere Denknotwendigkeiten, sondern auch in die korrespondierenden Naturnotwendigkeiten hätten. Daß im vorliegenden Fall das Ergebnis tatsächlich dasselbe ist, ersieht man aus der folgenden Überlegung: Primär bekannt sind der Zustand $s^°$ sowie die beiden Zeitpunkte $t^°$ und t^1. Wir haben nun zwei Wege, um den Zustand s_1 zur Zeit t^1 zu bestimmen. Auf dem einen gehen wir von $s^°$ zu seinem Bild $s^{°\prime} = \varphi(s^°)$ über und berechnen darauf die durch $s^{°\prime}$ und $t^°$ eindeutig bestimmte (mathematische) Lösung $f' \in F'$. (Das ist hier die ‹denknotwendige› Folge.) Als Voraussage erhalten wir auf diesem Wege $s_1' = f'(t^1)$. Auf dem anderen Wege folgt naturnotwendig die physikalische Lösung $f \in F$ mit der Anfangsbedingung (7). Sei das Ergebnis für t^1 dann $s_1 = f(t^1)$. Von hier aus müssen wir abschließend noch zu dem Bild $s_1^* = \varphi(s_1)$ übergehen. Die Frage ist: Ist $s_1^* = s_1'$? Hier ist der Beweis:

$$s_1^* = \varphi(s_1) = \varphi(f(t^1)) = f'(t^1) = s_1',$$

wobei – dies sei noch einmal hervorgehoben – f und f' aus F bzw. F' sind.

Aus der Grundlegung der Hertzschen Überlegungen durch die Begriffe von Strukturen und ihren Isomorphismen ergibt sich auch eine zwanglose Erklärung für eine bemerkenswerte Kommentierung des Richtigkeitsbegriffs durch Hertz selbst:[22]

Die Bilder, von welchen wir reden, sind unsere Vorstellungen von den Dingen; sie haben mit den Dingen die *eine* wesentliche Übereinstimmung, welche in der Erfüllung der genannten Forderung liegt, aber es ist für ihren Zweck nicht nötig, daß sie irgendeine weitere Übereinstimmung mit den Dingen haben. In der Tat wissen wir auch nicht und haben auch kein Mittel zu erfahren, ob unsere Vorstellungen von den Dingen mit jenen in irgend etwas anderem übereinstimmen als allein in ebenjener *einen* fundamentalen Beziehung.

Ein Teil dieser Auffassung ist uns schon einmal begegnet, als wir im zweiten Kapitel Machs Meinung zur Rolle der Atomtheorie in der Physik besprachen,[23] die danach ähnlich der gewisser ‹mathematischer Hilfsvorstellungen› in der Physik sei. Weiter heißt es bei Mach:

Wenn man auch die Schwingungen durch Sinusformeln, die Abkühlungsvorgänge durch Exponentielle, die Fallräume durch Quadrate der Zeiten darstellt, so denkt doch niemand daran, daß die Schwingung *an sich* mit einer Winkel- oder Kreisfunktion, der Fall an sich mit dem Quadrieren etwas zu schaffen hat. Man hat eben bemerkt, daß zwischen den beobachteten Größen ähnliche Beziehungen stattfinden wie zwischen uns *geläufigen* Funktionen ...

Hertz und Mach warnen hier also davor, die mathematische Darstellung physikalischer Verhältnisse dahingehend mißzuverstehen, daß das in einer solchen Darstellung einem physikalischen Strukturelement a_{phys} zugeordnete mathematische Element b_{math} irgend etwas Wesentliches über a_{phys} auszusagen vermöchte. In der obigen Interpretation der Hertzschen Auffassung würde die Warnung in dem Hinweis bestehen, daß die Gegenstand-Bild-Beziehung *nur bis auf Isomorphie festgelegt ist*. Mit den Worten Weyls:[24]

Eine Wissenschaft kann den von ihr untersuchten Gegenstandsbereich nur bis auf eine isomorphe Abbildung bestimmen. Insbesondere bleibt sie gänzlich indifferent hinsichtlich des ‹Wesens› ihrer Objekte. Was die realen Punkte im Raum von Zahlentripeln oder anderen Interpretationen der Geometrie unterscheidet, können wir nur durch unmittelbare intuitive Wahrnehmung kennen.

Gehen wir nämlich von unserer mathematischen Bildstruktur zu einer isomorphen, ebenfalls mathematischen Bildstruktur über, so würde diese in bezug auf den Gegenstand dasselbe leisten wie das ursprüngliche Bild: Sie wäre wieder isomorph zum Gegenstand, und mehr wurde auch vom ersten Bild nicht verlangt. Obwohl hierdurch die physiktheoretische Leistungsfähigkeit der Mathematik gewiß beeinträchtigt wird, muß man andererseits bedenken, daß die funktionalen Abhängigkeiten, die wir aus der Physik kennen, in der Regel gar nicht anders angegeben werden können als eben durch ihr mathematisches Bild. Aus diesem Grund verteidigt Boltzmann in seiner Auseinandersetzung mit Ostwald auch die Verwendung mathematischer Bilder in der Physik und warnt eben nur davor, in die Bilder zu viel Willkürliches aufzunehmen. Daß sich dies nicht gänzlich vermeiden läßt, ist nur eine andere Formulierung des Umstandes, den Hertz in dem zuletzt gegebenen Zitat beklagt.

Boltzmann hat Hertz' Werk bewundert. Er war so sehr davon eingenommen, daß seine Frau eines Tages einen Brief von ihm bekam, in dem er sie mit «Liebes Hertz!» anredete.[25] Dabei erstreckte sich seine Bewunderung nicht nur auf die physikalischen Leistungen von Hertz, sondern auch auf dessen gelegentliche Ausflüge in die Philosophie. Gerade letztere hat er aber auch kritisiert. An der Weise, wie Hertz den Zusammenhang zwischen Vorstellung und Wirklichkeit mit seinem Richtigkeitskriterium erfaßt, schien Boltzmann jedoch weniger der Bildgedanke zu stören als der Einsatz von ‹Denkgesetzen›. In seiner Kritik wird dann aber deutlich, daß er ein eher psychologisches und biologisches Verständnis von Denkgesetzen hat, wie es im 19. Jahrhundert (im Anschluß an Darwin) weithin üblich war. Andererseits geriet diese Auffassung gerade in der zweiten Hälfte des Jahrhunderts durch das Auftreten von Logikern wie Bolzano, Boole und Frege in Schwierigkeiten, die vom Stoff her ein eher mathematisches und von der Methode her ein normatives Verständnis von Logik hatten. Die Gesetze der Logik erzählen uns nicht, wie wir tatsächlich denken, sondern wie wir denken *sollten*. Blickt man angesichts dieser Entwicklung auf Hertz' Werk und insbesondere seinen Theoriebegriff zurück, so wird man feststellen müssen, daß diese eher in dem neuen Geiste verfaßt waren, und Boltzmann dürfte dies auch gesehen haben, zumindest nachdem er sich zu der Auffassung des Bildbegriffs durchgerungen hatte, der (1902) seinem Artikel in der *Encyclopedia Britannica* zugrunde liegt. Die in der Physik zu verwendenden und verwendbaren Bilder sind einheitlich der Mathematik entnommen. Der von Boltzmann angegebene Grund, in dieser Weise vorzugehen – daß nämlich ein direkter Zugriff (ohne Bilder) über unsere Verhältnisse ginge –, ist allerdings auch durch die Hertzschen Empfehlungen nicht ausgeräumt: Die Hertzsche Bedingung der Richtigkeit und auch die Isomorphiebedingung, durch die wir sie ersetzt haben, sind viel zu stark, um jemals realisiert werden zu können. Sie lassen sich jedoch durch schwächere Bedingungen ersetzen, die lebensnäher sind und dennoch den Bildgedanken noch enthalten. Nur müssen die Beziehungen zwischen Bild und Gegenstand liberaler gefaßt werden.

d) Plancks physikalisches Weltbild

Schon in Plancks Leidener Vortrag von 1908 (siehe Kapitel II) ging eine Konzeption ein, die für das Denken dieses bedeutenden Physikers auch weiterhin bestimmend sein sollte: die Konzeption eines physikalischen Weltbildes.[26] Ausgangspunkt war, daß für die Menschheit als Ganzes nicht lediglich ein einziges Weltbild – eine einzige Weltanschauung – maßgeblich ist, sondern daß Alternativen bestehen, die kulturabhängig und innerhalb einer Kultur auch bildungsabhängig sein können. Die Frage war nun, ob sich die Physik innerhalb dieser Vielheit charakterisieren läßt, und Planck hatte in seinem Leidener Vortrag dafür einen Vorschlag gemacht: Charakteristisch für unsere Physik ist eine zweifache Entwicklung geworden: erstens eine Entanthropomorphisierung, eine Entmenschlichung ihres empirischen Bestandes (wobei Entmenschlichung hier natürlich nicht im moralischen Sinne gemeint ist), und zweitens eine Unifikation ihrer logisch-theoretischen Struktur. Was soll das heißen?

In unserer Erkenntnis gehen wir von uns unmittelbar bekannten, aber noch unverstandenen Sinneseindrücken aus. Mit der *Sinnenwelt* bleibt jede physikalische Theorie durch ihre empirische Prüfung auch weiterhin verbunden. Wie im nächsten Kapitel genauer ausgeführt wird, führen die Prüfungen der Physiker jedoch zu unterschiedlichen Graden der Befriedigung, bis hin zur Note ‹unbefriedigend›, die dann zur Verwerfung der Theorie führt. Dabei wird oft der Eindruck erweckt, daß eine empirische Prüfung letztlich durch eine Vergleichung bestimmter Konsequenzen der Theorie mit gewissen Beobachtungen herbeigeführt wird, die ihrerseits theoriefrei sind. Diese Möglichkeit ist aber höchstens als Idealfall realisiert.

Wie schon in Kapitel II beschrieben, ist für die meisten Physiker nicht die Sinnenwelt der eigentliche Gegenstand ihrer Forschungen, sondern die *reale Außenwelt* und die Sinnenwelt lediglich das Medium, durch das wir einen Zugang zu jener realen Welt haben. In fast paradoxer Weise wird der Zugang erreicht durch die Schaffung einer mehr oder weniger abstrakten Begriffswelt, in der man die Botschaften aus der Sinnenwelt interpretiert.

Schon mit der Erlernung unserer Muttersprache gelangen erste unsinnliche, abstrakte Züge in unsere Erkenntniswelt. Wir lernen den Objektbegriff, die Allgemeinheit und weitere logische Begriffe kennen. Auch die Mathematik spielt hier eine hervorgehobene Rolle. Planck versteht diesen Prozeß als die Formung der realen Welt zu einem wohlgeformten Bild – eben dem *physikalischen Weltbild* als unserem Erkenntnisziel:

Zu diesen beiden Welten, der Sinnenwelt und der realen Welt, kommt nun noch eine dritte Welt hinzu, die wohl von ihnen zu unterscheiden ist: die Welt der physikalischen Wissenschaft oder das physikalische Weltbild.

Damit bahnt sich eine Drei-Welten-Theorie der Erkenntnis an, wie wir sie von Popper her kennen, nur daß bei Planck die reale Welt an die Stelle der materialen Welt bei Popper tritt. Ich will diese Analogie hier jedoch nicht weiterverfolgen.[27]

Vielmehr geht es mir um die besondere Stellung des physikalischen Weltbildes neben den beiden anderen Teilen der Trias. In Kapitel VII werden wir ausführlicher die Rolle kennenlernen, die Planck bei der Beantwortung der Frage gespielt hat, ob sich die gesamte Physik auf der Grundlage wahrscheinlichkeitsfreier deterministischer Gesetze durchführen läßt oder ob sich Gebiete finden lassen, in denen uneliminierbar der Zufall regiert.

V. Theorie und Erfahrung

> Ebenso geht's allen, die ausschließlich die Erfahrung anpreisen;
> sie bedenken nicht, daß die Erfahrung nur die Hälfte der Erfahrung ist.
> *Goethe*

Ich beginne dieses Kapitel mit einem unprätentiösen Zitat der beiden Autoren Truesdell und Noll aus ihrem Beitrag über Feldtheorien der Mechanik im *Handbuch der Physik*:[1]

Während Laien und Wissenschaftsphilosophen oft glauben, behaupten oder zumindest hoffen, daß physikalische Theorien aus Experimenten direkt erschlossen werden, weiß jedermann, der mit dem Problem der Entdeckung einer guten constitutiven Gleichung konfrontiert war oder der den historischen Ursprung der erfolgreichen Feldtheorien gesucht und gefunden hat, wie kindisch ein solches Vorurteil ist. Die Aufgabe des Theoretikers ist es, Ordnung zu bringen in das Chaos der Phänomene, eine Sprache zu erfinden, mit deren Hilfe eine Klasse dieser Phänomene wirkungsvoll und einfach beschrieben werden kann. Hier ist der Platz für Intuition, und hier hat das alte Vorurteil, gemeinsam allen Naturwissenschaftlern, daß die Natur einfach und elegant ist, zu vielen großen Erfolgen geführt. Natürlich, eine physikalische Theorie muß durch Erfahrung begründet sein, aber das Experiment kommt nach und nicht vor der Theorie. Ohne theoretische Begriffe würde man weder wissen, was für Experimente man durchführen muß, noch in der Lage sein, ihren Ausgang zu interpretieren.

Diesen ernsten Worten über das Verhältnis von Theorie und Experiment sind oft weniger ernste zur Seite getreten, wie ich sie zu Beginn des vorigen Kapitels geschildert habe.

A) Duhems Instrumentalismus

Bei dem französischen Physiker Pierre Duhem (1861–1916) fängt die Gespaltenheit schon damit an, daß er als gläubiger Katholik im Hinblick auf wesentliche Fragen der Existenz des Menschen und des Weltganzen durchaus metaphysisch gestimmt ist. Von daher entwickelt er die Auffassung, daß die Physik nur wenig von der eigentlichen Wirklichkeit zu zeigen vermag und wir mit ihren Gesetzen und Theorien an der Oberfläche bleiben. Wenn das aber schon so ist, dann möchte Duhem auch in keiner Weise die Physik verunreinigt sehen durch Ansprüche, denen sie nicht gewachsen ist. Ein solcher Anspruch wäre, daß sie etwas *erklären* könne. Gleich zu Beginn seines Buches *Das Ziel und die Struktur einer physikalischen Theorie* macht Duhem klar, daß uns gewisse Teile der Physik durchaus zu der Meinung verführen können, die Physik könne etwas erklären. Die Theorie, die wir Akustik nennen, erklärt durch die Annahme, daß *hinter* ihren Phänomenen ein in Schwingungen versetztes Medium stünde, das diese Phänomene hervorbringt. Was Duhem in diesem Falle für gerechtfertigt hält, ist ihm aber in der Optik schon verdächtig. (Und soweit dabei noch die Ätherhypothese eine Rolle spielte, war dieser Verdacht ja auch ganz gerechtfertigt.) Aber der Verdacht wird nun verallgemeinert, wenn es heißt, «daß [eine physikalische Theorie] sich nicht als eine sichere Erklärung der sinnlichen Erscheinungen anbiete, solange sie nicht diejenige Realität den Sinnen zugänglich mache, deren Existenz hinter den Phänomenen sie behauptet».[2] Wir können in diesen Fällen höchstens den Nachweis führen, daß alle unsere Wahrnehmungen so hervorgerufen werden, *als ob* jene von der Theorie angenommene Realität da wäre. Diesen Fiktionalismus nennt Duhem eine «hypothetische Erklärung» und kommt zu dem Ergebnis, «wenn es das Ziel physikalischer Theorien wäre, experimentelle Gesetze zu erklären, dann wäre die Theoretische Physik keine autonome Wissenschaft. Sie wäre der Metaphysik untergeordnet.»[3] Und um diese Abhängigkeit zu vermeiden, ist es Duhem lieber, die folgende typisch instrumentalistische Definition einer physikalischen Theorie zu geben:[4]

Eine physikalische Theorie ist keine Erklärung. Sie ist ein System mathematischer Lehrsätze, die aus einer kleinen Zahl von Prinzipien abgeleitet werden und den Zweck haben, eine zusammengehörige Gruppe experimenteller Gesetze ebenso einfach wie genau darzustellen.

Unter einem experimentellen Gesetz versteht Duhem einen einfachen, empirisch zugänglichen, funktionalen Zusammenhang zwischen physikalischen Größen, wie etwa das Ohmsche Gesetz, das Snelliussche Gesetz oder das van der Waals'sche Gesetz.

Die Einstellung Duhems zur Leistungsfähigkeit physikalischer Theorien im Hinblick auf die Möglichkeit von Erklärungen der Erscheinungen ähnelt der Einstellung Berkeleys zu den philosophischen Bemühungen seiner Zeitgenossen und Vorgänger um eine plausible Erkenntnistheorie. Die Lage, die er vorfand, beschrieb Berkeley wie folgt:[5]

Alles in allem bin ich geneigt zu denken, daß der weitaus größere Teil, wenn nicht alle von jenen Schwierigkeiten, die bisher die Philosophen beschäftigt haben und die den Weg zu echtem Wissen versperrt haben, gänzlich von uns selbst verschuldet sind. Wir haben erst eine Staubwolke aufgewirbelt und beklagen uns nun, daß wir nichts sehen.

Die Staubwolke, die wir aufgewirbelt haben, ist der Begriff der *Materie* und der Versuch, durch Strukturierung der Materie jene Erscheinungen und ihre Beziehungen hervorzubringen. Für das bisherige Mißlingen eines solchen Unternehmens gibt Berkeley die Erklärung, daß es die Materie einfach *nicht gibt*. Das folgt aus dem Grundsatz des *esse est percipi:* Sein ist wahrgenommen werden. Dies ist ein extrem positivistischer Ansatz, aber es ist ein edler Positivismus, denn er ist begleitet von dem Optimismus, daß die erkenntnistheoretischen Probleme im Prinzip alle lösbar sind, weil alle Vorstellungen in der Welt Gedanken Gottes sind: Das gilt insbesondere für unsere Wahrnehmungen, Gott denkt gewissermaßen die Welt. Und da es ein guter Gott ist, wird er uns bei unseren Bemühungen nicht in die Irre führen. Mit dieser Vorstellung von Theorie vor Augen findet es Duhem nun nicht im mindesten verwunderlich, wenn in der Physik einander widersprechende Theorien vorkommen, und zwar vorkommen als der normale Zustand. Schon Boltzmann hatte auf «die Möglichkeit zweier ganz verschiedener Theorien [hingewiesen], die beide gleich einfach sind und mit den Erscheinungen gleich gut stimmen, die also, obwohl total verschieden, beide gleich richtig sind».[6] Duhem unterwirft nun seinen Begriff von Erklärung und Theorie einem Test: Er stellt fest, daß sein Begriff es zuläßt, daß Theorien sich widersprechen können, ohne daß dies ein Grund dafür sein muß, eine der beiden Theorien zu verwerfen:[7]

Ist es erlaubt, mehrere verschiedene Gruppen von experimentellen Gesetzen oder sogar eine einzige Gruppe von Gesetzen mit Hilfe mehrerer Theorien zu versinnbildlichen, wenn jede derselben auf Hypothesen beruht, die mit den Hypothesen, auf denen die anderen beruhen, unvereinbar sind?

Auf diese Frage zögern wir nicht, folgendes zu antworten: Wenn man sich streng an rein logische Erwägungen hält, kann man den Physiker nicht hindern, verschiedene Gruppen von Gesetzen oder sogar eine einzige Gruppe von Gesetzen durch mehrere unvereinbare Theorien zu beschreiben, man kann den Mangel an Zusammenhang in der physikalischen Theorie nicht verurteilen.

Allerdings – und das ist typisch – ist dieser Liberalismus nur dadurch möglich, daß wir den Anspruch aufgegeben haben, Theorien könnten etwas erklären.

Es wäre in der Tat absurd zu behaupten, daß zwei verschiedene Erklärungen desselben Gesetzes zu gleicher Zeit richtig seien. Es wäre absurd, eine Gruppe von Gesetzen aufgrund der Annahme einer gewissen Konstitution der Materie und eine andere Gruppe aufgrund der Annahme einer ganz anderen Konstitution zu erklären. Die erklärende Theorie muß unbedingt den Schein sogar des Widerspruches vermeiden. Wenn man aber annimmt, wie wir es zu zeigen versucht haben, daß eine physikalische Theorie einfach ein System sei, welches eine Gruppe experimenteller Gesetze klassifizieren soll, wie kann man dann aus den Lehren der Logik das Recht zur Verurteilung eines Physikers schöpfen, der verschiedene Klassifikationsverfahren anwendet, um verschiedene Gruppen von Gesetzen zu ordnen, oder der für dieselbe Gruppe von Gesetzen mehrere Klassifikationen, die aus verschiedenen Methoden stammen, angibt.

Als Beispiel erwähnt Duhem ausdrücklich die beiden Möglichkeiten der Annahme einer kontinuierlichen bzw. atomistischen Struktur der Materie, die ein und derselbe Physiker zugrunde legen kann, gleichgültig, ob er Kapillar- oder Wärmephänomene zu erklären hat. Duhem warnt auch ausdrücklich davor, die mechanistische Physik mit einer realistischen Physik in einen Topf zu werfen.[8] Die britische Physik der zweiten Hälfte des 19. Jahrhunderts war wesentlich mechanistisch (mit Lord Kelvin als Wortführer), aber zugleich instrumentalistisch, während die aristotelische Physik gänzlich unmechanistisch, zugleich aber realistisch war. Eben weil Duhem hiermit recht hat, habe ich das Thema des Instrumentalismus, zu dem der Atomismus einlädt, hier noch einmal zu Anfang eines Kapitels über Theorie und Erfahrung aufgegriffen. Um nun noch zu sehen, wie schwer es sich mit dem Duhemschen Instrumentalismus lebt, werfen wir einen Blick auf den Anhang von Duhems Buch, der in der zweiten Auflage (1914) hinzugefügt wurde. Darin setzt sich Duhem mit dem Buch eines Landsmanns auseinander, das ebenfalls der Situation in der damaligen theoretischen Physik gewidmet war (Abel Rey, *La Theorie de la Physique chez les physiciens contemporains*, Paris 1907). Duhem schildert, wie Rey in seiner Beschreibung der Physik zu zwei scheinbar ganz entgegengesetzten Auffassungen gelangt:[9]

Es gibt keine anderen Wahrheiten in der Physik als die experimentellen Tatsachen; Theorien sind nur Mittel zur Klassifikation und Instrumente der Forschung. Daher darf die Physik gleichzeitig distinkte und inkompatible Theorien benutzen. Die theoretische Physik hat nur einen technischen und auf Nutzen abzielenden Wert: Der Art sind die Behauptungen, zu denen Rey logisch geführt worden ist durch seinen Überblick über die Prozeduren, die in der Physik benutzt werden, und durch seine Untersuchungen der diversen Meinungen von Physikern.

Aber neben dieser instrumentalistischen Auffassung steht noch eine andere:[10]

Sobald wir die Reflektionen eines Physikers über Physik gelesen haben ..., sehen wir ihn niemals den leisesten Zweifel einbringen über die profunde Einheit seiner Wissenschaft und die schließliche Übereinstimmung der Theorien wenigstens in ihren allgemeinen Grundzügen. Jedermann nimmt es als gegeben, daß die Divergenzen nur zeitweise auftreten.
Theorien konstituieren das Gebiet ... der sukzessiven Annäherung an die Wahrheit, und das setzt eine Wahrheit voraus, der sie sich mehr und mehr annähern ...

Hier geht es also auf einmal um die Einheit der Physik und ihre allmähliche Annäherung an die eine Wahrheit. Physik ist in ihren Theorien Erkenntnis der Wirklichkeit und hat einen Wert als solche.
Duhem fragt sich nun, ob diese scheinbare Diskrepanz uns nicht veranlassen müßte, den Autor zu tadeln. Seine Antwort lautet: mitnichten. Er behauptet, diese etwas schizophrene Einstellung seinerseits bei vielen Physikern gefunden zu haben, und er schämt sich nicht, sie zu teilen.[11]

Wenn der Physiker es für angenehm hält, zwei verschiedene Kapitel der Physik mit Hilfe von einander widersprechenden Hypothesen zu konstruieren, dann ist er frei, dies zu tun. Das Prinzip vom Widerspruch darf verwendet werden, um zwischen wahr und falsch zu entscheiden; es hat keine Macht, zu entscheiden zwischen dem Nützlichen und dem Nutzlosen. Die physikalische Theorie zu zwingen, eine strenge logische Einheit in ihrer Entwicklung einzuhalten, würde bedeuten, dem Verstand des Physikers eine ungerechte und unerträgliche Tyrannei aufzuerlegen.

Im Fortgang des Textes heißt es dann aber, daß der Physiker, der *nach* all der analytischen Arbeit an seiner Wissenschaft einen Blick in sein Inneres wirft, von ihren bloß instrumentalistischen Zügen enttäuscht sein muß. Er kann sich nicht entschließen, in einer Theorie *nur* eine Ansammlung von praktischen Vorschriften, *nur* eine übersichtliche Klassifikation zu sehen. Wenn an der Sache nur das wäre, was sein eigener Kritizismus ihm schließlich gezeigt hat, würde er aufhören, seine Zeit und Kraft einer Tätigkeit von so dürftigem Wert zu widmen. Zwar ist «das Studium der Methode der Physik nicht in der Lage, dem Physiker den Grund dafür zu zeigen, warum er eine physikalische Theorie erfindet», noch zeigt die logische Analyse der Theorie mehr als ihren instrumentalistischen Charakter. Auf der anderen Seite aber weiß jeder Physiker, «daß es unvernünftig wäre, für den Fortschritt der theoretischen Physik zu arbeiten, wenn diese nicht ein zunehmend besser definiertes Abbild einer Metaphysik wäre; der Glaube an eine Ordnung, welche die Physik transzendiert, ist die einzige Rechtfertigung für ihre Theorien». «Eine physikalische Theorie verleiht uns ein Wissen von der Außenwelt, das nicht auf rein empirisches Wissen reduziert ist ... dieses Wissen leitet sich ab von einer Wahrheit, die sich von der Wahrheit unterscheidet, die uns unsere Instrumente mitteilen können.»

Was wir hier vor uns haben, könnte man eine Fallstudie zu dem Problem des Zusammenhangs zwischen Metaphysik und Physik nennen. Zu Anfang von Duhems Buch sieht es so aus, als ob Duhem keine Hoffnung sehe, auch nur einzelnen Erkenntnissen der Physik die Dignität einer metaphysischen Erkenntnis zuzubilligen. Im Verlauf der Ausführungen gibt Duhem aber diese negative Haltung auf, ohne uns mitzuteilen, was er schließlich für eine Abgrenzung von Physik und Metaphysik im Auge hat. Um das noch etwas besser zu verstehen, wollen wir uns ansehen, wie ein heutiger Physiker anhand der Fallstudie

Duhems die Lage beurteilen würde. Hier ist zunächst ein Text, der uns einen gewissen Aufschluß bieten kann. Er stammt von denselben Autoren, die zu Beginn dieses Abschnittes zitiert wurden.[12]

Weitverbreitet ist die verfehlte Konzeption, daß diejenigen, die Kontinuumstheorien formulieren, glauben, daß die Materie wirklich ein Kontinuum ist, wobei sie die Existenz von Molekülen bestreiten. Kontinuumsphysik setzt nichts voraus hinsichtlich der Struktur der Materie. Sie beschränkt sich auf Relationen zwischen groben Phänomenen, wobei die Struktur des Materials auf einer kleineren Skala vernachlässigt wird. Ob in jedem Einzelfall der Kontinuumsansatz berechtigt ist, ist keine Sache für die Philosophie oder Methodologie der Wissenschaft, sondern für den experimentellen Test.

Kontinuumsphysik steht in keinem Widerspruch zu Strukturtheorien, da die Gleichungen, die ihre allgemeinen Prinzipien ausdrücken, identifiziert werden können mit Gleichungen genau derselben Form in hinreichend allgemeiner statistischer Mechanik.

So sehen wir am Schluß eine gewisse Konvergenz der beiden Auffassungen von Duhem einerseits und den Physikern von heute andererseits. Das Problem war ein kritischer Vergleich von Kontinuumsmechanik mit Strukturtheorien. Duhem hielt die beiden Auffassungen zwar für unvereinbar, spricht aber von deren Approximation im weiteren Verlauf ihrer Entwicklungen. Die modernen Physiker halten sie für vereinbar, meinen damit aber auch nur Vereinbarkeit auf höherer Ebene:[13]

Der Leser dieses Handbuches ist nicht gefragt, die «wirkliche» Existenz von Atomen oder Subatomik in Frage zu stellen. Seine Aufmerksamkeit ist zu Phänomenen gelenkt, wo Differenzen zwischen solchen Teilchen ebenso wie die Einzelheiten ihres Verhaltens unwichtig sind. Wie auch immer, wir können ihm keine Bestätigung geben, daß Quantenmechanik oder andere Theorien der modernen Physik dieselben Resultate liefern. Jeder Anspruch dieser Art muß auf eine Zeit warten, zu der Physiker sich zu groben Phänomenen zurückwenden und zeigen, daß ihre Theorien in der Tat diese vorhersagen, und das nicht nur im Prinzip, sondern auch in Begriffen, die zugänglich sind für Kalkulation und Experiment.

B) Deduktive und induktive Physik

Zwischen der Mitte des 19. und des 20. Jahrhunderts sind immer wieder physikalische Arbeiten erschienen, in denen der jeweilige Autor zwischen zwei Methoden unterschied, Physik zu treiben. Falls sie überhaupt einen Namen bekamen, waren es die in der Überschrift zu diesem Abschnitt verwendeten: Unterschieden wurde eine «deduktive» von einer «induktiven» Physik; sie standen einander nicht als feindlich oder unvereinbar gegenüber, dienten aber auch nicht evidentermaßen derselben Sache. Wollte man es auf einen Nenner bringen, so müßte man wohl in vielen Fällen sagen, es handle sich dabei um die *Rechtfertigung* der Gesetze einer gegebenen physikalischen Theorie. Jedoch schon unser erster Gewährsmann seitens der Physik sagt etwas anderes, er spricht von «zwei wesentlich verschiedenen Wegen zur *Entdeckung* eines Naturgesetzes»,[14] und mit diesen beiden Wegen meint Nernst durchaus Deduktion und Induktion, subsumiert sie jedoch als Wege der Entdeckung, nicht der Rechtfertigung. Wir treffen hier auf eine gewisse Unsicherheit in der Abgrenzung dieser beiden Begriffe voneinander. An Entdeckungen im Sinne der *mathesis universalis* eines Descartes oder der *ars inveniendi* eines Leibniz glaubte man ohnehin nicht mehr.[15] Aber bis zum heutigen Tage hat sich unter Physikern die Tendenz gehalten, gelungene Schritte der Rechtfertigung eines Gesetzes als Entdeckungen zu werten. Die Physiker sollten in diesem Falle lieber den Vorschlägen folgen, die Philosophen wie Popper und Reichenbach gemacht haben: den Kontext der Rechtfertigung eines Gesetzes möglichst streng vom Kontext der Entdeckung zu trennen und logische bzw. pragmatische Begriffe zur jeweiligen Charakterisierung heranzuziehen.

Solche Praktiken werden neuerdings auch von Physikern angemahnt, so in einer im Jahr 2001 erschienenen Kulturgeschichte der Physik:[16]

Wir wollen an dieser Stelle nicht untersuchen, ob die Physiker tatsächlich auf diese Weise [nämlich durch Deduktion oder Induktion] zu neuen Naturgesetzen kommen ... wir werden sehen, daß nicht der Weg, auf dem eine neue Erkenntnis gewonnen wurde, von Bedeutung ist, sondern die Methode, wie man die Wahrheit ... eines physikalischen Gesetzes überprüft.

In den Arbeiten von Nernst (*Theoretische Chemie,* 1893), Planck («Leidener Vortrag», 1908), Einstein («Zum Relativitätsproblem», 1914), Planck (1914, in: Planck 1949), W. Wien («Ziele und Methoden der theoretischen Physik», 1915), Exner (*Vorlesungen über die physikalischen Grundlagen der Naturwissenschaften,* 1922) und Einstein («Induktion und Deduktion in der Physik», 1919) drängt sich einem die Vermutung auf, daß sie sich alle aus derselben Quelle speisen und daß diese Quelle irgendwo in den Tiefen des 19. Jahrhunderts liegt. In Frage kommt wohl vor allem John Herschels Buch *A discourse on the study of natural philosophy* von 1830.[17]

John Herschel, Sohn des berühmten Astronomen William Herschel, war wie schon sein Vater ein Forscher mit einem breiten Spektrum von Interessen, der auch in seinen naturphilosophischen Studien hohes Ansehen genoß. Sein soeben erwähntes Buch kann als erstes modernes Werk der Wissenschaftstheorie gelten. Darin heißt es:

> Es ist sehr wichtig zu beachten, daß der erfolgreiche wissenschaftliche Prozeß ununterbrochen die alternierende Anwendung beider Methoden, der induktiven und der deduktiven, verlangt und erfährt.

In der Physik machen wir Aussagen über die Natur, und wie überall, wo Behauptungen aufgestellt werden, tritt früher oder später die Frage an uns heran, ob überhaupt und gegebenenfalls auf welche Weise wir diese Behauptungen *rechtfertigen* können. Dazu wird man ganz allgemein nach Verfahren Ausschau halten, welche die Rechtfertigung einiger Aussagen $A_1, A_2, \ldots, A_n$ auf eine weitere Aussage A übertragen, falls A durch das fragliche Verfahren aus den Aussagen $A_1, A_2, \ldots, A_n$ gewonnen werden kann. Im besonderen Falle der Logik ist ein solches Verfahren das logische Schließen oder, wie man auch sagt: die *logische Deduktion*. Denn das, was wir für eine Aussage zu rechtfertigen haben, ist in diesem Falle ihre *Wahrheit,* und für eben die Wahrheit gilt, daß sie sich von gegebenen Aussagen A_i auf eine Aussage A überträgt, wenn A aus den A_i logisch folgt oder, wie soeben gleichbedeutend gesagt wurde, deduzierbar ist – symbolisch:

(1) $A_1, A_2, \ldots, A_n \vdash A$

Ein einfachstes Beispiel hierfür ist,

wenn (A oder B) und (nicht B) ⊢ A.

Wenn hierin A und B durch eine Interpretation Wahrheitswerte w bzw. f so erhalten, daß die beiden Prämissen (A oder B) sowie (nicht B) beide den Wert w erhalten, dann *muß* A den Wert w erhalten haben.

Für die Anwendungen, die wir im Auge haben, bringt die logische Deduktion eine gute und eine schlechte Eigenschaft mit. Nehmen wir an, die Aussagen A_i seien die Axiome einer interpretierten physikalischen Theorie (z. B. der Theorie des ebenen Pendels oder des freien Falls) und alle A_i seien bei dieser Interpretation wahr. Dann wissen wir, daß dasselbe auf alle Folgerungen A aus den Axiomen zutrifft. Eine Rechtfertigung der (Wahrheit der) Axiome zieht eine Rechtfertigung aller Folgerungen aus den Axiomen nach sich. Und das ist gewiß eine gute Eigenschaft. Aber es kommt auf diese Weise nur eine relative Rechtfertigung zustande. Die Rechtfertigung der Axiome steht noch aus, und die ist nun selbst für gängige, einfache Theorien eine mißliche Sache – das ist die schlechte Eigenschaft.

Denn ob ein physikalisches Axiom gilt, können wir nur unter Heranziehung der *Erfahrung,* die wir mit den in dem Axiom benannten Gegenständen gemacht haben, entscheiden. Sie ist in Form einer Menge von Einzelaussagen in der sogenannten *empirischen Basis* der Theorie niedergelegt. Die Information, die wir auf diese Weise erhalten, ist jedoch im allgemeinen viel zu klein, um die gewünschte Wahrheitsentscheidung zu fällen. Zum Beispiel behandeln die beiden eben genannten Theorien Bahnen im Raum in Abhängigkeit von der Zeit. Wenn wir einmal Meßungenauigkeiten beiseite lassen, so mündet die Bestimmung einer Bahn in eine endliche Menge von Ortsbestimmungen zu gewissen Zeiten ein. Der Schluß von einer solchen Datenmenge auf eine komplette Bahn bleibt jedoch immer unsicher. Aber eine Bahn müssen wir haben, denn von ihr handelt die Theorie und insbesondere die Bewegungsgleichung.

Für das, was hier weiterhelfen soll, ist seit langem der Begriff *Induktion* in Gebrauch, und die Sache selbst ist seit Aristoteles anhängig. Wird die Induktion als ein Schluß stilisiert (der Schluß auf die Bahn), so geht es jedenfalls um einen Schluß mit Informationsgewinn, während die Deduktion die Information bestenfalls erhält, im allgemeinen jedoch ein Verlust eintritt. Dafür ist der deduktive Schluß ganz sicher, bei der Induktion hingegen mehr oder weniger unsicher. Ein in einer Theorie zur Verfügung stehender ‹Induktionsapparat› besorgt in der Regel einfachste Verallgemeinerungen (enumerative Induktion). In diesen hat die Konklusion die Form $\forall x.(Fx)$, wobei die $F(x)$ Basisaussagen sind. Natürlich sind die Aussagen

(2) $F(a_1), \ldots, F(a_n) \vdash \forall x F(x)$

keine gültigen Schlüsse. Sie sind aber häufig faktisch wahr und können auf dieser Grundlage mit Vorteil benutzt werden.

Mit Deduktion und Induktion (vorausgesetzt, auch für diese ist genauer fixiert, was man darunter versteht) liegen also zwei Verfahren zur Rechtfertigung physikalischer Aussagen vor. Die Deduktion verdankt ihre Existenz den Axiomen der Theorie (als ersten Anfängen von logischen Schlußketten) und kommt dementsprechend ‹von oben›. Die Induktion verdankt ihre Existenz der empirischen Basis der jeweiligen Theorie. Sie erfolgt mithin ‹von unten›. Die Frage, ob eine Theorie *empirisch akzeptabel* ist, hängt davon ab, ob die Axiome und die empirische Basis miteinander verträglich sind. In den Evaluationsprozeß gehen also Deduktion und Induktion gleichermaßen ein.

Als ein erstes Zeugnis für die in Rede stehende methodologische Unterscheidung greifen wir zu Nernsts *Theoretischer Chemie* von 1893. In der Einleitung unterscheidet der Autor «zwei wesentlich verschiedene Wege zur Entdeckung eines Naturgesetzes»:[18] die empirische Generalisierung und die theoretische Spekulation. Während man auf dem ersten Wege schon auf Meßreihen induktiv aufbaut, «führt [der zweite Weg] anhand eingehender Vorstellungen über das Wesen gewisser Erscheinungen durch rein spekulative Tätigkeit zu neuer Erkenntnis, über deren Richtigkeit der Versuch dann nachträglich zu entscheiden hat». Auch Nernst sieht, wenn er so redet, offenbar schon diese Schere, die die (physikalische) Spekulation trennt von der sauberen, auf Meßreihen fußenden Induktion, und er sieht, daß in gewissen Fällen eben nur der erste Weg zum Ziele führt. «Nun liegt es aber häufig», sagt er weiter, «in der Natur der Sache, daß wir diese (spekulativ gewonnenen) fundamentalen Vorstellungen keiner direkten Prüfung durch das Experiment unterwerfen können ... und der mit ihnen vorschnell operierende Forscher schwebt fortwährend in der Gefahr, durch das Irrlicht unglücklich gewählter Grundannahmen auf Abwege geführt zu werden.»

Um dies zu vermeiden, hält man in *Hypothesen* seine Vermutungen fest und sieht zu, daß es zur Entdeckung neuer Gesetzmäßigkeiten kommt, die nunmehr dem Experiment zugänglich sind. In geradezu Popperscher Manier heißt es bei Nernst weiter, man ziehe dann dem Experiment zugängliche Konsequenzen aus der Theorie, «und der Erfolg [des Experiments] beweist zwar durchaus nicht die Richtigkeit, wohl aber die Brauchbarkeit der Hypothese, während ein Mißerfolg ... die Unrichtigkeit der Vorstellungen, von denen wir ausgingen, überzeugend dartut». Die Nähe zu Popper, wenn man sie für eine Zeit, in die Popper erst hineingeboren wurde, so bezeichnen darf, zeigt die Tendenz der ganzen Einleitung: Die Dichotomie von Induktion und Deduktion zur Kennzeichnung der epistemologischen Lage der damaligen Physik wird von Nernst nirgendwo explizit kritisiert. Aber zwischen den Zeilen liest man Nernsts Wunsch, die ganze Sache zugunsten einer methodisch einheitlichen Physik loszuwerden.

In dem kurzen Text zu Anmerkung 10 stoßen wir gleich zu Beginn auf einen Umstand, der sich bei fast allen Physikern, die zu diesem Thema Stellung nahmen, gleichermaßen findet: Die Physiker sind mehr an der Anwendung unserer beiden Methoden auf dem Gebiet der (zeitlichen) Theorienentwicklung interessiert als an der ihnen eigentlich zugedachten Anwendung auf dem Gebiet der empirischen Bewährung *einer* Theorie. Nernst erwähnt die Sache am Schluß, behandelt sie aber nicht, und die anderen, wie gesagt, schweigen sich zumeist ganz aus. Auch Planck stellt gleich zu Beginn seines Leidener Vortrags von 1908[19] die beiden Methoden in ihrer Anwendung auf die Theorienentwicklung einander gegenüber, wenn auch in einer weniger nüchternen Sprache als sein Kollege Nernst. Dessen ‹spekulative› Methode ist für Planck die «jugendlichere»:

... sie faßt, einzelne Erfahrungen schnell verallgemeinernd, mit kühnem Griffe nach dem Ganzen und stellt in das Zentrum des Bildes von vorneherein einen einzigen Begriff oder Satz, in den sie nun mit mehr oder weniger Erfolg die ganze Natur mit allen ihren Äußerungen zu bannen unternimmt.

Die andere, die induktive Methode faßt Planck mit den Worten zusammen:

[Diese] ist bedächtiger, bescheidener und zuverlässiger, aber an Stoßkraft der ersten lange nicht gewachsen und daher auch sehr viel später zu Ehren gekommen: sie verzichtet vorläufig auf endgültige Resultate und malt zunächst nur diejenigen Züge in das Bild, welche durch direkte Erfahrungen vollständig sichergestellt erscheinen ...

Planck fügt hinzu, daß die Physik auf keine der beiden Methoden verzichten kann, wenn auch gewisse ihrer Inhalte besser von der einen und andere von der anderen Methode behandelt würden, beispielsweise Kirchhoffs Programm von der induktiven Methode.

Diese Äußerungen Plancks von 1908 über die Methodik der Physik sind erstaunlich rückwärtsgewandt, indem unterstellt wird, daß in methodischer Hinsicht alles beim alten bleiben wird, und zwischen den Zeilen zu lesen ist, daß auch alles schon immer so war. Hatte es denn keine wissenschaftliche Revolution gegeben, in deren Verlauf und Gefolge auch in methodischer Hinsicht so manches geschehen war? Aber es gab wohl Gründe, vorsichtig zu sein.

Seine Einsichten in die uns interessierenden Zusammenhänge zeigen sich in dem folgenden geschlossenen Text von Franz Exner,[20] in dem er die philosophische Weise des Umgangs mit sogenannten «Denknotwendigkeiten» rügt und dann fortfährt:

Es bleibt uns nichts übrig, als die Vorgänge in der Natur möglichst genau zu beobachten und dabei nach Regelmäßigkeiten des Geschehens, nach sog. Gesetzen, zu suchen ... Dieser Weg – die *induktive* Forschung – ist wohl der sicherste, jedoch keineswegs der einzige. Wir können für einen Vorgang, der uns im großen und ganzen gegeben ist, auch eine bestimmte Ursache rein hypothetisch voraussetzen, also der Betrachtung eine Hypothese zugrunde legen und zusehen, ob die Konsequenzen dieser Hypothese mit der Erfahrung übereinstimmen. Ist das der Fall, so können wir rückwärts wenigstens mit einer gewissen Wahrscheinlichkeit auf die Richtigkeit der Hypothese schließen. Wir sagen dann, wir haben für den Vorgang ein Gesetz auf *deduktivem* Wege aufgestellt.

Sensibler zeigt sich Wilhelm Wien in einem etwas früher geschriebenen Aufsatz über die Ziele und Methoden der theoretischen Physik.[21] Er kalkuliert von Anfang an die Möglichkeit einer Änderung der Verhältnisse ein, übrigens auch für die Ziele, und kommt zunächst für die Methoden zu dem Ergebnis:

Man hat früher die induktive und die deduktive Methode in der Wissenschaft unterschieden. Die erstere soll von speziellen Erfahrungen aus allmählich zu allgemeineren Einsichten gelangen, die zweite aus allgemeinen Voraussetzungen spezielle Folgerungen ziehen ... Heute haben sich die Ansichten wesentlich geändert ... [und] der Unterschied zwischen induktiver und deduktiver Methode [ist] kaum mehr streng aufrechtzuerhalten.

Wien nimmt sich dann als erstes die theoretische (im Unterschied zur experimentellen) Physik vor. Von Natur aus ist diese nicht rein deduktiv. Vielmehr muß erst eine induktive Vorarbeit geleistet sein, die zu ersten Gesetzen führt, bei denen die deduktive Arbeit beginnen kann. Ziemlich rasch gelangt Wien dann durch eine Kritik am traditionellen Begriff der Kausalität dazu, die «vornehmste Aufgabe [der theoretischen Physik] darin zu erblicken, die mathematisch ausgedrückten Naturgesetze aufzustellen und Folgerungen aus ihnen zu ziehen». Dabei bleibt offen, was ein Naturgesetz ist.

Schwerer tut sich Wien mit den *Methoden* der theoretischen Physik. Jedenfalls stehen sie nicht fest, sondern ändern sich zugleich mit der Physik selbst:[22]

So darf die theoretische Physik sich niemals mit dem Gedanken beruhigen, daß sie die endgültigen Methoden ihrer Forschungsweise geerbt hat.

Jüngstes Beispiel einer bedeutenden Erweiterung der Physik, die auch ihre allgemeinen Grundlagen und Methoden betroffen hat, ist der Übergang zur statistischen Physik. In einer für seine Zeit typischen Weise vergleicht Wien die Lage in der Physik mit der eines Koloniallandes von unbegrenzter Ausdehnung:[23]

Das der Kultur gewonnene Gebiet ist in festen Besitz genommen, aber an den Grenzen arbeiten die Pioniere daran, die Grenzen immer weiter hinauszurücken.

Ganz am Schluß seiner Ausführungen wagt Wien noch einen Blick in die Zukunft, und dabei geht er fehl.[24] Da ihm die bisherige Atomphysik zu lehren scheint, «daß wir in den Atomen eine neue Welt erblicken müssen ..., die von der aus Atomen aufgebauten Welt grundverschieden ist», meint er, läge die Vermutung nahe, daß das Innere der Atome wiederum neuen Gesetzen folge. In der Tat wäre dies die korrekte Folgerung gewesen. Aber einem unklaren Prinzip der Permanenz der Naturgesetze folgend, beruhigt sich Wien bei dem Gedanken, daß hier nicht noch einmal etwas Neues lauerte. Zu diesem Schluß kommt er zehn Jahre vor dem Durchbruch Heisenbergs und seiner Mitstreiter zur neuen Quantenmechanik. Und auf Einsteins Schreibtisch lag bereits die erste gültige Version der allgemeinen Relativitätstheorie, über die sich Wien alsbald so sehr verwundern sollte.

Noch vorher aber gibt es Zeugnisse davon, daß Einstein sich mit der in Rede stehenden Methodologie ebenfalls kritisch auseinandersetzte, um sie schließlich durch eine neue, seinem Forschergeist angemessenere zu ersetzen. Ein Jahr vor Wiens Artikel greift Einstein das Thema in seiner Antrittsrede vor der Preußischen Akademie auf.[25] Diese Rede vom 2. Juli 1914 (man beachte das Datum!) beschließt Einstein mit den Worten:

Wir haben festgestellt, daß die induktive Physik an die deduktive und die deduktive an die induktive Fragen stellt, deren Beantwortung die Anspannung aller Kräfte erfordert. Möge es bald gelingen, durch vereinte Arbeit zu endgültigen Fortschritten vorzudringen!

Welches sind die Fragen, die um 1914 herum deduktive und induktive Physik einander stellen? Um nicht durch eine fragwürdige Terminologie eine gar nicht vorhandene Gelehrsamkeit bloß vorzutäuschen, wollen wir diese Frage zunächst in die folgende transformieren: Welches sind die Fragen, die um 1914 herum theoretische und experimentelle Physik einander stellen?

1.) Die theoretische Physik fragt die experimentelle für den Bereich der Gravitationserscheinungen nach mehr Tatsachenmaterial, welches die schon vorhandenen Prinzipien der allgemeinen Relativitätstheorie, also der Einsteinschen Gravitationstheorie, zu stützen vermag.

2.) Die experimentelle Physik fragt die theoretische nach Prinzipien, die das ungeheure Tatsachenmaterial über das Verhalten der Atome im Rahmen einer neuen Atommechanik zu erklären vermögen.

Durch diese beiden Fragen macht Einstein insbesondere darauf aufmerksam, daß – historisch bedingt – auf dem Gebiet der Gravitation die Theorie schon weiter fortgeschritten ist als das Experiment, während für die Welt der Atome genau umgekehrt das Experiment der Theorie weit voraus ist. Und in dieser Lage, die also eine symmetrische Schieflage ist, ruft Einstein seine Kollegen zur baldigen Beseitigung dieses Mißverhältnisses auf.

Dies geschah im übrigen in Einsteins Antrittsrede bei der Berliner Akademie. Wie üblich hielt deren Sekretar eine Erwiderung, und der Sekretar war kein anderer als Planck.[26] Ganz in dem Stile, den wir von seinem Leidener Vortrage her schon kennen, machte er einige inhaltliche Angaben zu den von Einstein offengelassenen Begriffen einer deduktiven und einer induktiven Physik und forderte:

Beide Seiten der von Ihnen geschilderten Tätigkeit ... sind für den Fortschritt der Wissenschaft notwendig. Beide müssen sich auch in dem einzelnen Forscher ergänzen, und zwar nicht nur in der Physik, sondern ... in jeder der durch sie [die Akademie] vertretenen Wissenschaften.

Fünf Jahre danach, in der Ausgabe des *Berliner Tagesblattes* vom 25. Dezember 1919, nimmt Einstein unter dem Titel «Induktion und Deduktion in der Physik» noch einmal Stellung.[27] Aber auch seine Fragerichtung ist nicht: Wie können wir die Wahrheit einer physikalischen Theorie rechtfertigen? Sondern: Was helfen uns Deduktion und Induktion bei der Aufstellung einer *neuen* Theorie? Die Antwort fällt für die Induktion weitgehend negativ aus:

Die einfachste Vorstellung von der Entwicklung einer empirischen Wissenschaft ist die, daß sie der induktiven Methode folgt ...

Schon ein kurzer Blick auf die tatsächliche Entwicklung zeigt [aber], daß [nur] ein kleiner Teil des bedeutenden Fortschritts wissenschaftlichen Wissens auf diese Weise entsteht ...

Der wirklich bedeutende Fortschritt der Naturwissenschaft entsteht auf eine Weise, die der Induktion nahezu diametral entgegengesetzt ist ...

Diese ablehnende Einstellung zur induktiven Methode hat Einstein nie mehr abgelegt. Dabei will er vor allem sichergestellt wissen, daß der Schritt von den Sinneseindrücken zu den ‹untersten› physikalischen Begriffen nicht induktiv geschieht:[28]

Physik ist ein in Entwicklung begriffenes logisches Gedankensystem, dessen Grundlage nicht durch eine induktive Methode aus den Erlebnissen herausdestilliert, sondern nur durch freie Erfindung gewonnen werden kann.

Ganz positiv beschäftigt ihn demgegenüber auch weiterhin die deduktive Methode.[29] Ein eindeutiges, hinreichend allgemeines Bekenntnis zur deduktiven Methode finden wir in der Geburtstagsrede für Planck (1918).[30]

Höchste Aufgabe der Physik ist ... das Aufsuchen jener allgemeinsten elementaren Gesetze, aus denen durch *reine Deduktion* das Weltbild zu gewinnen ist. Zu diesen elementaren Gesetzen führt kein logischer Weg, sondern nur die auf *Einfühlung in die Erfahrung sich stützende Intuition.*

Wenn hier neben der reinen Deduktion und *pari passu* die Erfahrung als Erkenntnisquelle genannt wird, so ist klar, daß Einstein zusammen mit der Induktion nicht auch diese verabschieden wollte, zumal sich zeigte, daß eine empirische Rechtfertigung von Theorien auch auf rein deduktivem Wege möglich ist (s. u.). Die Unerläßlichkeit des empirischen Anteils an unserer Erkenntnis wird von Einstein immer wieder betont. Nur stellt er sich den Zusammenhang der Erlebnissphäre mit den elementaren physikalischen Sachverhalten anders vor als ein Induktionist: nicht induktionistisch, sondern intuitiv:[31]

Die Begriffe und Sätze erhalten ‹Sinn› bzw. ‹Inhalt› nur durch ihre Beziehung zu Sinneserlebnissen. Die Verbindung der letzteren mit den ersteren ist rein intuitiv, nicht selbst von logischer Natur. Der Grad der Sicherheit, mit der diese Beziehung bzw. intuitive Verknüpfung vorgenommen werden kann, und nichts anderes, unterscheidet die leere Phantasterei von der wissenschaftlichen ‹Wahrheit›.

Neben dieser Einschätzung der Rolle der Wahrnehmungsinhalte in der menschlichen Erkenntnis bricht bei Einstein allerdings immer wieder durch, daß die Physik nun einmal einen Weg beschritten hat, nämlich den ‹realistischen›, der notwendig zu einer Entfremdung der beiden Wirklichkeiten, die wir als Theorie und Empirie unterscheiden, führen mußte:[32]

Die Berechtigung (Wahrheitswert) des Systems liegt in der Bewährung von Folgesätzen an den Sinneserlebnissen, wobei die Beziehung der letzteren zu ersteren nur intuitiv erfaßbar ist. Die Entwicklung vollzieht sich in der Richtung wachsender Einfachheit des logischen Fundamentes. Um diesem Ziele näher zu kommen, müssen wir uns damit abfinden, daß die logische Grundlage immer erlebnisferner und der gedankliche Weg von den Grundlagen zu jenen Folgesätzen, welche ihr Korrelat in Sinneserlebnissen finden, immer beschwerlicher und länger wird.

Auch muß man bedenken, daß Einstein von Natur aus nun einmal Theoretiker war und erst der zweiten Generation von Physikern angehörte, die reine Theoretiker waren. Es lag in ihrem Interesse, ihren Kollegen von der Experimentalphysik verständlich zu machen, was überhaupt rein theoretische Physik ist und sein kann und in welchem Maße ein theoretischer Physiker noch den Kontakt zur experimentellen Physik pflegt. In dieser Hinsicht ist eine herrliche Geschichte von Einstein überliefert, die, auch ohne wahr zu sein, eine treffende Einsicht enthält, die es verdient, bekannt zu bleiben. Es geht um jene berühmt gewordene, von englischen Astronomen 1919 unternommene Expedition nach Südamerika, um anläßlich einer dort beobachtbaren Sonnenfinsternis die Lichtablenkung am Sonnenrand erneut zu bestimmen und den erhaltenen Wert mit dem aus Einsteins neuer Gravitationstheorie berechneten Wert zu vergleichen. Der Vergleich fiel zugunsten Einsteins aus und brachte zugleich eine Verbesserung eines älteren newtonschen Wertes. Hier ist nun der Bericht eines Physikhistorikers über Einsteins Reaktion:[33]

[Er] war erfreut über das Ergebnis, aber gab ihm wenig Gewicht als Evidenz für seine Theorie. Wie seine Studentin Ilse Rosenthal-Schneider berichtet, zeigte er ihr ein Telegramm über die Meßergebnisse, das Arthur Eddington [der Leiter der Expedition] gesandt hatte, und bemerkte dazu: «Im übrigen wußte ich ja, daß die Theorie korrekt ist.» Als sie fragte, was er getan haben würde, wenn seine Voraussage nicht durch die Beobachtung bestätigt worden wäre, sagte er: «Das hätte mir leid getan für den lieben Gott – die Theorie *ist* korrekt.»

Und als Begründung schrieb er später:

Die hauptsächliche Bedeutung der allgemeinen Relativitätstheorie finde ich beim besten Willen nicht in der Tatsache, daß sie einige sehr kleine beobachtbare Effekte vorausgesagt hat, sondern in der Einfachheit ihrer Grundlagen und in ihrer logischen Konsistenz.

Hier warnt Einstein seine Bewunderer davor, den eigentlichen Wert seiner Untersuchungen an einer falschen Stelle zu suchen. Nicht die richtige Voraussage eines einzelnen Effekts, welchen die Vorgängertheorie noch nicht richtig erklären konnte, ist zu bewundern; denn einen einzelnen Effekt würde man zur Not auch durch eine lokale Änderung der Vorgängertheorie erklären können. Eine solche Änderung würde man aber nicht auch zur Erklärung eines weiteren vorher unerklärlichen Effekts heranziehen können, und wenn doch, so wird sie nicht auch für einen dritten Effekt ausreichen usw. Die Situation ist dann vielmehr so beschaffen, daß man eine neue Theorie braucht, die mit einem Schlag einen ganzen Haufen der verschiedenartigsten Fehler einer älteren Theorie ausmerzen muß, und das geht nicht mehr ad hoc, sondern nur noch durch eine Änderung, die an die *Substanz* der Vorgängertheorie geht.

Die bisherige Schilderung der Auseinandersetzung der Physiker mit der methodischen Dichotomie von deduktivem und induktivem Vorgehen hat vielleicht deutlich gemacht, daß man am besten weiterkommt, wenn im Begriff einer physikalischen Theorie erstens das Prinzip der freien Hypothesenbildung und zweitens das Prinzip der empirischen Bewährung verwirklicht wird. Dem stand nun am Ausgang des 19. Jahrhunderts noch ein Theoriebegriff entgegen, der die Mechanik verabsolutierte: Es wurde gefordert, daß jede physikalische Theorie aus der Mechanik ableitbar sein muß. Dieses reduktionistische Programm hat einer ganzen Epoche den Namen einer ‹Mechanisierung des Weltbildes› gegeben.[34] Durch das Wiederaufleben der Atomistik wurde daraus bisweilen die stärkere Forderung, daß die genannte Reduktion den Grundideen der Atomistik zu folgen habe. Wir kommen dann zu Formulierungen wie der aus dem berühmten Vortrag des Physiologen Du Bois-Reymond (1872),[35] bei dem es um das «Auflösen der Naturvorgänge in Mechanik der Atome» geht; etwas expliziter heißt das:

... naturwissenschaftliches Erkennen ... ist Zurückführen der Veränderungen in der Körperwelt auf Bewegungen von Atomen, die durch deren Zentralkräfte bewirkt werden.

Ganz ähnlich heißt es bei Hertz (dem reinen Physiker) etwas spezieller und allerdings ohne Anspielung auf die Atomistik:[36]

Alle Physiker sind einstimmig darin, daß es die Aufgabe der Physik sei, die Erscheinungen der Natur auf die einfachsten Gesetze der Mechanik zurückzuführen.

Entscheidend wurde nun aber, daß die bei den Reduktionisten auf dem Programm stehende Hauptaufgabe einer Reduktion der neuen Maxwellschen Elektrodynamik auf die Newtonsche Mechanik nicht gelang und schon deswegen nicht im strengen Sinne gelingen konnte, weil die beiden Theorien sich widersprechen, wenn man im übrigen auch die Ätherhypothese aufgibt. Dazu aber hatte der Michelson-Versuch (1881) auch empirischen Anlaß gegeben. Trotzdem hat noch Maxwell selbst Reduktionsversuche unternommen. Aber mit seinem Scheitern hatte dann auch das ganze Programm den Todesstoß bekommen. Wilhelm Wien faßt das in den Worten zusammen:[37]

In der Tat haben wohl auch die großen Forscher des 17. und 18. Jahrhunderts geglaubt, daß in der analytischen Mechanik die Grundlagen der exakten Naturwissenschaft, ja überhaupt aller Erkenntnis gelegt seien. Diese Anschauung hat in dem berühmten Ausspruch ihren Ausdruck gefunden, daß es nur der Integration eines genügend allgemeinen Systems von Differentialgleichungen bedürfe, um zu wissen, wer die schwarze Maske war. Solche Übertreibungen können wir der Begeisterung über die großen Leistungen der theoretischen Physik zugute halten. Jetzt sind wir viel bescheidener geworden. Wir wissen, daß die analytische Mechanik, weit entfernt die ausreichende Grundlage der ganzen Naturwissenschaft zu sein, nicht einmal ausreicht für das Gebäude der theoretischen Physik. Alle Versuche, die elektromagnetischen Vorgänge auf die Mechanik zurückzuführen, sind als gescheitert zu betrachten. So hat sich die theoretische Physik hier neue Grundlagen schaffen müssen ...

Wie diese Grundlagen aussehen, haben im Prinzip in bis auf den heutigen Tag gültiger Form Boltzmann und Hertz angegeben. Boltzmann erzählt:[38]

Eine befriedigende mechanische Erklärung [der Maxwellschen] Grundgleichungen hat Hertz nicht gesucht, wenigstens nicht gefunden ... Er fällt das salomonische Urteil, es sei das beste, nachdem man diese Gleichungen einmal habe, sie ohne jede Ableitung hinzuschreiben, dann mit den Erscheinungen zu vergleichen und in ihrer steten Übereinstimmung mit denselben den besten Beweis ihrer Richtigkeit zu erblicken.

In der Tat resümiert Hertz seine eigenen Einsichten in zwei Passagen seines Buches zur Elektrodynamik:[39]

Auf die Frage «Was ist die Maxwell'sche Theorie?» wüßte ich also keine kürzere und bestimmtere Antwort als diese: Die Maxwell'sche Theorie ist das System der Maxwell'schen Gleichungen.

Von dieser Formulierung der theoretischen Seite der Sache wird die experimentelle abgekoppelt in der eigenen, ebenso lapidaren Feststellung:

Absicht und Ergebnis unserer Versuche [können wir ...] nicht besser charakterisieren, als indem wir sagen: Die Absicht dieser Versuche war die Prüfung der Fundamentalhypothesen der Faraday-Maxwell'schen Theorie, und das Ergebnis der Versuche ist die Bestätigung der Fundamentalhypothesen dieser Theorie.

Es kennzeichnet die damalige Situation, wenn Boltzmann sie in diesen Worten beschreibt:[40]

Die Ansicht, deren Extrem hiermit ausgesprochen ist, fand die verschiedenste Aufnahme. Während die einen fast geneigt waren, sie für einen schlechten Witz zu halten, schien es anderen von nun an als einziges Ziel der Physik, ohne jede Hypothese, ohne jede Veranschaulichung oder mechanische Erläuterung für jede Reihe von Vorgängen Gleichungen aufzuschreiben, aus denen ihr Verlauf quantitativ berechnet werden kann, ... und sie dann mit der Erfahrung zu vergleichen.

Man muß sich auch klar sein, daß durch diese Entwicklung die Mechanik als Reduktionspartner keineswegs verlorengeht. Die gleichzeitige Entwicklung der statistischen Mechanik und der kinetischen Theorie zeigt, wie die klassische Mechanik, wenn auch in durch den Wahrscheinlichkeitsbegriff modifizierter Form, weiterhin als die reduzierende Theorie in Reduktionen auftritt. Verloren geht sie nur als universaler reduzierender Partner. Hier ist noch einmal eine zusammenfassende Formulierung der Hertz/Boltzmannschen Theorieauffassung, einschließlich des Bildbegriffs, aus Boltzmanns Feder:[41]

Diese Darstellungsweise besteht darin, daß wir eingedenk unserer Aufgabe, bloß innere Vorstellungsbilder zu konstruieren, anfänglich lediglich mit gedanklichen Abstraktionen operieren. Hier nehmen wir noch gar keine Rücksicht auf etwaige Erfahrungstatsachen. Wir bemühen uns lediglich, mit möglichster Klarheit unsere Gedankenbilder zu entwickeln und aus denselben alle möglichen Konsequenzen zu ziehen. Erst hinterher, nachdem die ganze Exposition des Bildes vollendet ist, prüfen wir dessen Übereinstimmung mit den Erfahrungstatsachen ... Wir wollen dies als die deduktive Darstellung bezeichnen.

Ist das nicht schon ‹bester Einstein›?

Abschließend noch ein Wort über die Verwendung der deduktiven Logik beim Vergleich einer Theorie mit der ‹Erfahrung›.[42] Auf diese Verwendung wird angespielt, wenn es heißt, die Theorie habe empirische Konsequenzen oder die empirischen Konsequenzen stünden mit den Beobachtungen im Einklang. Wenn in solchem Kontext von ‹Konsequenzen› einer Theorie gesprochen wird, dann sind in der Regel Deduktionen der Form

(3 a) $Ax \wedge e_1 \wedge \ldots \wedge e_n \vdash e$

oder – äquivalent damit –

(3 b) $Ax \vdash ((e_1 \wedge \ldots \wedge e_n) \Rightarrow e)$

gemeint. Darin sind Ax die Axiome der Theorie, und die e_i und e sind sogenannte *Beobachtungsaussagen*. Diese können noch von einer Reihe von Parametern abhängen und sind allgemein, d.h. für alle Theorien gemeinsam, kaum angebbar. Gemeint sind einzelne, kontingente Aussagen, die in ihrer jeweiligen Gesamtheit eine jeweils vollständige Beschreibung der in der Theorie zu behandelnden Systeme liefern. Für das astronomische System Sonne + Erde + Mond beispielsweise wären das Aussagen, mit denen, ungeachtet der Axiome, die Orte und Geschwindigkeiten dieser drei Körper zu jeder Zeit sowie ihre Massen angegeben wären. Diese Zustandsaussagen sind für sich genommen logisch unabhängig voneinander: Aus keiner Teilmenge dieser Aussagen folgt eine weitere derselben, es sei denn, sie gehört schon dieser Menge an. Wenn man aber die Axiome als zusätzliche Prämissen hinzuziehen darf, so bekommt man Abhängigkeiten zwischen den Zustandsaussagen. Das ist der entscheidende Punkt. Im Besitze solcher durch die Axiome induzierten Abhängigkeiten kann man dann definieren, wann die Beobachtungsaussagen $e_1 \ldots, e_n, e$ ein *empirischer Erfolg* (oder Mißerfolg) der Theorie sind, dann nämlich, wenn sie alle die logische Beziehung (siehe Formel oben) erfüllen und wenn eine neuerliche Beobachtung alle Beobachtungsaussagen bis auf e für wahr befinden (e aber falsch ist).

C) Theoriegeladenheit des Experiments

Die meisten erkenntnistheoretischen Probleme, die wir mit unseren physikalischen Theorien haben, gehen auf Schwierigkeiten zurück, die aufkommen, sobald wir die Begriffe der Beobachtung und Messung ins Spiel bringen. Man ist dann versucht, zwischen den Erkenntnissen, die uns durch Messungen zukommen, einerseits und den jeweiligen Gesetzen der Theorie andererseits streng zu unterscheiden: Die Messungen verschaffen der Theorie eine empirische Grundlage, ohne die sie sozusagen in der Luft hinge. In der einschlägigen (wissenschaftstheoretischen) Literatur wird aber zuwenig beachtet, daß die Interpretation physikalischer Größen theoriegeladen ist. Wir wollen den folgenden Abschnitt vorwiegend einer Klärung des Begriffs der Theoriegeladenheit widmen. Um nicht soviel schreiben zu müssen, will ich das Wort «theoriegeladen» lieber durch das Wort «indirekt» ersetzen und meine Definition primär auf das Wort «direkt» beziehen – dem Gegenteil von «indirekt».

Zum Thema Messungen möchte ich zunächst ein paar sehr allgemeine Gedanken äußern. In der Physik werden Erfahrungen nicht ausschließlich, aber doch wohl überwiegend in der Form von Messungen gemacht. Das, was gemessen wird, sind Größen und deren Werte. Eine der wichtigsten Unterscheidungen ist die Trennung zwischen direkten und indirekten Messungen. Dies ist keine sehr scharfe Unterscheidung, aber nichtsdestoweniger eine sehr nützliche. Der auffälligste Zug an Messungen ist, daß die Messung einer Größe F auf dem Wege über die Messung einer *anderen* Größe G erfolgt. Die Einsicht, daß dies tatsächlich so abläuft, kann einen, wenn sie erstmals auftritt, sehr verwundern. Ein Beispiel, das wir alle kennen, ist die Messung der Temperatur eines Gegenstandes, sowohl eines festen als auch eines flüssigen oder gasförmigen, mit einem gewöhnlichen Quecksilberthermometer. Die Aussage, daß die Temperatur in dem Raum, in dem wir uns befinden, 22 Grad Celsius beträgt, ist ja genaugenommen die Aussage, daß die Quecksilbersäule die und die Länge hat. Hier wird also die Größe Temperatur durch eine Länge gemessen, und das ist gewiß etwas anderes, aber mit der Zeit gewöhnt man sich an diese Verschiedenheit und übersieht sie einfach. Im allgemeinen tritt noch die Bedingung hinzu, daß die Größe G, mit der F gemessen wird, selbst einer Theorie angehört und daß diese Theorie ihre Funktion als Meßtheorie nur unter bestimmten Bedingungen erfüllt. Wir wollen jetzt einige charakteristische Fälle von diesen und weiteren Beispielen kennenlernen.

Heisenberg berichtet in seinen Erinnerungen (1969) von einem Gespräch mit Einstein, das im Anschluß an einen Vortrag stattfand, den er 1926 als Fünfundzwanzigjähriger im physikalischen Kolloquium der Berliner Universität gehalten hatte. In dem Vortrag hatte Heisenberg über seine neue Matrizenmechanik gesprochen, die heuristisch davon ausgeht, daß die Bahnen eines Elektrons im Atom nicht, die Energien oder ihre Differenzen aber sehr wohl beobachtbar seien. Die Idee bestand in der Tat vorübergehend darin, in eine Theorie des Atoms nur ‹beobachtbare› Größen aufzunehmen, als welche wegen der meßbaren Spektren die Energie, nicht aber der Ort des Elektrons erscheinen mußte. Heisenberg berichtet nun, wie Einstein mit zwei scheinbar entgegengesetzten Argumenten reagierte.

Zum einen erinnerte er daran, daß wir die Teilchenspuren in der Nebelkammer doch sähen, zum anderen fragte er Heisenberg, ob er im Ernst meine, «daß man in eine physikalische Theorie nur beobachtbare Größen aufnehmen kann».[43] Mit dem ersten Argument kündigte sich der spätere Gegner der Kopenhagener Deutung der neuen Quantenmechanik an. Aber das Gespräch wurde zunächst in der anderen Richtung vertieft. Heisenberg gab sich seinerseits verwundert, daß ausgerechnet Einstein in dieser Weise reagiere, wo er es doch gewesen sei, der die absolute Zeit *wegen ihrer Unbeobachtbarkeit* aus der Physik eliminiert habe. Später erinnerte er Einstein an Mach und sein Prinzip der Denkökonomie, das er einst sich selbst zu eigen gemacht habe. Aber Einstein blieb ungerührt. «Vielleicht habe ich diese Art von Philosophie benutzt», läßt ihn Heisenberg antworten, «aber sie ist trotzdem Unsinn.» Dann verschärfte er seine These zu der oft zitierten Äußerung:[44]

… vom prinzipiellen Standpunkt aus ist es ganz falsch, eine Theorie nur auf beobachtbare Größen gründen zu wollen. Denn es ist ja in Wirklichkeit genau umgekehrt. *Erst die Theorie entscheidet darüber, was man beobachten kann.*

Zur Begründung dieser zunächst recht merkwürdig klingenden These machte Einstein dann einige Ausführungen: Eine abgeschlossene Messung ist natürlich wesentlich auch der Akt der Kenntnisnahme des Meßergebnisses. Ehe dieser Bewußtseinsvorgang abgeschlossen ist, findet aber ein physikalischer Vorgang in dem Ganzen von Objekt und Meßapparat statt, durch den der Meßapparat das Meßergebnis ‹erfährt›. Hierbei gelangen, genau wie in allen anderen physikalischen Vorgängen, die Naturgesetze zur Anwendung. Mindestens in diesem Sinne determinieren die Naturgesetze, was wir beobachten.

Wenn wir nun den besonderen Fall vor uns haben, daß wir durch unsere Messungen eine neue Theorie testen wollen, dann dürfen wir diese Theorie bei der Ausrechnung nicht ohne weiteres benutzen:[45]

Sie nehmen mit Ihrer Theorie offenbar an, daß der ganze Mechanismus der Lichtstrahlung vom schwingenden Atom bis zum Spektralapparat oder bis zum Auge genauso funktioniert, wie man das immer schon vorausgesetzt hat, nämlich im wesentlichen nach den Gesetzen von Maxwell. Wenn das nicht mehr der Fall wäre, so könnten Sie die Größen, die Sie als beobachtbar bezeichnen, gar nicht mehr beobachten. Ihre Behauptung, daß Sie nur beobachtbare Größen einführen, ist also in Wirklichkeit eine Vermutung über eine Eigenschaft der Theorie, um deren Formulierung Sie sich bemühen. Sie vermuten, daß Ihre Theorie die bisherige Beschreibung der Strahlungsvorgänge in den Punkten, auf die es Ihnen hier ankommt, unangetastet läßt. Damit können Sie recht haben, aber das ist keineswegs sicher.

Das folgende Beispiel erfaßt zwei Aspekte des vielschichtigen Versuchs von Heisenberg in der Wiedergabe durch Einstein. Unsere Beispieltheorie sei dabei die euklidische Geometrie. In dieser wird eine Abstandsfunktion d für beliebige Raumpunkte P_1, P_2 axiomatisiert:

(4) $d^2 (P_1 P_2) [(x_2-x_1)^2 + (y_2-y_1)^2]$,

wobei x_1, x_2, y_1, y_2 die euklidischen Koordinaten von P_1 bzw. P_2 sind.

Für die physikalische Anwendung setzt man den Idealfall voraus, daß alle Abstände direkt gemessen werden können. In der Praxis ist diese Voraussetzung allerdings selten erfüllt, und man muß zu indirekten Messungen übergehen. Wir wollen ein solches Verfahren als Beispiel angeben. Zunächst: Was ist eine direkte Messung? Dafür gibt es keine in der Physik wirklich gebrauchte Definition. Angenommen, die zu messende Größe ist der Abstand zwischen zwei Punkten P_1 und P_2. Angenommen, d läßt sich für unsere beiden Punkte P_1, P_2 aus irgendwelchen Gründen nicht direkt messen. Aber in dem Dreieck P_1, P_2, P_3

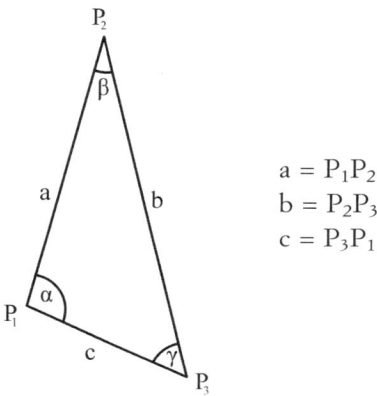

$$a = P_1P_2$$
$$b = P_2P_3$$
$$c = P_3P_1$$

seien der Abstand c und die Winkel α und γ direkt meßbar. Aus den euklidischen Axiomen lassen sich ferner die Formeln

$$\frac{b}{\sin \beta} = \frac{c}{\sin \gamma} = \frac{a}{\sin \alpha}$$

ableiten. Aus diesen Formeln läßt sich dann a *berechnen,* da α, γ und c bekannt sind. Es bleibt die Frage: Wodurch kommt es, daß wir auf diese Weise dasselbe Ergebnis für a herausbekommen wie auf dem Wege der direkten Messung – wenn diese möglich ist?

Allgemein lautet die Antwort, daß wir anstelle einer Größe G, die eigentlich zu messen wäre, eine andere Größe F messen, mit der G in einem schon bekannten Zusammenhang steht. Dieses Verfahren führt in vielen Fällen zum gewünschten Erfolg. Seine Korrektheit hängt aber wesentlich von der empirischen Geltung der Theorieaxiome ab.

Bekanntlich weisen Messungen *Meßfehler* aufgrund der Wechselwirkungen auf, die teils innerhalb der eigentlichen Meßapparatur, teils unbeabsichtigt durch Umwelteinflüsse entstehen. Ein Beispiel ist die Messung des Widerstandes R in einem Leiter, in dem das Ohmsche

Gesetz gilt: R = U/I. Durch das Schaltschema erfolgt eine Aufspaltung des Stromes I in zwei Teilströme I = I_R + I_V. Außerdem gilt nach Ohm I_R = U/R und I_V = U/R_V, also I = I_R + I_V = U/R + U/R_V und I = U/R (1 + R/R_V), also

(5)   I = U/R(1 + R/R_V)

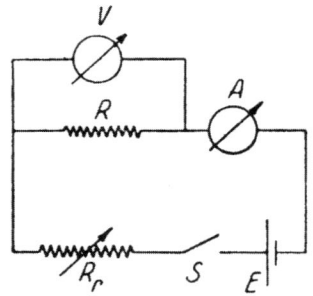

Dies ist zwar keine Berechnung von R, aber man sieht an der vorstehenden Gleichung gut, worauf es ankommt, nämlich daß R/R_V ein Korrekturglied für die Ohmsche Gleichung I = U/R ist: Wenn R/R_V klein wird, steht im wesentlichen die Ohmsche Gleichung I = U/R. Es ist zu beachten, daß eine Messung nach der vorgegebenen Analyse nicht den Wert R = U/I, sondern den Wert 1/R + 1/R_V mißt. Zugleich sieht man hier, daß der Meßfehler groß wird, wenn der zu messende Widerstand groß wird.

Die eigentlich wichtige Einsicht, die wir bei Messungen dieser Art haben können, ist, daß der Wert einer Messung der Größe G zuerst einen Wert der Größe F, durch die G gemessen wird, liefert. Das ist für alle drei Beispiele der Fall und gilt sogar weit darüber hinaus. Sehen wir uns noch ein Beispiel aus der Atomphysik an. Im Jahre 1917 hat Millikan die Ladung eines Elektrons experimentell bestimmt und dabei insbesondere bemerkt, daß sie einen kleinsten Wert hat. Bei dieser Messung hat Millikan *fünf* bereits etablierte Gesetze der Physik benutzt: die Stokesche Gleichung, das Archimedische Gesetz (Auftrieb), die Lorentz-Gleichung, Newtons *lex secunda* und Newtons Gravitationsgesetz.

In meinem zweiten Beispiel – Temperatur und Thermometer – lagen die beiden Größen, die zu messende Temperatur und die Quecksilberröhre, anscheinend inhaltlich weit auseinander. Das ist natürlich nicht immer der Fall. Zu sehen ist dies im nächsten Beispiel, in dem wir den elektrischen Widerstand R durch den Strom I messen wollen. Auch hängt hier die Meßgröße I in einem physikalischen Prozeß, dem Ohmschen Gesetz, von der zu messenden Größe R ab.

Mit einiger Deutlichkeit hat auf die sich dadurch ergebenden Verhältnisse schon der britische Physiker Norman Campbell hingewiesen. In seinem auch sonst lesenswerten Buch *Physics: The Elements* (1920, seit 1957 *The Foundation of Science*) setzt er auseinander, daß Gesetze der Physik in der Regel, zumindest im Hinblick auf das Problem ihrer Überprüfung, andere Gesetze zur Voraussetzung haben.

Betrachten wir die generelle Lage zunächst an einem Beispiel. Das Hookesche Gesetz besagt die Proportionalität der Ausdehnung eines Körpers zu der Kraft, die auf ihn wirkt. Wie kann dieses Gesetz empirisch geprüft werden? Nehmen wir an, wir benutzen zur Messung der Abweichung aus der Nullage eine optische Waage.

Wenn wir einen solchen Apparat benutzen, werden wir sofort gefragt werden, warum wir Abweichungen des Lichtpunktes auf der Skala als proportional zu ... der Ausdehnung des betreffenden Körpers betrachten; und wenn wir die Frage beantworten, ertappen wir uns sofort bei einer Erklärung der Wahrheit auch dieser Gesetze und vielleicht sogar bei einer Demonstration derselben.

Campbells Einwand besagt, daß es ja nicht eine optische Waage sein muß, mit der wir hier die Ausdehnung messen. Mag sein. Aber er weist sofort auch darauf hin, daß es praktische Gründe sind, die uns häufig zwingen, für die Messung ein und derselben Größe verschiedene Meßmethoden zu verwenden; hier (etwa bei tiefen Temperaturen) funktioniert die eine, in anderen Fällen (etwa bei hohen Temperaturen) die andere. Es kommt kaum vor, daß eine Größe, etwa die Zeit im Sinne der Dauer, in ihrem überhaupt ausmeßbaren Bereich nach einer einzigen, für den gesamten Wertebereich funktionierenden Methode gemessen werden kann.

Gegen die Auffassung Campbells von der kettenweisen Definierbarkeit physikalischer Größen hat sich Bridgman gewandt.[46] Seine grundsätzliche Haltung hat er anhand eines atomaren Objekts folgendermaßen formuliert:[47]

Wir haben keine experimentelle Evidenz, z. B. was das Elektron tut, während es von einer Quantenbahn zur anderen springt. Eine Situation wie diese bedeutet nur, daß jene Details, welche die Zukunft in Anbetracht der Vergangenheit bestimmen, so tief in der Struktur liegen, daß wir gegenwärtig keine direkte Kenntnis von ihnen besitzen. Und wir dürften zur Zeit gezwungen sein, eine statistische Behandlung des Problems vorzunehmen. Ich vermute allerdings, daß niemand, außer vielleicht Norman Campbell, zu einer solchen Situation behaupten will, daß sie vorübergehen wird ...

Campbell jedoch beharrte auf seiner These:[48]

Aus diesen Gründen ist es unmöglich anzunehmen, daß die Gesetze nicht in den Gebrauch der experimentellen Verfahren, die der Beweisführung dienen, verwickelt sind. Es scheint angezeigt, daß ein Gesetz, namentlich das Gesetz, daß verschiedene Methoden zusammenfallen, verwickelt ist in den Gebrauch des Begriffes «Ausdehnung».

Die eigentliche Pointe Campbells ist aber erst der folgende Umstand, den er am Begriff der Kraft – dem anderen Parameter im Hookeschen Gesetz – festmacht. Für ihn gilt zunächst dasselbe wie das soeben für den Begriff der Länge Gesagte. Aber es gilt mehr. Campbell würde wahrscheinlich zustimmen, daß im Prinzip alle geometrischen Begriffe so empirisch bestimmt werden können, daß dabei kein Gesetz der Geometrie genutzt und damit vorausgesetzt zu werden braucht. Die Methode der Triangulation z. B. ist für den Landvermesser aus praktischen Gründen unverzichtbar, nicht aber aus prinzipiellen: Prinzipiell könnte man jede Länge unabhängig von jeder anderen und ohne Zuhilfenahme geometrischer Gesetze bestimmen. Nicht so im Falle der Kraft, «wo es schlechterdings kein Mittel gibt, die Kraft auf den Stab zu messen, das nicht die Gesetze der Mechanik involviert». Niemals ist – nach Campbell – von einem Physiker eine Kraft gemessen worden, ohne – und sei es auch noch so versteckt – Newtons *lex secunda* oder *lex tertia* dabei zu benutzen.

Unsere ganze Konzeption der Kraft hängt ab von der Wahrheit der Gesetze der Dynamik; wenn jene Gesetze nicht wahr wären, sollten wir nicht jene Konzeptionen bilden. Jede Behauptung, welche wir über Kräfte machen, involviert die stillschweigende Annahme, daß die Gesetze der Dynamik wahr sind; ohne diese Annahme ist die Behauptung, wie die über das Hookesche Gesetz, weder wahr noch falsch; sie wäre einfach sinnlos.

Diese Auffassung ist natürlich äquivalent zu derjenigen, daß die Gesetze der Mechanik nicht – wie wir uns das üblicherweise vorstellen und in gewissen Fällen auch realisieren können – geprüft werden können, ohne daß sie selbst dabei zur Verwendung kommen. Dieser Sachverhalt muß nicht so paradox ausgedrückt werden, wie man, allerdings erst durch eine nähere Analyse, einsehen kann. Aber er ist zweifellos eine nicht auf den Fachbegriff der Mechanik beschränkte Merkwürdigkeit.

Eine andere Interpretation des Vorgangs zieht den Begriff der Präsupposition heran. Ein Beispiel aus dem Alltag wäre, daß jemand zu mir sagt, Herrn Schmidts Tochter habe letzte Woche geheiratet. Wie soll ich mich verhalten, wenn nach meinem besten Wissen Herr Schmidt gar keine Tochter hat? Der Satz wird offenbar durch diese Interpretation zu einem Satz, der weder wahr noch falsch ist. In unserem Beispiel geht es um ein physikalisches Gesetz, das Hookesche Gesetz, das keinen Wahrheitswert hat, wenn die Newtonsche Dynamik weder wahr noch falsch ist.

D) Poincarés Konventionalismus

Zur Thematik der Theoriegeladenheit unserer Erfahrung, also der Unmöglichkeit, die nackte oder bloße Tatsache vorzuweisen, gehört auch ein Thema, das ich wegen seiner Eigenart gesondert behandle und in einem letzten Abschnitt dieses Kapitels zur Sprache bringen will. Es geht um den von Poincaré erfundenen Konventionalismus, mit dem er darauf aufmerksam macht, daß gewisse Aussagen der Physik einen empirischen Gehalt nur vortäuschen und sich bei genauerem Hinsehen als verkappte Definitionen herausstellen, die durch keine Erfahrungstatsachen widerlegt werden können.

Poincaré war in erster Linie Mathematiker – zweifellos einer der bedeutendsten seiner Zeit. Er war etwas älter als Hilbert und etwas jünger als Felix Klein, der in der Theorie der automorphen Funktionen gegen Poincaré angetreten ist und dabei schon als junger Mann seine Gesundheit ruiniert hat. Poincaré hat sich aber auch mit den Grundlagen der Physik befaßt und als mathematischer Physiker wesentliche Einsichten zur Himmelsmechanik beigesteuert. Er hat in einer Zeit gewirkt, in der die Lehre Kants von der Natur der Mathematik, insbesondere der Geometrie, als einer synthetischen Wissenschaft a priori immer stärker angezweifelt wurde – und zwar aus *wissenschaftlichen* Gründen angezweifelt wurde. Die Meinungsdifferenzen lassen sich am kürzesten durch die Erinnerung an den deutschen Logiker Gottlob Frege beschreiben, der die Arithmetik für eine analytische Wissenschaft hielt, für die euklidische Geometrie aber an Kants Auffassung festhielt, während Poincaré (vereinfacht gesagt) der umgekehrten Auffassung war. Das Prinzip der vollständigen Induktion – die entscheidende Grundlage der Arithmetik – war für ihn das Paradigma eines synthetischen Grundsatzes a priori. Demgegenüber meinte er, der Geometrie einen analytischen Status, eben den konventionalistischen, geben zu müssen. Poincaré war beeindruckt von der in der ersten Hälfte des Jahrhunderts erfolgten Entdeckung der nichteuklidischen Geometrien.

Natürlich besagte der Nachweis der logischen Möglichkeit anderer Geometrien – als der euklidischen – unmittelbar nichts gegen die von Kant aufgestellten Behauptungen über unsere räumliche Anschauung. Aber der von Riemann[49] geäußerte Gedanke, der *physikalische* Raum könne von Kräften bestimmte Abweichungen von der Euklidizität aufweisen, machte schon deswegen Eindruck, weil hier zum ersten Male überhaupt eine ernstzunehmende Alternative in Sicht kam, die das Dogma der Apriorität des euklidischen Raumes zu brechen imstande war. Es ist nun charakteristisch für Poincarés Leistung, daß er der neuen Möglichkeit einer empirischen Natur der Geometrie sofort eine weitere *dritte Möglichkeit* gegenüberstellte und diese auch vertrat:[50]

Die geometrischen Axiome sind ... weder synthetische Urteile a priori noch experimentelle Tatsachen. Es sind auf Übereinkommen beruhende Festsetzungen ... Mit anderen Worten, die geometrischen Axiome sind nur verkleidete Definitionen.

Poincaré hat seinen Konventionalismus nicht auf die Geometrie des Raumes beschränkt. Die Zeit wird ebenfalls einbezogen und vor allem auch die Mechanik. Ich werde mich hier auf Raum und Zeit beschränken. Vorweg muß ich sagen, daß es sich hier um ein intrikates Thema handelt und daß die Auslegung der Äußerungen Poincarés zur Sache bis heute kontrovers geblieben ist. Poincarés Ausführungen sind zum Teil dunkel und wahrscheinlich auch nicht immer konsistent. Ich werde seine Auffassungen so darstellen, daß ich einige Gesichtspunkte durchgehe, die sich bei ihm finden und von denen jeder, schon für sich genommen, in die Richtung der Konventionalität weist.

Der erste Gesichtspunkt ist die intrinsische Amorphie von Raum und Zeit. Für den Raum hat hierauf als erster Riemann (1854) hingewiesen, für die Zeit meines Wissens Poincaré und später Einstein. Für den Raum hat Riemann deutlich gemacht, daß dieser seine Metrik nicht von Hause aus habe – nicht von sich aus mitbringe. Was er damit meinte, war wohl folgendes: Wenn wir uns den Raum zunächst nur als eine dreidimensionale Mannigfaltigkeit vorstellen, dann ist damit noch nicht festgelegt, welche Metrik er hat. Unendlich viele Riemannsche Metriken sind mit einer gegebenen Topologie verträglich. Einer endlichen Menge kommt demgegenüber durchaus von ihr selbst her eine Maßbestimmung zu – die Anzahl ihrer Elemente. Natürlich können einem die Riemannsche Aufteilung in die bloße Mannigfaltigkeit und die Riemannsche Mannigfaltigkeit auch willkürlich vorkommen. Warum ist der Raum von sich aus nicht nur eine Punktmenge ohne alle zusätzliche Struktur? Während die Annahme einer bestimmten Metrik physikalisch von der ausdrücklichen Angabe gewisser Meßinstrumente zur Bestimmung von Längen, Winkeln und ihrer Handhabung begleitet ist, kennen wir nichts Entsprechendes für die Topologie. Daher sieht es so aus, daß wir bei der Etablierung der Metrik in viel größerem Maße beteiligt sind als bei jener der Topologie. Für erstere sorgen wir zumindest mit, letztere ist einfach da. Für Poincaré ist der geometrische Raum ohnehin eine menschliche Konstruktion aufgrund der Gegebenheit anderer Räume, die unmittelbar aus unseren Sinnesempfindungen aufgebaut sind. Poincaré unterscheidet den Gesichtsraum, den Tastraum und den Bewegungsraum. Während sich vielleicht von selbst versteht, was mit den beiden ersten gemeint ist, sollte ich zum Bewegungsraum erläutern, daß dieser von uns erfahren wird auf dem Wege über die Muskelanstrengungen, welche wir empfinden, wenn wir uns bewegen. Die Möglichkeit, sich im Raum zu bewegen, ist für die Etablierung einer Geometrie des Raumes wesentlich, weil sich bloße Ortsveränderungen von Zustandsveränderungen als solchen unterscheiden, die wir durch die Bewegung unseres Körpers kompensieren können.

Hier schaltet sich also eine Welt räumlich relevanter Empfindungen vor jegliche Erfassungen dessen, was Poincaré dann den geometrischen Raum nennt. In seinem Aufsatz «Warum der Raum dreidimensional ist» betont Poincaré mehrfach, daß die Topologie des Raumes» – die analysis situs, wie er sie nennt – «die wirkliche geometrische Anschauung vermittelt».[51] Vor allem heißt es dann weiter: «Der Raum hat, unabhängig von unseren Meßinstrumenten betrachtet, weder metrische noch projektive Eigenschaften; er hat nur topologische Eigenschaften.» Und wieder: «Unser Gegenstand ist allein der gestaltlose Raum, den die analysis situs untersucht, der einzige Raum, der unabhängig von unseren Meßinstrumenten ist.» In dem ebenfalls spät entstandenen Aufsatz «Raum und Zeit» sagt Poincaré vom Raum, er habe keine Eigenschaften an sich. Geometrie treiben heißt, die Eigenschaften unserer Meßwerkzeuge, also die Eigenschaften des festen Körpers, studieren. Dies klingt so, als gehe es um ein empirisches Geschäft, wenn auch keines, das den Raum selbst beträfe. Poincaré jedoch argumentiert:

Da nun aber unsere Meßwerkzeuge unvollkommen sind, müßte sich die Geometrie jederzeit ändern, wenn sich die Meßwerkzeuge vervollkommnet hätten. Die Konstrukteure müßten auf ihre Prospekte setzen können: «Ich liefere einen Raum, der weit besser ist als der meiner Konkurrenz, viel einfacher, viel bequemer, viel geräumiger!» Wir wissen, daß dem nicht so ist. Wir werden also versucht sein zu sagen, daß die Geometrie das Studium der Eigenschaften sei, die unsere Meßwerkzeuge hätten, wenn sie vollkommen wären. Aber dazu wäre es nötig zu wissen, was ein vollkommenes Werkzeug ist, und wir werden es nicht wissen, bevor wir nicht eines haben, und wir könnten es nicht definieren als mit Hilfe der Geometrie; das wäre aber ein circulus vitiosus. Wir werden also sagen, daß die Geometrie die Erforschung eines Systems von Gesetzen ist, die sich nur wenig von denen unterscheiden, die unsere Instrumente wirklich befolgen, die aber sehr viel einfacher sind; Gesetze, die zwar nicht wirklich ein Naturobjekt regieren, die aber dem Verstande einleuchten. In diesem Sinne ist die Geometrie eine Sache der Übereinkunft, eine Art Ausgleich zwischen unserer Vorliebe für das Einfache und unserem Streben, uns nicht zu weit von dem zu entfernen, was uns unsere Instrumente lehren. Diese Übereinkunft erklärt gleichzeitig den Raum und das vollkommene Instrument.

Poincaré unternimmt demnach zwei Schritte. Mit dem ersten wird sozusagen der naive geometrische Realismus vermieden. Im Unterschied zur Topologie liegen die geometrischen Eigenschaften des Raumes nicht einfach an sich vor. Vielmehr prägen wir sie durch die Entscheidung, die und die Meßwerkzeuge auf diese und jene Weise zu benutzen, z. B. insbesondere die Unabhängigkeit der Abstände an einem festen Körper von dessen Transport anzunehmen. Logisch gesehen kämen hier im Rahmen irgendeines Begriffes metrischer Geometrie (im Unterschied zu affiner oder projektiver Geometrie) alle mit der in der Tat vorgegebenen Topologie des Raumes verträglichen Metriken in Frage. Logisch gesehen handelte es sich also um eine extreme Willkür, und jegliche Frage «Wie groß ist dieser Abstand, dieser Winkel?» müßte mit der Gegenfrage beantwortet werden: «In welcher Metrik denn?» Physikalisch gesehen sieht die Sache schon anders aus. Es könnte ja sein, daß die Natur nur ein System von Meßwerkzeugen anbietet und wir, physikalisch gesehen, eben keine Wahl mehr hätten – ein System abgesehen von den Meßungenauigkeiten. Aber man merkt, daß dies eine fragwürdige Annahme ist. Denn es könnte sein, daß es viele Systeme gibt und wir dies nur nicht bemerken. So oder so haben wir hingegen bemerkt, daß es neben den festen Körpern auch um Licht geht: Das Licht definiert uns nicht nur Geraden und Ebenen, sondern durch seine endliche Fortpflanzung auch eine räumliche Abstandsfunktion. Dies könnte im Prinzip zu einer anderen Metrik führen als die durch feste Körper definierte. Und mit festen Körpern könnten wir anders messen, als wir es tun, z. B. durch einen linearisierten Pythagoras, welcher der Strecke AB die Länge 3 zuwiese gemäß der Konstruktion

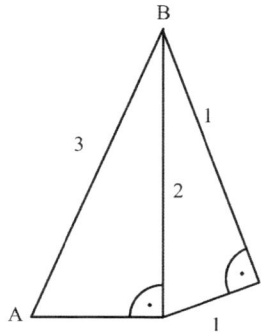

wobei also der Zusammenhang mit dem euklidischen Abstand stets

$$d(AB) = (d_{eukl}(AB))^2$$

Poincarés Konventionalismus

wäre. Dies braucht nicht nur als eine Umdefinition gesehen zu werden. Wer nicht zur Kenntnis nimmt, welche euklidischen Eigenschaften die Meßdreiecke haben, stellt diese Gleichung empirisch fest. Andere, wenn auch ähnlich künstliche Verfahren stehen zur Verfügung. Die Amorphie der Raumes führt also in dem Sinne, daß wir die genannte Wahl haben, auf eine nur definierte Geometrie; aber wenn die Wahl einmal getroffen ist, ist es dann nicht eine empirische Frage, welche Geometrie wir vor uns haben? Wir haben in dem zitierten Text vernommen, daß Poincaré diese Frage nicht schlichtweg bejaht. Er sieht es als wesentlich an, daß wir immer eine gewisse Meßungenauigkeit in Kauf zu nehmen haben und mit der fortschreitenden Meßtechnik, die uns immer genauere Ergebnisse liefert, unsere Metrik ändern müßten, wenn wir die Erklärung wörtlich nähmen, wir studierten in der Geometrie die Eigenschaften der Meßinstrumente. Dies gilt, wie gesehen, in dem Sinne, daß wir ohne sie nichts in der Hand hätten. Aber mit ihnen, das sehen wir nun, haben wir auch nicht genau das, was wir uns wünschen. Einfachheit und Zweckmäßigkeit sind unverzichtbare Gesichtspunkte. Solange Abweichungen von der euklidischen Geometrie sich im Rahmen der Meßungenauigkeit bewegen, ist es am klügsten, an dieser Geometrie festzuhalten, nicht weil sie *wahrer* wäre als konkurrierende Geometrien mit demselben Bewährtheitsspielraum, sondern weil sie einfacher und bequemer ist.

Wir gelangen hiermit schon in die Nähe eines zweiten Gesichtspunkts, den Poincaré geltend macht und den man den Gesichtspunkt der *impliziten Definition* nennen könnte. Er berührt sich mit dem Gedanken Einsteins, daß nur die Theorie uns sagt, was wir messen. Ich will dies anhand des Begriffs der Zeit behandeln.[52] Auch an die Zeit gehen wir als naive Menschen absolutistisch heran und meinen, daß immer schon feststünde, was es heißt, daß zwei Ereignisse gleichzeitig sind und daß ein Vorgang die und die Zeit dauere. Einstein verdankt seinen Ruhm unter anderem dem Umstand, daß er dieses Vorurteil für die Gleichzeitigkeit so konsequent ausgeräumt hat, daß er zugleich zu einer Verbesserung der Galilei-Transformationen kam. Aber auch Poincaré hat um etwa dieselbe Zeit die Sache ausführlich erwogen. Die folgende Überlegung, die die Zeitmetrik betrifft, verbleibt im Rahmen der Newtonschen Physik.

Das Problem der Zeitmessung ist in erster Linie das Problem des Vergleichs verschiedener und unter Umständen weit auseinander liegender Zeiträume. Sind sie gleich lang? Poincaré stellt zunächst fest, daß wir keine Empfindung für die Gleichheit zweier Zeiträume haben, und er stellt fest, daß die Frage, welchen Sinn die Behauptung einer solchen Gleichheit habe, nur dahingehend beantwortet werden kann, daß sie den Sinn hat, den wir ihr durch Definition geben wollen. Die Erdrotation und mein Herzschlag sind die im Prinzip hier gleichermaßen zulässigen Antworten. Nur in der Frage der Zweckmäßigkeit ist die erste der zweiten überlegen.[53]

Wir haben nicht das Recht, von zwei Uhren zu sagen, daß die eine richtig gehe und die andere falsch, wir können nur sagen, daß es vorteilhafter ist, sich nach den Angaben der ersten zu richten.

Wir haben also im Prinzip dieselbe Situation vor uns wie beim Raum. Anders als dort wird die Amorphie der Zeit durch die vielen Arten von Uhren, die in der Geschichte der Zeitmessung erdacht worden sind – von der Sanduhr bis zur Atomuhr –, nur besser illustriert. Auch der Gesichtspunkt der impliziten Definition ist für den Raum ebenso relevant wie für die Zeit. Die Frage ist in beiden Fällen, was für Grundsätze der Zweckmäßigkeit wir haben, um die Wahl einer Metrik zu treffen oder zumindest die Wahlmöglichkeiten einzuschränken. Eine Überlegung, die auf die richtige Spur führt, beginnt mit dem Hinweis, daß wir häufig von schon in Benutzung befindlichen Uhren sagen: Diese Uhr geht ungenau, und sie tut dies aus den und den Gründen. Für eine an der Erdoberfläche befindliche Pendeluhr läßt sich eine Vielzahl von variablen Einflüssen wie Temperatur, Luftdruck, Feuchtigkeit, ein eventueller Transport usw. nennen, welche den Gang der Pendeluhr verändern würden. Selbst für die Erdrotation kennt man Gründe – z. B. die Gezeitenreibung, welche die Gleichmäßigkeit der Bewegung, und sei es in noch so geringem Maße, beeinflussen. Solche Feststellungen lassen sich aber schlechterdings nicht sinnvoll treffen, ohne sich dabei schon auf eine Zeitdefinition zu stützen. Eine Uhr geht immer nur relativ zu einer anderen falsch. Die Frage ist dann nur, auf welche Zeit wir uns bei solchen Feststellungen als diejenige beziehen, die wir bereits zur Verfügung haben.

Die entsprechende Antwort lautet, daß wir dabei primär an eine theoretische Zeit denken, wie sie in eine möglichst fundamentale physikalische Theorie, z. B. die Gravitationstheorie, eingeht. Ich bin sehr zufrieden mit meiner Armbanduhr. Aber es ist so gut wie sicher, daß wir mit ihr die Newtonschen Gravitationsgleichungen widerlegen könnten, und ich schließe mich gerne denen an, die das nicht zulassen würden. Es ist eben leichter, unter Zugrundelegung der Gravitationszeit zu erklären, warum meine Armbanduhr ungenau geht, als umgekehrt unter Zugrundelegung meiner Armbanduhrzeit zu erklären, warum die Newtonsche Theorie nicht stimmt. Natürlich existiert die Gravitationszeit zunächst nur in abstracto, aber die Theorie definiert uns ein Prinzip der Auswahl von Uhren, wie wir es ja haben wollten: «Die Zeit muß so definiert werden», sagt Poincaré, «daß das Newtonsche Gesetz ... [gilt].»[54]

Und sie läßt sich so definieren, wenn wir als Uhren Vorgänge wählen, die dem Gravitationsgesetz unterliegen – beispielsweise die Umkreisung der Sonne durch die Venus oder des Jupiter durch einen seiner Monde. In dem Maße, wie gut die Newtonsche Theorie ist, haben diese Uhren alle denselben Gang und realisieren die *eine* Zeit, die durch seine Theorie implizit definiert wird. Natürlich ist Poincaré mit dieser Definition noch nicht zufrieden, da sie die genannte empirische Voraussetzung der Geltung der Newtonschen Theorie hat. Aber seine endgültige Lösung, «die Zeit so zu definieren, daß die Gleichungen der Mechanik so einfach wie möglich werden», führt die Unsicherheit ein, was wir für die einfachsten Gleichungen halten, und diese Unsicherheit würde größer sein als die Geltungsgenauigkeit des Newtonschen Gravitationsgesetzes.

Ein *dritter* Gesichtspunkt, der Poincaré gewiß dazu bestimmt hat, von der Konventionalität der Geometrie zu sprechen, ist das Phänomen der wechselseitigen lokalen Übersetzbarkeit. Zur Vorbereitung will ich ein anderes Phänomen erwähnen, auf das Poincaré ebenfalls hinweist und das mit dem Phänomen der Übersetzbarkeit verwandt ist. Poincaré weist gelegentlich darauf hin, daß wir uns im euklidischen Raum alle Entfernungen verdoppelt vorstellen können, daß damit im Ganzen aber überhaupt nichts *intrinsisch* verändert ist, solange diese Operation auch an allen Meßwerkzeugen vorgenommen wird. In der Tat gibt es unzählige numerisch verschiedene euklidische Metriken, die aber alle isomorph zueinander sind. Man kann sich das durch folgende Überlegungen klarmachen: Wenn wir die euklidische Ebene durch eine nichteuklidische, aber noch affine Transformation auf sich abbilden, dann gehen immer noch Geraden in Geraden über, nicht aber mehr Kreise in Kreise. Zumindest einige Kreise gehen in Ellipsen über. Diese Beschreibung des Sachverhalts geben wir in der *ursprünglichen* euklidischen Metrik. Relativ zu ihr sind einige Kreise bei der affinen Abbildung verzerrt worden. Was aber geschieht, wenn wir die Metrik *ebenfalls* der Transformation unterwerfen? Die Antwort ist klar: Ein Kreis der alten Metrik geht dann über in einen Kreis der neuen. Denn wie sieht die Transformation der Metrik aus?

Wenn T die Punkte transformiert und d die ursprüngliche Abstandsfunktion ist, dann ist die transformierte Funktion

$$d_T(x,y) = d(T^{-1}x, T^{-1}y).$$

Für diese ist dann die Bildmenge von

$$\{x \mid d(x,a) = r\},$$

also eines Kreises um a mit Radius r bezüglich d,

$$\{Tx \mid d(x,a) = r\} = \{Tx \mid d_T(Tx,Ta) = r\}$$
$$= \{x \mid d_T(x,Ta) = r\},$$

und das ist ein Kreis um Ta mit Radius r bezüglich d_T. T kann hier sogar eine völlig beliebige Transformation sein, und immer ist die erhaltene Metrik wieder euklidisch.

In ähnlicher Weise, wie wir nun von allen diesen euklidischen Metriken nur *eine* benutzen, aber jede andere ebenfalls, wenn auch umständlicher, benutzen *könnten,* können wir auch nichtisomorphe, aber wechselseitig übersetzbare Riemannsche Metriken wahlweise der übrigen Physik zugrunde legen, und es ist nur eine Sache der Bequemlichkeit, wenn wir eine davon, beispielsweise die euklidische, vor den anderen auszeichnen. Ich möchte hier betonen, daß Poincaré die logische Existenz nichteuklidischer Geometrien immer nur im Rahmen der Riemannschen Metriken *konstanter Krümmung* diskutiert hat. Dies bedeutet, daß er neben der euklidischen nur noch die Lobatschewskysche und die sphärische (oder die Riemannsche im engeren Sinne) Geometrie in Erwägung gezogen hat. Im zweidimensionalen Fall ist letztere durch die Geometrie der Kugeloberfläche gegeben, eventuell mit der Identifikation einander gegenüberliegender Punkte. Der sphärische Fall ist der Fall positiver konstanter Krümmung. Es gibt aber auch Flächen – gewisse Sattelflächen – mit negativer konstanter Krümmung, die die

Lobatschewskysche (oder hyperbolische) Geometrie illustrieren. Man kann nun die nichteuklidischen Geometrien auch in gleicher Dimension illustrieren, worauf Poincaré als Mathematiker aufmerksam gemacht hat. So kann man etwa in der oberen Halbebene $y>0$ der euklidischen xy-Ebene durch

$$\xi = 2x/x^2+y^2-k^2, \; \eta = 2/x^2+y^2-k^2$$

neue Koordinaten einführen, wobei sich diese Transformation durch

$$x = \xi/\eta, \; y = (1/\eta)\sqrt{((k\eta+1)^2-\xi^2-1)}$$

mit $(ky+1)^2 - \xi^2 - 1 > 0$ umkehren läßt. Diese Koordinaten spielen bezüglich einer hyperbolischen Metrik eine ähnliche Rolle wie die xy-Koordinaten als cartesische Koordinaten relativ zur euklidischen Metrik. Die beiden metrischen Fundamentalformen sind

$$ds^2 = dx^2 + dy^2$$

bzw.

$$d\Gamma^2 = 1/4 \; ds^2/y^2.$$

Haben wir einen euklidischen Halbkreis mit dem Mittelpunkt auf der Geraden $y = 0$, so hat dieser in euklidischen Koordinaten die Gleichung

$$(x-a)^2 + y^2 = r^2$$

und in Lobatschewskyschen Koordinaten

$$-2a\xi + (a^2+k^2-r^2)y + 2k = 0.$$

Dies ist aber in hyperbolischer Geometrie die Gleichung einer Geraden.

So wird also der Sachverhalt, daß eine Punktmenge in euklidischer Sprache einer jener Halbkreise ist, in hyperbolischer Sprache dadurch auszudrücken sein, daß es sich um eine Gerade handelt.

Die Transformationen garantieren eine generelle Übersetzbarkeit jedes euklidischen Sachverhaltes in einen hyperbolischen Sachverhalt, und umgekehrt. Der hyperbolische Sachverhalt, daß es zu einer Geraden und einem Punkt unendlich viele Parallelen zu der Geraden durch den Punkt gibt, ist der euklidische Sachverhalt, daß es in der oberen Halbebene zu einem Halbkreis und einem Punkt unendlich viele Halbkreise durch den Punkt gibt, die den gegebenen nicht schneiden. Die zweite Formulierung ist nur eine andere Ausdrucksweise für den in der ersten Formulierung angegebenen Sachverhalt. Poincaré geht so weit, folgenden Vergleich anzustellen:[55]

Kann man behaupten, daß gewisse Erscheinungen, welche im euklidischen Raume möglich sind, im nichteuklidischen Raume unmöglich wären, und zwar so, daß die Erfahrung, indem sie diese Erscheinungen bestätigt, der nichteuklidischen Hypothese direkt widersprechen würde? Meiner Meinung nach kann eine derartige Frage nicht gestellt werden. Ich würde sie für gleichbedeutend mit der folgenden halten, deren Abgeschmacktheit allen in die Augen springt: «Gibt es Längen, welche man in Metern und Zentimetern angeben kann, aber die man nicht in Klaftern, Fuß und Zoll abmessen kann, und könnte das Experiment, durch welches man die Existenz dieser Längen bestätigt, zugleich der Hypothese widersprechen, daß es in sechs Fuß eingeteilte Klafter gibt?»

Hier setzt Poincaré die verschiedenen Metriken geradezu gleich mit Skalen für physikalische Größen, deren beliebige Umrechenbarkeit jedem Physiker vertraut ist. Allgemeiner könnte man sie mit Koordinatensystemen in einer gegebenen Metrik vergleichen; dort ist man ja ebenfalls gewöhnt, jeden, zunächst etwa in kartesischen Koordinaten formulierten Sachverhalt auch in Polar- oder Zylinderkoordinaten auszudrücken. Diese Situation wird nun einfach erweitert, indem noch die Metriken selbst veränderlich werden.

Das Verblüffende daran ist natürlich das Verhältnis, in das wir hier zwei Geometrien gesetzt sehen. Dieses Verhältnis wird üblicherweise so ausgedrückt, daß hier die hyperbolische Geometrie in der euklidischen interpretiert wird – und umgekehrt. Die Aufsuchung solcher Verhältnisse hat ihren Ursprung in dem Bedürfnis des Logikers, einen Widerspruchsfreiheitsbeweis für die nichteuklidischen Geometrien zu führen. Dies geschieht hier, indem ein Modell der letzteren in einem Modell der euklidischen Geometrie aufgewiesen wird. Das ist nun aber

Poincarés Konventionalismus

keineswegs das Verhältnis, in dem wir als Physiker die nichteuklidische Geometrie zu sehen geneigt sind. Der Physiker sieht die nichteuklidische Geometrie nicht in Kooperation mit, sondern in Konkurrenz zur euklidischen Geometrie. Ihn interessiert primär nicht, ob man euklidische Sachverhalte auch hyperbolisch ausdrücken kann, sondern ob ein vermeintlich euklidischer Sachverhalt am Ende gar nicht besteht und vielmehr in Wahrheit durch einen ihm widersprechenden hyperbolischen zu ersetzen ist. Mit anderen Worten, er betrachtet die Geometrie eben doch als eine empirische Wissenschaft, wenn man sich einmal für eine bestimmte physikalische Interpretation entschieden hat. Aber genau das sieht Poincaré wiederum als eine Willkür an, die man nicht mitzumachen braucht – und darin hat er, ganz prinzipiell, recht. Wenn wir beispielsweise Lichtstrahlen als die physikalische Interpretation des Begriffs einer Geraden in der euklidischen Geometrie auffassen und dann Beobachtungen von Sternparallaxen zu dem Verdacht führen, daß der euklidische Winkelsummensatz verletzt ist, können wir entweder versuchen, ob die Phänomene in einer nichteuklidischen Geometrie darstellbar sind, oder wir können unter Beibehaltung der euklidischen Geometrie für Lichtstrahlen annehmen, daß diese sich nicht auf Geraden bewegen, und das mit einer Änderung der Gesetze der Optik verbinden. Natürlich handelt es sich dabei um einen Gedanken, der nur im günstigsten Fall zum Erfolg führt, und selbst die theoretische Möglichkeit dieses Falls, insbesondere hinsichtlich der zweiten Alternative, scheint weder von Poincaré noch von jemand anderem jemals wirklich ausgearbeitet worden zu sein.

Allerdings berühren sich hier die Gedanken Poincarés mit gewissen Gedanken Duhems und lassen sich deshalb noch etwas näher erläutern.

Ich habe zur Darstellung des Poincaréschen Konventionalismus einige Gesichtspunkte angegeben, die in mehr oder weniger präziser Form darauf hindeuten, daß die Aussagen der Physik in größerem Umfange, als wir das für gewöhnlich annehmen, nur sprachliche Konventionen sind. Diesen Umstand kann man zur *Strategie* erheben und versuchen, die eine oder andere Aussage gegenüber jeder Modifikation der Physik festzuhalten. So läßt sich insbesondere der zuletzt angegebene Gesichtspunkt gewissermaßen zu einer Durchhaltestrategie für die euklidische Geometrie machen, indem allfällige Änderungen einer Theorie *an anderer Stelle* vorgenommen werden. Dieselbe Strategie ist nun anwendbar, wenn die empirische Falsifizierbarkeit *einer holistischen Sperre* unterliegt. Schon der treffliche Heinrich Hertz hat 1892 für das System der Maxwellschen Gleichungen ausgesprochen, daß «einstweilen nicht jede einzelne Formel besonders durch die Erfahrung prüfbar ist, sondern nur das System als Ganzes». Und er hat hinzugefügt, daß es mit dem Gleichungssystem der gewöhnlichen Mechanik kaum anders liege.[56]

Diesen Gedanken hat Duhem zu einem veritablen *Holismus* physikalischer Theorien weiterentwickelt.[57] Der Grundgedanke ist, daß sich eine physikalische Theorie immer nur als Ganze dem Richterspruch der Erfahrung stellt und nicht hinsichtlich jeder ihrer einzelnen Annahmen und Folgerungen. Daher gibt es auch kein *experimentum crucis*, das zwischen zwei sich widersprechenden Hypothesen je einer Theorie zu entscheiden gestattet. Duhems Paradebeispiel ist das angebliche *experimentum crucis* von Foucault – mit dem relativ direkt bewiesen wurde, daß sich Licht in Luft schneller fortpflanzt als in Wasser (1850). Wir wollen im Augenblick annehmen, daß dies wirklich als damals nachgewiesen gelten kann. (In der Tat lagen im selben Jahr zwei unabhängig voneinander vorgenommene Messungen von Foucault und Fizeau/Briguet vor.) Die Frage lautet nun, was sich daraus zur Klärung der damals noch nicht als entschieden angesehenen Frage schließen läßt, ob Licht, wie Newton angenommen hatte, ein Teilchenstrom ist oder ob man Huygens folgen will, der Licht als einen Wellenvorgang aufgefaßt hatte. Die erwähnten Messungen sind für diese Frage insofern zumindest einschlägig, als aus der Teilchentheorie gefolgert wurde, daß sich die Brechungsindizes zweier Medien wie die Lichtgeschwindigkeit in diesen Medien verhalten, also

$$n_1/n_2 = c_1/c_2 \quad \text{(für Newton)}$$

gilt, während aus der Wellentheorie die umgekehrte Gleichung

$$n_1/n_2 = c_2/c_1 \quad \text{(für Huygens)}$$

erschlossen wurde. Mit dem Foucault/Fizeauschen Experiment war die Newtonsche Folgerung so gut wie widerlegt. Aber war es auch seine fundamentale Annahme, daß Licht aus Teilchen besteht? Natürlich nicht, denn diese ergibt erst zusammen mit *weiteren* jene Folgerung. Hierzu Duhem:[58]

... was das Experiment als mit Irrtum behaftet erklärt, ist die ganze Gruppe von Aussagen, die von Newton akzeptiert wurde, ... das heißt die ganze Theorie, von der wir die Beziehung zwischen dem Brechungsindex und der Geschwindigkeit von Licht in den verschiedenen Medien deduzieren. Aber indem man dieses System als Ganzes verurteilt, nämlich durch die Erklärung, es sei mit Irrtum behaftet, zeigt uns das Experiment nicht, wo der Irrtum liegt. Ist es in der fundamentalen Hypothese, daß Licht aus Teilchen besteht, welche mit großer Geschwindigkeit durch leuchtende Körper ausgeschleudert werden? Ist es in einer anderen Annahme, die Handlungen betreffend, die wir durch Lichtcorpuscln erfahren, aufgrund von Medien, durch welche sie sich bewegen? Darüber wissen wir nichts. Es wäre voreilig zu glauben, wie Arago anscheinend gedacht hatte, daß Foucaults Experiment ein für allemal die Hypothese der Emission verurteilt, d.h. die Assimilierung eines Lichtstrahles an einen Schwarm von Teilchen. Wenn Physiker dieser Aufgabe Wert beigemessen hätten, wären sie ohne Zweifel erfolgreich darin gewesen, ein System aus dieser Annahme heraus zu entwickeln, welches mit Foucaults Experiment übereinstimmen würde.

Tatsächlich ist in jüngerer Zeit «eine Hamiltonsche Theorie für Photonen in transparenten Medien [formuliert worden], die – bis auf Diffraktionen und Interferenzen – in chronologischer wie in geometrischer Hinsicht der Erfahrung gerecht wird».[59]

Eine Theorie läßt sich eben erstens im Hinblick auf eine empirisch widerlegte Folgerung und zweitens im Hinblick auf eine der Annahmen, aus denen sich diese Folgerung ergibt, so korrigieren, daß die Annahme erhalten bleibt, die Folgerung aber trotzdem in ihr Gegenteil verkehrt und damit erfahrungskonform wird. Die hierfür nötige Modifikation nimmt man an einer *anderen* von den Grundannahmen vor. Dies geschieht einfach nach dem Schema

vorher: $\underline{A}, A_1, \ldots, A_n \vdash F$ mit $F \perp E$

nachher: $\underline{A}, A'_1, \ldots, A'_m \vdash F'$ mit $F' \mid E$,

wobei E die Erfahrungstatsache und ⊢ bzw. | Unverträglichkeit bzw. Verträglichkeit bedeutet. Natürlich ist diese Möglichkeit keine Garantie, und sie kann in physikalischer Hinsicht sehr künstlich sein. Auch kann eine Theorie mit mehreren Erfahrungstatsachen kollidieren: *Zu-*

sammen mit den Interferenzphänomenen hatten die Foucault/Fizeauschen Messungen ein ganz anderes Gewicht als für sich genommen. Wie die weitere Entwicklung der Physik in diesem Falle gezeigt hat, ist aber grundsätzlich Vorsicht geboten. Das gilt nicht nur in dem vorliegenden Fall, in dem wir schließlich eine Theorie akzeptiert haben, die sowohl dem Teilchen- als auch dem Wellenaspekt gerecht wird. Es gilt auch in dem Sinne, daß man kaum davon sprechen kann, die klassische Mechanik sei schließlich dadurch empirisch widerlegt worden, daß sich die eine oder andere ihrer Folgerungen als falsch erwiesen habe. Obwohl es nicht so gedacht war, läßt sich Duhems Holismus durchaus auch auf gewichtigere Veränderungen in der Physik beziehen, wie sie beispielsweise mit dem Übergang von der klassischen zur Quantenmechanik bekannt wurden. Duhems allgemeine Beschreibung der Situation lautet nämlich:

Man denkt gewöhnlich, daß jede Hypothese, deren sich die Physik bedient, isoliert genommen und der Kontrolle des Experimentes unterworfen werden kann. Wenn dann verschiedene und vielfache Prüfungen den Wert derselben konstatieren ließen, kann sie in definitiver Weise in dem System der Physik ihren Platz finden. In Wirklichkeit ist es nicht so. Die Physik ist keine Maschine, die sich demontieren läßt, man kann nicht jedes Stück isoliert untersuchen und voraussetzen, daß nur genau auf ihre Festigkeit kontrollierte Stücke montiert werden. Die physikalische Wissenschaft ist ein System, das man als Ganzes nehmen muß, ist ein Organismus, von dem man nicht einen Teil in Funktion setzen kann, ohne daß auch die entferntesten Teile ins Spiel gerufen werden, einige mehr als andere, aber alle in irgendeinem Grade. Wenn irgendeine Störung, irgendeine Beschwerde in seiner Funktion auftritt, so ist sie in der Tat durch das gesamte System hervorgerufen, und der Physiker muß das Organ finden, welches in Ordnung gebracht oder modifiziert werden muß, ohne daß es ihm möglich wäre, dieses Organ zu isolieren und es einzeln zu prüfen.

Wir werden später sehen, wie sich die Situation, die mit der Quantenmechanik eintrat, noch angemessener beschreiben läßt.

VI. Zur Relativitätstheorie

*Mich hält kein Band, mich fesselt keine Schranke,
Frei schwing ich mich durch alle Räume fort.
Mein unermeßlich Reich ist der Gedanke,
Und mein geflügelt Werkzeug ist das Wort.*
Friedrich Schiller

Die Physik des vergangenen Jahrhunderts kennt den einen legendären Fall. Man kann schon jetzt sicher sein, daß noch in fernen Zeiten im Rückblick auf das 20. Jahrhundert mit seiner Physik untrennbar und vor allem anderen der Name Einsteins verbunden sein wird. In jeder nur denkbaren Hinsicht war dieser Mann dazu bestimmt, eine legendäre Figur zu werden – in *seinem* Jahrhundert. Die historischen Randbedingungen sind hier durchaus mit zu berücksichtigen. Selbst die beiden Weltkriege spielen eine Rolle. Es war unmittelbar nach dem Ersten Weltkrieg, daß inmitten all des angerichteten Elends ein Gelehrter aus dem geschlagenen Deutschland durch ein spektakuläres Ereignis über Nacht zu Weltruhm gelangte. Und es war im Zweiten Weltkrieg, daß derselbe Mann, nun fast schon als Amerikaner, seinem Präsidenten den Bau der Atombombe nahelegte. Von welchem Einfluß auch immer dieser Schritt gewesen sein mag und wie sehr Einstein ihn später bereute – zu allem, was schon geschehen war und noch kommen sollte, fügte das Bekanntwerden dieses Schrittes seiner Biographie eine weitere – man kann hier wohl sagen – tragische Note hinzu. Man muß sich vor Augen halten, daß dies derselbe Mann war, der in einem glücklichen Augenblick den entscheidenden Schritt zur Begründung der speziellen Relativitätstheorie (SRT) gegangen ist und alle seine Konkurrenten auf diesem Felde ausgestochen hat, der im unmittelbaren Anschluß daran die allgemeine Relativitätstheorie (ART) als eine einheitliche Theorie von Raum-Zeit-Geometrie und Gravitation schuf – und zwar beinahe wie aus heiterem Himmel schuf –, der damit fast alle philosophischen Richtungen seiner Zeit durcheinanderbrachte, dann aber selbst der wohl eigentlich revolutionären physikalischen Theorie des Jahrhunderts, der Quantentheorie, trotz eigener produktiver Beiträge, eine ganz konservative philosophische Einstellung entgegenhielt und Jahrzehnte erfolglos damit verbrachte, auf der Grundlage der ART zu einer einheitlichen, aber klassischen Feldtheorie der Materie zu gelangen. Man kann gar kein Ende finden in der Aufzählung der Besonderheiten, die mit Einsteins Persönlichkeit und Werk verbunden sind: sein Judentum, die erzwungene Emigration, die fachlichen Anfeindungen, denen er ausgesetzt war, der Nobelpreis und die vielen anderen Ehrungen.

Auch für den Nichtphysiker ist die Biographie Einsteins ein faszinierender Gegenstand, an dem sich wie in einem Spiegel die an bedeutenden Ereignissen jeder Art so reiche Geschichte der ersten Hälfte des 20. Jahrhunderts ablesen läßt.

Welches war jenes spektakuläre Ereignis, das Einstein über Nacht Weltruhm brachte?[1] Die empirische Beweislage für die 1916 zuerst veröffentlichte ART war zunächst nicht günstig. Nach drei Jahren bot sich aber die Gelegenheit, anläßlich einer totalen Sonnenfinsternis Einsteins Voraussage zu prüfen, daß ein an einer großen Masse, z.B. der Sonne, vorbeigehender Lichtstrahl um einen gewissen Winkel abgelenkt wird und daß dieser Winkel nicht den (bisher empirisch ungeprüften) Newtonschen Wert habe. Eine wissenschaftliche Expedition begab sich an den Ort der Sonnenfinsternis im nördlichen Südamerika, und die dort gemachten Aufnahmen wurden danach in einer gemeinsamen Sitzung der Royal Society und der Royal Astronomical Society vorgelegt. Der *spiritus rector* der Unternehmung, Sir Frank Dyson, erklärte: «Nach sorgfältigem Studium der Platten bin ich bereit zu sagen, daß sie Einsteins Voraussage bestätigen ...» Und der Präsident der Sitzung, J.J. Thomson, führte aus: «Dies ist das wichtigste Resultat, das seit Newtons Tagen im Zusammenhang mit der Theorie der Gravitation erzielt wurde ... Das Resultat ist eine der höchsten Leistungen in der Geschichte des menschlichen Geistes.»

Das Aufsehen, das dieses Ereignis nicht nur in Fachkreisen, sondern vor allem in der fachlich unkundigen breitesten Öffentlichkeit hervorrief, war ungeheuer – ähnlich übrigens, *mutatis mutandis,* dem, das Newtons Theorie seinerzeit hervorgerufen hatte. Die *Times* vom nächsten Tag verkündete in ihren Schlagzeilen: «Revolution in der Wissenschaft – Neue Theorie des Universums – Newtons Ideen umgeworfen.» Und noch zwei Jahre später berichtet uns ein Zeitzeuge:[2]

Zur Relativitätstheorie

Nie zuvor war Ähnliches erlebt worden. Eine Hochflut des Erstaunens wogte über die Kontinente; Tausende von Menschen, die sich sonst ihr Leben lang niemals um Lichtschwingungen und Gravitation gekümmert hatten, wurden von dieser Woge ergriffen und emporgetragen ... Kein Name wurde in dieser Zeit so oft genannt wie der dieses Mannes. Alles verschwand vor dem Universalthema, das sich der Menschheit bemächtigt hatte. Die Unterhaltungen der Gebildeten kreisen um diesen Pol ... Die Zeitungen machten Jagd auf Federn, die ihnen ... Fachliches oder sonst nur irgend etwas über Einstein zu liefern vermochten. An allen Ecken und Enden tauchten gesellschaftliche Unterrichtskurse auf, fliegende Universitäten mit Wanderdozenten, welche die Leute aus der dreidimensionalen Misere des täglichen Lebens in die freundlicheren Gefilde der Vierdimensionalität führten.

Sehr viel nüchterner als dieses Stück journalistischer Rhetorik klingt das Urteil mancher Fachkollegen, die sich, wie natürlich auch Einstein selbst, von dem entstandenen Rummel oft peinlich berührt fühlten. Wilhelm Wien, dessen Unmut über innere Schwierigkeiten der RT wir schon aus dem ersten Kapitel kennen, beklagt sich zwei Jahre später über die entstandene äußere Lage in einem Vortrag in München:[3]

Die Freude, heute über Relativitätstheorie zu Ihnen zu sprechen, wird nur etwas durch die Überzeugung beeinträchtigt, daß diese Lehre sich in wesentlichen Teilen der gemeinverständlichen Darlegung entzieht. Ich muß sogar behaupten, daß von Physikern selbst nur ein kleiner Teil die Relativitätstheorien soweit kennt, um sich ein selbständiges Urteil darüber bilden zu können.

Die Statistik der Publikationen zur RT belehrt uns:[4] Schon bis 1924 sind weit über 3000 Fachpublikationen über die RT gezählt worden. In den Jahren nach 1919 steigt die Zahl der jährlichen Fachpublikationen von ca. 250 über 450, 500 auf 550 im Jahre 1925 an. Die Werte für populäre und philosophische Texte zur RT liegen für dieselben Jahre bei ca. 100, 210, 290 und 225. In dem zuletzt zitierten Werk findet sich ein Literaturverzeichnis von über 2700 einschlägigen Arbeiten bis zu Einsteins Tod (1955) und über 500 für die Zeit danach. Diese Zahlen sprechen für sich.

1922 erhielt Einstein den Nobelpreis für das Jahr 1921. In dem Schreiben, das ihm den Preis ankündigte, stand, er erhalte ihn «für seine Arbeiten in theoretischer Physik, insbesondere für seine Entdeckung des photoelektrischen Effekts, aber ohne Berücksichtigung des Wertes ihrer Relativitäts- und Gravitationstheorie, der diesen zuerkannt werden wird, sobald sie bestätigt sein werden».

A) Vom Positivisten zum Rationalisten

Die philosophiehistorische Bedeutung der RT wurde in zunehmendem Maße darin gesehen, daß sie eine Herausforderung gewisser entscheidender Partien der Erkenntnislehre Kants darstellte. Kant hatte in seiner *Kritik der reinen Vernunft* den euklidischen Raum und die euklidische Zeit für *apriorische Formen unserer Anschauung* gehalten, denen der gesamte uns durch Empfindung gegebene materielle Inhalt (von Raum und Zeit) zu entsprechen habe. Damit war die euklidische Geometrie des Raumes für den Raum, und in degenerativer Weise für die Zeit, soweit es sie als Teile der Physik betraf, verbindlich vorgeschrieben, und zwar nun als empirischer Teil. Damit sollte nun Schluß sein. Und es *war* Schluß. Dies bedeutete deswegen einen veritablen Schock, weil es um die Mitte des 19. Jahrhunderts das erste Mal in der gesamten abendländischen Geschichte von Wissenschaft und Philosophie geschah, daß echte Alternativen zur euklidischen Theorie des Raumes als logisch möglich bekannt wurden: die sogenannten nichteuklidischen Geometrien.

Neben den Geometrien des nur dreidimensionalen Raums wurden aber auch vierdimensionale Geometrien entdeckt, die vornehmlich die Zeit betrafen und je nach Interpretation mit den Namen von Lorentz, Poincaré, Einstein und Minkowski verbunden sind. Von diesen hat sich schließlich die Einstein/Minkowskische Lösung durchgesetzt. Von ihr sagte Minkowski:[5]

Von Stund an sollen Raum für sich und Zeit für sich völlig zu Schatten herabsinken, und nur noch eine Art Union der beiden soll Selbständigkeit bewahren.

Die Minkowskische Geometrie entsteht aus ihrem legitimen Vorgänger, der Galileischen Geometrie, durch Relativierung der Zeit, formal ähnlich der Relativierung des Raumes durch den Übergang von der Newtonschen Geometrie (der *Principia Mathematica*), in der Raum und Zeit als jeweils für sich existierende absolute Wesenheiten behandelt wurden.

Die Negierung des apriorischen Status für die neue Raumzeit hat dazu geführt, daß Einstein für einen *Positivisten* gehalten wurde. Denn mit dem Aufkommen der SRT verschwand der Äther aus der Physik, der darin über die Jahrhunderte hinweg eine absolutistische Rolle gespielt hatte. Für den frühen Einstein mag dieser Vorwurf auch zutreffen.

In seinen späteren Jahren hat Einstein diese Kehrtwendung in den knappen Satz gefaßt:[6]

Vom skeptischen Empirismus etwa Machscher Art herkommend, hat das Gravitationsproblem mich zu einem gläubigen Rationalisten gemacht.

Einstein hat also eine geistige Entwicklung durchlebt, und wer wollte sie ihm verwehren, zumal diese Entwicklung im Vollzug der Arbeit an einer erfolgreichen physikalischen Theorie (eben der RT) erfolgte? Wir müssen seine Mitteilung ernst nehmen, und ich will seine Selbstdarstellung durch einige weitere Zitate vertiefen.

Da ist zunächst das Berliner Gespräch mit Heisenberg (1926),[7] in dem Heisenberg Einstein unterstellt, gelehrt zu haben, man könne die absolute Zeit nicht beobachten, ebensowenig den absoluten Raum, und deswegen gehörten sie beide nicht in eine physikalische Theorie wie etwa die Mechanik. Darauf läßt er Einstein antworten: «Vielleicht habe ich diese Art von Philosophie benützt, ... aber sie ist trotzdem Unsinn ...» (vgl. die ausführliche Behandlung dieses Gesprächs in Kapitel V.B). Die burschikose Art des Ausdrucks hier ist keine Herabsetzung des Sprechers, sondern der Versuch, die Traulichkeit des Gesprächs zweier Physiker über eine philosophische Angelegenheit mitklingen zu lassen.

Ernsthafter geht es schon zu, wenn Einstein in seiner Autobiographie einige Sätze über Mach sagt, die von großem Respekt und tiefer Ehrfurcht zeugen. Die beiden Männer haben sich nur einmal, gelegentlich eines Besuchs Einsteins bei Mach, getroffen. Auch einige wenige Briefe wurden gewechselt. 1917 hat Einstein einen Nachruf auf Mach in der *Physikalischen Zeitschrift* veröffentlicht, in dem es heißt:[8]

... daß *Mach* durch seine historisch-kritischen Schriften ... einen großen Einfluß auf unsere Generation von Naturforschern gehabt hat: Ich glaube sogar, daß diejenigen, welche sich für Gegner Machs halten, kaum wissen, wieviel von Machscher Betrachtungsweise sie sozusagen mit der Muttermilch eingesogen haben.

... von mir selbst weiß ich mindestens, daß ich insbesondere durch *Hume* und *Mach,* direkt und indirekt, sehr gefördert worden bin.

Am weitesten geht schließlich das Bekenntnis in einem Brief an Schlick:[9]

Auch darin haben Sie richtig gesehen, daß diese [positivistische] Denkrichtung von großem Einfluß auf meine Bestrebungen gewesen ist, und zwar E. Mach und noch viel mehr Hume, dessen Traktat über den Verstand ich kurz vor Auffindung der RT mit Eifer und Bewunderung studierte. Es ist sehr gut möglich, daß ich ohne diese philosophischen Studien nicht auf die Lösung gekommen wäre.

In seiner Autobiographie schließlich bekennt Einstein zunächst aufs neue, daß ihn auch Machs erkenntnistheoretische Einstellung zunächst sehr beeindruckt habe, sie ihm aber später als im wesentlichen unhaltbar erschienen sei:[10]

Er [Mach] hat nämlich die dem Wesen nach konstruktive und spekulative Natur alles Denkens und im besonderen des wissenschaftlichen Denkens nicht richtig ins Licht gestellt und in Folge davon die Theorien gerade an solchen Stellen verurteilt, an welchen der konstruktiv-spekulative Charakter unverhüllbar zutage tritt, z. B. in der kinetischen Atomtheorie.

Im letzten Zitat kommt zweimal das Wort «konstruktiv» vor, und zwar in dem Sinne, daß ein Gedankenschritt «konstruktiv» sein könne und daß ohne konstruktive Gedankenschritte überhaupt keine wissenschaftlichen Gedanken von der Art, wie die Physik sie hervorbringt, möglich seien. Einstein jedenfalls bemerkt nun, daß Fortschritte, wie er sie braucht, nicht ohne die Heranziehung konstruktiver Theorien zu haben sein werden.[11]

Nach und nach verzweifelte ich an der Möglichkeit, die wahren Gesetze durch auf bekannte Tatsachen sich stützende konstruktive Bemühungen herauszufinden. Je länger und verzweifelter ich mich bemühte, desto mehr kam ich zu der Überzeugung, daß nur die Auffindung eines allgemeinen formalen Prinzips uns zu gesicherten Ergebnissen führen könnte.

Hier wird nun noch als ein zweiter, unter günstigen Umständen Fortschritt garantierender Begriff der des Prinzips eingeführt. Im zuvor zitierten Text überlappte er sich noch etwas mit dem Begriff der konstruktiv gewonnenen Theorie. Es gibt aber eine in der Sekundärliteratur kaum beachtete Gegenüberstellung der beiden Begriffe, und zwar bezeichnenderweise in einem Artikel in der (Londoner) *Times* (vom 28. November 1919), überschrieben von Einstein mit «My Theory». Der sachliche Teil beginnt mit:[12]

> Man kann in der Physik Theorien verschiedener Art unterscheiden. Die meisten sind konstruktive Theorien.
> Es gibt aber neben dieser wichtigsten Klasse von Theorien eine zweite. Ich will sie Prinziptheorien nennen.

Es wird nun erklärt, was diese besonderen Theorien sind:

[Die konstruktiven Theorien] suchen aus einem relativ einfachen zugrundegelegten Formalismus ein Bild der komplexeren Erscheinungen zu konstruieren. So sucht die kinetische Gastheorie die mechanischen, thermischen und Diffusionsvorgänge auf Bewegungen der Moleküle zurückzuführen. Wenn man sagt, es sei gelungen, eine Gruppe von Naturvorgängen zu begreifen, so meint man damit immer, daß eine konstruktive Theorie gefunden sei, welche die betreffenden Vorgänge umfaßt.

An anderer Stelle heißt es über die konstruktiven Theorien, sie hätten zwei Sehnsüchte: erstens die nach Vollständigkeit, d.h., alle relevanten Erscheinungen zu umfassen, und zweitens die Sehnsucht nach logischer Einheitlichkeit, d.h. die widerspruchslose Axiomatisierbarkeit. Das ist nun wahrhaftig nicht dasselbe wie das zuvor Behauptete. Einstein sagt selbst:[13]

Grob, aber ehrlich kann ich das zweite Desideratum auch so aussprechen:
 Wir wollen nicht nur wissen, wie die Natur ist ..., sondern wir wollen auch nach Möglichkeit das vielleicht utopisch und anmaßend erscheinende Ziel erreichen zu wissen, warum die Natur *so und nicht anders ist.*

Daß dennoch dasselbe gemeint ist, ersieht man daraus, daß und wie dasselbe Beispiel gegeben wird: In beiden Fällen und in der Tat auch schon in dem vorangegangenen Fall ist das Beispiel die kinetische Gastheorie. Über sie sagt Einstein, noch einmal weit ausholend:

Auf diesem Gebiete liegen die höchsten Befriedigungen des wissenschaftlichen Menschen ... Es handelt sich in allen derartigen Fällen darum, die empirische Gesetzlichkeit als logische Notwendigkeit zu erfassen. Hat man nämlich einmal die Grundhypothese der molekularkinetischen Theorie der Wärme angenommen, so erlebt man gewissermaßen, daß selbst Gott jene Zusammenhänge nicht anders hätte festlegen können, als sie tatsächlich sind, ebensowenig, als es in seiner Macht gelegen wäre, die Zahl 4 zu einer Primzahl zu machen. Dies ist das prometheische Element des wissenschaftlichen Erlebens, welches in obigem Schulausdruck «logische Einheitlichkeit» eingekapselt ist. Hier hat für mich stets der eigentliche Zauber wissenschaftlichen Nachdenkens gelegen; es ist sozusagen die religiöse Basis des wissenschaftlichen Bemühens.

Mit dem Satz, es handle sich in allen Fällen darum, *die empirische Gesetzmäßigkeit als logische Notwendigkeit zu erfassen,* hat Einstein den Rationalismus erreicht. Natürlich wäre es ein leichtes, ihm klarzumachen, daß dieser Rationalismus in allen Fällen ein utopisches Ziel bleibt. Die Bergsteiger sagen heute dazu: Das Ziel ist der Weg:[14]

Nach unserer bisherigen Erfahrung sind wir nämlich zum Vertrauen berechtigt, daß die Natur die Realisierung des mathematisch denkbar Einfachsten ist. Durch rein mathematische Konstruktion vermögen wir ... diejenigen Begriffe und diejenige gesetzliche Verknüpfung zwischen ihnen zu finden, die den Schlüssel für das Verstehen der Naturerscheinungen liefern. Die brauchbaren mathematischen Begriffe können durch Erfahrung wohl nahegelegt, aber keinesfalls daraus abgeleitet werden. Erfahrung bleibt natürlich das einzige Kriterium der Brauchbarkeit einer mathematischen Konstruktion für die Physik. Das eigentlich schöpferische Prinzip liegt aber in der Mathematik. In einem gewissen Sinn halte ich es also für wahr, daß dem reinen Denken das Erfassen des Wirklichen möglich sei, wie es die Alten geträumt haben.

B) Zur speziellen Theorie (SRT)

Als Einsteins herausragende erkenntnistheoretische Leistung im Zusammenhang mit der Aufstellung der SRT gilt die Erkenntnis, daß die Einführung der Gleichzeitigkeit zweier Ereignisse an verschiedenen Orten eine Sache der *Definition* ist. Reichenbach hat diese Leistung verallgemeinernd mit folgenden Worten beschrieben:[15]

Als logische Basis der Relativitätstheorie dient die Entdeckung, daß viele Aussagen, deren Wahrheit oder Falschheit als erweisbar angesehen wurde, bloße Definitionen sind.

Diese Formulierung klingt so, als ob sie nur eine unwichtige fachtechnische Entdeckung sei, und enthüllt nicht die weittragenden Folgen, die den philosophischen Wert der Theorie ausmachen. Gleichwohl bildet sie eine vollständige Formulierung des logischen Teils der Theorie.

Der philosophische Hintergrund, vor dem die konventionalistische Auffassung von Raum und Zeit neu war, ist um die Jahrhundertwende immer noch die Erkenntnislehre Kants, der zufolge Raum und Zeit a priori gegebene Formen unserer Anschauung sind. Obwohl die Überwindung des kantischen Apriorismus zweifellos eine Angelegenheit von erstrangiger Bedeutung ist, darf man sie aus der Perspektive des jungen Einstein nicht überschätzen. Ganz zu schweigen davon, daß dieser seine neue Theorie natürlich nicht aufgestellt hat, um Kant zu widerlegen. Für Einstein lag die Bedeutung seiner Arbeiten zur speziellen Relativitätstheorie neben der Begründung einer neuen Raum-Zeit-Struktur noch an anderen, mehr die Physik betreffenden Punkten. Für den Erfolg, den Einstein insgesamt mit der RT für sich buchen konnte, spielte die Abschaffung des Äthers eine nicht geringe Rolle. Noch die Lorentzsche elektromagnetische Theorie von 1892 – eine Weiterentwicklung der Maxwellschen Theorie – benutzte den Äther als absolutes räumliches Bezugssystem und geriet damit in einen damals noch ungelösten Konflikt mit der üblichen Fassung der Newtonschen Mechanik, deren Gesetze kein einzelnes absolutes Bezugssystem, sondern nur eine ganze Klasse von gegeneinander gleichförmig bewegten sogenannten Inertialsystemen auszeichnet. In der Arbeit von 1905 ging es Einstein nun vor allem auch um die Feststellung, daß der in einem Leiter bei dessen Bewegung in einem Magnetfeld erzeugte Strom nur von der Relativgeschwindigkeit von Leiter und Magnet, nicht aber davon abhängt, ob der Leiter oder der Magnet relativ zum Äther ruht. Ähnlich wie in anderen damals schon bekannten Situationen, z. B. im Michelson-Versuch, deutete sich hier an, daß der Äther eine reine Fiktion der Physiker war, der nichts in der Wirklichkeit entsprach. Mit Beginn des 20. Jahrhunderts verschwindet der Äther aus den physikalischen Arbeiten.

Unter den Zeitgenossen von Einstein ist es Poincaré, dem in Fragen von Raum und Zeit Gehör zu schenken ist. Physikalische Arbeiten im engeren Sinne aus seiner Feder hat Einstein vor 1905 wohl nicht gekannt – wahrscheinlich auch später nicht. Aber wir können damit rechnen, daß er seine bemerkenswerte Betrachtung zum Begriff der Zeit schon vor 1905 kannte. Diese Betrachtung ist unter dem Titel *La mesure du Temps* schon 1898 erschienen.[16] Poincaré spricht dort davon, «[daß] wir nicht nur keinerlei direkte Anschauung von der Gleichheit zweier Zeiten [haben], sondern nicht einmal diejenige von der Gleichzeitigkeit zweier Ereignisse, welche *auf verschiedenen Schauplätzen vor sich gehen*».[17] Wir behelfen uns mit gewissen Regeln, die wir beständig anwenden, ohne uns davon Rechenschaft zu geben. Man könnte dieselben auch durch andere ersetzen, aber man würde dadurch das Aussprechen der Gesetze in der Physik, Mechanik und Astronomie außerordentlich umständlich machen.

In dem Zeitaufsatz von 1898 zeigt sich dann, daß Poincaré erstens mit den Schauplätzen zwei Seelen meint, die jede ihre subjektive Zeit mit sich bringen, und zweitens wie diese beiden Zeitvorstellungen aufeinander abzustimmen sind. Dann aber geht es auch um die Gleichzeitigkeit an zwei Orten im gewöhnlichen Sinne.[18] Poincaré bringt dafür auch die Lichtausbreitung ins Spiel. Aber seine Betrachtungen bleiben unsystematisch und haben mehr den Charakter, Schwierigkeiten aufzuweisen, z. B. die, «das qualitative Problem der Gleichzeitigkeit von dem quantitativen Problem des Zeitmaßes zu trennen».[19] Auch für das Zeitmaß nahm Poincaré den konventionalistischen Standpunkt ein. In *La valeur de la science* heißt es:[20]

«Die Zeit muß so definiert werden, daß die Gleichungen der Mechanik so einfach wie möglich werden.» Mit anderen Worten, es gibt keine Art, die Zeit zu messen, die richtiger ist als eine andere; die, die allgemein angewendet wird, ist nur bequemer.

Wir haben nicht das Recht, von zwei Uhren zu sagen, daß die eine richtig gehe und die andere falsch, wir können nur sagen, daß es vorteilhafter ist, sich nach den Angaben der ersteren zu richten.

Zweifellos konnte Einstein diese kritische Analyse Poincarés in seine eigenen Überlegungen einfließen lassen. Wir wissen aber nicht, wie dies geschah.

Trotzdem ist zunächst festzustellen, daß Einstein sich nicht direkt den Vorstellungen Poincarés anschloß. Dieser hatte erst einmal nur festgestellt, daß wir keine Empfindung für die Gleichheit zweier Zeitspannen haben und daß diese Gleichheit zum Gegenstand einer Definition gemacht werden muß. Wir dürfen annehmen, daß Einstein diesen Feststellungen zustimmte, zugleich waren sie aber nicht genau das Problem, das er zu lösen versuchte. Zeitspannen und deren Gleichheit läßt sich Einstein einfach durch eine Uhr vorgeben, deren Herkunft und Funktionieren er gar nicht näher untersucht. Seine Ausgangsfeststellung betrifft die noch elementarere Gleichheit der Zeitpunkte zweier Ereignisse, die an verschiedenen Orten stattfinden. Ausgehend von einem als ruhend gedachten Bezugssystem, erinnert er uns, wie wir darin die Bewegung eines Massenpunktes beschreiben, nämlich durch Angabe seiner Ortskoordinaten als Funktion der Zeit. Die Frage ist dann, was hierbei unter der «Zeit» zu verstehen ist. «Wir haben», heißt es, «zu berücksichtigen, daß alle unsere Urteile, in welchen die Zeit eine Rolle spielt, immer Urteil über gleichzeitige Ereignisse sind»[21] – nämlich über die Gleichzeitigkeit des zu untersuchenden Ereignisses mit einer bestimmten Zeigerstellung einer Uhr:

Es könnte scheinen, daß alle die Definition der «Zeit» betreffenden Schwierigkeiten dadurch überwunden werden könnten, daß ich an Stelle der «Zeit» die Stellung des kleinen Zeigers meiner Uhr setze. Eine solche Definition genügt in der Tat, wenn es sich darum handelt, eine Zeit zu definieren ausschließlich für den Ort, an welchem sich die Uhr eben befindet; die Definition genügt aber nicht mehr, sobald es sich darum handelt, an verschiedenen Orten stattfindende Ereignisreihen miteinander zeitlich zu verknüpfen oder – was auf dasselbe hinausläuft – Ereignisse zeitlich zu werten, welche in von der Uhr entfernten Orten stattfinden.

Das Problem ist also, was Zeit an verschiedenen Orten heißt oder wie die Zeit gleichsam über den Raum zu verteilen ist. Konkreter gesprochen wird daraus die Frage, unter welchen Umständen zwei an verschiedenen Orten stationierte Uhren synchron laufen, so daß beider Zeitangaben, z. B. für die Bewegung eines Körpers, herangezogen werden können.

Einstein war sich völlig im klaren darüber, daß dies, wie schon Poincaré bemerkt hatte, eine Sache der Definition ist:[22]

Um dem Zeitbegriff überhaupt physikalische Bedeutung zu geben, bedarf es der Benutzung irgendwelcher Vorgänge, welche Relationen zwischen verschiedenen Orten herstellen können. Welche Art von Vorgängen man für eine solche Zeitdefinition wählt, ist an sich gleichgültig.

Die Wahl, die Lichtfortpflanzung als den fraglichen Vorgang heranzuziehen, ist wegen der Konstanz der Lichtgeschwindigkeit äußerst bequem, weil die Synchronität dabei besonders einfach und universell, d. h. in der Vorschrift unabhängig vom Inertialsystem, erklärt werden kann. Man muß hierbei allerdings beachten, daß die Konstanz der Lichtgeschwindigkeit selbst ein, und eigentlich das entscheidende, nicht triviale konventionalistische Moment enthält. Was wir über die fragliche Konstanz behaupten können, ohne schon die Zeit an verschiedenen Orten definiert zu haben, ist ja lediglich, daß ein von Punkt A ausgehendes und durch Spiegel wieder zu A zurückgelenktes Lichtsignal für seinen Weg eine von einer Uhr in A gemessene Zeit benötigt, welche proportional zur Länge des zurückgelegten Weges ist. Wie lange das Licht von A nach einem anderen Ort B braucht, können wir nicht sagen, solange die Zeit nicht auch schon in B definiert ist. Wenn wir für diese Definition relativ zu der A-Zeit aber gerade ein Lichtsignal benutzen wollen, dann wird die Frage, wie lange das Licht von A nach B braucht, selbst eine Frage der Definition. Zu der Willkür, die Lichtfortpflanzung zur Definition synchroner Uhren an verschiedenen Orten zu benutzen, kommt also die andere hinzu, die Einweggeschwindigkeit des Lichts festzulegen. Einstein tut dies in der einfachsten Weise der Gleichheit der Geschwindigkeiten auf dem Hin- und Rückweg zwischen den Orten A und B. Geht also das Licht in A zur Zeit t_A ab, kommt in B zur Zeit t_B an und zur Zeit t'_A nach A zurück, so soll sein

(1 a) $t_B - t_A = t'_A - t_B$

oder

(1 b) $t_B = 0{,}5\,(t'_A + t_A)$.

Genau dann also, wenn diese Gleichung gilt, sind die A- und die B-Zeit per definitionem synchron. Und zwei in A bzw. B stattfindende Ereignisse sind, per definitionem, gleichzeitig, wenn sie zur gleichen Zeit, d.h. für gleiche Zeitwerte der A- und B-Zeit, stattfinden. Nach Einführung der Lichtgeschwindigkeit c erhalten wir für t_B

(2) $t_B = t_A + d(AB)/c$.

Einstein bringt die Konstanz von c durch die Worte zum Ausdruck, ihr Prinzip sage aus, daß die vorgenommene Synchronisierung nicht auf Widersprüche führt.[23]

Bisher haben wir allerdings dieses Prinzip erst innerhalb eines Inertialsystems zur dortigen Synchronisierung ausgenutzt. Angenommen, wir haben auf die angegebene Weise zwei Bezugssysteme mit je einer universellen Zeit versehen – zwei Bezugssysteme, die sich aufgrund der vorgenommenen Zeitdefinitionen gleichförmig und drehungsfrei gegeneinanderbewegen. Was können wir darüber sagen, wie die beiden Zeiten miteinander zusammenhängen? Darüber können wir so lange nichts sagen, wie wir nicht wissen, mit welcher Geschwindigkeit sich das Licht im System S' bewegt, wenn es von einer in S ruhenden Quelle stammt, wie sie eben zur Synchronisierung in S benutzt wurde, und vice versa unter Vertauschung von S und S'. Hier erst greift nun der volle Inhalt des Prinzips der Konstanz der Lichtgeschwindigkeit als des einen von zwei Prinzipien, auf denen die spezielle Relativitätstheorie von Einstein beruht. Der volle Inhalt ist, daß die fragliche Geschwindigkeit *gleich* der in S ist, mit anderen Worten, daß die Lichtgeschwindigkeit auch unabhängig vom Bewegungszustand der Lichtquelle ist. Diese Aussage bereitet unserem Verständnis gewisse Schwierigkeiten, weil wir von kleinen Geschwindigkeiten her gewohnt sind, Relativgeschwindigkeiten zu addieren oder zu subtrahieren, z.B. auf der Autobahn, wo ein uns entgegenkommendes Auto relativ zu unserem Auto eine Geschwindigkeit von 200 km/h hat, wenn beide Autos relativ zur Fahrbahn 100 km/h fahren, und wo ein uns überholendes Auto relativ zu unserem Auto 50 km/h fährt, wenn es relativ zur Fahrbahn eine Geschwindigkeit von 150 km/h, wir aber eine von 100 km/h haben. Manche würden vielleicht sogar sagen, daß diese Behandlung der Angelegenheit unserer «kinematischen Anschauung» entspreche, die fragliche Unabhängigkeit für das Licht jedoch unserer Anschauung widerstreite. Dazu ist zu sagen, daß hier in Konkurrenz zu alltäglicher Gewohnheit und vermeintlicher Anschauung eine demgegenüber komplizierte Theorie – die Maxwell-Lorentzsche Elektrodynamik – und entsprechend anspruchsvolle Experimente – zum Beispiel das Experiment von Michelson und Morley – stehen, die zugunsten des fraglichen Prinzips sprechen. Von prinzipieller Bedeutung ist hier die Entscheidung zugunsten dieses Stückes Wissenschaft und entgegen den Gegebenheiten der Alltagswelt. Einstein hat selbst geäußert, die Wissenschaft sei nichts als eine Weiterentwicklung unserer alltäglichen Erfahrungen, und in den meisten Fällen ist sie das auch. Aber aus Einsteins Mund ist dies ein Understatement, weil gerade er uns auf einige der Stellen aufmerksam gemacht hat, wo die Physik mit den aus der normalen Erfahrung abgeleiteten Vorstellungen in Konflikt gerät, weil sie gegenüber der normalen Erfahrung extreme Situationen einführt. Alle für gewöhnlich wahrnehmbaren irdischen Geschwindigkeiten, ja sogar alle planetarischen Geschwindigkeiten, z.B. die Geschwindigkeit von immerhin 30 km/sec der Erde auf ihrer Bahn um die Sonne, sind extrem klein im Verhältnis zur Lichtgeschwindigkeit; so ist z.B. die Erdgeschwindigkeit gleich 10^{-4} der Lichtgeschwindigkeit. Der Erfolg der Naturwissenschaft vom Einsteinschen Typ beruht auf der Offenheit gegenüber völlig neuen Erscheinungen, wenn wir die gewohnten Verhältnisse verlassen und sehr große Geschwindigkeiten in Betracht ziehen.

Legen wir nun das volle Prinzip der Konstanz der Lichtgeschwindigkeit zugrunde, dann können wir die Frage nach dem Zusammenhang der beiden Zeiten in S und S' eindeutig beantworten. Denn unser Prinzip ist dann im wesentlichen die Annahme, daß (in angepaßten Koordinaten und für nur eine räumliche Dimension) die quadratische Form

$$c^2 \cdot t^2 - x^2$$

in beiden Systemen denselben Wert hat.

Daraus folgen dann die bekannten Lorentz-Transformationen

(3)
$$x' = x - vt/(1 - (v^2/c^2))^{0,5}$$
$$t' = t - ((v/c^2)x)/(1 - (v^2/c^2))^{0,5},$$

wobei v die Geschwindigkeit von S in S' ist. Der Sinn dieser Transformation ist also, daß ein Ereignis, welches in S zur dortigen Zeit t am

Ort x geschieht, in S' zur Zeit t' am Ort x' geschieht. Das Neue ist hierbei, das t' ungleich t ist und vom Ort x abhängt. Wenn die Geschwindigkeit v, die immer kleiner sein muß als c, sehr klein gegen c wird, so erhalten wir die Galilei-Transformationen

(4)
$$x' = x - vt$$
$$t' = t$$

zurück. Man sieht hieraus insbesondere, daß sich die ausdrückliche Synchronisierung von Uhren an verschiedenen Orten im *selben* Inertialsystem erst bei *verschiedenen* Inertialsystemen bemerkbar macht, und das auch nur bei Benutzung einer endlichen Signalgeschwindigkeit für die Synchronisierung. Die Galilei-Transformationen, die einer unendlichen Signalgeschwindigkeit entsprechen, führen wieder zu einer absoluten Zeit.

Ich hatte einleitend gesagt, daß nach Einsteins eigener Einschätzung sein Vorgehen bei Aufstellung einer Theorie die Besonderheiten hat, von einfachen und durchgreifenden Prinzipien Gebrauch zu machen und das auch wirklich als Konvention (oder: Definition) zu kennzeichnen, was eben bei genauerem Hinsehen einer Konvention bedarf. Wir können nun darüber hinaus auch etwas über das Zusammenwirken von Prinzip und Konvention lernen. Denn das Prinzip der Konstanz der Lichtgeschwindigkeit wurde ja benutzt bei der Herstellung einer objektiven raum-zeitlichen Struktur. Daraus ersehen wir, daß eine physikalische Definition nicht völlig willkürlich ist. Vielmehr ziehen wir schon für die Definition einer räumlichen Metrik ein bestimmtes Verhalten fester Körper, nämlich ihre praktische Starrheit, heran. Rein mathematisch gestattet die euklidische Metrik ein Maximum an räumlichen Transformationen, welche die Metrik invariant, d.h. Längen, Winkel usw. unverändert lassen. Diesem mathematischen Sachverhalt entspricht der physikalische Sachverhalt, daß feste Körper solche Transformationen lokal realisieren. Das ist das sogenannte Prinzip der freien Beweglichkeit fester Körper, das wir auch in der SR zur Definition der räumlichen Metrik verwenden. So sagt dann auch Einstein: «... die [auf die übliche Weise anhand praktisch starrer Körper interpretierte und durch den Satz von der Längeninvarianz bei Transport der Körper] ergänzte Geometrie [ist] als ein Zweig der Physik zu behandeln».[24] Ganz entsprechend folgt mathematisch aus der durch die quadratische Form

(5) $c^2/t^2 - x_1^2 - x_2^2 - x_3^2$

definierten Minkowskischen Metrik der Raumzeit, daß c die in allen Bezugssystemen gleiche Geschwindigkeit eines möglichen Vorganges ist. Und das Prinzip der Konstanz der Lichtgeschwindigkeit versichert uns, daß es solche Vorgänge in Form der Lichtausbreitung tatsächlich gibt.

Warum wird nun trotzdem der konventionelle Charakter der Einführung einer raum-zeitlichen Struktur so stark betont? Geht es nicht einfach um den Aufweis einer bestimmten physikalischen Struktur ähnlich demjenigen, daß ich jemandem meinen Garten zeige oder unter Verwendung der gewöhnlichen Sprache beschreibe? In einem gewissen Umfang verhält es sich wohl so, nur bedarf es hinsichtlich der Welt der Physik einer stärkeren Betonung. Wenn Hans die Grete liebt, mag sie wissen wollen, ob es die große Liebe ist oder nur eine flüchtige Verliebtheit. Dann wird Hans mit einigem Recht antworten: Woher soll ich das wissen? Woher soll irgend jemand es wissen, es gibt doch keinen objektiven Maßstab, um dies festzustellen – es ist nicht definiert. Wenn er so redet, kommt er wohl nahe an die Bedeutung von Definition heran, um die es hier geht. Es ist im übrigen auch nichts anderes, als was uns mit anderen Größen der Physik passiert, z. B. der Temperatur. Schon wenn man fragt: ‹Womit sollen wir sie messen?›, läuft man Gefahr zu unterstellen, es gebe so etwas wie Temperatur an sich und wir müßten sie nur geeignet messen. Aber welche Temperatur sollte das sein? Geben wir andererseits den naiven Glauben an die Temperatur an sich auf, so haben wir auf einmal viele Möglichkeiten, die Temperatur einzuführen. Wir können unser Thermometer mit Quecksilber füllen, mit Alkohol, mit Helium, wir können die Temperatur durch einen elektrischen Widerstand messen, durch die mittlere kinetische Energie der Moleküle, wir können Gott weiß was machen, denn fast alles hängt irgendwie von der Temperatur ab. Dieselbe Überlegung können wir bezüglich des Zeitmaßes anstellen. Es gibt keine Zeit an sich, aber welche von den vielen Uhren, die wir haben, definiert uns die Zeit? Und wie bei der Liebe, Temperatur, Zeit und dem Zeitmaß verhält es sich nun auch bei den räumlichen Maßen, der Gleichzeitigkeit und anderen Elementen der Raum-Zeit-Struktur.

C) Zur allgemeinen Theorie – Das Äquivalenzprinzip

Die SRT verstehen wir heute immer noch ungefähr so, wie Einstein sie zuerst formuliert hat.[25] Einzige Ausnahme ist vielleicht die von Minkowski eingeführte vierdimensionale Darstellung der Raum-Zeit-Metrik. Einstein selbst hat diese Version zunächst als mathematische Spielerei nicht ernst genommen. Das wurde aber nach und nach anders, je mehr er sich in die Etablierung der ART verwickelte. Schließlich wurde ihm klar, daß es hier – vernünftigerweise – gar nicht anders ging als vierdimensional. Die ART hingegen verstehen wir heute deutlich anders, als es Einstein zur Zeit ihrer Entstehung getan hat. Nicht daß wir heute etwa eine einheitliche, allgemein verbindliche Interpretation besäßen. Die ART ist von Anfang an auf große Verständnisschwierigkeiten gestoßen, auch bei denjenigen Fachwissenschaftlern, die die eminente Bedeutung der Theorie sofort erkannt hatten. Hierzu gehörten Hermann Weyl und der (damals noch junge) Wolfgang Pauli, die die ersten umfassenden selbständigen Darstellungen der Theorie gegeben haben.[26] In dem Maße, in dem die ART seit Mitte der 1960er Jahre wieder an genuin physikalischem Interesse gewonnen hat, sind – wie es so zu gehen pflegt – die Deutungsprobleme eher in den Hintergrund getreten. Erst im Zusammenhang mit Einsteins hundertstem Geburtstag 1979 und der Herausgabe seiner *Gesammelten Schriften*[27] sind wieder eingehende historische Deutungsstudien erfolgt, die einen kritischen Vergleich heutiger Interpretationen mit Einsteins ursprünglicher Auffassung ermöglichen.

Vor aller kritischen Präsentation einiger grundsätzlicher Züge der ART ist es aber nur fair, Einsteins eigene Einsichten in die Unvollkommenheiten der Theorie zu benennen. Da ist zunächst die Frage der *Vollständigkeit*. Wir werden später sehen, daß Einstein die Quantenmechanik in ihrer Kopenhagener Version für unvollständig gehalten hat. In diesem Zusammenhang hat man ihm, wie er selbst es formuliert, «starres Festhalten an der klassischen Theorie» vorgeworfen. Und um sich dagegen zu verteidigen, ist er so weit gegangen zu argumentieren, «die klassische Feldtheorie [gebe] es ... strenggenommen überhaupt nicht, so daß man an ihr auch nicht starr festhalten [könne]».[28]

Damit aber opferte Einstein ausdrücklich seine ART, die eine Gravitationsfeldtheorie ist. Sie ist nämlich nach dem Schema gebaut, das bereits die Maxwellsche Elektrodynamik in dem Sinne zu einer unvollständigen Theorie macht, daß «sie es nicht fertigbrachte, Gesetze für das Verhalten der elektrischen Dichte aufzustellen, ohne welche es doch auch kein elektromagnetisches Feld geben kann». Die Maxwellschen Gleichungen sagen nämlich, wie sich ein von vorgegebener geladener Materie erzeugtes Feld verhält, nicht aber, wie dieses Feld auf die es erzeugende Materie zurückwirkt. «Analog», sagt Einstein, «lieferte dann die ART eine Feldtheorie der Gravitation, aber keine Theorie der felderzeugenden Massen.»[29] Die Feldgleichungen sind nämlich von der Form

(6) $R_{ik} - 1/2\, g_{ik}\, R = \kappa\, T_{ik}.$

Links stehen nur Größen des Gravitationsfeldes, während «die rechte Seite eine formale Zusammenfassung aller Dinge [ist], deren Erfassung im Sinne einer Feldtheorie noch problematisch ist». Einstein betont im Rückblick, was er damals gemacht habe, sei nicht wesentlich mehr gewesen «als eine Theorie des Gravitationsfeldes, das einigermaßen künstlich von einem Gesamtfelde noch unbekannter Struktur isoliert wurde». Immerhin ersieht man aus der Gleichung bereits, daß hier die Anwesenheit von Materie mit nicht verschwindendem Tensor T_{ik} notwendig auf ein nicht triviales Gravitationsfeld führt.

Interessanterweise mündet hier die Unvollständigkeit – im Sinne der Nichtberücksichtigung einer Rückwirkung des Feldes auf seinen Erzeuger – in die von Einstein sozusagen auf höherer Ebene beklagte Unvollkommenheit ein, daß wir in der ART von mehreren, zunächst als voneinander unabhängig gedachten Gegenständen (Gravitation, Materie, elektromagnetisches Feld etc.) ausgehen, um dann ihren Zusammenhang in gewissen Gleichungen zu postulieren. Was Einstein hier fehlt, sind die Vereinheitlichung dieser Gegenstände in einem Gesamtfeld und die Aufstellung von Gleichungen für *dieses Feld*. Die Schaffung einer solchen einheitlichen Feldtheorie war es dann auch, der sich Einstein seit Mitte der 1920er Jahre vorwiegend gewidmet hat – ohne Erfolg.

Nach Erwähnung dieser selbstkritischen Einschätzung komme ich nun zur Illustration der Kritik an der ART seitens anderer Gelehrter. Man kann die hier vorkommenden Fälle grob in drei Typen unterscheiden. Die Autoren vom Typ 1 entwickeln ohne großes Federlesen ihre eigene Version der Theorie, wohlwissend, daß sie von Einsteins abweicht, aber doch ohne eine kritische Auseinandersetzung zu suchen. Ein Typ-1-Autor ist zum Beispiel Steven Weinberg, der die geometrische Pointe der ART, also die Anbindung der Gravitation an die Raum-Zeit-Metrik, nicht mitmacht. Natürlich tut er das nicht ohne Gründe, die in seinem Falle mit der jüngsten Entwicklung der Elementarteilchenphysik zu tun haben.[30] Eine solche Einstellung eines bedeutenden Physikers, der wesentliche Beiträge zu dieser Entwicklung geleistet hat (und dafür 1979 den Nobelpreis erhielt), muß man ernst nehmen. Aber sie kann offenbar keinen direkten Beitrag zum Verständnis der ART liefern.

Das ist schon anders bei Kritikern vom Typ 2, die hauptsächlich analytisch vorgehen und also an den Anfang ihrer Unternehmen ausdrücklich etwa die Frage stellen, was Einstein mit diesem oder jenem seiner Prinzipien genaugenommen gemeint habe. So hören wir etwa von James Anderson,[31] daß es bei Einstein um die drei Prinzipien der allgemeinen Kovarianz, der Äquivalenz und das sogenannte Machsche Prinzip gehe, daß aber diese von Einstein selbst getroffene Feststellung schon so ungefähr alles sei, worüber Einigkeit bestehe. Was z. B. das Äquivalenzprinzip besage, das sei so vieldeutig, wie es Autoren gebe, die darüber geschrieben haben. Warum Einstein das Prinzip der allgemeinen Kovarianz auch weiterhin betont habe, nachdem er zugegeben hatte, daß es ohne physikalischen Gehalt sei, sei unerklärlich usw. Hier steht also am Anfang eine gewisse Ratlosigkeit, die dann aber in Explikationsversuche einmündet, die mit Einsteins eigener Auffassung verglichen werden können.

Einen Schritt weiter gehen schließlich Autoren eines dritten Typs, die ihre eigene Auffassung weniger als Auslegung der Einsteinschen verstanden wissen wollen, sondern mehr als echte Alternative, verbunden aber – im Unterschied zum Typ 1 – mit einer eingehenden Kritik von Einsteins Auffassung. Zu ihnen würde ich den russischen Physiker Vladimir Fock zählen. Auch Fock geht von einer Analyse der Einsteinschen Prinzipien aus. Aber er kommt dann zu dem Ergebnis, daß «die geniale Einsteinsche Gravitationstheorie ... in Wirklichkeit auf anderen [als den von Einstein angegebenen] Prinzipien» beruhe.[32] Insbesondere werden in der ART gegenüber der SRT «nicht [wie Einstein es zu sehen scheint] der Relativitätsbegriff, sondern andere, nämlich geometrische Begriffe verallgemeinert».[33] Mehr noch sei «in der sogenannten ‹allgemeinen› Relativitätstheorie in Wirklichkeit weniger Relativität vorhanden als in der ‹speziellen›, keinesfalls aber mehr».[34]

Die Skizzierung dieser drei Typen von Einstellungen zur ART läßt bereits deutlich werden, daß die Grundlagendiskussion zu der Theorie selbst in der Zeit ihres Dornröschenschlafs lebendig war. Insbesondere legen sie nahe, Einsteins ursprüngliche Ideen darin einzubeziehen. Das ist um so dringlicher, als es nach Einsteins eigener Meinung die ART, im Unterschied zur SRT und überhaupt zur allgemeinen Situation, ohne ihn nicht gegeben hätte. Dies läßt sich auch so sagen: In der ersten Hälfte des 20. Jahrhunderts gab es eigentlich keinen «normalen» Grund und keines der üblichen Motive, so etwas wie die ART zu schaffen. Diese Situation ist besonders eindrucksvoll im Vergleich zu derjenigen in der Quantentheorie. Der normale Antrieb zur Theorienbildung, den die Physik kennt, stammt aus der Ebene unerklärter Phänomene. Davon hatte sich zu Anfang des Jahrhunderts im Bereich der Wechselwirkung zwischen Licht und atomarer Materie eine solche Vielzahl angesammelt, daß die Situation nach einer neuen Theorie, die eine Erklärung für alle diese Phänomene bot, geradezu schrie. Mit der Quantenmechanik von 1927 war dann diese Theorie für mindestens 90 Prozent der Fälle gefunden. Nichts Vergleichbares lag jedoch für den späteren Anwendungsbereich der ART vor. Diese ist im wesentlichen eine Theorie der Gravitation, und man wäre vor ihrer Schöpfung nur dann in einer Situation gewesen, die derjenigen der Quantentheorie entsprochen hätte, wenn es zahlreiche und gravierende Probleme im Bereich der Himmelsmechanik, also der Bewegung großer Massen im Sonnensystem, gegeben hätte. Aber das war nicht der Fall. Vielmehr hatte die Newtonsche Gravitationstheorie in diesem ihrem Hauptanwendungsgebiet seit Mitte des 18. Jahrhunderts einen Erfolg nach dem anderen zu verzeichnen – als größten wohl die Voraussage und Entdeckung des Planeten Neptun im Jahre 1846. Die einzige verbliebene Anomalie betraf die Bahn des Merkur. Aber dies war ein Effekt von einigen Bogensekunden im Jahrhundert, der Gott weiß was für Erklärungen haben konnte. Die Erfahrungslage in der Himmelsmechanik gab mithin keinen Anlaß, an der Newtonschen Theorie zu zweifeln und eine bessere Theorie zu suchen.

Von der philosophischen Bedeutung der ART hat man schon etwas Wichtiges verstanden, wenn man bedenkt, daß diese Theorie *nicht* als

Reaktion auf eine empirische Misere entstanden ist, sondern von Einstein zur Beseitigung einer Reihe rein *theoretischer Mißstände* aufgestellt wurde. Somit nimmt es nicht wunder, daß der empirische Erfolg seines Vorgehens Einstein zu einem Rationalisten machte: Das Licht der Vernunft hatte ihm den richtigen Weg gewiesen, und er dankte es ihm mit den Worten:[35]

> In einem gewissen Sinne halte ich es also für wahr, daß dem reinen Denken das Erfassen des Wirklichen möglich sei, wie es die Alten geträumt haben.

Wir müssen nun sehen, welches die fraglichen theoretischen Mißstände waren, die Einstein in der bestehenden Physik zu erkennen meinte und abzustellen versuchte.

Auf der Hand lag zunächst *ein Mißstand*, den tatsächlich auch andere Physiker gesehen und zu beseitigen versucht haben: Die Newtonsche Gravitationstheorie genügte nicht dem neuen Relativitätsprinzip der SRT. Wie schon allgemein für die gesamte Newtonsche Mechanik vermerkt, war diese über einer Galileischen Raumzeit errichtet, während das neue (spezielle) Relativitätsprinzip forderte, daß jede physikalische Theorie die Minkowski-Geometrie zur Grundlage haben muß. Dieser Umstand läßt sich auch dahingehend formulieren, daß die beiden Geometrien sich widersprachen und daher jede Theorie, der die Minkowski-Geometrie zugrunde lag, der Newtonschen Physik widersprach, so beispielsweise die klassische Elektrodynamik.

Man hatte also, wie man heute sagen würde, nach einer relativistisch invarianten Gravitationstheorie Ausschau zu halten – nach einer Theorie also, die in demselben Sinne Lorentz-invariant zu sein hatte wie die Maxwellsche Elektrodynamik. Nach einer solchen Theorie haben dann auch Physiker wie Nordström, Mie und andere sofort gesucht. Der erste Geniestreich Einsteins war, daß ausgerechnet er, dem man die SRT verdankte, diesen Weg nicht beschritt, sondern alsbald die Vermutung hegte, daß eine angemessene Gravitationstheorie die gerade geschaffene SRT wieder umzustoßen hätte. Aus heutiger Sicht und mit der «Klarheit der Epigonen» wird man sagen, daß die fragliche Kompatibilität sich naheliegenderweise durch eine Verallgemeinerung der Minkowski-Geometrie nach Riemannschem Muster ergeben konnte, also durch eine Aufrechterhaltung der Minkowski-Geometrie nur noch *im Kleinen* – wie eben die Riemannsche Geometrie die euklidische verallgemeinert hatte. Aber Einstein war zunächst mathematisch nicht orientiert genug, um diesen Geistesblitz zu haben. Und obwohl er später ebendiesen Weg ging, hätte er ohnehin noch eine physikalische Motivation erfordert. Diese Motivation kam mit der Äquivalenz von träger und schwerer Masse.

Die klassische Mechanik ist eine Rahmentheorie, in der die Begriffe der Kraft, der Masse und der Beschleunigung benutzt werden, um durch die Gleichung

$$\text{Kraft} = \text{Masse} \times \text{Beschleunigung}$$

gewisse Phänomene der Bewegung zu beschreiben. Diese Gleichung allein kann jedoch noch keine Theorie im engeren Sinn begründen. Dazu bedarf es eines, wie man in der Physik sagt, Kraftansatzes, durch den die Kraft näher beschrieben wird. Man schreibt hin, wie die Kraft, die auf einen Körper wirkt, vom Ort, an dem sich der Körper gerade befindet, manchmal auch vom Impuls, abhängt.

Im vorliegenden Fall geht es um die Schwerkraft oder Gravitation

$$K = \gamma (m_1 \cdot m_2)/r^2$$

worin m_1 und m_2 die Massen zweier Körper sind und r^2 ihr Abstand ist. Während durch die obige Gleichung die träge Masse des Körpers m eingeführt wird, ist in der unteren Gleichung auch seine Schwere erfaßt. Die Situation wird in einem Lehrbuch der theoretischen Physik folgendermaßen beschrieben:[35a]

Während wir die Masse eines Körpers nur durch ihre Trägheit, d.h. den Widerstand gegen Beschleunigungen, kennenlernten, tritt sie uns hier in ganz anderer Form in Erscheinung, als gravitierende (schwere) Masse. Es ist nicht selbstverständlich, daß träge und schwere Masse identisch sind, d.h. genauer gesagt, daß das Verhältnis von träger zu schwerer Masse einen für alle Körper gleichen in die Konstante γ eingehenden Wert hat.

Die Proportionalität von träger und schwerer Masse war schon 1890 von dem ungarischen Physiker Eötvös mit einer Genauigkeit von 10^{-8}, später dann von R. H. Dicke mit 10^{-11} bestimmt worden. In seinem Versuch hatte Eötvös die schwere Masse des Erdkörpers und als träge

Masse die Trägheit der Zentrifugalkraft der täglichen Erddrehung miteinander verglichen. Einstein hatte mithin keinerlei Grund, an dieser Proportionalität zu zweifeln. Was ihm aber mißfiel, war der Umstand, daß die Newtonsche Mechanik dieses einzigartige Verhalten der Gravitation, das unmittelbar ihren Zusammenhang mit der Trägheit andeutet, in keiner Weise angemessen zur Geltung bringt. In dem theoretischen Gebäude der Newtonschen Mechanik nimmt die Gravitationskraft im übrigen keine Sonderstellung ein, sondern ist einfach eine Kraft neben allen anderen. Die fragliche Merkwürdigkeit findet daher innerhalb der klassischen Mechanik keine theoretische Erklärung. «Es ist aber klar», sagt Einstein, «daß die Wissenschaft erst dann einer derartigen numerischen Gleichheit voll gerecht geworden ist, wenn sie jene numerische Gleichheit auf eine Gleichheit des *Wesens* reduziert hat» – die Wesensgleichheit von Trägheit und Schwere.

Man sollte beachten, daß es bei diesem Mißstand nicht wie bei dem ersten darum ging, einen Widerspruch aufzulösen. Als nächstem Mißstand, der ebenfalls keinerlei Widerspruch involvierte, begegnen wir nun der Tatsache, daß sowohl die Newtonsche als auch die verbesserte relativistische Mechanik und Elektrodynamik immer noch eine Menge von *Inertialsystemen* auszeichnen, deren relativer Bewegungszustand auf den Fall konstanter Geschwindigkeit und Richtung beschränkt ist. In der Newtonschen Mechanik ist hiermit das bis dahin unverstandene Wesen der sogenannten Trägheitskräfte verbunden, d.h. jener Kräfte, die eben auftreten, wenn wir uns in einem gegenüber einem Inertialsystem *beschleunigten* Bezugssystem, z.B. einem Karussell, befinden.

Äquivalenzprinzip I
Ein rein physikalisches Argument gegen den bloß fiktiven Charakter der Galileischen Inertialsysteme speiste sich aus dem, was Einstein das *Äquivalenzprinzip* nannte. In seinen eigenen Worten handelt es sich um folgendes:[36]

Erlauben uns die in gewisser Annäherung bekannten Naturgesetze, ein in bezug auf [ein Inertialsystem] K gleichförmig beschleunigtes Bezugssystem K' als ruhend zu betrachten? Oder etwas allgemeiner: Läßt sich das Relativitätsprinzip auch auf relativ zueinander (gleichförmig) beschleunigte Bezugssysteme ausdehnen? Die Antwort lautet: Soweit wir die Naturgesetze wirklich kennen, hindert uns nichts daran, das System K' als ruhend zu betrachten, wenn wir relativ zu

K' ein (in erster Annäherung homogenes) *Schwerefeld* als vorhanden annehmen; denn wie in einem homogenen Schwerefeld, so auch in bezug auf unser System K' fallen alle Körper unabhängig von ihrer physikalischen Natur mit derselben Beschleunigung. Die Voraussetzung, daß man in aller Strenge K' als ruhend behandeln dürfe, ohne daß irgendein Naturgesetz in bezug auf K' nicht erfüllt wäre, nenne ich «Äquivalenzprinzip».

Es ist hier zu beachten, daß das von Einstein am Schluß «Prinzip» Genannte zunächst einmal ein von ihm festgestellter Sachverhalt der Newtonschen Mechanik und Gravitationstheorie ist: Als Folge der Äquivalenz von träger und schwerer Masse ergibt sich, daß innerhalb der Menge aller relativ zueinander konstant beschleunigter Bezugssysteme in Wahrheit keine Teilmenge ausgezeichnet ist. Denn man kann das in einem konstant beschleunigten Bezugssystem auftretende Trägheitsfeld stets durch ein homogenes (statisches) Gravitationsfeld ersetzen. Zugleich weist einen dieser Sachverhalt darauf hin, daß in einer angemessenen Gravitationstheorie das Problem der Trägheitskräfte dadurch gelöst werden könnte, daß man sie mit der Gravitation gemeinsam und als nicht wesensmäßig davon verschieden behandelt.

Wir werden sogleich sehen, daß Einstein ein ganz allgemeines Relativitätspostulat aufzustellen wünschte, das *beliebig* gegeneinander bewegte Bezugssysteme einschließt. Auf der anderen Seite läßt sich aber beweisen, daß sich in der Newtonschen Gravitationstheorie der eben beschriebene Sachverhalt nicht auf eine noch größere Klasse von Bezugssystemen ausdehnen läßt. Obwohl Einstein eine neue Theorie anstrebte, konnte er diese Tatsache der Newtonschen Theorie nicht einfach ignorieren. Und er hat sie auch nicht ignoriert. Natürlich war ihm klar, daß beispielsweise Zentrifugalkräfte nicht identisch mit Gravitationskräften im Newtonschen Sinne waren. Die umgekehrte Möglichkeit, homogene Gravitationsfelder wegzutransformieren, hat er mit den Worten kommentiert:[37]

Äquivalenzprinzip II
Aber man darf nun nicht weitergehen und sagen: Ist K' ein mit einem beliebigen Gravitationsfeld versehenes Bezugssystem, so ist stets ein Bezugssystem K auffindbar, ... in bezug auf welches kein Gravitationsfeld existiert. Die Absurdität einer solchen Voraussetzung liegt auf der Hand. Ist das Gravitationsfeld in bezug auf K' z.B. das eines ruhenden Massenpunktes, so läßt sich dieses Feld

für die ganze Umgebung des Massenpunktes gewiß durch kein noch so feines Transformationskunststück hinwegtransformieren.

Der Wortlaut von I + II ist direkt von Einstein formuliert worden und darf als authentisch für seinen Äquivalenzbegriff gelten. Diese Bemerkung und ihre Betonung erfolgten hier angesichts des Schicksals, das dem Einsteinschen Äquivalenzbegriff zuteil wurde. Wir haben schon aus der Feder Andersons vernommen, daß wir heute mit so vielen Formulierungen konfrontiert sind, wie Autoren sich damit befaßt haben. Und das sind nicht wenige.[38]

Der Wunsch nach einem allgemeinen Relativitätspostulat war also nicht so, wie bisweilen geschehen, zu verstehen, daß aus der Gravitation eine rein kinematische Angelegenheit würde. Das soeben zitierte Äquivalenzprinzip – exakt in der ausgesprochenen, sehr beschränkten Allgemeinheit – konnte trotzdem ein Hinweis auf die Wesensgleichheit von Gravitations- und Trägheitskräften sein in dem Sinne, daß beide in einer gemeinsamen Theorie zu behandeln wären und ihre Unterscheidung bezugssystemabhängig würde. Etwas Ähnliches war ja aus der Elektrodynamik bekannt, wo statische elektrische und magnetische Felder zunächst als etwas ganz Verschiedenes aufgefaßt wurden, bis sich zeigte, daß sie in ein und derselben Theorie zu behandeln waren, ohne doch deswegen zusammenzufallen. Vielmehr wurde auch hier die Unterscheidung als nicht Lorentz-invariant erkannt, indem z. B. ein Magnetfeld durch eine Lorentz-Transformation eingeführt und entsprechend durch die inverse Transformation wieder eliminiert werden kann.

Der dritte Mißstand bei der Auszeichnung einer so engen Klasse von Inertialsystemen wie in der Newtonschen Mechanik und auch noch in der SRT wird von Einstein nun noch durch ein weiteres, wie er sagt, *erkenntnistheoretisches Argument* kritisiert, das ihm mindestens ebenso wichtig war wie das physikalische. In einer Arbeit von 1914 spricht er von diesem Mißstand als einem «fundamentalen Mangel, den kein Mensch leugnen kann, der erkenntnistheoretischen Argumenten zugänglich ist», und wiederum in derselben Arbeit als einem «Verstoß gegen die elementarsten Postulate der Erkenntnistheorie, [dessen] sich unsere Physik schuldig macht».[39] Das verletzte Postulat scheint Leibniz' Satz vom zureichenden Grunde zu sein. Einstein erläutert den Sachverhalt mit der Aufforderung, sich zwei Massen im Raum vorzustellen, die in sich ruhen, aber relativ zueinander gleichförmig um ihre gedachte Verbindungsachse rotieren. Wenn wir dann durch gewöhnliche Messungen an der jeweiligen Oberfläche feststellen, daß die eine Masse eine Kugel ist, die andere jedoch ein Rotationsellipsoid, so erwarten wir als *Erklärung* für diesen Unterschied unter anderem die Angabe einer «beobachtbaren Tatsache», in der eben die empirische Ursache jener Differenz angegeben wird. In dieser Erwartung werden wir durch die Newtonsche Theorie jedoch enttäuscht. Von ihr werden wir auf die unbeobachtbare Tatsache des absoluten Raums oder zumindest der absoluten, Galileischen Inertialsysteme als «Ursache» dafür hingewiesen, daß die zweite Masse Zentrifugalkräften unterliegt, die sie verformen. Als erkenntnistheoretisch oder, genauer, unser Kausalverständnis befriedigende Antwort wird dann vorgeschlagen,[40] «daß die allgemeinen Bewegungsgesetze ... derart sein müssen, daß das mechanische Verhalten [der beiden Massen] ganz wesentlich durch ferne Massen mitbedingt werden muß, welche wir nicht zu dem betrachteten System gerechnet hatten». Hier folgt Einstein dem Vorschlag Machs, der den Newtonschen Eimerversuch mit den Worten kritisiert hatte, er lehre nur, «daß die Relativdrehung des Wassers gegen die Gefäßwände keine merklichen Zentrifugalkräfte weckt, daß dieselben aber durch die Relativdrehung gegen die Masse der Erde und übrigen Himmelskörper geweckt werden».[41]

Diese Seite der Sache hat Einstein später als das von ihm selbst so genannte Machsche Prinzip abgespalten, wonach das Gravitationsfeld restlos durch die Massen der Körper bestimmt zu sein hat.[42] Was aber die Bezugssysteme angeht, so hat zu gelten, daß «von allen denkbaren, relativ zueinander beliebig bewegten Räumen ... a priori keiner als bevorzugt angesehen werden [darf]».[43]

Im Laufe meiner Wiedergabe der von Einstein beanstandeten Züge der älteren Newtonschen Mechanik und Gravitationstheorie, aber auch der SRT haben sich also die drei Forderungen ergeben, 1.) der Gravitation eine Sonderstellung (unter den Kräften) zu verleihen, die das Äquivalenzprinzip verständlich macht, 2.) dem allgemeinen Relativitätspostulat, daß keine Bezugssysteme auszuzeichnen sind, Genüge zu tun und 3.) Machs Prinzip in der Einsteinschen Fassung zu erfüllen. Die Frage ist, inwieweit die von Einstein tatsächlich vorgelegte ART diese Forderungen nun auch berücksichtigt und, wo nicht, inwieweit wir Einstein sozusagen heute besser verstehen als er sich selbst.

Der am weitesten reichende, positive Gedanke, den Einstein für die Aufstellung der ART hatte, war der, die Gravitation mit der Raum-Zeit-Metrik zu verbinden. Wegen der Kontingenz der Gravitationsfelder ging dies natürlich nur, indem nun auch die Raum-Zeit-Metrik nicht mehr fest vorgegeben, sondern von der materiellen Erfüllung der Raumzeit abhängig gemacht wurde. Hierdurch wurde zunächst eine fundamentale Asymmetrie beseitigt, die Einstein – wie es scheint, allerdings erst im nachhinein – als einen vierten Mißstand empfand. Die Asymmetrie bestand darin, daß die Raum-Zeit-Metrik bereits durch die Theorie in bestimmter Weise vorgegeben war und auf dem Weg über das spezielle Relativitätsprinzip alle übrigen Gegenstände in der Raumzeit von der Metrik abhängig waren, *nicht* aber auch umgekehrt diese von jenen. Neben die dynamische Asymmetrie,[44] «ein Ding zu setzen (nämlich das zeiträumliche Kontinuum), was zwar wirkt, auf welches aber nicht gewirkt werden kann», trat also auch die semantische Asymmetrie einer Sonderstellung der die Metrik definierenden Gegenstände vor allen übrigen.[45] Das wird nun anders, und zugleich verschwindet aus der Theorie jene durch die Metrik ausgezeichnete so enge Klasse von Inertialsystemen. Dies zu beachten ist besonders wichtig, um nicht der Meinung zu verfallen, der Schritt zum allgemeinen Relativitätsprinzip bestehe darin, die alte Klasse von Inertialsystemen maximal zu erweitern. Einstein leistet diesem Mißverständnis bisweilen Vorschub, und insbesondere sein Äquivalenzprinzip, das ja in der Tat eine solche Erweiterung involviert, ist hier eine Gefahr.[46] Die ART verallgemeinert das Äquivalenzprinzip aber nicht in dem Sinne, daß die Erweiterung nun fortgesetzt würde. Vielmehr betont Einstein gelegentlich in aller Deutlichkeit, daß «die Forderung der allgemeinen Kovarianz der Gleichungen [d.h. das allgemeine Relativitätsprinzip in seinem Sinne] die des Äquivalenzprinzips als ganz speziellen Fall» umfaßt.[47] Damit ist gemeint, daß das ganz spezielle Äquivalenzprinzip für endlich (oder unendlich) ausgedehnte homogene Gravitationsfelder, *mutatis mutandis*, auch in der ART gilt. Wahrhaft verallgemeinert wird zugleich mit der Raum-Zeit-Metrik der Begriff des Bezugssystems, und das so, daß im allgemeinen gar keine starren Inertialsysteme möglich sind und durch das dynamische Grundgesetz auch keine wie immer gearteten Bezugssysteme ausgezeichnet werden.

Äquivalenzprinzip III
Der neue Begriff einer Raum-Zeit-Metrik ist der Begriff der sogenannten Lorentz-Metrik, d. h. einer Minkowski-Metrik nur noch im Infinitesimalen und im allgemeinen mit von Raumzeitpunkt zu Raumzeitpunkt wechselnder (gegenseitiger) «Orientierung». Hierdurch kommt auf ganz natürliche Weise die Unabhängigkeit der Gravitationsbewegung von der (trägen) Masse zustande. Die Bewegung von Probekörpern findet nämlich auf den geodätischen Linien der Metrik statt und ist daher durch einen Raumzeitpunkt und die 4-Geschwindigkeit dortselbst eindeutig bestimmt – unabhängig von der Masse. Es lag nun gewiß nahe, auf diesen Sachverhalt ein verallgemeinertes, infinitesimales Äquivalenzprinzip zu stützen und in der ART nachzuweisen. Bereits 1921 ist dies von dem damals noch ganz jungen Wolfgang Pauli in seiner berühmt gewordenen Darstellung der RT geschehen.[48]

Das Äquivalenzprinzip wurde ursprünglich nur für homogene Schwerefelder aufgestellt. Im allgemeinen Fall läßt es sich so formulieren: *Es gibt für ein unendlich kleines Weltgebiet (d. h. ein so kleines Weltgebiet, daß die örtliche und zeitliche Variation der Schwere in ihm vernachlässigt werden kann) stets ein solches Koordinatensystem K_o, (X_1, X_2, X_3, X_4), in welchem ein Einfluß der Schwere weder auf die Bewegung von Massenpunkten noch auf irgendwelche anderen physikalischen Vorgänge vorhanden ist.* Kurz gesagt, in einem unendlich kleinen Weltgebiet läßt sich jedes Schwerefeld wegtransformieren. Das lokale Koordinatensystem K_o kann man sich realisiert denken durch einen frei schwebenden, hinreichend kleinen Kasten, der keinen äußeren Kräften außer der Schwere unterworfen ist und dieser folgend frei fällt.

Ganz entsprechend formuliert Steven Weinberg fünfzig Jahre später ein, wie er es nennt, «starkes» Äquivalenzprinzip mit den Worten:[49]

... es ist möglich, in jedem Raumzeitpunkt eines beliebigen Gravitationsfeldes ein lokalinertiales Koordinatensystem einzuführen, so daß innerhalb eines hinreichend kleinen Gebietes des in Rede stehenden Punktes die Naturgesetze dieselbe Form annehmen wie in unbeschleunigten Cartesischen Koordinatensystemen bei Abwesenheit der Gravitation.

Die Formulierungen des Äquivalenzprinzips durch Pauli und Weinberg gehören zu einer Gruppe von weiteren Versuchen, diesem Prinzip eine angemessene Formulierung zuteil werden zu lassen. Diese hohe Anforderung und andere Umstände haben diese Formulierungen aber auch nicht die einfachsten werden lassen.

Zwei von ihnen wollen wir jetzt näher ansehen. Die einfachste lautet:[49a]

In irgendeinem und jedem lokalen Lorentz-Bezugssystem irgendwo und irgendwann im Universum müssen alle nicht-gravitationalen Gesetze der Physik ihre gewohnte speziell-relativistische Form annehmen.

Die andere heißt:[49b]

Zu einem gegebenen Ereignis-Punkt P haben alle Naturgesetze dieselbe Form wie in der speziellen Relativitätstheorie, vorausgesetzt sie sind in Begriffen der lokalen Lorentz-Koordinaten x^i ausgedrückt.

Diese beiden Formulierungen lassen sich leicht ineinander übersetzen. Was in der Møllerschen Formulierung «in Begriffen der lokalen Lorentz-Koordinaten» ist, ist in Misner/Thorne/Wheeler ausgedrückt durch «lokales Lorentz-Bezugssystem».

Durch diese Passage wird deutlich, was man mit dem Äquivalenzprinzip überhaupt will. Dem Laien fällt dies kaum und selbst dem Fachmann nur selten auf. Für gewöhnlich hat er es mit einer Theorie in der Physik zu tun und braucht sich nicht darum zu kümmern, wie sich andere Theorien verhalten. Aber in gewissen Situationen muß ein Physiker das theoretische Umfeld der Theorie, die er eigentlich betrachten will, ebenfalls aufklären. Insbesondere tritt dieser Fall ein, wenn die fragliche Theorie eine Geometrie ist. Zum Beispiel hat die euklidische Geometrie für die gesamte Physik eine zentrale Bedeutung gehabt, die es nicht gestattete, sie außer Betracht zu lassen. Am einfachsten sieht man das durch die Asymmetrie von Geometrie und Mechanik: die euklidische Geometrie hat seit den Tagen Euklids eine selbständige Rolle gespielt, die sie zu einem Musterfall dafür werden ließ, wie eine anständige Theorie auszusehen hat, während die Mechanik Newtons keine Existenzmöglichkeit ohne die euklidische Geometrie besaß.

Anders verhält es sich für das Paar ‹euklidische Geometrie› und ‹Astronomie›. Aber wie schon einleitend erwähnt, wollen wir die Astronomie nicht als Physik im engeren Sinne betrachten.

Seit Einsteins Tagen hat sich die Situation in dieser Hinsicht erneut verändert. Wir haben eine neue Geometrie, die Lorentz-Geometrie, und sogar auch ihren Spezialfall: die Minkowski-Geometrie. Von dieser gilt ihre Verschiedenheit von euklidischer Geometrie vor allem hinsichtlich der Zeit, die bei Euklid überhaupt nicht auftritt, in der Minkowski-Geometrie aber eine neue Dimension eröffnet. Schon durch die Galilei-Geometrie bahnte sich dieser Schritt der Vereinigung von Raum und Zeit an. Während jedoch das gemeinsame Auftreten von Raum und Zeit an der Oberfläche bleibt, kommt es bei Minkowski zu einer echten Integration der beiden.

Der Schritt zur Lorentz-Geometrie ist mindestens ebenso bedeutend wie der zur Minkowski-Geometrie. Durch ihn wird die Raumzeit zu einer vierdimensionalen Mannigfaltigkeit, und deren Tangentialräume werden zu Minkowski-Raumzeiten mit von Punkt zu Punkt wechselnder Metrik. Damit öffnet sich der Weg, ins Infinitesimale auszuweichen, und genau das tun die Beiträge von Weinberg, Pauli, Møller und Misner/Thorne/Wheeler. Der Sinn des Wortes «infinitesimal» liegt in dem Wort «lokal». Durch diese Beiträge wird der Widerstandsgeist anderer Physiker und Mathematiker geweckt.

Für den infinitesimalen Charakter aller bisher erwähnten Formulierungen des Äquivalenzprinzips ist durch das Vorkommen einer infinitesimalen Geometrie (der Lorentz-Geometrie) gesorgt.

Auch Einstein bemerkt in seiner grundlegenden Arbeit von 1916 in diesem Sinn:[50]

Für unendlich kleine vierdimensionale Gebiete ist die RT im engeren Sinne [also die SRT] bei passender Koordinatenwahl zutreffend.

Trotzdem ist es irreführend, *diesen Sachverhalt* als ein verallgemeinertes Äquivalenzprinzip darzustellen; denn das, was in endlichen Raumzeit-Gebieten wirklich der Fall ist, folgt aus dem Verhalten im unendlich Kleinen *keineswegs.* Schon 1917 hat Einstein in einem Brief an Moritz Schlick für einen ähnlich gelagerten Fall auf diesen Umstand aufmerksam gemacht. Schlick hatte daraus, daß die Bahn eines Massenpunktes in einem geeigneten Koordinatensystem infinitesimal die galileische Form, also die Beschleunigung 0, hat, geschlossen, daß sich der Massenpunkt auf einer geodätischen Linie bewegt. Einstein machte Schlick jedoch darauf aufmerksam, daß aus seiner Voraussetzung gar nichts folgt. Denn «im allgemeinen hat das lokale Koordinatensystem eine Bedeutung nur im unendlich Kleinen, und im unendlich Kleinen ist *jede* stetige Kurve eine gerade Linie».

Wie verhält es sich nun aber in dem Fall, daß die eigentlich interessierende Theorie die Maxwellsche Elektrodynamik ist?

Hinsichtlich der Berücksichtigung der Newtonschen Mechanik haben wir dann aufgrund der klassischen Vorstellungen zunächst darauf zu achten, wie die Galilei-Geometrie ins Spiel kommt. Dies führt jedoch in eine Sackgasse, weil die Galilei-Geometrie der Minkowski-Geometrie widerspricht, die hingegen wie geschaffen für eine Formulierung der Maxwellschen Gleichungen ist. Im nächsten Schritt würde man es also mit einer Minkowski-Geometrie versuchen. Die Gleichungen haben dann die Form

$$F_{\alpha\beta,\gamma} + F_{\beta\gamma,\alpha} + F_{\gamma\alpha,\beta} = 0 \qquad F^{\alpha\beta}{}_{,\beta} = s^{\alpha}$$

für die elektromagnetischen Felder F bzw. den Strom s. In den obigen Gleichungen bedeutet das Komma die partielle Ableitung. Die Gravitationspotentiale $g_{\mu\nu}$ kommen in ihnen nicht vor. Diese Gleichungen sind Gleichungen im Minkowski-Raum. Die Maxwell-Gleichungen in der Lorentz-Raumzeit entstehen aus den Maxwell-Gleichungen im Minkowski-Raum durch Ersetzung des Kommas durch ein Semikolon. Erst jetzt fragen wir: Ist hiermit auch schon die Existenz von Gravitationsfeldern in der Raumzeit berücksichtigt? Das ist nicht der Fall. Die entsprechenden Gleichungen unter Berücksichtigung der Gravitation sind

$$F_{\alpha\beta;\gamma} + F_{\beta\gamma;\alpha} + F_{\gamma\alpha;\beta} = 0 \qquad F^{\alpha\beta}{}_{;\beta} = s^{\alpha}$$

Das Semikolon bedeutet hier die kovariante Ableitung. Hier treten also die Gravitationspotentiale $g_{\mu\nu}$ auf, und das ist ein Zeichen dafür, daß wir uns in der Lorentz-Raumzeit befinden. Gehen die $g_{\mu\nu}$ gegen ihre Minkowski-Werte, dann erhalten wir auch die Minkowski-Raumzeit und darin unsere obigen Gleichungen. Dies ist ein klassisches Beispiel für den anfangs eingeführten infinitesimalen Aspekt.

D) Zwischen Kantianern und Empiristen

Die vielleicht einzige längere Episode in Einsteins Wirken, in der er einen echten Gedankenaustausch mit Fachphilosophen gepflogen hat, lag zwischen 1915 und 1930.

In dieser Zeit war Einstein im Gespräch mit einerseits zwei wichtigen Persönlichkeiten des aufkommenden logischen Empirismus, Hans Reichenbach und Moritz Schlick, und nahm andererseits einige Reaktionen des Neukantianismus zur Kenntnis und beantwortete sie. Das Gespräch mit Reichenbach und Schlick war zumindest insofern sogar von echter Wechselseitigkeit geprägt, als die beiden angehenden Philosophen erst im Hindurchgang durch Kants Erkenntnislehre zu ihrem eigenen Empirismus fanden. Denn damals war in Deutschland der Neukantianismus die herrschende Lehre, und Philosophen wie Cohen, Natorp, Cassirer, Windelband und Rickert gaben den Ton an. Nicht nur Schlick und Reichenbach, sondern auch Carnap und weitere spätere Empiristen stießen damals als junge Leute auf die eine oder andere Version der Neuauflage von Kants Lehre und wurden in ihrem Geiste erzogen. Schlick und Reichenbach kamen ursprünglich sogar von der Physik her – Schlick als Schüler von Planck. Aber sie wandten sich schon früh der Philosophie zu und waren alsbald Philosophen genug, um nicht nur die gegenwärtigen Formen des Kantianismus, sondern auch Kant selbst zu studieren. Reichenbach betont in seinem ersten Buch *Relativitätstheorie und Erkenntnis a priori*,[50] er wolle sich «in dieser Untersuchung allein auf eine Auseinandersetzung mit der Lehre Kants in ihrer ursprünglichen Form beschränken. Denn ich glaube», fährt Reichenbach fort, «daß diese Lehre in bisher unerreichter Höhe über aller anderen Philosophie steht ...» Und Schlick schreibt im gleichen Jahre (1920) an Reichenbach:[51] «Sie werden mir gewiß glauben, daß ich im Grunde vor dem alten Königsberger einen gewaltigen Respekt habe.» Aber auch Einstein zollte ihm diesen Respekt. In einem Brief an Born sagt er:[52]

Ich lese hier unter anderem Kants Prolegomena und fange an, die ungeheure suggestive Wirkung zu begreifen, die von diesem Kerl ausgegangen ist und immer noch ausgeht. Wenn man ihm nur die Existenz synthetischer Urteile a priori zugibt, ist man schon gefangen. ... Immerhin ist es sehr hübsch zu lesen, wenn auch nicht so schön wie sein Vorgänger Hume, der auch bedeutend mehr gesunden Instinkt hatte.

Eine besonders drastische Äußerung hat Ilse Rosenthal-Schneider – eine etwas verstockte Kantianerin – überliefert. Zu ihr habe Einstein gesagt:[53]

Der Kant ist so eine Landstraße mit vielen, vielen Meilensteinen. Dann kommen die kleinen Hunderln, und jeder deponiert das Seinige an den Meilensteinen.

Natürlich waren unter den Hunderln auch die Neukantianer, und die Crux war, daß jeder von ihnen seinen eigenen Kant mitbrachte.

Einstein schätzte den jungen Schlick, aber die größere Bedeutung für die Durchsetzung der RT in philosophischen Kreisen hatte Reichenbach. Er hat sich in den 1920er Jahren nicht nur gewissermaßen zum offiziellen philosophischen Verteidiger der RT gegenüber Angriffen aus allen Richtungen gemacht. Er hat durch eine erste, sehr penible Axiomatisierung beider Teile (SRT und ART) und durch ihre philosophische Interpretation im Zusammenhang mit Kant auch eigene Weiterarbeit an der Theorie geleistet. In einem Schreiben an den Herausgeber der Zeitschrift *Die Naturwissenschaften* formulierte Reichenbach seine Motivation folgendermaßen:[54]

Ich habe mir überlegt, man müßte doch mal etwas schreiben, wie die Philosophie sich zur Relativitätstheorie einstellt, ganz sachlich nachweisen, wie die ganze Schulphilosophie entscheidend versagt hat, als in der Physik endlich mal was Philosophisches passiert.

Einstein ist dafür eingetreten, daß Reichenbach ein Extraordinariat für Philosophie an der (gerade selbständig gewordenen) naturwissenschaftlichen Fakultät der Berliner Universität erhielt. Auf der anderen Seite hat man das Gefühl, daß ihm die philosophische Vertretung durch Reichenbach ein wenig peinlich war und daß er dessen Axiomatisierungen gegenüber distanziert blieb. Die Bevormundung durch den Eiferer Reichenbach machte für Einstein das Verhältnis etwas schwierig. Als es wegen einer Voreiligkeit Reichenbachs zu einer ernsten Verstimmung bei Einstein kam, hat Reichenbach ihm einen bitterbösen Brief geschrieben, der zeigt, daß er seine Dienstfertigkeit im entscheidenden Augenblick auch geltend machen würde. Denn in dem Brief heißt es:⁵⁵

Ich habe mir durch mein Eintreten für die Relativitätstheorie meine akademische Laufbahn unter den Philosophen nahezu abgeschnitten, und ich habe Ihnen nie den leisesten Vorwurf gemacht, wenn ich trotz allem bei Ihnen nicht die Anerkennung und Hilfe für meine Arbeit fand, auf die ich gehofft hatte.

Auch bei Schlick wußte Einstein seine Sache in guten Händen. Über dessen erste einschlägige Arbeiten von 1915 und 1917 scheint er geradezu in Begeisterung geraten zu sein. Über erstere schreibt er an Schlick:⁵⁶

Das Verhältnis der Relativitätstheorie zur Lorentzschen Theorie ist ausgezeichnet dargelegt, wahrhaft meisterhaft das Verhältnis zur Lehre Kants und seiner Nachfolger. Das Vertrauen auf die ‹apodiktische Gewißheit› der ‹synthetischen Urteile a priori› wird schwer erschüttert durch die Erkenntnis der Ungültigkeit nur eines einzigen dieser Urteile.

Auch die zweite Arbeit von Schlick (von 1917) bedenkt Einstein mit uneingeschränktem Lob:⁵⁷

Ihre Darlegung ist von unübertrefflicher Klarheit und Übersichtlichkeit ... Wer Ihre Darlegung nicht versteht, der ist überhaupt unfähig, einen derartigen Gedanken aufzufassen. Sehr gut hat mir gefallen, daß Sie nicht a priori die allgemeine Relativitätstheorie als erkenntnistheoretisch notwendig, sondern nur als in höherem Maße befriedigend hingestellt haben.

Die Korrespondenz zwischen den beiden schläft nach 1922 etwas ein; Grund dafür war gewiß auch eine zunehmende Divergenz beider philosophischer Standpunkte. Wie noch dargelegt werden soll, hat sich Einstein – von Mach herkommend – vor allem in der Opposition zur Kopenhagener Deutung der Quantenmechanik, aber auch schon vorher zu einem überzeugten Realisten entwickelt, während Schlick in seiner Wiener Zeit zum führenden Kopf des Neopositivismus wird. Daß in dem Manifest des Wiener Kreises von 1929 Einstein *pari passu* neben Russell und Wittgenstein als «führender Vertreter der wissenschaftlichen Weltauffassung» in Anspruch genommen wird, geht gewiß immer noch auf das Konto der persönlichen Beziehungen zwischen ihm und Schlick zurück.⁵⁸

Zwischen Kantianern und Empiristen

Was hingegen die *Kantinaner* betrifft, hat Klaus Hentschel in seiner Monographie über Interpretationen und Fehlinterpretationen der RT zwei Strategien unterschieden, mit denen die Kantianer der Herausforderung durch die RT zu begegnen suchten: die Immunisierungsstrategie und die Revisionsstrategie. Die *Immunisierungsstrategie* ist (schon 1921) von Reichenbach knapp charakterisiert worden:[59]

Es gibt einen Weg, die Kantische Philosophie vor der Relativitätstheorie zu schützen: wenn man beweist, daß die Aussagen der Relativitätstheorie sich auf ein anderes Objekt beziehen als die Behauptungen der transzendentalen Aesthetik.

So hat etwa Leonard Nelson[60] Kants Ästhetik dadurch immunisiert, daß er Anschauungsraum und physikalischen Raum voneinander trennte und Kants Ausführungen als nur für den ersteren gemeint ausgab. Wir Menschen haben ebendiese apriorische Form der Anschauung, die wir Raum nennen und in der euklidischen Geometrie untersuchen. Aber das ist eine Sache, und eine davon getrennte andere ist der nur empirisch zu erkundende physikalische Raum – lediglich darauf bezögen sich die neueren Überlegungen. Diese Interpretation Kants ist aber unhaltbar. Das allgemein anerkannte Großartige an Kants Erkenntnislehre ist doch gerade, daß gewisse Aussagen über unsere menschlichen Erkenntnisformen für Kant zugleich etwas durchaus Objektives sind. Die objektive Gültigkeit der Geometrie beispielsweise besagt bei Kant, daß die uns im Raum begegnenden Gegenstände den Aussagen der Geometrie zu entsprechen haben. Die beabsichtigte Wissenschaftsrelevanz war zugleich die Pointe von Kants Lehre und ihr Damoklesschwert. Mit Einstein war die Stunde gekommen, in der diese Bedrohung übermächtig wurde. Sie hat uns außerdem gelehrt, das Verhältnis von Philosophie und Wissenschaft anders zu sehen.

Die Vertreter einer *Revisionsstrategie* haben dies wohl eingesehen und in ihren Vorstellungen, soweit sie überhaupt noch im Namen Kants damit auftraten, berücksichtigt. Ernst Cassirer hat uns eine allgemeine Formulierung des Vorgangs gegeben:[61]

So stellt die Relativitätstheorie, gegenüber dem klassischen System der Mechanik, ein neues wissenschaftliches Problem auf, vor welchem auch die kritische Philosophie sich von neuem zu prüfen hat. Wenn Kant ... nichts anderes als der philosophische Systematiker der Newtonschen Naturwissenschaft sein wollte: – wird dann nicht auch seine Lehre notwendig in das Schicksal der Newtonschen Physik verstrickt und müssen nicht alle Änderungen, die sie erleidet, auch unmittelbar auf die Gestaltung der Grundlehren der kritischen Philosophie zurückwirken? ... Von der Beantwortung dieser Frage wird die zukünftige Entwicklung der Erkenntniskritik abhängen. Erwiese es sich, daß die neueren physikalischen Anschauungen über Raum und Zeit schließlich ebensoweit über Kant wie über Newton hinausführten: dann wäre der Zeitpunkt gekommen, an dem wir auf Grund der Kantischen Voraussetzungen über Kant fortzuschreiten hätten.

Natürlich waren zu diesem Fortschreiten in erster Linie die Physiker bereit, die im übrigen an Kant Gefallen fanden. Zu ihnen gehörte der Einstein nächst Planck wohl vertrauteste Berliner Kollege Max von Laue. In einem wahrscheinlich erst posthum veröffentlichten Vortrag über Erkenntnistheorie und Relativitätstheorie[62] beginnt von Laue, der schon 1911 ein Lehrbuch der SRT geschrieben hat,[63] mit dem erstaunlichen Bekenntnis:

Zu einem mich befriedigenden Verständnis der Relativitätstheorie bin ich erst gekommen, als es mir gelang, sie mit der Kantschen Lehre von Raum und Zeit in Verbindung zu bringen. Die Einwände, welche auch heute noch viele gegen sie erheben, erklären sich m. E. größtenteils durch die noch nicht überwundene Newtonsche Auffassung einer absoluten Zeit und eines absoluten Raumes, an denen man *wie an materiellen Gegenständen* messen könne. (Hervorhebung durch d. Verf.)

Von Laue fährt dann fort:

Im Gegensatz dazu betrachtet Kant bekanntlich Raum und Zeit als der menschlichen Vernunft eingeprägte Formen der Anschauung. Jedes Ereignis, welches die Erfahrung uns erkennen läßt, muß sich in diese Formen einordnen lassen. Kant begründet dies u.a. durch die m. E. schlagenden Argumente, daß der Mensch sich zwar einen leeren, von allem physikalischen Geschehen ... freien Raum vorstellen könne ..., aber kein solches Geschehen ohne Raum. Folglich liegt die Raumvorstellung der physikalischen Erfahrung zugrunde und ist in diesem Sinne a priori. Ebenso kann man sich sehr wohl eine Zeitspanne ohne physikalisches Geschehen vorstellen, aber kein Ereignis ohne Beziehung zur Zeit.

Nach von Laues Einsicht gilt für die Einsteinsche RT *a fortiori* etwas, das bereits gegen die Newtonsche Auffassung sprach, daß nämlich die Raumzeit, in der sich alles materielle Geschehen abspielt, *nicht selbst zu diesem Geschehen gehört.* Insbesondere gilt das ‹Umkehrargument› buchstäblich auch für die Einstein/Minkowskische Raumzeit, deren Geometrie wir abgesondert von allem physikalischen Geschehen studieren können, während umgekehrt alle Aussagen über dieses Geschehen mit raumzeitlichen Begriffen infiziert ist.

So weit, so gut. Stellt man jedoch die Frage nach dem Umfang dessen, was von der raumzeitlichen ‹Substanz› als a priori gegeben anzusehen ist, so stellt sich heraus, daß die Metrik sicher nicht mehr dazugehören kann:

Leider knüpft Kant an diese m. E. unwiderlegliche Vorstellung einen Fehlschluß, indem er keine andere als die euklidische Geometrie als mit der Raumanschauung verträglich erklärte ... Für die Zeit gilt ähnliches. Die Zeitmessung sollte ... a priori festliegen.

Als Quelle dieser unerlaubten Grenzüberschreitungen gibt von Laue die uns schon aus dem vorigen Kapitel bekannte intrinsische Amorphie eines Kontinuums an: Ein bloßes Kontinuum, genauer eine n-dimensionale Mannigfaltigkeit, legt von sich aus nicht schon eindeutig eine Metrik fest. Von Laue will also sagen: Man könnte auf den apriorischen Charakter der euklidischen Geometrie aus dem der Kontinuumstheorie des Raumes schließen, wenn ein Kontinuum seine Metrik von sich aus mitbrächte. Da dies jedoch nicht der Fall ist, bleibt die Frage für die Metrik unentschieden, selbst wenn man, was von Laue zu tun scheint, Apriorität für die Topologie des dreidimensionalen euklidischen Raumes annimmt.

Diese Lösung des Problems, der Rückzug vom euklidischen Raum zu dessen Topologie und die Inanspruchnahme des apriorischen Status nur noch dafür, scheint in den 1920er Jahren eine gewisse Popularität unter den mathematisch-physikalisch gesinnten Philosophen und den philosophisch gesinnten Mathematikern gehabt zu haben. So finden wir hier wahrscheinlich auch Schlick wieder, wenn er sich auch etwas indirekter ausdrückt:[64]

Wir deuteten schon an, Kant habe der reinen Anschauungsform manches zugeschrieben, was in Wahrheit auf Rechnung des vergleichenden Verstandes zu setzen sei. Wir können das jetzt dahin präzisieren, daß als solche Zutat alles Quantitative, alles Mathematische [sic!], alle Maßeigenschaften der Zeit zu betrachten sind. Als subjektive, notwendige apriorische Form des Anschauens sind mithin nur die rein qualitativen Eigenschaften der Zeit und des Raumes zu betrachten, kurz, das eigentlich Zeitliche an der Zeit, das spezifisch Räumliche am Raum. Damit wird die Kantsche Lehre in ihrem Kern nicht aufgehoben, wohl aber ergibt sich die Notwendigkeit, sie in wesentlichen Stücken zu modifizieren.

Carnap hat eine eigene Begründung der topologischen Raumverhältnisse als der «Bedingung der Möglichkeit jedes Erfahrungsgegenstandes» gegeben. Dabei benutzt er die Stufung räumlicher Verhältnisse in topologische, projektive und metrische und versucht klarzumachen, daß die Zuschreibung von Eigenschaften wie ‹gerade zu sein› (eine projektive Eigenschaft) oder ‹den und den Abstand zu haben› (eine metrische Eigenschaft) nicht ohne eine willkürliche Setzung möglich sei. Merkwürdigerweise wird im Fortgang als nahezu selbstverständlich angesehen, daß demgegenüber topologische Verhältnisse nur auf den ‹Tatsachen› des Raumes beruhen. Der typisch revisionistische Charakter dieser Ausführungen kommt dann in der Bezugnahme auf Kant zum Ausdruck:[65]

Es ist von mathematischer und philosophischer Seite schon mehrfach dargelegt worden, daß jene Behauptung Kants über die Bedeutung des Raumes für die Erfahrung durch die Lehre von den nichteuklidischen Räumen nicht erschüttert wird, aber von dem dreistufigen, euklidischen Gefüge, das Kant allein bekannt war, auf ein allgemeineres übertragen werden muß. Auf die Frage, welches dieses nun sei, lauten die Antworten aber teils unbestimmt ... teils widersprechend ... Nach den vorstehenden Überlegungen muß der Kantischen Auffassung beigepflichtet werden, und zwar ist dasjenige Raumgefüge, das anstelle des von Kant gemeinten die erfahrungsstiftende Bedeutung besitzt, genau anzugeben als der topologische Anschauungsraum ...

Mit anderen Worten, auch Carnap findet seinen Kant wieder, nur eben auf höherer Ebene der Allgemeinheit, nämlich auf topologischer.

Von der euklidischen Geometrie zur euklidischen Topologie (= Topologie der endlich-dimensionalen Mannigfaltigkeiten) ist es schon ein weiter Sprung. Derjenige unter den Kant-‹Chirurgen›, der nicht bereit war, so viel apriorisches Terrain aufzugeben, war der Mathematiker Hermann Weyl. Er hat geradezu eine Minimallösung für den durch die ART nötig gewordenen Rückzug gefunden: Natürlich ist die einzelne Lorentz-Mannigfaltigkeit, die am Anfang der ART steht und zur Raumzeitbeschreibung dient, uns nicht a priori bekannt. Ihre Metrik ist abhängig von der Materieverteilung, und schon das schließt sie von der Möglichkeit aus, die Dignität des Apriori zu teilen. Aber schon das, was Weyl die «Natur der Metrik» nennt, hat diese Möglichkeit. Man sieht dies am besten, wenn man den Begriff der Lorentz-Mannigfaltigkeit ein wenig verallgemeinert zum Begriff der Mannigfaltigkeit mit *pythagoreischer Metrik,* oder kurz: der pythagoreischen Mannigfaltigkeit. Diese Metrik ist definiert durch eine i. a. ortsabhängige, nicht ausgeartete quadratische Differentialform

$$\Sigma_{ik}\, g_{ik}(x_1, \ldots, x_n)\, dx^i\, dx^k.$$

Eine allein der Metrik zukommende Invariante ist ihre Signatur, d.h. die Anzahl der Minuszeichen in der durch eine geeignete Koordinatenwahl in jedem Punkt erreichbaren Normalform

$$g_{ik} = \pm\delta_{ik}.$$

Die Signatur in diesem Sinne ist die Natur der Metrik. Um sie bei gegebener Mannigfaltigkeit zu ermitteln, muß man sie in einem beliebigen Punkt P der Mannigfaltigkeit aufsuchen. Aber ihr Wert hängt nicht von P ab. Die in der ART benutzten Lorentz-Mannigfaltigkeiten haben die Signatur 1. Die Inanspruchnahme der Signatur als a priori drückt Weyl nun folgendermaßen aus:[66]

... *Einstein* hält daran fest, daß die metrische Struktur der Welt überall von derjenigen Art ist, wie sie unsere allgemeine metrische Infinitesimalgeometrie voraussetzte. Daß etwas an der Struktur des extensiven Mediums der Außenwelt a priori ist, wird also nicht schlechthin geleugnet, nur die Grenze zwischen dem Apriori und Aposteriori wird an eine andere Stelle gesetzt. In der Tat ist auch in der allgemeinen metrischen Infinitesimalgeometrie die Natur des metrischen Feldes ... an jeder Stelle P die gleiche; sie ist wesentlich eine und darum absolut bestimmt, nicht teilhabend an der unaufhebbaren Vagheit dessen, was eine veränderliche Stelle in einer kontinuierlichen Skala einnimmt; in ihr spricht sich das apriorische Wesen der raum-zeitlichen Struktur aus. Aposteriori hingegen … ist die gegenseitige Orientierung der Metriken in den verschiedenen Punkten.

Zur besseren Lesbarkeit habe ich in der vorletzten Zeile eine Passage ausgelassen, mit der Weyl sein Aposteriori erläutert:

… an sich zufällig und kontinuierlicher Veränderungen fähig, in der Natur abhängig von der materiellen Erfüllung, darum auch rational niemals völlig exakt erfaßbar, sondern immer nur näherungsweise und unter Zuhilfenahme unmittelbarer anschaulicher Hinweise auf die Wirklichkeit.

Die hier für das Aposteriori sowie weiter oben für das Apriori gegebenen Merkmale lassen kaum verbergen, daß Weyl eine andere Sprache spricht als Kant. Er scheint das fragliche Begriffspaar mehr von ontologischer als von epistemologischer Seite aus beschreiben zu wollen. Das würde einen direkten und expliziten Vergleich mit Kant ziemlich schwierig werden lassen. Ähnliches gilt natürlich auch für die anderen Autoren, die vorher zu Worte kamen. Ich will hier aber keine kritische Analyse der bisher beigebrachten Vorschläge anstellen, sondern nur noch eine Merkwürdigkeit in Weyls Unternehmen ganz kurz berühren.[67]

Es genügt Weyl offenbar nicht, für die Geometrie eine der ART angemessene neue Grenze zwischen a priori und a posteriori zu ziehen. Bei der Natur einer pythagoreischen Metrik angekommen, möchte er nun auch wissen: Warum gerade diese Metrik und keine andere? Warum insbesondere die Lorentzsche (= lokal Minkowskische)? In *Mathematische Analyse des Raumproblems* (1923) hatte Weyl zuerst das entsprechende Problem für die euklidische Geometrie behandelt. Die Antwort läuft im wesentlichen auf die Helmholtz/Liesche gruppentheoretische Charakterisierung der Riemannschen Räume konstanter Krümmung hinaus. Aber wie sähe eine entsprechende Charakterisierung der pythagoreischen Mannigfaltigkeiten aus? Das ist nun die Frage.

Für die Antwort bedarf es zunächst einer Verallgemeinerung des zu charakterisierenden Begriffs. Nun war für Weyl stets der Begriff der Kongruenz der zentrale geometrische Begriff. Er braucht also (wegen der Lokalisierung) auf jedem Tangentialraum eine Kongruenzrelation zwischen je zwei Tangentialvektoren. Etwas Derartiges hat man mit einem Schlage durch ein Gruppenfeld auf der Mannigfaltigkeit: In jedem Punkt P ist anstelle der Differentialform $ds^2(P)$ eine lineare Gruppe $G(P)$ ausgezeichnet derart, daß bei gegebenen zwei Punkten P und P' und zwei Koordinatensystemen in P bzw. P' die beiden entstehenden Matrixgruppen $G_1(P)$ bzw. $G_1'(P')$ äquivalent sind. Durch die letzte Forderung haben wir garantiert, daß ein solches Gruppenfeld eine wohlbestimmte, nicht mehr vom Punkt P abhängige Natur hat. Die pythagoreischen Metriken ordnen sich in die Gruppenfeldmetriken ein, indem man von den Formen zu den vollen orthogonalen Gruppen übergeht, die sie invariant lassen.

Der zur Charakterisierung der pythagoreischen Metriken entscheidende Begriff ist der des symmetrischen, affinen (= linearen) Zusammenhangs Γ auf einer Mannigfaltigkeit M. Damit verschiebt man die Tangentialräume parallel längs einer Kurve von P nach P' auf M. Γ heißt verträglich mit einem Gruppenfeld G, wenn zwei beliebige kongruente Vektoren in P wieder in kongruente Vektoren in P' übergehen. Bekannt ist, daß es zu jeder Realisierung einer pythagoreischen Metrik g auf M genau einen mit g verträglichen Zusammenhang Γ gibt. Hiervon hat Weyl nun die Umkehrung bewiesen:

Wenn jedes Gruppenfeld einer gegebenen Natur genau einen verträglichen Zusammenhang hat, dann ist diese Natur pythagoreisch.

Was ist damit gewonnen? In Frage steht damit die zur Charakterisierung der pythagoreischen Natur einer Metrik herangezogene andere Eigenschaft, die eine Natur haben kann. Weyl sagt dazu, indem er die neue Eigenschaft zugleich zum ‹Prinzip› erhebt:[68]

Wenn man sich den Aufbau der Infinitesimalgeometrie vor Augen hält und auch die Anwendung, die sie in der allgemeinen Relativitätstheorie findet, so springt einem als die entscheidende Tatsache, welche die ganze Entwicklung möglich macht, mit unentrinnbarer Eindeutigkeit diese entgegen: daß durch das metrische Feld der affine Zusammenhang bestimmt ist ... Wenn wir zeigen können, daß die in der wirklichen Welt herrschende Natur der Metrik ... die einzige ist, welche diesem Prinzip Genüge leistet, so haben wir wohl ein Recht zu der Behauptung, daß wir ... das Raumproblem befriedigend und vollständig gelöst haben.

Wir müssen es Weyl lassen, daß er mit dem Beweis des oben formulierten mathematischen Satzes ein tieferliegendes mathematisches Ergebnis erzielt hat. Aber die physikalische Deutung hat er doch im dunkeln gelassen. Andererseits ist der faktisch sehr geringe Bekanntheitsgrad des Satzes auch wieder nicht gerechtfertigt. Zwar wird oft darauf hingewiesen, daß Einstein in der ART eine der säkularen Vereinheitlichungen innerhalb der Physik erreicht habe, nämlich die von Metrik und Gravitation. Aber es wird dieser neue Zusammenhang auch nicht deutlicher gemacht, als Weyl sein Ergebnis zu beleuchten versteht. Dabei hängen die beiden Angelegenheiten doch zusammen. Schaut man sich die Newton/Cartansche Formulierung[69] der Theorie mit einem (skalaren) Gravitationspotential an, so stößt man zunächst auf eine gewöhnliche Galilei-Metrik und getrennt davon auf zwei mit der Metrik verträgliche affine Zusammenhänge: einen flachen A entsprechend der Galilei-Metrik und einen durch das Gravitationspotential U definierten $\Gamma(U)$. Das illustriert schon einmal Weyls Theorem, denn die Galilei-Metrik ist nicht pythagoreisch. Außerdem liegt es nahe, in dem Newton/Cartanschen Fall den zweiten Zusammenhang $\Gamma(U)$ als das vorhandene Gravitationsfeld zu interpretieren, den ersten Zusammenhang und die Galilei-Metrik aber als die Konstituenten der alten, von der Gravitation unberührten Geometrie. Dasjenige, was in dem vereinheitlichten Fall anders ist als in dem Newton/Cartanschen Fall, ist aber genau das Weylsche Prinzip: eindeutige Bestimmtheit von A durch G. Eine Vereinheitlichung von Gravitation und Metrik ist also nur möglich, wenn die Metrik pythagoreischer Natur ist.

Wenn wir nach diesen Beispielen am Schluß den Blick noch einmal kurz ins Allgemeine wenden wollen, so empfiehlt es sich, dazu das Buch *Kant und Einstein* des holländischen Neukantianers A. C. Elsbach zur Hand zu nehmen, um dort das ganze Ausmaß der Katastrophe wahrzunehmen. Elsbach stellt die Situation der Revisionisten gegenüber den Immunisierungsstrategen geradezu auf den Kopf: Während diese den Fehler machen, die kritische Philosophie von der Physik abzukoppeln, liefert Elsbach sie ihr gnadenlos aus:[70]

Wir haben gesehen, daß die Erkenntnistheorie die Aussprüche der Wissenschaft übernimmt, wodurch ein Konflikt unmöglich wird ... Die Erkenntnistheorie verfügt nicht über Maßstäbe, um die Ergebnisse der Physik nachzumessen, sie muß sich damit zufriedengeben, die Theorien der Wissenschaft so zu übernehmen, wie diese sie aufgestellt und entwickelt hat.

Daraus folgt dann für den Gang der Geschichte:[71]

Weil der erkenntnistheoretische Satz vom Stand der Physik abhängt, müssen notwendigerweise nach jeder Entwicklung der mathematischen Naturwissenschaft die erkenntnistheoretischen Auffassungen revidiert und, wenn nötig, verändert werden ... Die Wissenschaft ist die *unabhängige Veränderliche,* die kritische Philosophie die *abhängige Veränderliche.*

Das ist der neue Kantianismus in Elsbachs Buch, es ist aber auch der Punkt, wo selbst einem Physiker der Kragen platzt.

Das Buch von Elsbach ist nämlich auch in die Hände von Einstein gelangt, und dieser hat noch im Erscheinungsjahr eine für seine Maßstäbe in solchen Angelegenheiten ziemlich lange Rezension geschrieben. Diese Rezension ist bemerkenswert. Einstein ist voller Lob für das Buch, aber bisweilen auch nicht ohne Ironie. Und jedenfalls ist er höchst verwundert, wie man eine Erkenntnistheorie noch kantianisch nennen kann, wenn ihre Thesen «überhaupt nicht darauf Anspruch erheben können, unabhängig vom *jeweiligen Stand* der Naturwissenschaft zu gelten».[72]

Ich glaube, daß der Verfasser sich hier weder mit Mohammed noch mit dem Propheten in Übereinstimmung befinden dürfte. Nach meiner Überzeugung war es Kants und aller Kantianer Ziel, diejenigen apriorischen Begriffe und Relationen aufzufinden, welche jeder Naturwissenschaft zugrunde liegen müssen ... Kant hielt dies Ziel für erreichbar und glaubte, es erreicht zu haben. Hält man aber dieses Ziel nicht für erreichbar, so sollte man sich wohl nicht ‹Kantianer› nennen.

Es ist schon erstaunlich, daß ein Fachphilosoph einem Physiker die Gelegenheit bietet, ihn in dieser Weise zu belehren.[73]

VII. Kausalität, Determinismus, Wahrscheinlichkeit

Die[se] Aufstellung funktioneller Zusammenhänge ist recht
eigentlich das Geschäft der theoretischen Physik.
Von Kausalität ist dabei nicht die Rede.
Wilhelm Wien

a) Arten von Kausalität

In den bisherigen Kapiteln wurde ein Thema noch nicht berührt, das in den philosophischen Bemühungen der Physiker eine erhebliche Rolle gespielt hat, wenn es auch nicht gerade ihr Lieblingsthema gewesen ist. Ich meine die Frage, was wir unter einem *physikalischen Gesetz* verstehen wollen. Feynman hat ein ganzes Buch geschrieben mit dem Titel *The Character of Physical Law*. Wie wohl die meisten Physiker, so sieht auch er die Hauptaufgabe der Physik in der Aufsuchung der physikalischen Gesetze. Aber er relativiert die Aufgabe historisch:[1]

Wir haben das Glück, in einer Zeit zu leben, in der wir immer noch Entdeckungen machen ... Die Zeit, in der wir leben, ist die Zeit, in der wir die fundamentalen Gesetze der Natur entdecken, und dieser Tag wird niemals wiederkehren.

Trotz der Bedeutung der Sache macht Feynman jedoch nicht einmal den Versuch, die Frage ‹Was ist ein Naturgesetz?› durch eine *Definition* des Begriffs des Naturgesetzes zu beantworten. Gleich zu Beginn seines Buches sagt er einfach: «Was ich in dieser Vortragsreihe diskutieren möchte, ist der allgemeine Charakter der physikalischen Gesetze.»[2] An eine Definition scheint er dabei gar nicht zu denken. Wie sich später zeigt,[3] ist ein Grund hierfür, daß es möglicherweise gelingen wird, der Physik *ein* Gesetz, «*das Gesetz der Physik*», zugrunde zu legen, wodurch dann alle übrigen Gesetze sich aus diesem einen in einem sehr allgemeinen Sinne ‹ableiten› lassen würden. Eine Definition des Begriffs dieser Gesetze wird man also nicht geben können, bis man das Fundamentalgesetz gefunden hat.

Was man in dieser Situation dennoch erwarten kann und was Feynman dann auch tut, ist, eine Diskussion anzustrengen über einzelne *Eigenschaften von Gesetzen,* die wir jetzt schon kennen. Im vorigen Kapitel war z. B. von gewissen Invarianzen als Eigenschaften von Gesetzen die Rede, und die Thematik der Invarianz eines Naturgesetzes gegenüber gewissen Transformationen erfreut sich seit Einstein in der Tat großer Beliebtheit. Eine andere Eigenschaft, die einer Aussage partiell gesetzliche Dignität verleiht und die schon lange diskutiert wird, ist ihre Universalität. Aber aus historischer Sicht ist die vielleicht wichtigste allgemeine, als solche aber zugleich auch problematische Eigenschaft, wie sie insbesondere von Philosophen diskutiert wurde, durch den Terminus der *Kausalität* gekennzeichnet: Physikalische Gesetze sind Kausalgesetze – das ist ein philosophischer Gemeinplatz, der zumindest vorübergehend die Geister und wohl auch die Gemüter beherrscht hat. Noch in jüngerer Zeit ist eine politische Epoche in Deutschland, die sogenannte Weimarer Zeit, als eine solche gekennzeichnet worden, in der weite Kreise und durch diese beeinflußt schließlich sogar die Physiker selbst versucht haben, sich von der Herrschaft des Kausalgesetzes zu befreien.[4]

Natürlich ist der Begriff der Kausalität, wie die meisten philosophischen Begriffe, vieldeutig.[5] Schon Aristoteles hat vier Arten von Ursachen unterschieden. Für unsere Zielsetzung genügt es, uns auf drei Bedeutungen etwas näher einzulassen. Im Zusammenhang mit der neueren Physik spielt die *Ereigniskausalität* eine wichtige Rolle. Durch sie werden Ereignisse als Ursachen und Wirkungen in Kausalgesetzen miteinander verknüpft. Es hat – wie gesagt – Zeiten gegeben, z. B. das 18. Jahrhundert, in denen man alle physikalischen Gesetze als Kausalgesetze aufgefaßt hat. Aber dann sind andere Zeiten gekommen, in denen die Kausalität in Mißkredit geriet, und für gewisse Fälle, zu denen die Ereigniskausalität nicht gehört, gilt dies sogar schon seit der Zeit Newtons. Seit Newton gilt, daß es nicht das Ziel der Physik sein kann, Erscheinungen durch sogenannte verborgene Qualitäten als deren Ursachen – *Wesensursachen* in diesem Falle – zu erklären. Den aus dem alltäglichen Leben aufgegriffenen Begriff der Ereigniskausalität und den auf ihn gestützten Begriff des Kausalgesetzes hat man dann im 19. Jahrhundert als viel zu primitiv entlarvt, um die komplizierten Abhängigkeiten, wie sie z. B. in den Maxwellschen Gleichungen ausgedrückt werden, angemessen zu erfassen. Es ist dann zu einer Aufspaltung des einen in zwei Begriffe gekommen: die (reversible) Zustandskausalität oder den Determinismus einerseits und die irreversible Ereigniskausalität andererseits. Im *Determinismus* ist der Gedanke aufgehoben und präzisiert, daß Ursachen ihre Wirkungen eindeutig bestimmen. Die Determiniertheit betrifft aber nicht die Ereignisse, sondern die Zustände eines Systems. In einem ersten Abschnitt will ich vor allem von diesem Übergang von Kausalität zu Determinismus sprechen. Daneben gilt es, auch noch eines zweiten Abkömmlings der alltäglichen Ereigniskausalität zu gedenken, der in der Physik keinen festen Namen hat. Auf Grund seiner hervorstechenden Eigenschaft der Irreversibilität könnte man von einer *irreversiblen* oder *thermodynamischen Kausalität* sprechen.

b) Ereigniskausalität und Determinismus

Zu Beginn empfiehlt sich, das Erstaunen von *Philosophen* zur Kenntnis zu nehmen, die im letzten Jahrhundert die Physik befragten, was diese zu dem altehrwürdigen Problemkreis der Kausalität in der Natur zu sagen hat. Russell schrieb 1912 in seinem Aufsatz «On the Notion of Cause»:[6]

Alle Philosophen ... stellen sich vor, daß Kausalität (causation) eines der fundamentalen Axiome ... der Naturwissenschaft sei. Jedoch kommt das Wort ‹Ursache› in den höheren Naturwissenschaften wie etwa der die Gravitationstheorie anwendenden Astronomie niemals vor ... In den Bewegungen gravitierender Körper findet sich nichts, das eine Ursache oder eine Wirkung genannt werden könnte.

Ganz ähnlich bemerkt ein halbes Jahrhundert später ein zeitgenössischer Wissenschaftsphilosoph:[7]

Es gilt oft als eine evidente Behauptung, daß die Aufgabe der Wissenschaft darin besteht, Ursachen zu finden ... «Ursachen», «Kausalität» und «das Kausalprinzip» bilden den Hauptinhalt vieler philosophischer und logischer Abhandlungen über die Wissenschaft.
Wenn man aber die Logikbücher und die philosophischen Sonntagsreden der Wissenschaftler auf sich beruhen läßt und in den Fachzeitschriften nachsieht, wo ja der Fortschritt der Wissenschaft stattfindet, wird man eine Über-

raschung erleben: das Wort «Ursache» und seine Verwandten kommen in ihnen kaum jemals vor.

Die hier angesprochenen Begriffe von Kausalität, die in der neueren Physik angeblich nicht auftreten, sind in beiden Zitaten gemeint als Abkömmlinge der sogenannten Ereigniskausalität oder der populären Kausalität, die wir im täglichen Leben meinen, wenn wir etwa nach der Ursache eines Autounfalls oder der Verspätung eines Zuges fragen. In der heutigen, auf Bewahrung der natürlichen Umwelt bedachten Gesellschaft wird eine umfängliche Ursachenforschung betrieben (Waldsterben, Ozonloch, Luftverseuchung etc.), in die die Naturwissenschaften an prominenter Stelle eingeschaltet sind. Daher klingt es in der Tat verwunderlich, von unseren Autoren zu hören, diese Art von Kausalität werde offenbar in der Physik nicht behandelt, da in den einschlägigen Texten die entsprechenden Termini nicht auftreten.

Um sogleich den Einwand auszuschalten, unsere beiden Philosophen hätten (in dem fraglichen Punkt) die Physik nicht richtig verstanden, gebe ich ein weiteres Zitat, das genau denselben Sachverhalt darstellt, nun aber von einem professionellen Physiker stammt. In einem Aufsatz über Ziele und Methoden der theoretischen Physik schreibt Wilhelm Wien um dieselbe Zeit, aus der Russells Bemerkung stammt:[8]

Wenn man die Kausalität als den Satz von Ursache und Wirkung bezeichnet, so hat er in der theoretischen Physik mehr verwirrend als aufklärend gewirkt. Durch die Bezeichnung einer Kraft als Ursache, dagegen einer Bewegung als Wirkung, ist in die Mechanik eine Unklarheit gebracht, die erst durch Kirchhoff beseitigt wurde, indem er als Aufgabe der Mechanik hinstellte, die Bewegungen aufs vollständigste und einfachste zu beschreiben. Diese Beschreibung ist nun aber nicht etwa im Sinne einer Erdbeschreibung zu denken, sondern es handelt sich um die Aufstellung von mathematischen Beziehungen, durch deren Auflösung sämtliche Fragen beantwortet werden können, die man über die beschriebene Bewegung stellen kann. Diese Aufstellung funktioneller Zusammenhänge ist recht eigentlich die Aufgabe der theoretischen Physik. Von Kausalität ist dabei nicht die Rede.

Was also ist Kausalität in der Physik, wenn weder Philosophen noch Physiker sie dort zu entdecken vermögen bzw. haben wollen? Auf der von Wien in seinem Text gelegten Spur finden wir sie in dem folgenden Text eines anderen Physikers, in dem auch von Ursachen und Wirkungen die Rede ist, von dessen eigentlichem Inhalt unsere vorigen Autoren aber keineswegs behauptet hätten, er sei in der Physik nicht anzutreffen:[9]

Gegenwärtige Ereignisse sind mit den vorhergehenden auf Grund des evidenten Prinzips verbunden, daß eine Sache nicht zu existieren anfangen kann, ohne eine Ursache zu haben, die sie hervorbringt ... Wir müssen also den gegenwärtigen Zustand des Universums als Wirkung des vorhergegangenen Zustandes ansehen und als Ursache des auf ihn folgenden. Eine Intelligenz, die für einen gegebenen Augenblick alle Kräfte in der Natur und die jeweilige Situation all ihrer Elemente kennen würde ... würde in einer einzigen Formel die Bewegungen der größten Körper und der leichtesten Atome überblicken.

In dieser berühmt gewordenen Äußerung von Laplace wird zwar noch die kausale Sprache gesprochen, die Russell und Toulmin in den neueren Arbeiten zur Physik vermissen: Gesetzmäßig auseinander hervorgehende Zustände sind Ursache und Wirkung voneinander. Ja, es wird im ersten Teil sogar das Kausalprinzip herangezogen und davon geredet, daß eine Ursache etwas ‹hervorbringe›, was ebenfalls kaum in die Physik gehört. Andererseits wird hier eine Möglichkeit angedeutet, wenn auch nur als eine epistemische Utopie, die in der damaligen Mechanik wirklich angelegt war. Laplace selbst sagt im unmittelbaren Anschluß, «der menschliche Geist biete, in der von ihm in der Astronomie erreichten Vollkommenheit, eine schwache Idee von jener Intelligenz» – also von dem später sogenannten Laplaceschen Geist. Es ist mithin die Möglichkeit der *Voraussage,* durch die Laplace auf den in der Mechanik angelegten *Determinismus* hinweisen will: Die Gesetze der Mechanik zusammen mit allen Kräften und Zustandsdaten eines Systems zu einer Zeit t_0 bestimmen eindeutig den Zustand des Systems zu jeder anderen Zeit t. Für diesen Sachverhalt hat sich bis in unsere Zeit eine Beschreibung gehalten, die mit kausalen Termini arbeitet. Eine Formulierung von Hund lautet:[10]

Die Zukunft eines mechanischen Systems ist eindeutig bestimmt, wenn die Örter und Geschwindigkeiten des Systems im gegenwärtigen Augenblick bekannt sind. Diese ‹Determinierung› des Zukünftigen durch die Gegenwart wurde als die Verschärfung dessen empfunden, was man die Kausalordnung des Geschehens nannte.

Aber es waren wiederum Physiker – darunter auch Hund –, die den Unterschied zwischen dem Determinismus und der irreversiblen Kausalität, die *beide* aus dem Alltagsbegriff von Ursache und Wirkung hervorgegangen sind, analysiert und vor seiner Mißachtung gewarnt haben. Insbesondere ist das später durch die Quantenmechanik geschaffene Problem nicht das eines akausalen Verhaltens von Teilchen, sondern das eines im gewissen Sinne indeterminierten.

Um zunächst die Entwicklung im 19. Jahrhundert zu verstehen, müssen wir für einen Augenblick zurückgehen in das 18. Jahrhundert, in dem Philosophen wie Hume und Kant das (philosophische) Verständnis der Begriffe von Ursache und Wirkung, von Kausalität oder Verursachung, von Kausalgesetz und Kausalprinzip für eine lange Zeit geprägt haben. Am allerwichtigsten ist es, zur Kenntnis zu nehmen, daß durch diese Philosophen die Auffassung vertreten und verbreitet worden ist, daß die dynamischen Gesetze der Physik durchweg *Kausalgesetze* seien, daß sie formulieren, welche Wirkungen aus welchen Ursachen hervorgehen und daß diese ganze Gesetzlichkeit dem Prinzip unterliege, daß jede Veränderung eine Ursache besitze, durch die sie als Wirkung hervorgerufen (oder eben: verursacht) werde. Und genau dies ist die Gesetzeslehre, deren Nichtvorkommen in der Physik ihrer Zeit wir soeben zwei Philosophen haben konstatieren hören.

Für eine Klärung dieses merkwürdigen Umstandes brauchen wir uns nicht um die Differenzen zu kümmern – so groß sie auch immer gewesen sein mögen –, die im Hinblick auf den epistemologischen Status der kausalen Begriffe und Aussagen zwischen Hume und Kant bestanden haben. Es geht für uns nur darum, daß nach beider Auffassung ein Kausalgesetz, wie es angeblich in der Physik gesucht und formuliert wird, eine Beziehung ist zwischen Entitäten einer jeweiligen Art A als möglichen Ursachen und einer Art B als möglichen Wirkungen. In der Frage, was diese Entitäten sind, *abgesehen* davon, daß sie als Ursachen und Wirkungen auftreten, herrscht bei Hume und Kant eine ungute Libertinage. Humes Terminologie schwankt zwischen Objekt, Ding, Tatsache und Ereignis. Kant spricht jedenfalls von Ereignissen, manchmal von Veränderungen, gelegentlich auch von Zuständen. Wesentlich für den Charakter der Kausalbeziehung als Ereigniskausalität ist vor allem zweierlei: erstens, daß sie *regelhaft* verläuft in dem Sinn, daß auf ein Ereignis der Art A immer ein solches der Art B als seine Wirkung folgt, und daß zweitens diese Aufeinanderfolge *irreversibel* ist, insbesondere also die Ursache zeitlich vor der Wirkung eintritt und dieses Verhältnis nicht umgekehrt werden kann.[11] Kant hat, wie vor ihm schon Leibniz, sogar eine Kausaltheorie der Zeit gehabt, der zufolge frühere von späteren Ereignissen grundsätzlich nur durch eine Kausalbeziehung objektiv voneinander unterschieden werden können. Paradigma für einen kausalen Vorgang dürfte im 18. Jahrhundert der unelastische Stoß gewesen sein.

Schon an dieser Stelle ist zu beachten, daß die Ereigniskausalität unbestritten das Charakteristikum der Irreversibilität (Asymmetrie bezüglich zeitlichem Früher und Später) hat, während deterministische Gesetze, auf die sich die weitere physikalische Entwicklung zuspitzt, zwar nicht notwendig, aber in den physikalisch prominenten Fällen (klassische Mechanik und Elektrodynamik) reversibel sind. Schon damit scheint das Schicksal der Ereigniskausalität als fundamentaler Gesetzlichkeit besiegelt zu sein. Demgegenüber spricht für die Ereigniskausalität der Umstand, daß die makroskopischen Vorgänge durchweg irreversibel sind. Wie kann es dann sein, daß diese Kausalität in der Physik keine Rolle spielt? So kommt auch Campbell in seiner Analyse der kausalen Begrifflichkeit zu der Feststellung:[12]

Es besteht nicht die Absicht, in Zweifel zu ziehen, daß unsere Erfahrung von der Außenwelt in der Form geordnet sein kann, und oft auch ist, die von der Kausalrelation nahegelegt wird; in der Tat teilen wir unsere Erfahrungen ständig in zwei Hälften ein, von denen die eine zeitlich vor der anderen stattfindet und als deren Ursache angesehen wird ... Was bezweifelt wird, ist, daß diese Einteilung der Erfahrung gemäß der Kausalrelation *die einzige Art von Unterteilung* ist, die zu einer Ordnung führt, oder daß es die Einteilung ist, die in den meisten *wissenschaftlichen* Untersuchungen tatsächlich vorgenommen wird. Da nun die Erfahrung jedenfalls gemäß der Kausalrelation eingeteilt werden kann, muß diese Relation eine große Bedeutung haben, selbst wenn die Erfahrung einmal auf eine andere Art eingeteilt wird. Auch dem kann man nur zustimmen. Was aber diskutiert werden muß, ist die *präzise Natur* jener Bedeutung. (Hervorhebungen durch d. Verf.)

Diese Feststellung bringt die Sache auf den Punkt: Mit der (irreversiblen) Ereigniskausalität wird ein im allgemeinen nur grob analysierter, gesetzlicher Sachverhalt bezeichnet, dessen genauere Analyse allgemein noch nicht durchgeführt wurde, weil sie zu kompliziert ist oder (s. u.) unsere speziellen Kenntnisse dafür noch nicht ausreichen. Die (irreversiblen) Kausalgesetze scheinen zu den Gesetzen zu gehören, von denen Feynman einmal gesagt hat:[13]

Die Natur scheint so entworfen zu sein, daß die wichtigsten Dinge in der wirklichen Welt sich als eine Art von kompliziertem *zufälligen* Zusammenwirken einer Menge von Gesetzen zeigen.

Kurz gesagt: Die uns täglich begegnenden irreversiblen Kausalgesetze – und gerade sie – sind physikalisch kompliziert.

Der strukturell einfachere Determinismus hat seine Hochzeit im 19. Jahrhundert gehabt. Das lag einfach daran, daß vielen physikalischen Gesetzen, die bis zum Ende des Jahrhunderts bekannt geworden waren, die Eigenschaft, deterministisch zu sein, einfach zukam. Das wichtigste Beispiel blieb das Newtonsche Gravitationsgesetz in Anwendung auf unser Sonnensystem. Aber auch viele Erfolge der terrestrischen Physik beruhten auf dem Determinismus der jeweils angewandten Gesetze. Da unter sehr allgemeinen Annahmen für die Kräfte *jedes* Gesetz der Newtonschen Mechanik deterministisch ist, kann man sagen, daß der Determinismus physikalisch mindestens so erfolgreich war wie die klassische Mechanik. Auch erkenntnistheoretisch ist der Determinismus beansprucht worden. Emil Du Bois-Reymond, zwar kein Physiker, aber doch ein bedeutender Naturforscher, hat in einem aufsehenerregenden Vortrag von 1872 den Laplaceschen Determinismus, insbesondere den (von ihm so genannten) Laplaceschen Geist, mit dem erneut an Interesse gewinnenden Atomismus zu einem Weltmodell verbunden, aber weniger, um daraus phantastische Schlüsse über das Weltganze zu ziehen, sondern vielmehr, um unsere Erkenntnisgrenzen aufzuzeigen.[14] Sein Hauptargument ist: *Selbst wenn* wir uns Fähigkeiten anmaßen, wie der Laplacesche Geist sie hat, werden wir mindestens zwei Probleme nicht lösen: die Herkunft und Eigenart der von vornherein angenommenen Materie und Kräfte sowie die Herkunft und Eigenart des Bewußtseins. Ignoramus. Ignorabimus!

c) Wesensursachen

Gegenüber dieser Situation bei den Kausalgesetzen herrschte hinsichtlich der Wesensursachen in der Physik seit Galilei eine antikausale Tendenz. Es geht hier um die schon im Mittelalter zur Tradition gewordene Frage, wie eine Ursache ihre Wirkung eigentlich hervorbringt. Im Falle der Wesensursache wurde diese Frage gerne hinter der Annahme versteckt, daß die Ursache aus verborgenen Qualitäten des jeweiligen Systems bestehe und daß diese bei geeigneter Wahl derselben sehr wohl manifeste Phänomene als ihre Wirkungen haben könnten. Die Wärme eines Körpers etwa wurde als Wirkung der molekularen Bewegung in seinem Inneren angesehen, und solange diese Bewegung nicht experimentell nachgewiesen war, ging es hier um eine Erklärung aus verborgenen Qualitäten – primären Qualitäten im Sinne Lockes. Hume und Kant waren weise genug, über einen solchen Mechanismus keine Aussagen zu machen. Bei den neuen Physikern aber waren darüber hinaus derartige Versuche geradezu verpönt.

In Galileis berühmtem *Dialog über die beiden hauptsächlichsten Weltsysteme* geht es an einer Stelle um die zentrale Frage nach einer eventuellen Ursache der Bewegung der Erde. Der Dialog hierzu verläuft folgendermaßen:[15]

Salviati (der Sprecher Galileis): ... Wenn [jemand] mir Auskunft gibt, was das Bewegende [von Mars, Jupiter und der Fixsternsphäre] ist, so verpflichte ich mich, ihm sagen zu können, was die Erde bewegt. Ja noch mehr, ich will dies sogar tun, wenn er mich nur darüber belehrt, durch welche Ursache die Teile der Erde nach unten getrieben werden.

Simplicio: Die Ursache dieser Erscheinung ist allbekannt: jedermann weiß, daß es die Schwere ist.

Salviati: Ihr irrt ... Ihr solltet sagen, jedermann weiß, daß man sie Schwere nennt. Ich frage euch aber nicht nach dem Namen, sondern nach dem Wesen der Sache ...

Dieser kleine Wortwechsel findet nun in den *Unterredungen* – dem anderen großen Werk Galileis – eine Fortsetzung, indem Sagredo dort eine Überlegung wieder aufgreift, von der er meint, man könne auf ihrer Grundlage «eine recht zutreffende Lösung der von den Philosophen erörterten Frage gewinnen, welches die Ursache der Beschleunigung bei der natürlichen Bewegung schwerer Körper [also dem freien Fall] sei».[16] Darauf erhält er von Salviati die Antwort:

Es scheint mir nicht günstig, jetzt zu untersuchen, welches die Ursache der Beschleunigung der natürlichen Bewegung sei, worüber von verschiedenen Philosophen verschiedene Meinungen vorgeführt worden sind. Für jetzt verlangt unser Autor [Galiei] nicht mehr, als daß wir einsehen, wie er uns einige Eigenschaften der beschleunigten Bewegung untersucht und erläutert (ohne Rücksicht auf die Ursache der letzteren).

Dies ist die berühmte Stelle, an der Galilei seinen Lesern klarmachen will, daß man bisher noch gar nicht genügend darüber weiß, wie ein Körper sich im freien Fall bewegt, und daher auch nicht hoffen kann, die weitergehende Frage, warum er sich so bewegt, wie er sich bewegt, zutreffend zu beantworten. Man darf hier nicht den zweiten Schritt vor dem ersten tun wollen, denn das kann zu nichts führen: Die Ursache einer bestimmten Art von Bewegung – hier der freie Fall – wird wesentlich von den Eigenschaften der fraglichen Bewegung abhängen. Also muß man zuerst diese Eigenschaften untersuchen. Ganz in diesem Sinne hören wir dann auch von Newton:[17]

Uns zu lehren, daß jede Art von Dingen mit einer verborgenen spezifischen Qualität versehen ist, durch welche sie wirkt und sichtbare Effekte hervorbringt, heißt, uns nichts zu lehren. Aber zwei oder drei allgemeine Prinzipien der Bewegung von den Phänomenen abzuleiten und uns dann zu zeigen, wie die Eigenschaften und Wirkungen aller körperlichen Dinge aus diesen Prinzipien folgen, wäre ein sehr großer Schritt in der Wissenschaft, selbst wenn die Ursachen dieser Prinzipien noch nicht entdeckt wären.

Diese Verlautbarung Newtons ist für sich genommen wenig ergiebig, und man ist besonders angesichts des im letzten Halbsatz gemachten Vorbehalts geneigt zu fragen, worin denn nun der «große Schritt in der Wissenschaft» bestehen soll. Durch das Beispiel der Gravitation wissen wir aber zumindest exemplarisch, was für einen Schritt Newton meint. Er meint seine Mechanik mit der *lex secunda* als dem allgemeinen Prinzip zusammen mit seinem besonderen Kraftansatz für die Gravitation, durch den wir erfahren, welche Beschleunigungen sich die Körper auf Grund ihrer Massen und Abstände gegenseitig erteilen. Ganz wie bei dem von Galilei aufgestellten Gesetz des freien Falls lassen sich hier durch die Gravitationsgleichungen, wenn man sie einmal hat, die einzelnen Bahnen der Körper berechnen, und das alles kann man wissen, ohne die «Ursache» der Gravitation zu kennen. Für die Elektrodynamik hat Hertz es in Abwehr einer Äthertheorie sinngemäß einmal lakonisch so formuliert: Die Grundlage der Maxwellschen Theorie sind die Maxwellschen Gleichungen.

Der «große Schritt» war also die Findung der Bewegungsgleichungen für diesen Fall. Allgemein strebte die Entwicklung auf das mathematisch formulierte Naturgesetz zu, das eine Gesamtheit möglicher, quantitativ bestimmter Erscheinungen zu einer Einheit zusammenfaßt: Die ‹Wesensursache› der Bewegungen gravitierender Körper ist das System der Gravitationsgleichungen, die, wie alles in den empirischen Wissenschaften, allerdings Hypothesen bleiben. Im vorliegenden Falle kommt hinzu, daß Newton mit seinen Gleichungen nicht zufrieden war, da sie die Gravitation als eine instantan über jede Distanz wirkende Fernkraft einführen. Das bringt ihn dazu, denn doch wieder über die Ursache der Gravitation zu spekulieren:[18]

[Der Gedanke,] daß die Gravitation eingepflanzt, inhärent und wesentlich für die Materie sei, so daß ein Körper auf den anderen aus der Ferne wirken kann, durch ein Vakuum hindurch und ohne die Vermittlung von irgend etwas anderem, durch das die Wirkung oder Kraft vom einen Körper zum anderen übertragen wird, ist für mich eine solche Absurdität, daß ich glaube, niemand, der in philosophischen Angelegenheiten auch nur die geringste Kompetenz besitzt, wird sich zu dieser Auffassung verleiten lassen. Die Gravitation muß von einem Betreiber verursacht werden, der ununterbrochen gemäß gewisser Gesetze wirkt. Aber ob der Betreiber materiell oder immateriell sei, ist eine Frage, die ich den Überlegungen meiner Leser überlassen habe.

Auch das Auftreten des Kraftbegriffs in den Gleichungen der Newtonschen Dynamik wurde noch als Ausdruck einer gewissen Kausalität aufgefaßt, insofern man sagen kann, daß Kräfte die Ursachen der Beschleunigungen der Körper sind. Aber mit dem Aufkommen des Feldbegriffs im 19. Jahrhundert und einer mit der Mechanik irgendwie vereinigten Elektrodynamik hatte die Physik eine Abstraktionsstufe erreicht, die eine kausale Interpretation ihrer Grundgesetze mit Hilfe alltäglicher oder philosophischer Kausalvorstellungen unmöglich machte. Auch in der Mechanik ist nur für fest gegebene äußere Kräfte deren eindeutige Identifikation als Ursachen möglich. Im mechanischen Mehrkörperproblem und erst recht bei der Wechselwirkung von geladener Materie mit dem elektromagnetischen Feld verhindert die Rückwirkung der bewegten Materie auf die bewegenden Kräfte jede eindeutige Verteilung von Ursache und Wirkung auf die physikalischen Gegebenheiten innerhalb des Systems.

d) Kausalität und Funktionsbegriff

In dieser Lage hat als erster wohl Ernst Mach in den siebziger Jahren des 19. Jahrhunderts klar ausgesprochen, daß die überkommenen Kausalbegriffe für eine einwandfreie Formulierung der Naturgesetze zu verabschieden und durch den *Funktionsbegriff* zu ersetzen sind. In *Erkenntnis und Irrtum* von 1905 formuliert Mach die Sachlage folgendermaßen:[19]

In den höher entwickelten Naturwissenschaften wird der Gebrauch der Begriffe Ursache und Wirkung immer mehr eingeschränkt, immer seltener. Es hat dies seinen guten Grund darin, daß diese Begriffe nur sehr vorläufig und unvollständig einen Sachverhalt bezeichnen ... Sobald es gelingt, die Elemente der Ereignisse durch meßbare Größen zu charakterisieren, ... läßt sich die Abhängigkeit der Elemente voneinander durch den Funktionsbegriff viel vollständiger und präziser darstellen als durch so wenig bestimmte Begriffe wie Ursache und Wirkung ... Die Physik mit ihren Gleichungen macht dieses Verhältnis deutlicher, als es Worte tun können.

In diesen Sätzen wird die übliche Vorstellung von Kausalität (die Ereigniskausalität) als eine vorwissenschaftliche Begrifflichkeit hingestellt, die in ihrer Vagheit und Unvollständigkeit zur Formulierung quantitativer Abhängigkeiten gar nicht in Frage kommt. An anderer Stelle persifliert Mach die Kausalität durch den Satz: «einer Dosis Ursache folgt eine Dosis Wirkung» und weist diesen Sachverhalt einer «pharmazeutischen Weltanschauung» zu.[20]

Daß die Subsumtion physikalischer Prozesse unter die Ereigniskausalität eine Verlegenheit ist, die in mangelnder Kenntnis von diesen Prozessen besteht, hat auch Campbell hervorgehoben. Für den Fall des Durchgangs eines Funkens durch ein Gas mit anschließender Explosion führt Campbell aus:[21]

Wir sind gegenwärtig auf Grund mangelnder Kenntnis dazu gezwungen, die Beziehung zwischen dem Funken und der Explosion als kausal zu behaupten; aber wir fühlen, daß, wenn wir mehr über den Prozeß wüßten, wir in der Lage sein würden, die Sache in der Form zu behaupten, daß ein Prozeß in dem Gas beginnt, wenn der Funken das Gas passiert, und, nach einer gewissen Dauer, zur Explosion kommt (nicht: [die Explosion]) verursacht). Wenn wir das Gesetz in dieser Form behaupten könnten, wäre das befriedigender für uns; der Gebrauch der Kausalbeziehung in einem Gesetz ist das Bekenntnis unvollständigen Wissens.

... Sowenig ist es unser Ziel, unsere Urteile über die Natur mit Hilfe der Begriffe von Ursache und Wirkung zu ordnen, daß unsere Anstrengungen beharrlich darauf gerichtet sind, uns von der Notwendigkeit einer Inanspruchnahme von Ursache und Wirkung zu befreien.

Es wäre zu hart, wollten wir diese letzten Worte dahingehend deuten, daß hier die Physiker des 20. Jahrhunderts nun endlich wieder zurechtrücken, was die Philosophen des 18. Jahrhunderts durcheinandergebracht hatten. Es wäre zu hart, weil damals auch die Physik noch eine andere war. Im übrigen haben wir ja schon festgestellt, daß die Ereigniskausalität als die von der Kritik am stärksten betroffene doch nicht gänzlich aus der Physik verschwunden ist. Aber bemerkenswert ist die ganze Entwicklung schon.

Wir wollen uns noch eine weitere Deutung des Ursachenbegriffs ansehen, die ebenfalls auf Mach zurückgeht. Er gewinnt sie aus der Frage, wie der Ursachenbegriff wohl entstanden sein mag, und gibt darauf die Antwort, daß wir von Ursachen gerade *nicht* dann sprechen, wenn wir eine Regelmäßigkeit zum Ausdruck bringen wollen, sondern wenn der gewöhnliche, erwartete Gang des Geschehens durch ein unvorhergesehenes Ereignis *durchbrochen* wird:[22]

Nach Ursachen zu fragen haben wir im allgemeinen nur ein Bedürfnis, wo eine (ungewöhnliche) Änderung eintritt, einmal, weil überhaupt nur ein solcher Fall unsere Aufmerksamkeit auf sich zieht und zu Fragen Anlaß gibt, dann aber weil, nur wo verschiedene Fälle (Änderungen) eintreten, die Frage nach der Bedingung des einen oder des anderen überhaupt einen Sinn hat.

Und an anderer Stelle heißt es ganz entsprechend:[23]

Hat die Voraussetzung der Beständigkeit der Verbindung der Elemente als instinktive Gewohnheit oder als bewußter methodologischer Zug sich unserem Denken eingeprägt, so suchen wir sofort nach einer Ursache jeder neu eintretenden, unerwarteten Änderung ... Jede Veränderung erscheint als eine Störung der Stabilität, als eine Auflösung des bisher zusammen Bestehenden. Sie hebt den gewohnten Zusammenhang auf, beunruhigt uns, setzt ein Problem, drängt uns, einen neuen Zusammenhang zu suchen, nach der Ursache zu forschen.

Der von Mach hier allgemein geschilderte Sachverhalt läßt sich gerade in unserer von der Technik beherrschten Umwelt tausendfach belegen. Man könnte geradezu von der ‹Unfalltheorie› der Kausalität sprechen: Die Frage nach der Ursache tritt typischerweise immer nur und erst dann auf, wenn ein Gerät, eine Maschine usw. merklich nicht mehr gemäß ihrer Bestimmung funktioniert. Der Autounfall, der Flugzeugabsturz, der kaputte PC oder Radioapparat zu Hause – diese Situationen sind es, in denen wir typischerweise nach der Ursache fragen. Daher *scheint* es geradezu so zu sein, daß die Ereigniskausalität von der gesetzlichen Determiniertheit nicht nur verschieden, sondern ihr *entgegengesetzt* ist. Insbesondere verwenden wir die kausale Terminologie, wenn wir das eigentliche Ideal der klassischen Naturbeschreibung, die deterministische Theorie, noch nicht erreicht haben und die Ursache die *Störung* eines determinierten Ablaufs ist.[24]

Wenn Mach uns sagt, er habe den Kausalbegriff durch den Funktionsbegriff *ersetzt,* dann denkt er vermutlich zunächst an Fälle von Zustandsgleichungen, wie wir sie etwa aus der Thermostatik als diese oder jene Gasgleichung kennen. Solche Gesetze enthalten noch nicht einmal den Zeitparameter. Sie haben allgemein die Form

$$R(x_1, x_2, \ldots, x_n),$$

wo R eine Beziehung zwischen den reellen Variablen x_μ ist, die ihrerseits eine Reihe von Größen vertreten, und R sich nach jeder der x_μ auflösen läßt. Die Gleichungen

$$x_\mu = f_\mu(x_1, \ldots, x_{\mu-1}, \ldots, x_n)$$

sind also n Möglichkeiten, das Gesetz zu formulieren. So kann man etwa die Gasgleichung

$$p \cdot v = R \cdot T$$

(das ist im obigen Zitat Machs Beispiel) nach T auflösen und erhält

$$T = (1/R) \cdot p \cdot v$$

und entsprechend für p und v. Auf diese Weise erhält man nach Belieben jede der n Größen als eindeutige Funktion der anderen, und die f_μ müssen in diesem Falle die Funktionen sein, die bei Mach die Rolle der Kausalität übernehmen sollen. Natürlich gehen in diesem Beispiel die f_μ nicht direkt aus einer Kausalrelation hervor. Es hat keinen Sinn zu sagen, daß z.B. x_1 die Wirkung der übrigen x_μ ist und diese insgesamt die Ursache. Es ist nur die Determiniertheit von x_1 durch die übrigen x_μ, die hier von der Kausalrelation übrigbleibt, insofern man von der Wirkung einer gegebenen Ursache spricht. Nur in diesem globalen Sinne kann hier von «Ersetzung» die Rede sein.

Den Determinismus im üblichen zeitlichen Sinne treffen wir in dynamischen Theorien an. Sie enthalten als Grundgleichungen z.B. ein System von gewöhnlichen Differentialgleichungen 1. Ordnung

$$dy_i/dt = g_i(y_1, \ldots, y_n)$$

für die n Funktionen $y_i(t)$, $i = 1, 2, \ldots, n$. Ein solches System hat nun (unter gewissen Voraussetzungen) die für den Determinismus charakteristische Eigenschaft, daß zu (beliebig) gegebenen Werten y_i^o und t^o genau eine Lösung seiner Gleichungen mit

$$y_i(t^o) = y_i^o$$

als Anfangsbedingungen existiert. Aus der Machschen Funktion sind hier also die n Funktionen

$$z^i_t(y_1^o, \ldots, y_n^o; t^o) \equiv y_i(t)$$

der n + 1 Anfangsdaten y_1^o und t^o geworden. Sie ordnen den Anfangsdaten bei gegebenem Zeitpunkt t eindeutig das System von Werten $y_i(t)$ zu, das man aus den n Lösungen mit *diesen* Anfangsdaten für t erhält. Das Wesentliche an diesem Vorgang ist: Man hat einen Zustandsraum S mit einer Dynamik D, die wir hier einfach als eine Menge F von Funktionen F der Zeit mit Werten F(t) aus S eingeführt denken. Ist wie üblich D durch Bedingungen gegeben, so sind die Funktionen aus F die ‹Lösungen› derselben, d.h. genau die Funktionen, die die Bedingungen erfüllen. D ist *deterministisch,* wenn zu gegebenem Zustand

s^o aus S und Zeitpunkt t^o genau eine Funktion F aus $\mathcal{F}$ so existiert, daß $F(t^o) = s^o$ ist. Die Machsche Funktion ist dann

$$z(s^o;t^o) \equiv \text{dasjenige } F \text{ aus } S \text{ mit } F(t^o) = s^o.$$

Man sieht aber, daß es nur noch ganz willkürlich wäre, die Zustände s^o und $z(s^o;t^o)$ «Ursache» bzw. «Wirkung» dieser Ursache zu nennen. Insbesondere könnten hier vergangene Zustände genauso determiniert sein wie zukünftige.[25]

In großer Allgemeinheit, aber doch anwendungsorientiert, hat schließlich Planck uns definiert, was ein physikalisches Gesetz ist:[26]

Was verstehen wir unter physikalischer Gesetzlichkeit? Ein physikalisches Gesetz ist ein jeder Satz, welcher einen festen, unverbrüchlich gültigen Zusammenhang zwischen meßbaren physikalischen Größen ausspricht, einen Zusammenhang, welcher es gestattet, eine dieser Größen zu berechnen, wenn die übrigen durch Messung bekannt sind.

Dieses Gesetz kann offenbar dadurch zur Anwendung gelangen, daß man den von Planck berufenen «unverbrüchlich gültigen Zusammenhang» sowie die zu berechnende Größe kennt. Es kann allerdings sein, daß die Anwendung nur eines einzigen Gesetzes für die fragliche Berechnung nicht ausreicht und man mehrere Gesetze zusammenbauen muß. Hier finden wir die alte, zumeist nicht sehr präzise getroffene Unterscheidung zwischen dem universalen Kausalprinzip einerseits und einer einzelnen Kausalaussage andererseits wieder, die bei Hume durch eine direkte Gegenüberstellung besonders klar herauskommt:[27]

Erstens. Aus welchem Grunde finden wir es *notwendig,* daß jedes Ding, das einen Anfang hat, auch eine Ursache haben sollte.
Zweitens. Warum schließen wir, daß die und die einzelnen Ursachen *notwendig* die und die einzelnen Wirkungen haben.

Besonders das hier an erster Stelle stehende Kausalprinzip bedarf natürlich einer deterministischen Verfeinerung, um die Ablehnung des Laplaceschen Determinismus hinreichend stark zu machen. Die Ablehnung auf der Grundlage nur eines Grundgesetzes, ohne die Feynmanschen Konstruktionen zur Verfügung zu haben, würde nicht sehr weit führen.

e) Kausalität in offenen Systemen (‹Unfalltheorie›)

Eine letzte Überlegung soll der Verflechtung des älteren kausalen Denkens mit dem neueren, deterministischen gelten. Sie zeigt, daß erstere (die Kausalität) gerade das durchbricht, was letztere (die Determiniertheit) zur Voraussetzung hat: die *Abgeschlossenheit* eines physikalischen Systems. Die klassische Physik, vor allem die klassische Mechanik, hat sich, und zwar ohne daß dies besonders betont worden wäre, in der Erwartung entwickelt, daß sich das Geschehen in einem abgeschlossenen System, d.h. einem System, das in keiner Wechselwirkung mit seiner Umwelt steht, deterministisch verstehen läßt, wenn im übrigen die Beschreibung des Systems hinreichend vollständig ist. Demgegenüber weist uns die Analyse Machs darauf hin, daß typischerweise Ursachen nur Ursachen davon sein können, daß in einem der Zustandsbeschreibung unterliegenden dynamischen System, welches zunächst als abgeschlossen angenommen wird, etwas geschieht, das unter dieser Annahme nicht hätte geschehen dürfen. Man schließt dann, daß das System eben nicht abgeschlossen, sondern *offen* und die Ursache eine Störung des Systems von *außen* war. Die Kennzeichnung der Ursache und damit – im üblichen Sinne – ihrer Wirkung als das tatsächlich Geschehene ist dann deswegen notwendig unvollständig, weil eine vollständige Kennzeichnung nur wieder durch eine Zustandsbeschreibung eines in geeigneter Weise *erweiterten* Systems möglich wäre. In dieser kann dann aber von einer Ursache genausowenig die Rede sein, wie dies für das ursprüngliche System der Fall war.

Ein Beispiel aus der Physik, an dem man sich diese Verhältnisse klarmachen kann, ist die Störung der Bahn eines Planeten durch die Anwesenheit eines anderen Planeten. Es ist bekannt, daß der Planet Neptun dadurch entdeckt wurde, daß man Störungen der Bahn des Uranus festgestellt hatte. Durch letzteres war zunächst die typische Situation geschaffen, in der die Frage nach einer Ursache sich aufdrängt und die Art ihrer Beantwortung für das Überleben einer ganzen Theorie entscheidend wird: Die Bahn des Uranus war eine andere, als sie es auf Grund der Newtonschen Gravitationstheorie und der kontingenten Daten über alle damals bekannten Planeten hätte sein müssen. Im Sinne der Aufrechterhaltung einer bislang gut bewährten Theorie war dann die naheliegende Annahme, daß ein bisher nicht entdeckter Planet die Ursache der Abweichungen sein mußte. Es war in diesem Falle sogar möglich, die Ursache so genau aus den Störungen zu bestimmen, daß sie auf Grund der errechneten Werte am Himmel gefunden werden konnte. Aber man muß sich darüber im klaren sein, daß hier der quantitativen und damit informationsreichen Angabe der Ursache prinzipielle Schranken gesetzt sind. Dies sieht man am leichtesten, wenn man einen kleinen Planeten, etwa die Erde, als Ursache der Störung der Bahn eines großen Planeten wie etwa Jupiter angeben will. Solange man nur sagt, daß relativ zum System Sonne + Jupiter die Erde die Ursache einer Schwankung der Jupiterbahn ist, ist noch alles gut. Schlecht wird es, wenn man Genaueres zu sagen versucht in dem Sinne, daß die unter den und den Bedingungen stehende Erde die Ursache der und der Schwankungen der Jupiterbahn ist. Da sich nämlich die Planeten wechselseitig beeinflussen und der Einfluß des Jupiter auf die Erde wesentlich größer ist als umgekehrt, hängt die Störung der Jupiterbahn durch die Erde am stärksten davon ab, wie sich der Jupiter selbst jeweils weiterbewegt. Daher ist die genau bestimmte Differenz der gestörten gegenüber der ungestörten Jupiterbahn nicht restlos angebbar als die Wirkung eines bestimmten Verhaltens der Erde. Das einzige, was hier weiterhilft, ist die Erweiterung des Systems Sonne + Jupiter zum System Sonne + Jupiter + Erde im Sinne einer Unterwerfung des *gesamten* Systems unter die Gravitationsgleichungen. Dann aber ist von einer Ursache nicht mehr die Rede, sondern nur noch davon, wie sich der *Zustand* des gesamten Systems im Laufe der Zeit ändert.

Etwas anderes ist es, wenn man sich nicht nach dem Einfluß der Erdbahn auf die Jupiterbahn fragt, sondern umgekehrt nach dem der Jupiterbahn auf die Erdbahn. Da nämlich die Beschleunigung, die der Jupiter der Erde erteilt, ungleich größer ist als die Beschleunigung, die der Jupiter durch die Erde erfährt, kann man letztere in der Gleichung für den Jupiter vernachlässigen und erhält *approximativ* die Jupiterbahn als Ursache der Änderung der Erdbahn. Relativ zu dem System Sonne + Erde wirkt hier die Jupiterbahn als eine von außen kommende Störung, die eine bestimmte Änderung der Erdbahn *erzwingt*. Dieser und ähnliche Fälle von erzwungenen Bewegungen haben Philipp Frank zu der Äußerung veranlaßt, daß[28] in dem Begriff der erzwungenen Bewegung ... vielleicht die populäre Vorstellung von Ursache und Wirkung am besten begrifflich herausgearbeitet [ist].

Konkurrenz bekäme sie neben dem strengen Determinismus allenfalls noch von seiten der irreversiblen Ereigniskausalität. Jedenfalls sind die Physiker heute gerne bereit, neben dem Determinismus ihrer Gleichungen auch die bereits im Alltag tausendfach demonstrierbare irreversible Ereigniskausalität als ein Vorkommnis in der Natur zu betrachten, für das die Physik zuständig ist: Für eine Einführung in die relativistische Kausalität erinnert Peter Havas zunächst an die üblichen Bedeutungen der ‹Kausalität› in der Physik:[29]

Wir sind alle vertraut mit dem alltäglichen Gebrauch der Wörter ‹Ursache› und ‹Wirkung›; er impliziert häufig das Eingreifen einer äußeren ... ‹Ursache› in ein System, welches dann die ‹Wirkung› dieser Störung erfährt. Wenn wir jedoch vom Prinzip der Kausalität in der Physik sprechen, denken wir für gewöhnlich nicht an spezielle kausale Beziehungen, ... sondern an Theorien, welche den zukünftigen Zustand des betrachteten Systems aus Daten zu einer Zeit t^0 zu berechnen gestatten.

Noch expliziter ist Friedrich Hund, wenn er über Kausalität ausführt:[30]

Wir gebrauchen dieses Wort in zwei Bedeutungen. In der einen drücken wir damit aus, daß der Zustand eines abgeschlossenen Systems zu einer Zeit $t = 0$ ... den Zustand zu einer anderen Zeit ... determiniert ... *Kausalität in diesem Sinne zeigt keinen Unterschied zwischen Vergangenheit und Zukunft* ...
 Damit kommen wir zur zweiten Bedeutung der Kausalität: Ein besonderes und auffallendes Ereignis, eine ‹Ursache›, wirkt nur auf die Zukunft. Ein Blitz trifft ein Haus, dieses brennt ab. Die zeitliche Umkehrung kommt nicht vor ... Eine ‹Ursache› hat niedrige Entropie ...
 Kausalität in diesem zweiten Sinne unterscheidet Vergangenheit und Zukunft ...

In beiden Texten wird also deutlich, daß wir es hier mit zwei Arten von Kausalität zu tun haben. Die bei Hund hervorgehobene Irreversibilität bei Vorgängen der zweiten Art findet sich bei Havas in der (spezielleren) Form, daß hier eine Ursache (der Blitz) von außen in ein offenes System (das Haus) eingreift und die Wirkung dort als eine Spur zurückbleibt. Und Havas betont:[31]

Eine klare Unterscheidung zwischen offenen und abgeschlossenen Systemen ist wesentlich, wenn man Verwirrung vermeiden will in einer Diskussion der Kausalität in der Physik.

Demgegenüber führt Hund die Irreversibilität kausaler Vorgänge der zweiten Art auf die niedrige Entropie der jeweiligen Ursache zurück: Eine Ursache ist ein «besonderes und auffallendes Ereignis», von dem er an anderer Stelle sagt:[32]

... im gewöhnlichen Leben sind ‹Ursachen› gerade unerwartete Eingriffe in ein sonst normal verlaufendes Geschehen.

Somit ist Hund ein Anhänger der ‹Unfalltheorie› des Ursachenbegriffs und bringt diese auf die angedeutete Weise mit der Thermodynamik in Beziehung. Man beachte: Die beiden Auffassungen von Havas und Hund schließen sich nicht aus.

f) Was ist Wahrscheinlichkeit?

Auf Grund des im vorigen Abschnitt Gesagten darf man wohl resümieren, daß die Physik in der Art eines Läuterungsprozesses den Weg von der Kausalität zum Determinismus gegangen ist. Dabei hat die Kausalität Federn lassen müssen, mit denen sie sich zu Unrecht geschmückt hatte, und Ansprüche, die etwa im 19. Jahrhundert in Form des Laplaceschen Determinismus gestellt worden waren, mußten ebenso wieder aufgegeben werden wie der atomistische Determinismus des 20. Jahrhunderts. Durch den letzteren Rückzug ist unser Begriff in die unmittelbare Nachbarschaft zum Begriff der *Wahrscheinlichkeit* gerückt, und dieser Schritt von der Mechanik zur Quantenmechanik wird in den beiden folgenden Kapiteln eine große Rolle spielen, auf die ich jetzt etwas vorbereiten will.

In der klassischen Physik sind die dynamischen Gesetze durchweg deterministisch. Die quantenmechanischen sind es aber auch.[33] Der Unterschied zwischen den beiden Theorien liegt also nicht darin, daß die einen Gesetze deterministisch wären, die anderen nicht. Der volle Unterschied kann nur durch das Hinzutreten eines gänzlich neuen Begriffs ausgedrückt werden: eben des Begriffs der Wahrscheinlichkeit. Die Aussagen, die mittels der dynamischen Gesetze durch die Zeit hindurch transportiert und entsprechend vorausgesagt werden sollen, sind im klassischen Fall gewöhnliche Zustandsaussagen, im anderen Fall jedoch nicht. Im ersteren Falle heißt dies, daß es z. B. für ein mechanisches System von Teilchen um Aussagen der Form geht, daß ein Teilchen sich zur Zeit t am Ort x befindet oder daß es den Impuls p, die Energie E oder den Drehimpuls M usw. hat. Im zweiten, dem neuen Fall handelt es sich hingegen um Aussagen, in denen den Aussagen der ersteren Art jeweils eine Wahrscheinlichkeit beigefügt wird, wir es also mit Aussagen der Form zu tun haben, ‹daß das betreffende Teilchen zur Zeit t am Ort x ist, hat die Wahrscheinlichkeit w›, ‹daß es den Impuls p hat, ist so und so wahrscheinlich› (neue Zahlenangabe für diese Wahrscheinlichkeit) usw. – also jeweils die gewöhnlichen Zustandsaussagen versehen mit einer Wahrscheinlichkeit.

Es ist nun nicht selbstverständlich, daß diese neuen probabilistischen Zustandsbeschreibungen ebenfalls entsprechende Dynamiken aufweisen. Es läßt sich jedoch unschwer zeigen, daß es sich so verhält. Allerdings liefern uns diese Dynamiken nur noch solche Voraussagen, in denen Konklusion und Prämissen Wahrscheinlichkeitsaussagen sind. Wahrscheinlichkeitsaussagen, einmal eingeführt, beherrschen mithin das neue Szenario. Solange indessen auch die alten, wahrscheinlichkeitsfreien Aussagen noch zur Verfügung bleiben, liegt Determinismus auf beiden Ebenen vor. Welche Situation liegt jedoch vor, wenn dies nicht mehr der Fall ist, und zwar beweisbar nicht mehr der Fall ist? Dann haben wir die Situation der QM und ihres Indeterminismus. Von Einstein wird bisweilen gesagt, er habe seine Gegnerschaft zu einigen Interpretationen der QM in die Worte gekleidet: Gott würfelt nicht. Das ist nicht falsch. In einem Brief an Born von 1924 heißt es:[34]

... zu einem Verzicht auf die strenge Kausalität möchte ich mich nicht treiben lassen, bevor man sich nicht noch ganz anders dagegen gewehrt hat als bisher. Der Gedanke, daß ein einem Strahl ausgesetztes Elektron *aus freiem Entschluß* den Augenblick und die Richtung wählt, in der es fortspringen will, ist mir unerträglich. Wenn schon, dann möchte ich lieber Schuster oder gar Angestellter in einer Spielbank sein als Physiker.

Zwei Jahre später heißt es schon vorsichtiger:[35]

Die Quantenmechanik ist sehr achtung-gebietend. Aber eine innere Stimme sagt mir, daß das doch nicht der wahre Jakob ist. Die Theorie liefert viel, aber dem Geheimnis des Alten bringt sie uns kaum näher. Jedenfalls bin ich überzeugt, daß *der* nicht würfelt.

Erst fünfundzwanzig Jahre später wird das Thema von Born gegenüber Einstein wieder aufgegriffen und in bezeichnender Weise von letzterem in eine andere Richtung gedrängt. Man schrieb also das Jahr 1950, und die entscheidenden Schritte zur Etablierung der QM einschließlich einer tragfähigen Interpretation waren inzwischen getan, allerdings nicht ohne den Widerspruch einer ganzen Reihe prominenter Physiker hervorgerufen zu haben. Borns Haltung war im Ganzen zustimmend, ihm schrieb man als erstem die Einsicht zu, daß die QM eine wesentlich statistische Theorie sei. Einstein lehnte alle bisherigen Deutungen ab, ausdrücklich, wie wir gesehen hatten, auch die indeterministischen. Diesen Umstand nimmt Born zum Anlaß, mit der folgenden Frage an ihn heranzutreten.[36]

Die andere Bemerkung betrifft Deine Deutung der ψ-Funktion; sie scheint mir ganz mit dem übereinzustimmen, was ich mir von Anfang an dachte und was wohl alle vernünftigen Physiker heute denken. Daß ψ den ‹Zustand› eines Systems beschreibt, ist nur eine Redeweise wie im gewöhnlichen Leben. «Meine Lebenserwartung (als Mensch von 67 Jahren) ist 4,3 Jahre.» Auch eine Aussage über ein einzelnes System, aber sinnlos im empirischen Sinne. Denn gemeint ist natürlich: Nimm eine Gesamtheit von Individuen, jedes 67 Jahre alt, und zähle, welcher Prozentsatz eine gegebene Zeit lebt. In dieser Weise habe ich die Deutung von $|\psi|^2$ immer aufgefaßt. Du schlägst statt dessen vor, von einem System vieler gleicher Individuen, einer statistischen Gesamtheit zu sprechen. Der Unterschied scheint mir nicht wesentlich, nur etwas Sprachliches. Oder habe ich Dich mißverstanden, und Du meinst etwas Tieferes?

Auf diese Frage antwortet Einstein wenige Tage später mit einem ersten Brief, in dem er die von ihm behauptete Unvollständigkeit der auf ein einzelnes System bezogenen ψ-Funktion und Verwandtes ins Spiel bringt. Es schließt sich ein neuerlicher Briefwechsel an, der aber nicht die erwünschte Klarheit bringt, so daß Born gestehen muß,[37] daß wir einen jener Fälle vor uns haben, in denen «zwei intelligente Menschen bei der Diskussion eines konkreten Problems aneinander vorbeireden können ... », während Einstein in sein Urteil doch eine gewisse Asymmetrie zu seinen Gunsten einführt, wenn er findet, sie hätten sich nicht verstanden, «weil Born ein Mensch sei, der nicht zuhören kann».[38]

Diese Äußerung ist von Pauli übermittelt, den die beiden Kontrahenten schließlich als Schlichter berufen hatten. Durch ihn wird in der Hauptsache Folgendes geklärt.[39]

Außerdem hält Einstein (wie er mir ausdrücklich wiederholte) den Begriff ‹Determinismus› nicht für so fundamental, wie es oft geschieht ...
Einsteins Ausgangspunkt ist vielmehr realistisch, nicht deterministisch ...

Insgesamt zeigt dieser Briefwechsel eine Interessenverschiebung seitens Einsteins von einem die Dynamik eines physikalischen Systems betreffenden Problem auf ein ontologisches Problem. Wären die beiden bei der Sache geblieben, so hätten sie gewiß eine Angelegenheit geklärt, die die Interpretation des quantentheoretischen Formalismus betrifft, nämlich das Verhältnis zwischen Einzelfalldeutung und statistischer Deutung. Auf den Ausgang der Kontroverse zwischen Einstein und Born komme ich in Kapitel IX.A zurück.

g) Die Rolle statistischer Gesetze (Exner versus Planck)

Bis in die zweite Hälfte des 19. Jahrhunderts hinein konnte man die Physik wahrscheinlichkeitsfrei formulieren und verstehen. Diese Zeit ging zu Ende, als in den thermodynamischen Theorien des ausgehenden Jahrhunderts erstmalig Wahrscheinlichkeiten auftauchten und zur Beschreibung der nicht genau bekannten Zustände eines mechanischen Systems von sehr vielen Freiheitsgraden dienten. Phänomene wie die Wärmeleitung, die Brownsche Bewegung, die Radioaktivität und andere, die allesamt einer Erklärung durch deterministische Gesetze widerstanden, konnten mit neuartigen statistischen Gesetzen erklärt werden. Eine grobe Übersicht über die neuen Möglichkeiten einer gesetzlichen Ausstattung physikalischer Theorien ist die folgende:

Eine Theorie enthält
(G1)   nur wahrscheinlichkeitsfreie (deterministische) Gesetze
       oder
(G2)   nur rein statistische (indeterministische) Gesetze
       oder
(G12) sowohl solche vom Typ (G1) als auch solche vom Typ (G2).

Die in Klammern gesetzten Attribute sollen daran erinnern, daß wir bevorzugt an zeitliche Prozesse als Gegenstände unserer Theorien denken. Das tut auch Planck, aber er spricht oft von «dynamischen» Gesetzen, wo er die viel engere Klasse der «deterministischen» Gesetze meint. Es ist ferner zu beachten, daß es deterministische Theorien *mit* Wahrscheinlichkeiten gibt, z.B. die epistemischen Varianten der klassischen Mechanik (s.u.). Ihre Wahrscheinlichkeiten sind reduzibel, das heißt, die betreffende Theorie ist physikalisch äquivalent zu einer wahrscheinlichkeitsfreien Theorie.[40] In diesem Zusammenhang ist ferner zu beachten, daß die Quantenmechanik *ohne Projektionspostulat* ebenfalls eine deterministische Theorie mit Wahrscheinlichkeiten ist. Sie ist deterministisch in bezug auf die ψ-Funktion, aber sie hat einen nichtklassischen Wahrscheinlichkeitsraum, und ihre Wahrscheinlichkeiten sind irreduzibel. Was schließlich die Gruppe (G2) angeht, so war diese zu der Zeit, als die relevanten philosophischen Fragen schon eifrig diskutiert wurden, noch keineswegs mit hinreichender Präzision definiert worden.

Theoretisch existiert inzwischen eine Definition, der zufolge die Gesamtheiten aus (G2) physikalische Darstellungen in der Klasse der sogenannten *stochastischen Differentialgleichungen* haben.[41] Aus der Namengebung für eine dieser Gleichungen – die Fokker-Planck-Gleichung – läßt sich entnehmen, daß Planck in einem physikalischen Forschungsbereich produktiv tätig sein konnte, ohne die relevanten philosophischen Probleme schon gelöst zu haben.

Wie verteilen sich nun die Auffassungen von Planck einerseits und Exner (sowie Schrödinger) andererseits auf die oben zusammengestellten Positionen? Um es zuerst ganz kurz zu sagen: Planck befürwortet (G1), Exner (und Schrödinger) befürworten (G2), und alle drei lehnen (G12) ab.

Als das «vornehmste Opfer» für die Unterbringung von Wahrscheinlichkeiten in den neuen (klassisch-thermodynamischen) Theorien nennt Planck «den Verzicht auf eine wirklich vollständige Beantwortung aller auf die Einzelheiten eines physikalischen Vorganges bezüglichen Fragen». Damit ist folgendes gemeint: In der klassischen Mechanik ist eine der fraglichen Einzelheiten entweder ein Ereignis oder eine zeitliche Folge von solchen, insbesondere ein Vorgang. Diese Einzelheiten sind bestimmt, wenn ihre Ereignisse es sind, das heißt, wenn sie vorliegen bzw. nicht vorliegen. Der Mathematiker ersieht aus dieser Konstruktion nun sofort, daß die möglichen Ereignisse einen Booleschen Verband bilden, auf dem man den soeben bemühten Wahrheitswertfunktionen beliebige Wahrscheinlichkeitsfunktionen zur Seite stellen kann, welche die jeweilige Kenntnislage wiedergeben. Die zuvor eingeführten Wahrheitswertfunktionen repräsentieren dann die maximalen Kenntnisse.

Als zweites Opfer empfindet Planck «die Einführung zweier verschiedener Arten der ursächlichen Verknüpfung»: einerseits der absoluten Notwendigkeit, anderseits der bloßen Wahrscheinlichkeit ihres Zusammenhanges.

Über das Auftreten dieser Gegensätze in ein und derselben Physik, ja sogar in ein und derselben Theorie, waren auch Plancks Kontrahenten (in dieser Sache) nicht gerade glücklich. Sie emotionalisieren sie und bringen Maßstäbe des Menschlichen ins Spiel.

Schrödinger wundert sich:[42]

> In der Welt der Erscheinung klare Verständlichkeit –
> hinter ihr ein dunkles, ewig unverstandenes Machtgebot,
> ein rätselvolles «Müssen».

Exner sieht die Physiker unter solchen Umständen in gewagte Spekulationen verstrickt:[43]

Man steht hier vor einem Zwiespalt der Natur, wenigstens scheint es so; gibt es wirklich zweierlei Geschehen in der Natur? Eines, das nach bestimmten, unabänderlichen Gesetzen vor sich geht, und ein anderes, das mehr oder weniger regellos verläuft? Nicht mit Unrecht hat man seit langem diesem Unterschiede durch die Einteilung in «exakte Wissenschaften» und «Geisteswissenschaften» Rechnung getragen.

So kommt also auch Exner in seinem Buch zu der Feststellung, daß diese Einteilung nicht scharf getroffen werden kann. Der Typ (G12) unserer Einteilung scheidet mithin aus. (G1) – der deterministische Weg – wird von Planck, (G2) – der indeterministische – von Exner eingeschlagen.

Plancks *Ausgangssatz* lautet:[44]

Ein Ereignis ist dann kausal bedingt, wenn es mit Sicherheit vorausgesagt werden kann.

Sätze wie dieser tauchen dort auf, wo man an brauchbaren Kriterien für das Bestehen von Kausalrelationen interessiert ist. Exakt bewiesene Voraussagen würden zu exakt bewiesenen Kausalrelationen führen. Die

Frage ist nur: Woher erhalten wir die zuerst genannten Voraussagen, wenn auch sie absolut genau und gewiß im Ergebnis sein sollen? Wir stoßen hier auf eine, wie Planck schreibt, «sehr bemerkenswerte Feststellung, die wir als ‹festliegende Tatsache›» akzeptieren müssen:

In keinem einzigen Fall ist es möglich, ein physikalisches Ereignis genau vorauszusagen.

Wenn dies eine Tatsache wäre – und Planck behauptet das –, so würde der Ausgangssatz in keinem einzigen Fall das Bestehen einer Kausalrelation ergeben. Was kann der Grund für die Geltung dieser «festliegenden Tatsache» sein, an die nicht nur Planck, sondern die ganze Physikerschaft glaubt? In der folgenden Äußerung gibt Poincaré einen Grund an: Kleine Ursachen können große Wirkungen haben:[45]

Selbst wenn die Naturgesetze für uns kein Geheimnis mehr enthielten, können wir doch den Anfangszustand immer nur *näherungsweise* kennen. Wenn wir dadurch in den Stand gesetzt werden, den späteren Zustand mit *demselben* Näherungsgrade vorauszusagen, so ist das alles, was man verlangen kann. Wir sagen dann: die Erscheinung wurde vorausgesagt, sie wird durch Gesetze bestimmt. Aber so ist es nicht immer; es kann der Fall eintreten, daß kleine Unterschiede in den Anfangsbedingungen große Unterschiede in den späteren Erscheinungen bedingen. Ein kleiner Irrtum in den ersteren kann einen außerordentlich großen Irrtum für den letzteren nach sich ziehen. Die Vorhersage würde unmöglich, und wir haben eine «zufällige Erscheinung».

Der fast ausnahmslose Glaube der Physiker an den prinzipiellen Indeterminismus in der Physik rührt aber vor allem von dem anderen, ebenfalls lückenlosen Glauben her, daß der empirische Beweis der Geltung der Physik letzten Endes auf Messungen beruht und daß Messungen im Kontinuum prinzipiell ungenau sind. Diese Ungenauigkeiten übertragen sich auf die Voraussagen, weil diese durchweg Aussagen über den Ausgang von Messungen sind. Um die Kausalität wäre es unter diesen Umständen schlecht bestellt. Wir stehen vor einem Dilemma:[46]

Entweder wir halten an dem Wortlaut des Ausgangssatzes fest, dann gibt es in der Natur keinen einzigen Fall, in welchem ein Kausalzusammenhang behauptet werden kann, oder wir fordern von vornherein Platz für die Geltung einer strengen Kausalität, dann sind wir genötigt, den Ausgangssatz einer gewissen Modifikation zu unterwerfen.

Mit den folgenden Worten schafft Planck es dann, sein physikalisches Weltbild in dieses Dilemma derart zu integrieren, daß Kausalität in der realen Welt streng gelten kann, in der Physik des physikalischen Weltbildes jedoch nur noch approximativ:[47]

Tatsächlich hat sich die physikalische Wissenschaft bisher auf der entgegengesetzten Grundlage entwickelt. Sie hat die zweite der beiden genannten Alternativen gewählt, d.h., sie hat, um das Kausalgesetz in aller Strenge aufrechterhalten zu können, den Ausgangspunkt, daß ein Ereignis dann kausal bedingt ist, wenn es mit Sicherheit vorausgesagt werden kann, etwas modifiziert. Das geschieht in der Weise, daß das Wort «Ereignis» in einem etwas geänderten Sinne gebraucht wird. Als Ereignis betrachtet nämlich die theoretische Physik nicht einen einzelnen Messungsvorgang, der immer auch zufällige und unwesentliche Elemente enthält, sondern einen gewissen, nur gedachten Vorgang, indem sie an die Stelle der Sinnenwelt, wie sie uns durch unsere Sinnesorgane bzw. durch die wie verschärfte Sinnesorgane wirkenden Meßinstrumente unmittelbar gegeben wird, eine andere Welt setzt: das sog. «physikalische Weltbild», welches eine bis zu einem gewissen Grade willkürliche Gedankenkonstruktion darstellt, eine modellmäßige Idealisierung, geschaffen zu dem Zweck, von der Unsicherheit, die an jeder einzelnen Messung haftet, loszukommen und scharfe Begriffsbestimmungen zu ermöglichen.

Die hier eingeführte Sinnverschiebung ist also eigentlich die ausdrückliche Einführung einer Zweideutigkeit innerhalb der physikalischen Sprache. Wenn wir in der Physik ein System innerhalb einer Theorie beschreiben, so erhalten alle in der Beschreibung explizit vorkommenden Größen einen ‹an sich› bestimmten Wert, der durch den jeweiligen Zustand des Systems eindeutig festgelegt ist. Denken wir uns aber einige dieser Größen gemessen, so kann das, was vorher durch Meßfehler bestimmt war, unbestimmt werden. Zwar hatten wir die Absicht, durch die Messung etwas über die wahren Werte der Größen zu erfahren. Aber wie wir aus Kapitel V wissen, ist dies eine Idealisierung der tatsächlichen Verhältnisse, und wir können unter Beschränkung auf meßfreie Aussagen in den Gesetzen der Theorie und unter Heranziehung von durchgeführten Messungen mehr oder weniger genau auf den Ausgang weiterer Messungen schließen. Die Tatsache, daß auf diese Weise ein Meßwert zwar nicht immer absolut, aber doch beliebig genau ermittelt werden kann, wird als ausreichende Rechtfertigung ontischer Beschreibungen angesehen, daß die Größen ganz bestimmte Werte haben. Das jedenfalls war die Lage in der klassischen Physik, die dann im 20. Jahrhundert durch die Quantentheorie abgelöst wurde. Wie oben gezeigt wurde, hat die ontische Beschreibung eines physikalischen Systems genau die Qualitäten, die man für die Sprache des physikalischen Weltbildes im Sinne Plancks benötigt. Hingegen ist die Quantentheorie mit einer ontischen Sprache nicht verträglich.

Der in der Frage der Kausalität konservativen Haltung Plancks hat Exner ausführlich widersprochen, und auf seiner Seite finden wir auch seinen Schüler Schrödinger.

Mit seinen Überlegungen beginnt Exner bei dem erkenntnistheoretischen Grundsatz, den die Physiker miteinander teilen: Alle, oder doch fast alle, glauben, daß die empirische Entscheidung über die Geltung eines absoluten oder exakten physikalischen Gesetzes unmöglich ist. Wegen der stets vorhandenen Meßfehler könnten alle Größen nur Durchschnittsgrößen sein und dementsprechend alle Gesetze nur Durchschnittsgesetze. In einigen Fällen, so etwa bei Druck und Dichte eines Gases, gilt dies ja schon als erwiesen, obwohl wir vorher angenommen hatten, daß es sich um exakte Größen und Gesetze handelt. Qualitativ entsteht der Druck durch den Aufprall der Gasmoleküle auf die Gefäßwände und erscheint uns kontinuierlich wegen extrem hoher Zahlen. Geht man aber zu kleineren Teilchenzahlen und kleineren Flächen über, so machen sich Schwankungen bemerkbar. Warum also sollten wir nicht auch in anderen ähnlichen Fällen ähnliches vor uns haben: Ist nicht auch die Gravitation oder die Energie in Wahrheit eine statistische Größe?[48]

Nach alledem liegt der Gedanke nahe, daß alle physikalischen Gesetze nur Durchschnittsgesetze sind; wären wir imstande, den Fall eines Körpers im leeren Raum genau zu untersuchen, wir würden ohne Zweifel die Beschleunigung konstant und die zurückgelegten Wege den Fallgesetzen entsprechend finden. Folgt aber daraus, daß diese Übereinstimmung auch noch zutreffen würde in Zeiten, die nicht nach Sekunden, sondern nach Billionstel von Sekunden ... zählen? Vielleicht ist die Beschleunigung nicht konstant, sondern schwankt sehr rasch ... Boltzmann hat, gesprächsweise, dieser Ansicht vollkommen zugestimmt und es nicht nur für möglich, sondern für sehr wahrscheinlich gehalten, daß der fallende Körper sich ruckweise bewegt ...

Abgesehen von ihrem gemeinsamen Glauben an die Durchschnittsgesetze der Physik, haben Planck und Exner in den Fragen zur Kausalität und Wahrscheinlichkeit häufig diametral entgegengesetzte Auffassungen. Von Planck haben wir gesehen, daß er einen (für die klassische Physik) wahrscheinlichkeitsfreien Kausalitätsbegriff erhalten will. Von Exner lesen wir:[49]

Wollen wir also den Begriff der Kausalität aufrechterhalten, so könnten wir nur sagen: Es müssen Ursachen vorhanden sein, welche das durchschnittliche Geschehen, aber auch nur dieses, und nicht die Einzelwerte bedingen und in gesetzmäßige Bahnen leiten. Das steht aber mit dem ursprünglichen Kausalitätsgesetz in ziemlichem Widerspruch, denn ob dieses Verhalten auch in jedem einzelnen Falle mit Notwendigkeit gilt, was ja gerade das Wesen des alten Kausalitätsgesetzes ist, davon ist hier gar nicht die Rede.

Die Differenz zwischen der Auffassung Plancks und der Exners geht also nicht so weit, daß letzterer schlechthin leugnen würde, was ersterer bejahte. Vielmehr betonen beide das Vorhandensein eines *Kausalitätsbedürfnisses,* das zuerst theistisch gedeutet wurde – die Götter leiten die Schicksale der Menschen, und auch das kosmische Geschehen wird von ihnen gelenkt. Bei den alten Griechen beginnt die Ursachenlehre, und seit dem 17. Jahrhundert nehmen Kräfte immer mehr Raum ein zur Erklärung der Bewegungen der Körper. Aus dieser Entwicklung wurden hier einige Episoden geschildert. Wie ein Generalbaß wird sie durch das Kausalitätsbedürfnis zusammengehalten. Exner:[50]

Und doch müssen wir sagen, daß dieser Begriff [der Kausalität] einem tief gefühlten Bedürfnisse entgegenkommt, aber einem solchen, das den Erfahrungen des Lebens entspringt …

Mit dem Begriff des Durchschnitts hält der Begriff der Wahrscheinlichkeit seinen Einzug und mit diesem der Begriff des Zufalls. In der Physik ist die Wahrscheinlichkeit für das Eintreten eines Ereignisses E eine Zahl zwischen 0 und 1, nämlich der Grenzwert w der relativen Häufigkeit, mit der E in einer unendlichen Versuchsreihe auftritt. Dabei wird in der Versuchsreihe ein Versuch vorgegebener Art beliebig oft wiederholt und gezählt, wie oft E unter n durchgeführten Versuchen tatsächlich aufgetreten ist. Ist a_n diese Zahl, so ist a_n/n die relative Häufigkeit des Auftretens von E unter den ersten n Versuchen, und $\lim(n\to\infty)(a_n/n)$ ist die fragliche Wahrscheinlichkeit. Woher weiß man, daß dieser Grenzwert existiert? Darüber sind ganze Bücher geschrieben worden. Für die Anwendung in der Physik wichtig ist nur, daß man endliche Ereignisfolgen E_n herstellen kann, so daß die Approximation durch die letzten a_n/n zu den übrigen vorkommenden Näherungen paßt. Unendliche Ereignisfolgen oder solche mit hinreichender empirischer Genauigkeit nennt man *statistische Gesamtheiten* (Exner: Vielheiten). Sie heißen *Bernoulli-Folgen,* wenn das Eintreten von E_n und das Eintreten von E_m unabhängig voneinander erfolgt. Die bekanntesten Bernoulli-Folgen sind die Glücksspiele wie das Würfeln und das Roulette.

Von den vielen Argumenten, die Exner zugunsten seines Standpunktes einer von absolut deterministischen Gesetzen freien Mikrowelt hat, greife ich eines heraus, an dem ihm besonders viel zu liegen schien. Wir stellen uns eine statistische Gesamtheit aus unabhängig voneinander erzeugten Ereignissen E_1, E_2, E_3, ... vor. Es geht um die kausale Rolle der einzelnen Ereignisse E_n. Dazu Exner:[51]

... immer wenn physikalische Erscheinungen aus vielen gleichartigen, voneinander unabhängigen Einzelereignissen resultieren, wirken die von den Deterministen vorausgesetzten Ursachen geradeso, als wenn im ganzen keine Ursachen vorhanden wären, sondern der Zufall walten würde.

Mit dieser Aussage wendet sich Exner gegen einen verkappten Determinismus als notwendige Grundlage der Wahrscheinlichkeitstheorie. Der verkappte Determinismus nimmt stillschweigend an, daß z. B. ein Roulette eine physikalische Versuchsanordnung zur Herstellung von gewissen Endzuständen aus gewissen Anfangszuständen ist, wobei die ersteren aus den letzteren eindeutig hervorgehen. Der Wahrscheinlichkeitstheoretiker hält dem entgegen, daß dem so sein mag, man dafür aber keinen Beweis hat und wohl auch grundsätzlich nicht haben kann. Diese Frage ist aber auch nicht entscheidend:[52]

Das, worauf es ankommt, ist ... gar nicht die zufällige oder kausale Bedingtheit der Einzelereignisse, sondern daß diese voneinander unabhängig sind.

In moderner Terminologie würde dies heißen, daß man sich auf Bernoulli-Reihen beschränkt und z. B. Markov-Ketten ausschließt. Aber es geht hier um Grundsätzliches, und da sind die Bernoulli-Reihen vorrangig.

In seiner Antrittsvorlesung an der Universität Zürich hat Erwin Schrödinger die philosophische Arbeit Exners zum Gesetzesbegriff der Physik gewürdigt und ausgeführt:[53]

Es war der Experimentalphysiker Franz Exner, der im Jahre 1919 zum erstenmal mit voller philosophischer Klarheit Kritik erhoben hat gegen die Selbstverständlichkeit, mit der die Überzeugung von der absoluten Determiniertheit des molekularen Geschehens von jedermann gehegt wird ... Die Beweislast *obliegt den Verfechtern, nicht den Zweiflern an der absoluten Kausalität.* Denn daran zu zweifeln ist heute bei weitem das *natürlichere.*

h) Indeterminismus und Chaos (Born versus von Laue)

In den 1950er Jahren hat Born eine Reihe von Arbeiten geschrieben, in denen er die Frage beantworten wollte, ob die klassische Mechanik «tatsächlich» deterministisch sei.[54] Das Vorkommen des Wortes «tatsächlich» schon im Titel der ersten dieser Arbeiten signalisiert, daß hier eine weithin geglaubte Sache – der Determinismus der klassischen Mechanik – in Wahrheit gar nicht besteht. Vielmehr sei bereits, wie man seit Etablierung der Quantenmechanik verschärfend hinzufügen darf, die klassische Mechanik indeterministisch, wenn auch in einem anderen Sinn als ihr klassischer Vorläufer. Quantenmechanisch charakteristisch für den dortigen Indeterminismus sind u.a. die Nichtvertauschbarkeit der Observablen und die Heisenbergschen Unbestimmtheitsrelationen, die im klassischen Fall nicht gegeben sind. Aber hier wie dort gilt Plancks «festliegende Tatsache», daß es keine exakten Voraussagen gibt, die auf Messungen zurückgehen. Born schildert darauf die klassische Situation, wie sie durch das sogenannte chaotische Verhalten[55] eines dynamischen Systems gegeben ist: Da ist es nicht nur so, daß ungenaue Anfangsdaten bestehen und erhalten bleiben. Vielmehr wird ein charakteristischer Unterschied gemacht zwischen einem Verhalten, bei dem eine anfängliche kleine Differenz in den Zustandsdaten für den gesamten weiteren Verlauf erhalten bleibt (stabiler Fall), und einem Verhalten, bei dem es einem diesen Gefallen nicht tut, diese Differenz vielmehr zu ungeahnten Größen anschwillt (instabiler Fall).

Was Born nun stört, ist der instabile Fall: Für die kinetische Gastheorie argumentiert er anhand eines Teilchens:[56]

Eine sehr kleine Richtungsänderung der Anfangsgeschwindigkeit muß dann zu großen Bahnänderungen führen ... Macht man die anfängliche Richtungsabweichung kleiner, so wird der Moment des Umschlagens der Bahn in eine andere herausgeschoben, aber schließlich wird er doch eintreten. Fordert man Determiniertheit für alle Zeiten, so muß man jede, auch die kleinste Abweichung der Anfangsrichtung ausschließen. Hat das aber einen physikalischen Sinn? Ich bin der Überzeugung, daß es keinen Sinn hat, daß vielmehr Systeme dieser Art tatsächlich indeterminiert sind.

Born sieht die Schwierigkeiten mit den instabilen Bewegungen u. a. in der massiven Anwendung des mathematischen Kontinuums. Dazu führt er aus:[57]

Aussagen wie «Eine Größe x hat einen scharf bestimmten Wert» (ausgedrückt durch eine reelle Zahl, ...) scheinen mir keinen physikalischen Sinn zu haben. Die moderne Physik hat ihre größten Erfolge durch Anwendung des methodologischen Prinzips errungen, daß Begriffe sinnlos sind und eliminiert werden müssen, deren Anwendung prinzipiell unbeobachtbare Unterscheidungen erfordert.

Nach Nennung der Namen von Einstein und Heisenberg und ihrer einschlägigen Erfolge gibt Born der Vermutung Ausdruck, daß es sich bei dem Kontinuumsproblem um einen ähnlichen Fall handelt, dessen Lösung allerdings nicht dadurch erfolgen kann, daß man das mathematische Kontinuum mir nichts dir nichts aus der Physik eliminiert.[58] «Vielmehr muß eine physikalische Situation mit Hilfe reeller Zahlen so beschrieben werden, daß der natürlichen Unschärfe aller Beobachtung Rechnung getragen wird.» Ein Schritt in diese Richtung wäre für Born wohl der Übergang von den exakten Hamiltonschen Gleichungen

$$dp_k/dt = -\delta H/\delta q_k$$

$$dq_k/dt = \delta H/\delta p_k$$

der Mechanik zu ihrer Liouvilleschen Fassung

$$dp_t/dt = \{H, \rho_t\}$$

mit einer stetigen Dichtefunktion ρ, die man als den Kenntnisgrad $\rho(p,q)$ interpretiert, den man über den Zustand (p,q) zur Zeit t hat. Bei überall positiver Funktion ρ kommt eine genaue Kenntnis nicht in Frage. Dementsprechend liegt Indeterminismus in bezug auf den exakten Zustand vor.

Die Position Borns ist von Laue angegriffen worden. Für von Laue ist die klassische Mechanik primär eine ontische Theorie. Ein mechanisches System ist jederzeit in einem wohlbestimmten Zustand, beschrieben durch einen Punkt im Phasenraum, dessen zeitliche Entwicklung durch die Hamilton-Gleichungen gegeben ist. Die (kontingenten) Größen des Systems sind reellwertige Funktionen $f_t(p,q) = f((p,q)_t)$ im Phasenraum. Sie haben jederzeit einen durch den jeweils vorliegenden Zustand eindeutig bestimmten Wert. Von Laue dazu:[59]

[Die klassische Physik] behauptet ..., daß der Massenpunkt zu Beginn einen ganz bestimmten Ort und eine ganz bestimmte Geschwindigkeit besitzt, obwohl niemand diese mit mathematischer Genauigkeit anzugeben imstande ist. Für die Auffassung, welche Born vertritt, *existieren* daher solche genau bestimmten Angaben nicht. Aber die klassische Physik glaubt nun einmal ... an eine objektiv vorhandene physikalische Welt und muß daher ihre Existenz bejahen.

Speziell zum Determinismus stellt von Laue klar:

Die genauen Werte [von Größen] sind eben physikalische Realitäten und unabhängig davon, was Menschen von ihnen wissen. *Daß diese Realitäten den ganzen Ablauf der Bewegung eindeutig bestimmen, das ist der Determinismus der klassischen Physik.*

Aber auch in Kenntnis des von Laueschen Einwandes kann sich Born die ontische Auffassung der klassischen Mechanik nur als eine historische Episode zu eigen machen:[60]

Obwohl ich selbst in den Ideen des vorigen Jahrhunderts aufgewachsen bin, ist es mir immer sonderbar erschienen, daß es ein Gebiet geben soll, die Mechanik und die nach ihrem Vorbilde geformte klassische Physik, wo alles absolut exakt ist und frei von den Unsicherheiten, die sonst das menschliche Leben und Denken beherrschen. Ich sehe daher in der Elimination dieser vermeintlichen Genauigkeit durch die moderne Physik einen Fortschritt im Streben nach einer einheitlichen Weltauffassung.[61]

VIII. Quantenmechanik: Die Kopenhagener Schule

> Die Frage ist nicht, ob eine Theorie zu verrückt ist,
> sondern ob sie verrückt genug ist.
> *Niels Bohr*

Mit der Quantenmechanik betrete ich ein Gebiet, welches das Philosophieren der Physiker in einem besonderen Maße herausgefordert hat. Mit Fug und Recht können die der Quantenmechanik gewidmeten philosophischen Bemühungen von Physikern einem selbständigen Bereich zugewiesen werden, der heute weit über tausend Beiträge umfaßt und also kaum noch von einem einzelnen überblickt werden kann.[1] In zeitlicher Hinsicht verteilen sich diese Beiträge über das gesamte 20. Jahrhundert mit einem gewissen Höhepunkt um dessen Mitte herum, und die Produktion auf diesem Gebiet wird andauern, ohne daß bis heute ein Ende abzusehen ist. In inhaltlicher Hinsicht führend ist zunächst die sogenannte *Kopenhagener Deutung* des quantenmechanischen Formalismus geworden und mit gewissen Abstrichen auch bis heute geblieben. Sie kann ohne zu große Willkür dem Trio Bohr, Heisenberg und Pauli zugeschrieben werden. Von Anfang an hat diese Auffassung aber auch Gegner gehabt, zu denen insbesondere Physiker gehörten, die wesentliche Beiträge zur Etablierung der Quantenmechanik geleistet haben, allen voran Planck, Einstein, Schrödinger und de Broglie. Zunächst blieb es bei Bekundungen allgemeiner Unzufriedenheit mit der Kopenhagener Auffassung, die vor allem den Verlust des klassischen Realismus und der anschaulichen Beschreibung physikalischer Vorgänge betrafen. In diesem Rahmen haben sich besonders Einstein und Schrödinger artikuliert (vgl. Kapitel VII.A bzw. B). Dann aber wurden auch konkretere Gegenvorschläge vorgebracht, von denen besonders die sogenannten *Theorien verborgener Parameter* eine gewisse Aufmerksamkeit auf sich lenken konnten, zumal weil andere Autoren angebliche Beweise für die Unmöglichkeit solcher Theorien erbracht hatten. Einen gewissen Achtungserfolg konnte die Theorie von David

Bohm erzielen, die bereits ausdrücklich gegen einen Unmöglichkeitsbeweis von Neumann gerichtet war. Ein in gewisser Hinsicht weiter reichender Beweis ist, neben vielen anderen Beiträgen, später von John Bell erbracht worden. Bell, eigentlich ein Parteigänger von Bohm, hat damit den Ast abgesägt, auf den er sich gerade setzen wollte. Der Vergleich von Theorien verborgener Parameter mit Beweisen für die Unmöglichkeit derselben hat viel zum Verständnis der vorgeschlagenen Theorien beigetragen (Kapitel VII.C). Die Lehre dieses Kapitels wird sein, daß stärker noch als die in Kapitel VI behandelte Relativitätstheorie die Quantentheorie gezeigt hat, daß die Philosophie auf die Dauer in der Gefahr ist, an der Wissenschaft vorbeizureden, wenn sie nicht gelegentlich ihre Resultate zur Kenntnis nimmt. Diese Kenntnis der Philosophie zu vermitteln bleibt allerdings eine Aufgabe für die Wissenschaftler.

Für eine Wiedergabe der Kopenhagener Deutung ist es zweckmäßig, gelegentlich auch Personifizierungen vorzunehmen. Untergebracht war die *Kopenhagener Schule*[2] im Institut für Theoretische Physik der Universität Kopenhagen. Als geistiges Forum hatte sie *Niels Bohr,* den Direktor des Instituts, zu ihrem Haupt. Sie war eine Schule zunächst in dem gewöhnlichen Sinn, daß während der zwanziger und dreißiger Jahre des 20. Jahrhunderts Physiker aus aller Welt dort als Gäste weilten, um die neue Quantenmechanik zu lernen. In höherem Sinne war sie – neben Göttingen – eine Schule als Zentrum der physikalischen Ausarbeitung der Quantenmechanik. Drittens ist dort zuerst die Erkenntnis der philosophischen Bedeutung dieser neuen Mechanik gereift, und es ist zur Bildung einer – hier würden manche sagen – philosophischen Doktrin gekommen, der sogenannten *Kopenhagener Deutung* der Quantenmechanik. Nicht daß diese Deutung absolut festgestanden hätte oder wenig auslegungsfähig gewesen wäre. Eher das Gegenteil ist der Fall, und nicht ganz zu Unrecht ist verschiedentlich betont worden, ausgerechnet das Haupt der Schule, Bohr selbst, sei einen Sonderweg gegangen. Als doktrinär erschien wohl mehr, daß hier einem Stück Physik überhaupt und dann auf irreführende Weise eine philosophische Perspektive einverleibt werden sollte. Tatsächlich ging es jedoch nur darum, den Physikern zu zeigen, daß sie ihre ohnehin vorhandene, wenn auch unbewußte Philosophie der Physik durch eine *andere* zu ersetzen haben würden. Neben Bohr haben dies in jeweils etwas anderem Sinne auch Heisenberg und Pauli getan.

An einem Beispiel möchte ich verdeutlichen, was ich mit jener etwas doktrinären Einverleibung meine. Bohr als der führende Kopf der Kopenhagener Schule hat in seinen Versuchen, den allgemeinen Inhalt der Quantenmechanik zu formulieren, häufig Formulierungen verwendet, mit denen er nicht nur sagt, wie sich die Sache seiner Meinung nach verhält, sondern darüber hinaus, daß sie sich so und so verhalten *muß*. Und das hat er – wohlgemerkt – nicht in der Form getan, daß er *erst* eine schlichte Inhaltsangabe geliefert hätte, um davon getrennt hinzuzufügen, so wie angegeben sei es auch notwendigerweise. Vielmehr hat er beides *in ein und demselben Satz* – sozusagen im selben Atemzug – getan. Er hat also zur bloßen Mitteilung einer Sache Formulierungen gewählt, in denen zugleich die Unausweichlichkeit des Mitgeteilten ausgesagt wird. Sogar seine engere Umgebung hat diese Eigenart bemerkt und «die Beschwörungsterminologie»[3] genannt.

So verwendet Bohr, um *mitzuteilen,* daß zu einem Quantenphänomen neben dem Objekt auch allemal eine experimentelle Anordnung gehöre, gerne Formulierungen wie: «Eine unzweideutige Interpretation der Symbole der Quantenmechanik *kann keine andere sein als* diejenige in den wohlbekannten Regeln enthaltene, die uns die Ergebnisse vorherzusagen gestattet, die wir mit Hilfe einer gegebenen experimentellen Anordnung erhalten.»[4] Und um erneut, einfach als Inhalt der Theorie, *mitzuteilen,* daß die experimentelle Anordnung klassisch beschrieben wird, sagt er: «Die Mitteilung jeglicher Evidenz *muß* in klassischen Begriffen ausgedrückt werden.»[5] Ich bitte zu beachten, daß die Vorführung dieser Zitate keineswegs zeigen soll, daß Bohr keine guten Gründe für seine Forderungen angegeben oder etwa gar keine besessen habe. Es geht ausschließlich um die Demonstration einer etwas unglücklichen Verquickung von schlichter Inhaltsangabe mit einer modalen Paraphrasierung derselben. Nach unserem gewöhnlichen Verständnis fügt die Behauptung der Notwendigkeit einer Aussage deren Inhalt *nichts* hinzu. Daneben könnte man eine Notwendigkeitsformel zum Hinweis auf diejenigen Inhalte verwenden, die für die Notwendigkeit im vorher gemeinten, gewöhnlichen Sinn verantwortlich sind. Und eine solche Verwendung scheint mir bei den frühen Darstellungen der Kopenhagener Auffassung tatsächlich vorzuliegen. Sie ist aber äußerst mißverständlich und nimmt die Hypothek des Anspruchs auf, daß hier am Ende die ihre eigene Notwendigkeit beweisende physikalische Theorie gefunden sei. Die psychologische Seite der Sache ist, daß

Bohrs Arbeiten durch diese ständige Kontaminierung von Mitteilung und Begründung in der Tat etwas Beschwörendes erhalten, vor dem es kein Entrinnen zu geben scheint. Es war abzusehen, daß eines Tages andere Physiker den Versuch machen würden, aus dem Kopenhagener Areal auszubrechen.

Neben dieser leicht durchschaubaren und daher auch leicht korrigierbaren Eigenart muß man auf den besonderen Sprachstil von Bohr gefaßt sein, der einen bisweilen zur Verzweiflung bringen kann. Hier ist eine von vielen Klagen in dieser Hinsicht:[6]

Lehrbuchdarstellungen der Kopenhagener Deutung übergehen die heiklen Punkte im allgemeinen. Bezüglich näherer Details werden die Leser meist auf die Schriften von Bohr und Heisenberg verwiesen. Aber auch dort ist es schwer, Klarheit zu gewinnen. Die Schriften Bohrs sind außerordentlich schwer erfaßbar und scheinen nie zu sagen, was man eigentlich wissen will. Sie weben einen Schleier von Worten rund um die Kopenhagener Deutung, sagen aber nicht, was sie nun wirklich ist. Heisenbergs Schriften sind direkter. Seine Aussagen scheinen aber auf eine subjektive Deutung hinauszulaufen, die den scheinbaren Intentionen Bohrs diametral widerspricht ...

... Die Schriften von Bohr und Heisenberg haben kein klares und unzweideutiges Bild der grundlegenden logischen Struktur ihres Standpunktes geschaffen.

Von Weizsäcker, den man sehr wohl der Kopenhagener Schule zurechnen darf, findet im Rückblick doch, daß deren Deutung niemals völlig geklärt worden sei und daher ihrerseits eine Interpretation verlange.[7] Und ein Historiker resümiert, daß der Kopenhagen-ismus ein Gattungsbegriff war und ist, der einen ganzen Bereich verwandter Interpretationen zusammenfaßt.[8] Durch solche mehr oder weniger hart ausfallenden Urteile verschaffen sich die meisten Sekundärautoren, die über die Kopenhagener Deutung schreiben, eine Generalabsolution für ihre eigene Interpretation.

Rein physikalisch gesehen ist die Quantenmechanik (QM) vor allem aus Schwierigkeiten entstanden, ein Modell für das Atom allein auf die klassische Mechanik und Elektrodynamik zu gründen sowie das dualistische Verhalten von Licht und Materie zu verstehen. Das Rutherfordsche Atommodell (1911) konnte nicht funktionieren, da die Strahlungsdämpfung auf gekrümmten Bahnen bewegte Elektronen (für irdische

Belange) sehr schnell in den Kern abstürzen lassen würde. Das Bohrsche Atommodell (1913) konnte diesen Umstand nur für das Wasserstoffatom erfolgreich beheben. Die Idee von Lichtquanten wurde 1905 von Einstein eingeführt und zur Deutung des photoelektrischen Effekts benutzt. Beugungserscheinungen für Elektronen wurden 1923 von de Broglie theoretisch angenommen und 1927 von Davisson und Germer experimentell nachgewiesen. Diese Ergebnisse führten aber zunächst zu einem Dilemma, dem sogenannten Dualismus von Welle und Teilchen: Beide Vorstellungen zugleich anzuwenden erscheint unmöglich. Und doch verhalten sich Licht und Materie unter geeigneten Umständen das eine Mal wie Teilchen, das andere Mal wie Wellen.

Die Kopenhagener Interpretation der QM ist nun in erster Linie dadurch ausgezeichnet, daß sie diese (und weitere) Schwierigkeiten ernst nimmt und davon ausgeht, daß es *aussichtslos* ist, sie auf der Grundlage einer im weiteren Sinne klassischen Physik lösen zu wollen. Es kann nicht mehr darum gehen, zu den schon bekannten Ladungen und Feldern neue Realitäten hypothetisch hinzuzufügen und diese in gleicher Weise wie die alten zu beschreiben. Vielmehr gilt es, die alte Wirklichkeit auf eine neue und reichhaltigere Weise zu erfassen. Schon 1924 hat Pauli in einem Brief an Bohr angedeutet, wie weitgehend sie sich hier zu Modifikationen gezwungen sehen würden:[9]

Die relativistische Dublettformel scheint mir nun zweifellos zu zeigen, daß nicht nur der dynamische Kraftbegriff, sondern auch der kinematische Bewegungsbegriff *tiefgehende Modifikationen* wird erfahren müssen. (Deshalb habe ich auch die Bezeichnung ‹Bahn› in meiner Arbeit durchweg vermieden.) (Hervorhebung durch d. Verf.)

Als Pauli dies schrieb, war er 24 Jahre alt. Der deutlich ältere Bohr war um diese Zeit um die Formulierung seines Korrespondenzprinzips bemüht und nahm damit eine eher rückwärtsgerichtete Haltung ein: Jedenfalls mußte die klassische Physik als Grenzfall der neuen Quantentheorie herauskommen (vgl. Kapitel VII) und:[10]

Beim jetzigen Standpunkt der Physik muß jedoch jede Naturbeschreibung auf eine Anwendung der in der klassischen Theorie eingeführten und definierten Begriffe gegründet werden.

a) Quantenphänomene

In der Einstellung Paulis kündigt sich für eine neue Mechanik von vorneherein philosophisch Bedeutungsvolles an. Dies erfüllt sich zunächst in der Preisgabe der klassischen Ontologie, der zufolge physikalische Systeme in *allen* ihren Bestimmungsstücken unabhängig von der Möglichkeit ihrer Beobachtung beschrieben werden können und in diesem Sinne objektivierbar sind. In der neuen Ontologie tritt an die Stelle des isoliert gedachten, durchgängig mit autonomen Eigenschaften versehenen Systems eine neue Einheit, die außer dem jeweiligen Objekt immer auch die experimentelle Anordnung enthält, mit der das Objekt erzeugt (oder präpariert) und in gewisser Hinsicht beobachtet wird. Eine typische Formulierung dieser Forderung bei Bohr ist:[11]

Die wesentliche Lehre der Analyse von Messungen in der Quantentheorie ist die Betonung der *Notwendigkeit,* in der Beschreibung der Phänomene die gesamte experimentelle Anordnung in Betracht zu ziehen.

Objekt und experimentelle Anordnung bilden eine neuartige Ganzheit – ein *Quantenphänomen* –, die wegen der im Rahmen des Planckschen Wirkungsquantums prinzipiell unkontrollierbaren Wechselwirkung zwischen Objekt und Versuchsanordnung keine weitere Unterteilung zuläßt, die zu einer Beschreibung dessen führen würde, was am Objekt (und auch am Meßapparat) ‹wirklich› passiert. Zunächst gilt:[12]

Der Hauptunterschied zwischen der Untersuchung von Phänomenen in der klassischen Physik und in der Quantenphysik ist ..., daß in der ersteren die Wechselwirkung zwischen den Objekten und den Meßgeräten außer acht gelassen oder kompensiert werden kann, während in der letzteren diese Wechselwirkung einen integrierenden Bestandteil der Phänomene bildet.

Die Meßwechselwirkung macht nun auch die Ganzheit eines Quantenphänomens aus, von der vorher die Rede war. Bohr fährt fort:

Die wesentliche Ganzheit eines Quantenphänomens findet ihren logischen Ausdruck in dem Umstande, daß jeglicher Versuch einer wohldefinierten Unterteilung eine Veränderung der Versuchsanordnung verlangen würde, die mit dem Auftreten des Phänomens selbst unvereinbar wäre.

In dieser neuen Einheit kommt das *Objekt* nur noch in Form einer Gesamtheit *möglicher,* an ihm vollziehbarer Messungen vor. Dementsprechend gestattet der für solche Gesamtheiten zuständige Hilbertraum-Formalismus nicht mehr die Voraussage einzelner Meßergebnisse, sondern nur noch die von *Wahrscheinlichkeiten* für das Auftreten einzelner Meßergebnisse. Diese Wahrscheinlichkeiten sind irreduzibel, und die Irreduzibilität findet ihren Ausdruck in einem dichten Netz von Inkommensurabilitäten. Keine der möglichen Messungen hat unabhängig von den anderen ein vom Objekt sozusagen schon vorweggenommenes Resultat, das von der Messung nur festgestellt wird. Dementsprechend sind die Wahrscheinlichkeiten nicht wie im klassischen Fall nur Ausdruck einer im Prinzip behebbaren Unkenntnis des Objekts, sondern gehören wesentlich zum Objekt selbst. Dies meint Pauli mit den Worten:[13]

Jenes statistische Verhalten der vielen gleichen Einzelsysteme, die keinerlei Kontakt miteinander haben (‹fensterlose Monaden›), ohne doch andererseits kausal determiniert zu sein, ist ja in der Quantenmechanik als letzte, nicht weiter reduzierbare gesetzmäßige Tatsache aufgefaßt.

Was andererseits die *Versuchsanordnung* angeht, so müssen deren für das Verständnis der Vorgänge entscheidenden Teile mit den Begriffen der klassischen Physik und den Mitteln der Umgangssprache beschrieben werden. Bohr:[14]

Wie weit auch die Phänomene den Rahmen klassisch physikalischer Erklärung überschreiten mögen, die Darstellung aller Erfahrung [muß] in klassischen Begriffen erfolgen.

Es ist das wohl letztlich Charakteristische an der Kopenhagener Deutung, daß ihr zufolge eine wirklich abgeschlossene Messung sich weder schon in der physikalischen Wechselwirkung von Objekt und Meßgerät erschöpft noch erst durch die mit Bewußtsein erfolgte Kenntnisnahme eines Beobachters vollendet wird. Entscheidend ist die semantische Forderung der klassischen Beschreibung der Versuchsanordnung zur Deutung der Vorgänge, soweit sie möglich ist. Dabei führt die Forderung der klassischen Beschreibung eines Meßapparates (oder auch eines Präparators) nicht etwa zur Bildung einer Klasse von Objekten, die der QM grundsätzlich entzogen würden. Vielmehr ist jedes Objekt grundsätzlich der QM unterworfen und kann *als Objekt* in einem Quantenphänomen fungieren. Und nur wenn es *als Meßapparat (bzw. Präparator)* dienen soll, gilt die Forderung der klassischen Beschreibung.

Heisenberg hat darauf hingewiesen, daß der Begriff des Quantenphänomens ein Paradoxon enthält.[15] Einerseits ist die QM eine Verbesserung der klassischen Physik und das in dem starken Sinne, daß sie ihr in einigen wesentlichen Punkten widerspricht. Andererseits ist sie in einem Quantenphänomen mit der klassischen Physik vereint, und diese wird dort zur Beschreibung der Versuchsanordnung benutzt. Das geht nur dadurch gut, daß man hierfür eine klassische Näherung der QM wählt. Nur soweit solche Näherungen existieren, kann man sich ein Quantenphänomen überhaupt verständlich machen.

b) Dynamik

Nach dem, was über Bohrs Begriff des Quantenphänomens ausgeführt wurde, wird man sich mit Recht fragen, was vor lauter Drum und Dran der jeweiligen Versuchsanordnung noch über das *quantenmechanische Objekt selbst* zu sagen sein wird.

Mit dem Wortlaut dieser Frage wird schon berücksichtigt, was Bohr auf die (andere) Frage geantwortet hat, ob der Algorithmus der QM irgendwie eine zugrundeliegende Quantenwelt widerspiegle. Er hat geantwortet:[16]

Es gibt keine Quantenwelt. Es gibt nur eine quantenphysikalische Beschreibung. Es ist falsch zu denken, es sei die Aufgabe der Physik herauszufinden, wie die Natur *ist*. Die Physik geht allein an, was wir über die Natur sagen können.

Das Wichtigste, was es über ein quantenmechanisches Objekt zu sagen gibt, betrifft seine *Dynamik*. Das folgende Schema zeigt zunächst die Herkunft aus der klassischen Mechanik:

Zustandsraum		*Bewegungsgleichung*
CM	Phasenraum	Hamilton-Gleichungen
CSM	Wahrscheinlichkeitsdichten	Liouville-Gleichung
QM	ψ-Funktionen im Hilbertraum	Schrödinger-Gleichung
QS	Statistische Operatoren	v.-Neumann-Gleichung

(CM = Klassische Mechanik; CSM = Statistische Mechanik; QM = Quantenmechanik; QS = Quantenstatistik)

CM ist beobachtungs- und wahrscheinlichkeitsfrei. Die Elemente des Phasenraumes beschreiben die Zustände eines klassischen Systems genau so, wie Einstein dies generell haben wollte. In CSM werden bereits beide Merkmale aufgegeben, aber gewissermaßen ohne Not, zumindest ohne große Not. Die Wahrscheinlichkeiten werden benutzt, um im Prinzip vermeidbare Unkenntnisse des Zustandes positiv zu formulieren. Die Liouville-Gleichung *folgt* aus den Hamilton-Gleichungen. CM bleibt die für CSM grundlegende Theorie. Das gilt nicht mehr für QM relativ zu CSM, aber für QM relativ zu QS. Die für QM zuständige Bewegungsgleichung, die *Schrödinger-Gleichung*

(1 a) $i\hbar d\psi_t/dt = H \cdot \psi_t$

mit einem jeweils gegebenen Hamiltonoperator H, steht in keiner einfachen logischen Beziehung zur Liouville-Gleichung. Und dasselbe gilt für die zu den neuen *Wahrscheinlichkeitsaussagen*

(2 a) $w_\psi(P) = \|P \cdot \psi\|^2$ (P eine kontingente Eigenschaft)

gehörigen Dichten bezüglich der klassischen Wahrscheinlichkeitsdichten: Für QM ist der Wahrscheinlichkeitsraum nicht mehr der Phasenraum, sondern der nur ‹halb so große› Konfigurationsraum. In Heisenbergs Worten:[17]

... an der scharfen Formulierung des Kausalgesetzes ‹Wenn wir die Gegenwart genau kennen, können wir die Zukunft berechnen› ist nicht der Nachsatz, sondern die Voraussetzung falsch. Wir können die Gegenwart in allen Bestimmungsstücken prinzipiell nicht kennenlernen.

Die Folge hiervon ist, daß wir in QM nur von gegebenen Wahrscheinlichkeitsaussagen auf andere solche schließen können. Und dasselbe gilt für QS, das durch die Verallgemeinerungen

(1 b) $i\hbar dW_t/dt = HW_t - W_t H$

von (1 a) für die Dynamik (v.-Neumann-Gleichung) und

(2 b) $w_W(P) = \text{Tr}(W \cdot P)$

von (2 a) für die Wahrscheinlichkeitsaussagen definiert ist. Damit die Bewegungsgleichungen überhaupt angewendet werden können, braucht man schließlich die *Zustandsaussagen*

(3 a bzw. b) ψ bzw. W liegt vor (d. h. ist präpariert).

Alle vier Bewegungsgleichungen sind Gesetze für die möglichen zeitlichen Zustandsänderungen eines Objekts, und alle vier Gesetze sind deterministisch – auch die beiden quantenmechanischen. In e) lernen wir noch eine andere Verallgemeinerung der ψ-Funktionen kennen.

In formaler Hinsicht bilden die Formeln (1) bis (3), zusammen mit einer noch anzugebenden Regel für die Behandlung zusammengesetzter Objekte, das Kernstück der QM, an dessen Korrektheit (in den üblichen Grenzen) heute jeder Physiker glaubt. Eine weitere formale Möglichkeit neben (2 ab) wird in e) eingeführt werden.

c) Voraussage und Determinismus

Die Bewährungsaufgabe unserer physikalischen Theorien ist es, uns empirisch prüfbare Konsequenzen ihrer (durch immer andere kontingente Bedingungen eingeschränkten) Gesetze zu liefern. Solche Konsequenzen der Gleichung (1 a) erhält man, wenn man (bei ohnehin als bekannt vorausgesetztem H) auch den Zustand ψ^o des Objekts zum Zeitpunkt $t=0$ kennt. Dann kann man mit Hilfe der Gleichung (1 a), da sie deterministisch ist, den Zustand ψ^t zu einer vorgegebenen Zeit $t>0$ eindeutig berechnen. Um von ψ_t zu empirisch prüfbaren Aussagen zu kommen, benutzt man Schlüsse der Form

(4) $(\psi \text{ liegt vor}) \vdash (w_\psi(P) = \|P \cdot \psi\|^2)$

und erhält so für jede vorgegebene Eigenschaft P die Wahrscheinlichkeit $w_t(P)$ ihres Vorliegens als eine *Voraussage* auf Grund des Vorliegens von ψ^o. Will man die Gleichung (1) *prüfen,* so macht man außerdem eine statistische Erhebung durch wiederholte Messungen von P und vergleicht sie mit der Voraussage. Ich nehme an, daß die folgenden beiden Äußerungen von Bohr und Heisenberg eben diesen Vorgang wiedergeben sollen:[18]

Jede unzweideutige Interpretation des quantenmechanischen Formalismus schließt die Fixierung der äußeren Bedingungen [ein], durch welche der Anfangszustand des betrachteten atomaren Systems sowie der Charakter der möglichen Voraussagen der dann zu beobachtenden Eigenschaften des Systems definiert werden. In der Tat kann jede Messung in der Quantentheorie sich nur entweder auf die Fixierung des Anfangszustandes oder auf die Prüfung jener Voraussagen beziehen, und es ist allererst die Kombination von Messungen *beider* Arten, die ein wohldefiniertes Phänomen bilden.

Hierin ist die Entwicklung des Zustands nach der Schrödinger-Gleichung nicht erwähnt, da es Bohr im Kontext darauf nicht ankam. Sie gehört aber selbstverständlich mit zu dem Vorgang, den Heisenberg seinerseits folgendermaßen beschreibt:[19]

Daher erfordert die theoretische Deutung eines Experiments drei deutlich unterschiedene Schritte. Im ersten wird die experimentelle Ausgangssituation in eine Wahrscheinlichkeitsfunktion übersetzt. Im zweiten wird diese Funktion rechnerisch im Laufe der Zeit verfolgt. Im dritten wird eine neue Messung am System vorgenommen, deren zu erwartendes Ergebnis dann aus der Wahrscheinlichkeitsfunktion berechnet werden kann.

Trotz der etwas eingehenderen Behandlung, die Heisenberg der Sache 1958 in seinen Gifford-Lectures hat angedeihen lassen, bleibt hier einiges zu besprechen.[20] Zehn Jahre später hat sich Lamb (Nobelpreis für Physik 1955) der Sache beiläufig angenommen, weil es hier so laufe wie nach Mark Twain beim Wetter: Jeder redet davon, aber keiner tut etwas dafür. Was er selbst dafür tut, beurteilt Lamb so:[21]

Während in Wirklichkeit niemand die Experimente ausführen kann, die ich diskutiere, stellen sie doch einen idealen Grenzfall dar, der es wert ist, betrachtet zu werden.

Besondere Sorgfalt verwendet Lamb auf die Klärung, worin der erste Schritt des Prozesses bestehen soll, also nach Bohr «die Fixierung der äußeren Bedingungen, durch welche der Anfangszustand des betrachteten ... Systems definiert [wird]», bzw. bei Heisenberg die «Übersetzung der experimentellen Ausgangssituation in eine Wahrscheinlichkeitsfunktion». Bohr und Heisenberg und viele andere reden in diesem Zusammenhange so, als wenn sie meinten, es sei eine *Messung,* die bei der Herstellung des Anfangszustandes im Spiele ist. Hierzu nun Lamb:

> Obwohl einige Autoren die *Präparierung eines Zustandes* durcheinanderbringen mit einer *Messung,* sind diese Begriffe sowohl in logischer als auch in physikalischer Hinsicht sehr verschieden.

Das ersieht man schon aus dem Charakter der jeweiligen Ergebnisse der beiden Prozesse. Das Ergebnis einer einzelnen Messung ist ein Wert der gemessenen Observablen (oder eben: eine Eigenschaft). Bei Wiederholung der Messung erhalten wir bestenfalls eine Werte-Statistik für die fragliche Observable. Das Ergebnis der Herstellung eines Zustandes hingegen liefert uns wegen (2) ein Wissen davon, mit welcher Wahrscheinlichkeit welche Observablen welche Werte haben (bzw. welche Eigenschaften vorliegen), und das für *jede* Observable (bzw. Eigenschaft). Es ist evident, daß man dafür im allgemeinen etwas mehr tun muß als bei einer gewöhnlichen Messung. Aber was?

In seiner kleinen Arbeit hat Lamb unter Beachtung des fraglichen Unterschieds für beide Fälle gezeigt, wie man einen beliebigen Zustand herstellen bzw. eine beliebige Observable messen kann – beides, wie gesagt, nur im Prinzip und unter idealen Bedingungen. Wir können damit im Prinzip die oben formulierte Aufgabe einer physikalischen Theorie auch für die QM lösen, sofern wir uns mit der Beschreibung und Vorhersage mit bzw. von Wahrscheinlichkeitsaussagen zufriedengeben.[22]

d) Eigenschaften und Observable

In der klassischen Physik werden die Zustände eines Objekts durch Angabe der Eigenschaften, die das Objekt besitzt, und derer, die es nicht besitzt, charakterisiert. Wünscht man statt dessen eine Charakterisierung durch physikalische Größen, so ist auch die zu haben: Der Zustand ist charakterisiert durch eine Funktion, die jeder Größe den Wert zuordnet, den sie in dem betreffenden Zustand hat. Für grundlegende Untersuchungen genügt es meistens, mit der Eigenschaftscharakterisierung zu arbeiten. Dasselbe gilt auch in der QM für die dortigen Eigenschaften und (wie man hier aus historischen Gründen für die Größen sagt) Observablen. Aus theoretischen Gründen nimmt man bei der Zusammenstellung des klassischen Eigenschaftsverbandes E auch gewisse Redundanzen in Kauf, die dadurch hereinkommen, daß man gewisse logische Operationen für Eigenschaften zuläßt, etwa die, daß mit A auch $\neg$A (nicht-A) eine Eigenschaft ist und mit A, B auch A$\cap$B (A und B) sowie A$\cup$B (A oder B) eine Eigenschaft ist usw. Es entsteht so eine Struktur, die ein *boolescher Verband* ist und die als solcher durch einfache Zusammenhänge charakterisiert ist, wie man sie aus der Logik kennt, z. B.

(5)   (A$\cap$B)$\cup$($\neg$A$\cap$B)$\cup$(A$\cap\neg$B)$\cup$($\neg$A$\cap\neg$B) = $\vee$,

worin $\vee$ eine Eigenschaft ist, die jedem Objekt des betrachteten Objektbereichs zukommt.

Auch der quantentheoretische formale Apparat enthält eine Struktur E_q – den Unterraumverband des zugrundeliegenden Hilbertraumes F –, die das offensichtliche Analogon zu E ist, aber nicht mehr allen Gesetzen eines booleschen Verbandes genügt; z. B. nicht (5a).[23] Diese Anomalie hat zur Folge, daß auf E_q keine Wahrheitswertfunktionen existieren, wie wir sie für das klassische E zur Verfügung haben, das heißt, man kann nicht mehr davon reden, daß in einem quantenmechanischen Zustand für jede Eigenschaft aus E_q entschieden ist, welche Eigenschaften das Objekt in dem betreffenden Zustand hat und welche nicht. Das bekannteste Beispiel für dieses Versagen sind eine Orts- und die entsprechende Impulskoordinate eines quantenmechanischen Teilchens. Bildet man mit diesen Daten zwei Ortseigenschaften A° und $\neg$A°, je nachdem, ob das Teilchen sich links oder rechts vom Nullpunkt auf der Zahlengeraden befindet, und entsprechend B° und $\neg$B° für den Impuls, so gilt für diese speziellen Eigenschaften statt (5)

(6)   A°$\cap$B° = $\neg$A°$\cap$B° = A°$\cap\neg$B° = $\neg$A°$\cap\neg$B° = $\wedge$,

worin diesmal $\wedge$ eine Eigenschaft ist, die keines unserer Objekte besitzt. Durch Gleichungen wie (6) kommt zum Ausdruck, daß wir es in der QM mit einer von der klassischen *abweichenden Sachlogik,* eben einer nichtbooleschen, zu tun haben. In systematischer Hinsicht sind die hier auftretenden Abweichungen diejenigen, die am tiefsten gehen, von denen alle anderen Anomalien abhängen.

Die Gleichungen (6), die tatsächlich für alle Orts- und (kanonisch konjugierten) Impulseigenschaften und darüber hinaus gelten, haben als kontinuierliches Pendant die berühmten *Heisenbergschen Unbestimmtheitsrelationen*

(7) $\Delta_\psi q \cdot \Delta_\psi p \geq \frac{1}{2}\hbar$,

die Bohr folgendermaßen kommentiert:[24]

Zufolge der Quantentheorie bedeutet eben die Unmöglichkeit, die Wechselwirkung [des Objekts] mit dem Meßapparat zu vernachlässigen, daß jede Beobachtung ein neues unkontrollierbares Element einführt. In der Tat folgt ..., daß die Fixierung des Ortes [eines Teilchens] eine totale Unterbrechung in der kausalen Beschreibung seines dynamischen Verhaltens bedeutet, während die Bestimmung seines Impulses stets eine Lücke in der Kenntnis seiner räumlichen Fortbewegung impliziert.

Diese Umschreibung von (7) ist zumindest mißverständlich, weil sie suggeriert, man meinte mit den Δs Ungenauigkeiten, wie sie bei dem Versuch, Ort und Impuls gleichzeitig zu *messen,* ins Spiel kommen. Davon ist aber keine Rede, wenn man zum Beweis von (7) Ort und Impuls durch die üblichen Operatoren Q bzw. P mit den Vertauschungsregeln

(8) $QP - PQ = i\hbar$

beschreibt und die Δs als die Standardabweichungen von Q und P in ψ definiert. Dann beziehen sich die letzteren auf die *Präparierung* von ψ und besagen, daß diese hinsichtlich Ort und Impuls nicht besser möglich ist, als (8) es gestattet. Durch (8) kommt zum Ausdruck, daß sich parallel zur Änderung der Logik der Eigenschaften *die Algebra der Größen verändert.* Während sie in der klassischen Mechanik noch kommutativ ist, enthält die quantenmechanische Algebra nichtvertauschbare Observablen, wie z.B. in (8). In (8) gelangt darüber hinaus zum Ausdruck, daß wir es in QM mit einem *anderen Wahrscheinlichkeitsbegriff* zu tun haben.[25] Zwar lautet die Definition dieses Begriffs in bezug auf E_q genauso wie die in bezug auf das klassische E. Aber E_q ist nichtboolesch, und dort gilt zum Beispiel, daß es zu jeder Eigenschaft A eine andere B gibt, so daß damit die Negation von (7) gilt. Und so kommt es auch für die Wahrscheinlichkeiten zu Folgerungen, die den klassischen widersprechen, wie etwa (7). Hierher gehören auch die Verletzungen der (klassischen) Bellschen Ungleichung durch die QM (siehe Kapitel VII.C).

Hand in Hand mit der Einführung der Begriffe einer Eigenschaft und einer Observablen müßte auch die Frage eingehend erörtert werden, in was für elementaren Aussagen diese Begriffe fungieren. Auch das ändert sich beim Übergang zur QM, indem beispielsweise der in (5 b) formulierten Anomalie dadurch Rechnung getragen werden kann, daß man nicht mehr die ontische Sprechweise beibehält, daß ein System die und die Eigenschaften *habe,* sondern daß im Zusammenhang mit vorgenommenen Messungen die und die Eigenschaften *festgestellt* seien. Dementsprechend würde man dann auch in Wahrscheinlichkeitsaussagen nicht mehr von der Wahrscheinlichkeit reden, daß ein System die und die Eigenschaft *habe,* sondern statt dessen fragen, wie groß die Wahrscheinlichkeit sei, daß bei einer geeigneten *Messung* die fragliche Eigenschaft *festgestellt* werde. Ähnlich haben wir ja mit den Formulierungen in (3) und (4) für den Begriff des Zustandes schon hier die Sprechweise eingeführt, daß ein Zustand *vorliege* oder gelegentlich auch *hergestellt* sei. Ersterer Ausdruck läßt noch in der Schwebe, ob er ontisch oder epistemisch gemeint ist, und das ist absichtlich so gewählt, weil, wie wir nun sehen werden, innerhalb der Kopenhagener Deutung (im weiteren Sinne) beide Standpunkte – der ontische und der epistemische – vertreten worden sind.[26]

e) Zustände

Die Zustände eines physikalischen Systems werden in QM mathematisch beschrieben durch die Elemente des zugrundeliegenden Hilbertraumes F: durch ψ-Funktionen, wie man aus historischen Gründen meist sagt. Die Deutung beginnt mit der Gleichung (2), mittels deren die normierten Hilbertvektoren ψ durch die Funktionen w_ψ auf E ersetzt werden. Von diesen wurde bereits gesagt, daß sie den klassischen Wahrscheinlichkeitsfunktionen im Phasenraum ähneln, soweit das eben für Funktionen auf dem nichtbooleschen Verband E_q möglich ist. Unter diesen Umständen liegt es Physikern natürlich nahe, die fraglichen Funktionen auch als Wahrscheinlichkeitsfunktionen zu deuten. Aber ganz abgesehen davon, daß sich hierfür nicht nur ein einziger Weg anböte, kommt ausgerechnet aus der Kopenhagener Schule eine Deutung, nach der es hier primär gar nicht um Wahrscheinlichkeiten geht.

Der prominenteste Vertreter der *ontischen Interpretation,* wie man sie nennen könnte, ist Heisenberg. Er geht die Frage, was die ψ-Funktion für ein *Einzelsystem* bedeutet, gerne von der in (2a) noch nicht berücksichtigten Situation aus an, daß man den Zustand des Systems σ nur insoweit kennt, als er durch eine der ψ-Funktionen ψ_i beschrieben wird, wobei ψ_i mit der Wahrscheinlichkeit w_i vorliegt.[27] Wir kommen auf diese Weise zu sogenannten *Gemengen*

(9a) $\{\psi_k, w_k\}_k$ mit $w_i \geq 0$ und $\Sigma_i w_i = 1$

als Verallgemeinerungen von ψ-Funktionen, wobei dann

(9b) $w(P) = \Sigma_i w_i \|P \cdot \psi_i\|^2$

die Wahrscheinlichkeit dafür ist, daß sich bei geeigneter Messung P ergibt. Zu (7) sagt nun Heisenberg:[28]

Die Wahrscheinlichkeitsfunktion [(9b)] vereinigt objektive und subjektive Elemente. Sie enthält Aussagen über Wahrscheinlichkeiten [$\|P \cdot \psi_i\|^2$] *oder besser* Tendenzen (Potentia in der aristotelischen Philosophie), und diese Aussagen sind völlig objektiv, sie hängen nicht von irgendeinem Beobachter ab. Außerdem enthält sie Aussagen über unsere Kenntnis des Systems [w_i], die natürlich subjektiv sein müssen, insofern sie ja für verschiedene Beobachter verschieden sein können. In besonders günstigen Fällen kann das subjektive Element in der Wahrscheinlichkeitsfunktion gegenüber dem objektiven Element ganz vernachlässigt werden. Die Physiker sprechen dann von einem ‹reinen Fall›. (Hervorhebung durch d. Verf.)

Von einem solchen reinen Fall, also von dem günstigen Fall $w_i = 0$ für alle i bis auf ein k mit $w_k = 1$ in (9b), in dem die subjektiven Elemente nicht mehr auftreten, sagt Heisenberg zur Erläuterung seiner Bezeichnung als «Tendenz» oder «Potentia» an anderer Stelle:[29]

Die Bohr-Kramers-Slatersche Arbeit enthielt ... den entscheidenden Gedanken, daß die Naturgesetze nicht das Eintreten eines Ereignisses, sondern die Wahrscheinlichkeit dieses Eintretens bestimmen ...

... im Grund war damit auf eine Begriffsbildung zurückgegriffen, die schon in der Philosophie des Aristoteles eine wichtige Rolle gespielt hatte. Man kann die Wahrscheinlichkeitswellen der Bohr-Kramers-Slaterschen Deutung als eine *quantitative Fassung des Begriffs der δύναμις, der Möglichkeit,* oder in der späteren lateinischen Fassung der ‹Potentia› in der Philosophie des Aristoteles interpretieren. Der Gedanke, daß das Geschehen selbst nicht zwangsläufig bestimmt sei, sondern daß die Möglichkeit oder die ‹Tendenz› zu einem Geschehen selbst eine Art von Wirklichkeit besitze – eine gewisse Zwischenschicht von Wirklichkeit, die in der Mitte steht zwischen der massiven Wirklichkeit der Materie und der geistigen Wirklichkeit der Idee oder des Bildes –, dieser Gedanke spielt in der Philosophie des Aristoteles eine entscheidende Rolle. In der modernen Quantentheorie gewinnt er eine neue Gestalt ... als Wahrscheinlichkeit ... [die man] mathematisch formulierten Naturgesetzen unterwirft. Die ... Naturgesetze bestimmen hier nicht mehr das Geschehen selbst, sondern die Möglichkeit zum Geschehen, die Wahrscheinlichkeit dafür, daß etwas geschieht. (Hervorhebung durch d. Verf.)

Während also die w_i – die Wahrscheinlichkeit für das Vorliegen des reinen Zustandes ψ_i – einen Kenntnisstand wiedergeben, also subjektive Elemente der Theorie sind – subjektive Wahrscheinlichkeiten im Sinne der klassischen Physik –, hat man mit den Wahrscheinlichkeiten (2) objektive Elemente vor sich, die nicht auf Grund mangelnder Kenntnis oder gar Unkenntnis auftreten und im Prinzip vermeidbar wären, sondern die eine objektive Information über den Zustand eines Quantenobjekts liefern. Nach Heisenbergs Worten haben wir uns vorzustellen, daß Quantenobjekte normalerweise nur im Status des Möglichen existieren, aber die Tendenz haben, sich gradweise zu verwirklichen, um in durch Messung ermittelten Eigenschaften die volle Wirklichkeit zu erreichen. Inwieweit dies auch die Vorstellung von Aristoteles gewesen ist, soll hier nicht weiter erörtert werden.[30]

Vorstellungen ähnlicher Art sind spätestens seit 1935 in der Literatur zu finden und finden auch heute noch Beachtung.[31] In seiner groß-angelegten kritischen Revue der «gegenwärtigen Situation in der Quantenmechanik» von 1935[32] spricht Schrödinger von der Möglichkeit, «einer jeden Variablen eine solche Art der Verwirklichung [zuzugestehen], die genau der quantenmechanischen Statistik dieser Variablen in dem betreffenden Augenblick entspricht». Gemeint ist hier wohl «Grad» statt «Art» der Verwirklichung. Denn die Entsprechung zur

Statistik kann ja eigentlich nur sein, daß in einem reinen Zustand ψ für jede Eigenschaft P die *Zahl* (2) der Grad der Verwirklichung und zugleich die Wahrscheinlichkeit für den Ausfall einer entsprechenden Messung ist. Dann hätten wir dieselbe Interpretation vor uns wie bei Heisenberg (ohne Aristoteles), zusammen mit einem Verfahren, die primären Wirklichkeitsgrade auch zu messen, nämlich durch relative Häufigkeiten.[33] Nur durch diese Erweiterung kämen dann überhaupt die Wahrscheinlichkeitseigenschaften der ψ-Funktionen ins Spiel. Schrödinger lehnt aber diese Deutung als, wie er sich ausdrückt, «verschwommene» (oder auch: «verwaschene») Realität ab.[34]

Ein stiller Parteigänger Heisenbergs scheint am Beginn seiner Karriere *David Bohm* gewesen zu sein. Diesen Eindruck erhält man jedenfalls von seinem 1951 veröffentlichten Lehrbuch über Quantentheorie, das zu den besten Einführungen in diese schwierige Materie gehört.[35] Bohm ist später ein Anhänger der Idee verborgener Parameter geworden. Aber das Buch von 1951 ist weitgehend im Kopenhagener Geist geschrieben und endet obendrein mit einem Beweis der Nichtexistenz verborgener Parameter. Aber unmittelbar danach hat Bohm seine Wende vollzogen. In besagtem Buche führt Bohm, ohne Bezugnahme auf Aristoteles oder Heisenberg oder wen auch immer, den Begriff von «incompletely defined potentialities» – *unvollständig definierten Potentialitäten* – ein:[36]

… die Quantentheorie führt uns zu einem neuen Begriff von einem Objekt inhärenten Eigenschaften, der den klassischen Begriff ersetzt. Mit diesem neuen Begriff sehen wir diese Eigenschaften als unvollständig definierte Potentialitäten an, deren [zeitliche] Entwicklung von den Systemen, mit denen das Objekt wechselwirkt, ebenso abhängt wie von dem Objekt selbst.

Soweit man es dem Gesagten entnehmen kann, ist Bohms Begriff der ‹unvollständig definierten Potentialität› ein Stück erdnäher als der entsprechende Heisenbergsche Begriff, der von manchen Autoren sogar als ein metaphysischer Begriff empfunden wird.[37] Demgegenüber geht bei Bohm in die Erklärung seines Begriffs explizit ein, daß die Eigenschaft der Potentialität nicht nur von dem Objekt abhängt, dessen Eigenschaft sie ist, sondern auch «von den Systemen, mit denen das Objekt wechselwirkt». Das Ergebnis eines Wurfes beim Würfeln hängt offensichtlich nicht nur von der Verfassung des Würfels ab, sondern

Zustände 257

auch von dem Prozeß des Würfelns und damit von der ‹Versuchsanordnung›.[38]

Konkurrenten der ontischen Interpretation der ψ-Funktion sind deren *epistemische* und *statistische Interpretation*. Für die QM muß die Charakterisierung der ς-Funktionen durch (2b) verallgemeinert werden, da die durch (2a) eingeführten Zustände nur quantenmechanisch maximalen Kenntnissen entsprechen, die man aber hier so wenig immer hat wie im klassischen Fall: Es gibt eine echte Quantenstatistik. Die ψ-Funktionen werden verallgemeinert durch die sogenannten *statistischen Operatoren* W, das sind selbstadjungierte Operatoren auf F mit $W \geq 0$ und $Tr(F) = 1$ (Tr = Trace = Spur). Ihnen sind die Wahrscheinlichkeitsfunktionen (2b) zugeordnet, und das Paar <W,w_w> ist ein Gemisch im Unterschied zu den oben betrachteten Gemengen in (7).[39] (8) ist eine andere Verallgemeinerung von (2a) als (7). Der Sonderfall ist W=Pψ. Jedem Gemenge {$ψ_k, W_k$}$_k$ entspricht eindeutig das Gemisch <W,w>

(10) $W = \Sigma_k w_k P_k$ P_k = Projektion auf $ψ_k$ $w(P) = \Sigma_k w_k \|P \cdot ψ_k\|^2$.

Auch bei ihnen geht es um Wahrscheinlichkeitsinterpretationen: Zustandsaussagen, die über eine beliebige, einzelne, kontingente Eigenschaft P eines einzelnen physikalischen Systems gemacht werden können, geben Wahrscheinlichkeiten an, und zwar jeweils die Wahrscheinlichkeit, bei geeigneter Messung P zu finden.

(2a)   für ψ-Funktionen ist $w_ψ(P) = \|P \cdot ψ\|^2$
(2b)   für W-Operatoren ist $w_w(P) = Tr(W \cdot P)$

Dabei gibt *in der epistemischen Interpretation* die Zahl w(P) den *Grad der Sicherheit* an, mit der das Vorliegen der jeweiligen Eigenschaft P nur behauptet werden kann. Mit $W = P_ψ$ (= Projektion auf ψ) geht (2b) in (2a) über.

Das Reden über Sicherheitsgrade betrifft Kenntnisse, die ein Physiker über ein quantentheoretisches System hat. Damit kommt ein subjektives Element in die QM hinein, das einer Rechtfertigung bedarf. Von Weizsäcker faßt seine Überlegungen hierzu mit folgenden Worten zusammen:[40]

ψ ist Wissen, und Wissen hängt von der Information ab, die das wissende Subjekt besitzt. Wissen ist aber natürlich nicht Träumerei, nicht ‹bloß subjektiv›. Es ist Wissen von objektiven Fakten der Vergangenheit, die sich für jeden, der die nötige Information besitzt, identisch erweisen werden: und es ist eine Wahrscheinlichkeitsfunktion für die Zukunft, die für jeden, der *dieselbe* Information besitzt, gilt; und durch Messung relativer Häufigkeit empirisch bestätigt werden kann.

Ich greife das Stichwort ‹empirische Bestätigung› auf, wovon noch nicht die Rede war. Wodurch läßt sich die Aussage bestätigen, daß (2b) der Grad der Sicherheit ist, mit der das Vorliegen von P vorausgesagt werden kann? Für die Antwort auf diese Frage greift man auf Wahrscheinlichkeiten zurück. Allerdings setzt man sich nach dieser Manipulation derselben Frage aus, nur mit dem Wort ‹Wahrscheinlichkeit› an Stelle von ‹Kenntnisgrad›. Das bedarf immer noch der Klärung, da sich die Aussagen, von denen hier Wahrscheinlichkeiten behauptet werden sollen, auf ein jeweils einzelnes System beziehen sollen. Physiker reagieren an dieser Stelle gerne mit dem Hinweis auf die Deutung durch relative Häufigkeiten, genauer: deren Grenzwerte. So heißt es in einem der frühen umfassenden Lehrbücher der QM:[41]

Zu sagen, die Wahrscheinlichkeit einer Eigenschaft P sei w, bedeutet nichts, es sei denn, daß es möglich ist, eine große Anzahl von experimentellen Entscheidungen über P zu machen. Wenn diese Experimente möglich sind, hat die Aussage den Sinn, grob gesagt, daß, wenn ihre Zahl groß ist, der Bruchteil der Fälle, in denen P gefunden wird, w ist. Eine einzelne einfache Beobachtung kann niemals ein Test sein für ein Wahrscheinlichkeitsgesetz, und daher können solche Gesetze einen Sinn nur haben in der Beschreibung der Ergebnisse wiederholter Experimente.

Hier wird mit hinreichender Deutlichkeit die statistische Interpretation der QM gefordert, und das geschieht nun bereits in Abwehr gewisser Äußerungen aus der Kopenhagener Schule. Dort wurde nämlich wiederholt und mit Nachdruck festgestellt, daß die ψ-Funktion das *einzelne* quantenmechanische System beschreibt, und zwar *vollständig* beschreibt. Dagegen läßt sich nun in der Tat einwenden, daß Wahrscheinlichkeitsaussagen über Einzelobjekte keinen empirischen Gehalt haben und daher in einer Erfahrungswissenschaft keine Wirkungsstätte finden können. Hieraus hat sich ein Grundlagenstreit zum Wahrscheinlichkeitsbegriff entwickelt, der sich aus physikalischer Sicht in der Frage zuspitzte, ob es neben Wahrscheinlichkeiten, welche sich als Grenzwerte relativer Häufigkeiten deuten lassen, noch andersartige gibt, insbesondere solche, die von Einzelobjekten prädiziert werden und dennoch empirisch signifikant sind. An dem besagten Streit haben sich die Physiker nicht nennenswert beteiligt, und es ist sogar die Frage aufgetaucht, ob sie mit den Wahrscheinlichkeitsaussagen für Einzelobjekte womöglich gar nichts anderes meinen als Aussagen über relative Häufigkeiten, wobei sie sich jedesmal stillschweigend auf eine ausgezeichnete statistische Gesamtheit beziehen.

Zu dieser Frage haben wir einen (weniger sachlich als psychologisch) aufschlußreichen brieflichen Gedankenaustausch zwischen Born und Einstein. Born hatte die Wahrscheinlichkeiten in die QM eingeführt, und man spricht von diesem Vorgang oft als der ‹statistischen Deutung› der letzteren. Das widerspräche dann aber der soeben noch einmal wiederholten Kopenhagener Auffassung, daß die ψ-Funktion dem einzelnen Objekt zukommt. Also holt sich Born Rat bei Einstein in einem Brief von 1950:[42]

Deine Deutung der ψ-Funktion scheint mir genau mit dem übereinzustimmen, was ich mir von Anfang an dachte und was wohl alle vernünftigen Physiker heute denken. Daß ψ den ‹Zustand› *eines* Systems beschreibt, ist nur eine Redeweise wie im gewöhnlichen Leben: ‹Meine Lebenserwartung ... ist 4,3 Jahre.› [Das ist] auch eine Aussage über ein einzelnes System, aber sinnlos im empirischen Sinne. Denn gemeint ist natürlich: Nimm eine Gesamtheit von Individuen ... und zähle usw. In dieser Weise habe ich die Deutung von $|\psi|^2$ immer aufgefaßt.

An diese Passage aus einem Brief von Born an Einstein schloß sich eine briefliche Debatte an, in der Einstein, was die von Born gestellte Hauptfrage betrifft, wie die Katze um den heißen Brei schleicht und wohl deswegen nicht zur Sache kommt, weil er die Determinismus-Frage nach der notwendigen Irreduzibilität von Wahrscheinlichkeiten *nicht* für das Hauptproblem der QM hält. Dies bestehe vielmehr in der Frage, ob die Kopenhagener Schule recht habe, wenn sie annimmt, «daß der Zustand eines Systems erst durch Angabe einer Versuchsanordnung definiert ist ... Davon will Einstein absolut nichts wissen.»

So die Problematik in der Wiedergabe Paulis, der von Born in die Debatte hineingezogen wurde. In die technisch schwierigen Fragen über das Verhältnis des Einzelsystems zur statistischen Gesamtheit kann ich hier nicht eintreten. Auch die Briefschreiber lassen sich darauf nicht ein, und keiner besinnt sich auf die Frage, die Born ursprünglich gestellt hatte, und so kommen sie zu keinem Ergebnis. Born fällt darüber später das Urteil, er und Einstein hätten hier aneinander vorbeigeredet, da jeder von einem anderen Standpunkt ausging, den er für so unanfechtbar hielt, daß er den des anderen gar nicht aufnahm. Einstein sieht den Fehler eher bei seinem Freund, den er durch ihren Mittelsmann Pauli wissen läßt, daß er ein Mensch sei, «der nicht zuhören kann».

Während für einige das Reden von einzelnen Systemen in der QM demnach lediglich noch eine *façon de parler* war, haben andere die selbständige Bedeutung des Einzelsystems auch in der QM stärker betont, ohne deswegen gleich eine ontische Version zu befürworten. So Tolman, der seinen Begriff des ‹system of interest› aus der CSM in die QM und die QS übernimmt:[43]

Die klassische und die quantentheoretische Gestalt der statistischen Mechanik sind beide geeignet, um Voraussagen nur für die mittleren und zu erwartenden Werte der Koordinaten und Impulse und anderer Eigenschaften eines gegebenen ‹system of interest› zu machen. Für die klassische statistische Mechanik ist dies so, weil wir dann ein einzelnes System so behandeln, als wäre es in einem mittleren Zustand bezüglich der Systeme des Ensembles als Ganzen. In der Quantenstatistik verhält es sich aus zwei Gründen so, nicht nur weil wir ein einzelnes System als in einem mittleren Zustand in bezug auf das Ensemble befindlich betrachten, sondern auch weil die Spezifizierung des quantenmechanischen Zustandes des einzelnen Systems im allgemeinen ihrerseits nur Voraussagen gestatten würde, die Mittelwert ... betreffen.[44]

f) Messungen

Im Hinblick auf *Messungen* geht die Kopenhagener Fassung der QM von den beiden ‹Irrationalitäten› aus, daß mit jeder Messung eine unkontrollierbare Störung des Meßobjekts erfolgt und daß die Meßapparate grundsätzlich mit den Mitteln der klassischen Physik zu beschreiben sind. In beiden Fällen handelt es sich um eine Annahme bzw. eine Forderung von schwer bestimmbarem und jedenfalls nicht rein physikalischem Status. Eben deswegen ist die Angelegenheit immer noch kontrovers. Noch 1971 stellt Wigner fest:[45]

Haben wir eine Theorie der Wechselwirkung zwischen klassischen und Quanten-Systemen? Mir ist keine bekannt.

Inzwischen heißt es:[46]

Ist das Problem des quantenmechanischen Meßprozesses nun endlich gelöst? Diese Frage kann man ganz sicher nicht einfach mit ‹ja› beantworten. Die Ansicht von Niels Bohr, der Quantenmeßprozeß sei grundsätzlich physikalisch nicht analysierbar, darf aber heute wohl als widerlegt gelten.

Wir haben hier nun zu fragen: Was war der Kopenhagener Schule immerhin möglich, nachdem die beiden Negativ-Annahmen nun einmal gemacht waren? Was ist eine Messung? In 0-ter Näherung kann die Antwort sogar ohne explizit eingeführten Meßapparat gegeben werden. In dieser Form ist eine Messung eine *Zustandsreduktion,* im Physikerjargon auch ‹Kollaps der Wellenpakete› genannt.

Nach gewöhnlichem Verständnis werden Messungen an einem System vorgenommen, um die Kenntnislage bezüglich des Systems zu verbessern. Über die Lage in QM schreibt Schrödinger in seinem kritischen Bericht unter Bezugnahme auf die epistemische Interpretation:[47]

Bei jeder Messung ist man genötigt, der ψ-Funktion (= dem Voraussagenkatalog) eine eigenartige, etwas plötzliche Veränderung zuzuschreiben, die *von der gefundenen Maßzahl* abhängt und sich darum *nicht vorhersehen läßt;* woraus allein schon deutlich ist, daß diese zweite Art von Veränderung der ψ-Funktion mit ihrem regelmäßigen Abrollen *zwischen* zwei Messungen nicht das mindeste zu tun hat. Die abrupte Veränderung durch die Messung ... ist der interessanteste Punkt der ganzen Theorie. Er ist genau *der* Punkt, der den Bruch mit dem naiven Realismus verlangt.

Schrödinger gibt nun auch einen Hinweis auf eine Bedingung, welcher die Zustandsreduktion genügen muß. Indem er in seiner gnadenlosen Analyse fortfährt, sagt er weiter:

Die Ablehnung des Realismus hat logische Konsequenzen. Eine Variable *hat* im allgemeinen keinen bestimmten Wert, bevor ich ihn messe; dann heißt, ihn messen, *nicht,* den Wert ermitteln, den sie *hat.* Was heißt es aber dann? Es muß doch ein Kriterium dafür geben, ob eine Messung richtig oder falsch … ist – ob sie überhaupt den Namen Meßverfahren verdient. Jedes Herumspielen mit einem Zeigerinstrument in der Nähe eines anderen Körpers … kann doch nicht eine Messung … genannt werden. Nun, es ist ziemlich klar: wenn nicht die Wirklichkeit den Meßwert, so muß wenigstens der Meßwert die Wirklichkeit bestimmen … das verlangte Kriterium kann bloß dieses sein: bei Wiederholung der Messung muß wieder dasselbe herauskommen.

Nehmen wir zunächst im klassischen Fall an, die Alternative $\{E_i\}_i$ von Eigenschaften E_i eines Systems werde gemessen und *pr* sei die Wahrscheinlichkeitsfunktion (für Eigenschaften) unmittelbar vor der Messung. Welche Kenntnis über das System haben wir dann unmittelbar nach der Messung? Von seiten der Wahrscheinlichkeitstheorie wäre hierauf die Antwort: Die erfragte Funktion ist

(11a) $pr^+_i(F) = pr(E_i \cap F)/pr(E_i),$

wenn E_i das Ergebnis der Messung ist. Das heißt, die gesuchte Funktion ist die sogenannte *bedingte Wahrscheinlichkeit,* nämlich durch das Meßergebnis E_i bedingte Wahrscheinlichkeit. Darüber hinaus gilt aber noch etwas anderes: Angenommen, wir führen nur die Messung aus, lesen aber das Ergebnis gar nicht ab. Was haben wir dann getan? Man erwartet, daß wir dann keine Information gewonnen, aber auch keine verloren haben. In der Tat ist dann die neue Wahrscheinlichkeitsfunktion

(11b) $pr^+(F) = \Sigma_i\, pr(E_i) pr^+_i(F) = pr(F)$

(linke Gleichung), und eine kleine Rechnung zeigt, daß die neue gleich der alten Funktion ist (rechte Gleichung). In dieser Rechnung wird nun aber benutzt, daß unser Eigenschaftsverband boolesch ist. In QM haben wir diese Voraussetzung nicht zur Verfügung, und man muß gewärtig sein, daß die (11b) entsprechende Gleichung dort nicht allgemein gilt.

Und in der Tat: Fassen wir zunächst die epistemische Version von QM ins Auge. Ist W der statistische Operator des Systems zu einer gegebenen Zeit und ist $\{P_i\}_i$ die zu messende Alternative, so ist der statistische Operator nach der Messung mit dem Ergebnis P_i durch

(12a) $\quad W^+_i = P_i W P_i / \mathrm{Tr}(W P_i)$

gegeben. Dieses W^+_i, genauer gesagt, die Funktion $\mathrm{Tr}(W^+_i P)$, übernimmt in der QM die Rolle der bedingten – hier durch P_i bedingten – Wahrscheinlichkeit. Sehen wir andererseits von dem Meßergebnis ab, so erhalten wir als statistischen Operator nach der Messung

(12b) $\quad W^+ = \Sigma_i\, P_i W P_i \neq W$,

und dieser ist im allgemeinen verschieden von dem Zustandsoperator W vor der Messung; das heißt, auch dann, wenn wir gar keine neue Information erhalten, bewirkt die Messung eine Änderung des Kenntnisstandes. Diese kann eigentlich nur auf das Konto jener unkontrollierbaren Störung gehen, die jede Messung begleitet. (10a) und (10b) definieren die sogenannte *Zustandsreduktion* mit bzw. ohne Ablesung des Meßergebnisses. Manche sehen sie als eine Antwort auf die Frage an, was zeitlich *nach* einer Messung mit dem Meßobjekt geschieht. Andere definieren theoretisch geradezu eine Messung durch eine Zustandsreduktion.

Zu letzteren gehört Heisenberg. Mit Bezug auf seine ontische Interpretation führt er aus:[48]

[Der] Meßprozeß muß ... in zwei scharf unterschiedene Akte zerlegt werden. Der erste Schritt der Messung besteht darin, daß das System einem äußeren physikalisch realen, den Ablauf der Ereignisse ändernden Eingriff ... unterworfen wird. Dieser Eingriff hat zur Folge, daß das zu betrachtende System in ein Gemenge von ... Zuständen übergeht ...

Der zweite Akt der Messung greift dann unter den ... vielen Zuständen des Gemenges einen ganz bestimmten als tatsächlich realisierten heraus. Dieser zweite Schritt stellt keinen Prozeß dar, der selbst den Verlauf des Geschehens beeinflußt, sondern verändert lediglich unsere Kenntnis der realen Verhältnisse.

Wenn ψ der Zustand ist, in dem die Messung erfolgt, und $\{P_i\}_i$ die zu messende Alternative, dann liegt nach der Heisenbergschen Theorie nach der Messung mit dem abgelesenen Ergebnis P_i der Zustand

(13a) $(P_i \cdot \psi)/\|P_i \cdot \psi\|$,

ohne Ablesung das Gemenge

(13b) $\{(P_i \cdot \psi)/\|P_i \cdot \psi\|, \|P_i \cdot \psi\|^2\}_i$

vor, worin das zweite Glied die Wahrscheinlichkeit für das Auftreten des ersten Gliedes ist. Die Messung liefert also zuerst in einem realen Prozeß das Gemenge (13b) und darauf durch die Ablesung den Zustand (13a). In der epistemischen Theorie sind (12a) bzw. (12b) die entsprechenden Reduktionen. Den zweiten Schritt kommentiert Heisenberg an anderer Stelle mit den Worten:[49]

Die Beobachtung selbst ändert die Wahrscheinlichkeitsfunktion unstetig. Sie wählt von allen möglichen Vorgängen den aus, der tatsächlich stattgefunden hat ... Wenn man aus dem alten Spruch ‹Natura non facit saltus› eine Kritik der Quantentheorie ableiten wollte, so können wir antworten, daß sich unsere Kenntnis doch sicher plötzlich ändern kann ...

Den ersten Schritt einer Messung, den Übergang von dem Zustand ψ zu dem Gemenge (13b), erklären uns diese Zeilen allerdings nicht. Es ist aber keine Frage, daß Heisenberg für diesen Schritt die ‹unkontrollierbare Störung› verantwortlich machen will, die jede Messung begleitet. Es bleibt nur verwunderlich, daß ein gleich durch zwei negative Merkmale ausgezeichneter Vorgang einem so einfachen Gesetz unterworfen sein soll.

Die besagte Unterteilung des Meßprozesses hat denn auch zu vielen Fragen Anlaß gegeben. So legt die Benutzung von Vokabeln wie ‹Beobachtung›, ‹Ablesung› und ‹Änderung unserer Kenntnis› zur Charakterisierung des zweiten Schrittes die Deutung nahe, daß hierbei die Anwesenheit eines mit Bewußtsein begabten Wesens als Subjekt der Kenntnisnahme verlangt wird und somit auch ein psychischer Akt zumindest Teil des zweiten Schrittes ist. In dankenswerter Klarheit wird dieser Standpunkt von Weizsäcker formuliert:[50]

Die ψ-Funktion *ist* als Wissen definiert. Die Reduktion des Wellenpakets ist keine dynamische Entwicklung der ψ-Funktion gemäß der Schrödingergleichung. Sie ist vielmehr identisch mit dem Ereignis, in dem der *Beobachter* ein

Faktum erkennt. Sie geschieht noch nicht, solange nur Meßobjekt und Meßapparat wechselwirken, auch nicht, solange der Apparat nach Ablauf der Meßwechselwirkung unabgelesen dasteht; sie *ist* der Wissensgewinn durch die Ablesung.

Als Teil der Kopenhagener Deutung, als der er wohl gemeint ist, kann der von Weizsäckersche Standpunkt allerdings nicht ohne weiteres gelten. Denn er berücksichtigt nicht Heisenbergs Unterscheidung zwischen objektiv vorliegenden Zuständen und der im allgemeinen begrenzten Kenntnis, die wir vom Zustand eines Systems haben und die subjektiv ist. Gut passen würden Weizsäckers Worte zur Beschreibung der oben so genannten epistemischen Variante der QM, vorausgesetzt, man sieht auch noch einen Beobachter als Bestandteil der Messung an.

Die Stellungnahmen der Hauptverfechter der fraglichen Deutung sind diffus. Es handelt sich eben auch um ein weites Feld mit unbestimmten Grenzen und unübersichtlichem Gelände, das der physikalischen Begriffslandschaft durch die Forderung angegliedert wird, daß Quantenphänomene nicht nur ein jeweiliges Objekt haben (wenn man es überhaupt noch so nennen will), sondern auch immer eine Versuchsanordnung enthalten müssen. Was dadurch geschieht, ist philosophisch mit allem Möglichen in Verbindung gebracht worden, darunter so schwierigen Dingen wie dem menschlichen Bewußtsein, der Psyche und der Willensfreiheit. Ob zwei Äußerungen auf diesem Gebiet im wesentlichen dasselbe sagen oder nicht, ist daher nicht immer leicht zu entscheiden.[51]

So haben die drei Schöpfer der Kopenhagener Deutung – Bohr, Heisenberg und Pauli – irgendwie gespürt, daß mit der Quantentheorie ein entscheidender Einbruch in das cartesische philosophische Denken mit seiner Spaltung der Wirklichkeit in eine *res extensa* und eine *res cogitans* erfolgt war.[52] Bohr hat in seinen früheren Jahren gerne daran erinnert, daß die Menschen ja auch sonst im Drama dieser Welt nicht nur Zuschauer, sondern auch Akteure mit ganz bestimmten Rollen sind. Und nun seien sie es eben auch in der Atomphysik. Heisenberg hat ein ganzes Kapitel seines Buches über Physik und Philosophie dem Problem des Verhältnisses von Objektivität und Subjektivität gewidmet und darin ausgeführt:[53]

[Die cartesische] Spaltung ist in den drei Jahrhunderten, die auf Descartes gefolgt sind, sehr tief in das menschliche Denken eingedrungen, und es wird noch lange Zeit dauern, bis sie durch eine wirklich neue Auffassung vom Problem der Wirklichkeit verdrängt ist.

Auch Pauli sieht in Sachen der Beobachtung in der Physik ein grundsätzlich neues Denken heraufkommen, wenn er schreibt:[54]

Wie ich es sehe, wird der Grad der ‹Abtrennung› [des Beobachters] allmählich schwächer in unserer theoretischen Erklärung der Natur, und ich erwarte weitere Schritte in dieser Richtung.

Und in demselben Brief an Bohr, aus dem dieser Satz stammt, schreibt Pauli weiter ganz konkret:

Ich betrachte die unvorhersagbare Zustandsänderung durch eine einzelne Beobachtung ... als *ein Verlassen der Vorstellung vom abgetrennten Beobachter – abgetrennt vom Lauf der physikalischen Ereignisse außerhalb seiner selbst.*

Auf die in diesem Satz angedeutete Auslassung komme ich sogleich zurück. Wir wollen nämlich diesen Äußerungen, die alle im Sinne einer *Erweiterung* der Physik durch Aufnahme der ‹Subjektseite der Medaille› sprechen, einige Äußerungen gegenüberstellen, die eine solche Erweiterung *begrenzen* würden: Es wird nämlich nicht verlangt, daß der Beobachter ein mit Bewußtsein begabtes Wesen, eine Person, ist. Von Heisenberg hören wir dazu, daß[55]

... das beobachtende System ... dabei keineswegs ein menschlicher Beobachter zu sein [braucht], an seine Stelle können auch Apparate wie photographische Platten usw. gesetzt werden.

Bohr schreibt ganz unmißverständlich, daß[56]

... die Beschreibung atomarer Phänomene ... einen vollkommen objektiven Charakter hat in dem Sinne, daß kein expliziter Bezug auf einen individuellen Beobachter genommen wird ... Das Beobachtungsproblem der Quantenphysik ist in keiner Weise verschieden von dem Vorgehen in der klassischen Physik.

Und ganz auf dieser Linie äußert sich auch Pauli:[57]

Hat der physikalische Beobachter einmal seine Versuchsanordnungen gewählt, so hat er keinen Einfluß mehr auf das Resultat der Messung, das objektiv registriert allgemein zugänglich vorliegt. Subjektive Eigenschaften des Beobachters oder sein psychischer Zustand gehen in die Naturgesetze der QM ebensowenig ein wie in die der klassischen Physik.

Es erhebt sich hier jedoch die Frage, ob dieses Zitat aus der Feder Paulis verträglich ist mit dem vorletzten. Auf den ersten Blick sieht es ja so aus, als ob durch das letzte Zitat gerade das wieder verboten, mindestens aber nicht gefordert wird – nämlich die Einbeziehung des Subjekts in den Meßvorgang –, was durch das vorletzte (und auch durch das vorvorletzte) mindestens begrüßt, wenn nicht gefordert wird. Daß Pauli hier Verträglichkeit sieht, geht nun aus der vollständigen Version des vorletzten Zitats hervor: Die (subjektive) Erweiterung des Meßvorganges wird hier vorgeschlagen, «*trotz des objektiven Charakters des Ergebnisses einer jeden Beobachtung* und ungeachtet ...». (Hervorhebung durch d. Verf.) In der Tat könnte diese Form der Objektivität einer Messung verträglich sein mit verschiedenen Vorstellungen darüber, was überhaupt gemessen werden soll – etwa wie Goethe etwas anderes am Licht und den Farben interessierte als Newton und die beiden dementsprechend verschiedenartige Experimente machten.

Die beiden ersten Pauli-Zitate stammen aus einem Brief von ihm an Bohr, in dem Pauli sich für die Übersendung eines Manuskripts bedankt,[58] das ihm anscheinend deswegen besonders wichtig war, weil er, wie er Bohr schreibt, darin zum ersten Mal (1955!) eine Ansicht Bohrs vertreten findet, der er nicht zustimmen mochte. Sie kommt z.B. in dem Satz zum Ausdruck:

Der Begriff Komplementarität bedeutet in keiner Weise ein Verlassen unserer Stellung *als außenstehender Beobachter* ...

In Paulis Augen war dieser Satz von Bohr ein Verrat an der eigenen Sache. Wie er in dem Brief auseinandersetzt, ist eine Formulierung der Physik, die dem Menschen die Position des außenstehenden Beobachters *(detached observer)* zuweist, in der klassischen Physik gelungen, hat mit ihr aber auch seine Grenzen erreicht. Für Einstein und einige andere Physiker ist der außenstehende Beobachter nach wie vor das Ideal geblieben, weil er insbesondere den klassischen Realismus garantiert.

Der Übertritt zur Quantentheorie ist durch den Begriff der Komplementarität geprägt, und sein Auftreten schließt zugleich den Abbau des Ideals des außenstehenden Beobachters ein. So sieht Pauli als einzige Möglichkeit einer Verständigung auch in diesem Punkt, daß Bohr unter der «position as detached observer» etwas anderes meint als er. Aber es bleibt offen, was dieses Andere sein könnte.

g) Komplementarität

Nach Bohr ist die philosophische Lehre der QM die *Komplementarität*. Aber wer außer Bohr weiß schon, was das ist – diese Komplementarität? Es wird erzählt, daß immer wieder Leute zu ihm kamen, die nach langer Befassung mit der Sache nunmehr glaubten, die richtige Interpretation von Bohrs Begriff gefunden zu haben. Er ließ sie ihre Gedanken vortragen und hörte geduldig und schweigend zu, bis der Betreffende geendigt hatte. Dann ergriff Bohr das Wort und sagte jedesmal: «Sehr interessant, wirklich sehr interessant, was Sie da herausgebracht haben. Aber es ist genau das, was ich *nicht* gemeint habe.»

Trotz seiner offensichtlichen Bemühungen um Klärung dessen, was er mit der Komplementarität im Auge hatte, ist die Sache wohl weithin unverstanden geblieben und jedenfalls nicht zur allgemeinverbindlichen Grundlage der einschlägigen Lehrbuchdarstellungen geworden. Noch als alter Mann sprach Einstein von «Bohrs Prinzip der Komplementarität, dessen scharfe Formulierung zu verstehen ich mich außerstande gesehen habe, trotz der großen Anstrengung, die ich darauf verwendete».[59] Die QM – so scheint es – kann ohne Komplementarität verstanden werden. Bohr hat in seinem Begriff aber sogar eine sehr allgemeine, weit über die Physik hinausreichende Bedeutung zu erkennen gemeint und ihn mit Beispielen aus der Biologie, der Psychologie und dem Kulturleben zu illustrieren versucht. Auf diese außerphysikalischen Einlassungen kann hier nicht eingegangen werden.[60]

Was nun aber die Physik angeht, so hat Bohr versucht – darüber kann eigentlich kein Zweifel bestehen –, mit dem Begriff der Komplementarität die QM von der älteren, klassischen Physik *abzugrenzen:* In der klassischen Physik treten keine Komplementaritäten auf, wohl aber – zum ersten Mal – in der QM.[61] Die physikalischen Beispiele für Komplementaritäten haben mit den außerphysikalischen gemeinsam, daß es dabei um zweistellige Beziehungen zwischen Begriffen geht: A ist komplementär zu B, wobei A und B Begriffe in einem weiten Sinne dieses Wortes sind. Des näheren drückt die Komplementarität von A mit B zum einen eine gewisse *Unvereinbarkeit* von A mit B aus, zum anderen aber auch eine *Ergänzung* von A durch B. Die schwierige Aufgabe, vor die man sich mit diesen Andeutungen gestellt sieht, ist die genauere Explikation, was hier *allgemein* mit den Worten ‹Unvereinbarkeit› und ‹Ergänzung› gemeint ist. Dieser Aufgabe wollen wir uns hier nicht unterziehen. Was aber die Beispiele angeht, die Bohr diskutiert hat, so fiel zunächst alles Mögliche darunter, bis sich die folgenden Fälle als diejenigen herauskristallisierten, auf die es Bohr vornehmlich ankam: Komplementär sind

A) gewisse Observablen (bzw. Eigenschaften) in QM,
B) Ort und Impuls,
C) gewisse Quantenphänomene,
D) gewisse klassische Begriffe,
E) Kausalität und Raum-Zeit-Beschreibung,
F) Wellenbild und Teilchenbild.

Die drei ersten Fälle dieser Liste sind in einer gewissen Hinsicht harmlos: Es handelt sich dabei um Komplementaritäten, die sich als Begriffe der QM rekonstruieren lassen – ganz in dem Sinn, wie wir allgemein von den Begriffen einer physikalischen Theorie sprechen, in QM also etwa von Observablen, davon, daß eine Observable Funktion einer anderen ist, von Zuständen, von reinen Zuständen usw. Andererseits geht es um Begriffe, deren Inhalt keineswegs harmlos ist. Vielmehr ist es das Vorkommen dieser Komplementaritäten unter den *dramatis personae* der QM, das eine der wesentlichen Abweichungen der QM von der klassischen Mechanik ausmacht: das Vorkommen nicht gleichzeitig meßbarer, im äußersten Fall komplementärer Observablen bzw. Eigenschaften. Dabei heißen zwei Eigenschaften A^o und B^o komplementär, wenn (6) gilt, worauf dann die Komplementarität von Observablen leicht über ihre Spektralzerlegung auf die von Eigenschaften zurückführbar ist. Ort und Impuls in B werden meist direkt durch die kanonischen Vertauschungsregeln definiert, im Kern also durch (6). Wenn weiter die in C auftretenden Quantenphänomene im Sinne der späten Fassung dieses Begriffs verstanden werden (vgl. Unterabschnitte a bis c), so tritt ja in jedem Quantenphänomen eine Observable, nämlich die zu messende, auf, und daher werden jedenfalls diejenigen Quantenphänomene komplementär sein, deren zugehörige Observable es sind. Es bleibe dahingestellt, ob es noch weitere geben kann.

Bis hierhin, d.h. für die Fälle A bis C, liegen die Verhältnisse also ziemlich klar. Insbesondere ist klar, daß Komplementaritäten (externe) Beziehungen sind, die in QM, nicht aber in CM auftreten. Gehen wir aber zur zweiten Hälfte unserer Liste über, so begegnen wir alsbald Komplementaritäten von anderem Kaliber. So ist die in D angesprochene Komplementarität zwischen klassischen Begriffen zunächst so konsternierend, daß man Evidenzen für diese Redeweise von Bohr verlangen wird. In der Einleitung zu dem Essaybändchen von 1934 spricht Bohr tatsächlich von[62]

einer neuen Weise der Beschreibung, bezeichnet als *Komplementarität,* in dem Sinne, daß irgendeine Anwendung *klassischer* Begriffe den gleichzeitigen Gebrauch anderer *klassischer* Begriffe ausschließt – Begriffe, die in einem anderen Zusammenhange ebenso notwendig sind für die Erhellung der Phänomene. (Hervorhebungen durch d. Verf.)

Das Befremdliche an dieser Formulierung ist das Auftreten klassischer Begriffe in einer Aussage über das Bestehen einer Komplementarität. In den soeben behandelten Fällen A bis C konnte das gewiß nicht passieren. In QM treten klassische Begriffe ja überhaupt nur leihweise auf, nämlich zur Beschreibung der Meßapparate in einem Quantenphänomen. Wie kommt also Bohr hier auf einmal dazu, von der ‹Komplementarität klassischer Begriffe› (unser Fall D) zu sprechen?

Durch zwei weitere Zitate werden wir auf die richtige Spur geleitet. In dem ersten stellt Bohr einen Zusammenhang her zwischen der Komplementarität und gewissen Kombinationen klassischer Merkmale von Theorien:[63]

Der Begriff ‹Komplementarität› ... ist vielleicht geeignet, uns an die Tatsache zu erinnern, daß es die Kombination von Merkmalen ist, die in der klassischen Beschreibungsweise vereint, aber getrennt in der Quantentheorie sind, die uns letztlich erlaubt, letztere als eine natürliche Verallgemeinerung der klassischen physikalischen Theorien anzusehen.

Bohr mag hier mehrere Kombinationen im Sinne gehabt haben, aber die in diesem Kontext am häufigsten von ihm genannte ist die Kombination von Kausalität und Raum-Zeit-Beschreibung:[64]

> Die eigentliche Natur der Quantentheorie ... zwingt uns, die Raum-Zeit-Koordinierung und den Anspruch auf Kausalität, deren Vereinigung charakteristisch für die klassischen Theorien ist, als komplementär, aber einander ausschließend anzusehen.

Hier erscheint die Sache nun auf die Spitze getrieben, indem von der Kausalität und der raum-zeitlichen Beschreibungsweise, die in der klassischen Physik in der gewohnten Weise zusammenwirken, auf einmal gesagt wird, sie seien in der Quantentheorie komplementär, also insbesondere ausschließend. Zunächst ist zu fragen: Was sind denn Kausalität und raum-zeitliche Beschreibung *in der Quantentheorie,* und wovon wird hier dementsprechend behauptet, es handle sich um ein komplementäres Verhältnis? Fragt man nach Nachfolgern von Kausalität und raum-zeitlicher Beschreibung in QM, so landet man sofort bei der Kausalität der Schrödinger-Gleichung für die zeitabhängige ψ-Funktion im Konfigurationsraum, das heißt aber, daß die Nachfolger in QM in einer Weise ‹vereint› sind, die der ihrer Originale in CM völlig entspricht, und daß also auch in diesem Sinne von Komplementarität keine Rede sein kann.

Zur Auflösung dieser scheinbaren Widersprüche müssen wir uns daran erinnern, daß in der Zeit zwischen Plancks Entdeckung des Wirkungsquantums und der Gewinnung einer ersten physikalisch brauchbaren Quantentheorie (nämlich QM) eine ganze Reihe von Theorieansätzen entstanden sind, die später wieder verworfen, in der Zeit bis 1927 und später jedoch immer wieder einmal zitiert wurden – meistens nicht sehr explizit, so daß man oft nur zwischen den Zeilen lesen konnte, auf was sich der Autor hier bezog. Soweit es an Bohr lag, hat er in dieser Zeit auf der Grundlage seines Korrespondenzprinzips die Tendenz verfolgt, diese ‹Zwischentheorien› möglichst mit *klassischem* Begriffsarsenal auszustatten. Im vorliegenden Fall geht es einfach um die Theorie, die aus CM hervorgeht, wenn man das ‹irrationale› Axiom von der unvermeidlichen und unkontrollierbaren Wechselwirkung zwischen Objekt und Meßapparat hinzunimmt. In dieser Theorie geht dann offensichtlich der erwünschte, in CM noch vorhandene Zusammenhang zwischen der Raum-Zeit-Beschreibung des Objekts und der Kausalität seiner Bewegungsgleichungen verloren.[65] Was Bohr im letzten Zitat mit der vollen Komplementarität der beiden klassischen Partner in der Quantentheorie meinte, ist allerdings weiterhin unerfindlich.

Bleibt noch der Fall F: die Komplementarität von Teilchen- und Wellenbild. Bringen wir auch dazu zuerst ein authentisches Zitat:[66]

Gerade so wie im Falle des Lichts haben wir in der Frage der Natur der Materie, solange wir klassische Begriffe gebrauchen, *ein unvermeidliches Dilemma vor uns ... In der Tat geht es auch* hier nicht um sich widersprechende, sondern um komplementäre Bilder der Phänomene, die nur gemeinsam eine natürliche Verallgemeinerung der klassischen Beschreibungsweise liefern. (Hervorhebung durch d. Verf.)

Mit den beiden ‹Bildern der Phänomene› sind hier das Teilchenbild und das Wellenbild gemeint, wie sie zur Zeit der Entstehung der QM aus der klassischen Physik (Mechanik und Elektrodynamik) zur Verfügung standen. Die Überraschung war, daß sowohl das Licht als auch die Materie diesen Doppelcharakter aufwiesen, sowohl als Teilchen als auch als Wellen in Erscheinung zu treten. Die Überwindung dieses Dualismus war eine der ganz großen Leistungen in der Geschichte der Physik. Das Problem bestand darin, trotz der Zwitternatur, die sich hier zeigte, *eine* Theorie zu finden, die *beide* Erscheinungsformen erklärte. Die sich einstellenden Schwierigkeiten waren so erheblich, daß man eine Zeitlang mit dem Gedanken spielte, eine Art Doppeltheorie zu erfinden, in die als Teile eine komplette Teilchentheorie und eine komplette Wellentheorie eingingen, wobei beide Theorien nach klassischen Gesichtspunkten einzurichten waren und das Neue durch ihre Kopplung hereinzukommen hatte. Diese Kopplung konnte nicht in der üblichen Weise vorgenommen werden, der zufolge es um eine Theorie der Wechselwirkung zwischen Teilchen und Feld zu gehen hatte. Vielmehr sollte die Theorie *ein* System als ihren Gegenstand haben, das sich unter gewissen Umständen wie ein Teilchensystem, unter anderen Umständen jedoch wie ein Feld verhält. Das jeweilige Eintreten dieser Umstände mußte durch wechselseitige Einschränkungen geregelt werden, die zum Beispiel in Heisenbergs Büchlein über die physikalischen Prinzipien der Quantentheorie[67] schon durch die Kapitelüberschriften zum Ausdruck gelangen, wenn es in Kapitel II um eine «Kritik der physikalischen Begriffe des Partikelbildes» (durch das Wellenbild) und im folgenden Kapitel dual dazu um eine «Kritik der physikalischen Begriffe des Wellenbildes» (durch das Partikelbild) geht. Eine solche ‹Doppeltheorie› ist nie aufgestellt worden. Der Geist, in dem sie hätte aufgestellt werden können, weht einen noch, lange nach Heisenbergs Buch, aus dem Buch *Materie als Feld* seines früheren Leipziger Kollegen Friedrich Hund an. Es beginnt mit dem Satz:[68]

Wenn man das Wesen der Quantentheorie kurz kennzeichnen soll, so ist sie die Lehre von der Rolle, die das elementare Wirkungsquantum h in der Natur spielt, und diese besteht in der *gegenseitigen Begrenzung* des anschaulichen Teilchenbildes und des anschaulichen Wellen- oder Feldbildes bei Licht und bei Materie.

Die (vom Verf.) hervorgehobenen Worte sind hier bedeutungsgleich mit Komplementarität von Teilchen und Welle im Sinne Bohrs.

IX. Kritik an der Kopenhagener Deutung

Die Physik ist für die Physiker ja viel zu schwer.
David Hilbert

Einstein's theory of gravity is simple; Newton's is complex.
Misner/Thorne/Wheeler

Die Kopenhagener Deutung und Philosophie der QM hat bei ihrem ersten Auftreten auf dem 5. Solvay-Kongreß 1927 in Brüssel wohl allgemeines Befremden unter den Physikern erregt – diejenigen nicht ausgenommen, die sie erfunden hatten. Für die Physiker war die Umstellung jedenfalls so ungewöhnlich, daß es fast ein Wunder zu nennen ist, wie schnell dann doch die Mehrheit, mindestens in Worten, sich der Deutung der Kopenhagener Schule anschloß, wenn auch vielleicht nicht in der Tiefe des Herzens. Eine Ausnahme war zunächst de Broglie. Er hatte eine Idee, wie man den ganzen Formalismus der QM als eine klassische Feldtheorie interpretieren könnte: Das Feld wäre die Schrödingersche ψ-Funktion mit der Schrödinger-Gleichung als Feldgleichung und den Newtonschen Gleichungen für die Bewegung der Teilchen unter der Wirkung des Feldes.[1] Diese Theorie der Führungswelle *(onde pilote)* hat de Broglie seinerzeit auf dem 5. Solvay-Kongreß vorgetragen, aber die Aufregung über die Botschaft aus Kopenhagen ließ vorerst kein Echo zu. De Broglie hat zwanzig Jahre später gestanden, daß er in seinen Lehrveranstaltungen und in seiner eigenen Forschung die Theorie nicht weiterentwickelt hat. Völlig überzeugt hatte die Sache ihn eben nicht, und so wird es, mehr oder weniger unbewußt, vielen Physikern gegangen sein. Einige allerdings haben sich von Anfang an als nicht bekehrt erklärt. Dazu gehörten Einstein und Schrödinger, deren detaillierte Einwände im folgenden behandelt werden sollen, aber auch Planck, von Laue, Landé und andere. Daß sie im weiteren Verlauf der Angelegenheit nicht die einzigen geblieben sind, die Alternativen gesucht oder zumindest gewünscht haben, wird der Hauptgegenstand dieses Kapitels sein.

A) Frühe Gegner: Einstein

Ich will die Befassung mit den Kritikern der Kopenhagener Auffassung der QM mit der Bemerkung beginnen, daß keiner der Kritiker *als Physiker* an der Korrektheit der Theorie gezweifelt hat. Einstein sagt darüber hinaus:[2]

> Es dürfte überhaupt wohl kaum jemals eine Theorie aufgestellt worden sein, welche einen Schlüssel zur Deutung und Berechnung so verschiedenartiger Erfahrungstatsachen geliefert hat wie die Quantenmechanik.

Vor allem aber hatte Einstein selbst verschiedene Beiträge zur physikalischen Entwicklung der Quantentheorie geleistet. Und dasselbe gilt für jeden aus der soeben genannten konservativen Gruppe. Diese Koexistenz von kreativer Tätigkeit innerhalb der Physik und kritischer Reflexion über ihre Deutung ist der beste Beweis, daß es doch so etwas gibt wie die ‹Physik selbst›.[3] Berufen hat sich darauf aber niemand aus diesem Kreis, und speziell Einsteins Kritik hatte entsprechendes Format wie seine physikalischen Leistungen. Den spektakulärsten Beitrag Einsteins, für den er 1921 den Nobelpreis erhielt, war die Lichtquantenhypothese, die er, angeregt durch den von Lenard nachgewiesenen photoelektrischen Effekt, 1905 für die Energie und 1917 für den Impuls aufgestellt und ausgearbeitet hat. Durch diese Hypothese wurde die Doppelnatur des Lichts eingeführt, die später als Wellen-Teilchen-Dualismus bekannt wurde, nachdem Einsteins Lichtquantenhypothese dual von de Broglie durch eine Materie-Wellen-Hypothese und deren experimentelle Bestätigung für Elektronen ergänzt worden war (Nobelpreis 1929). In dem Wellen-Teilchen-Dualismus, d.h. in der Tatsache, daß ein und dasselbe Objekt sich je nach der Versuchsanordnung, der es unterworfen wird, einmal als Teilchen und das andere Mal als Welle zeigt, sind alle begrifflichen Schwierigkeiten der QM konzentriert.

Einsteins Kritik an der Kopenhagener Deutung und Philosophie der QM ist in die Geschichte der Grundlagen der QM als die Bohr-Einstein-Debatte eingegangen.[4] In einem lockeren Sinn des Wortes ist ‹Debatte› eine korrekte Bezeichnung. Hinsichtlich der Überlieferung muß man aber bedenken, daß die Debatte teils mündlich und teils schriftlich geführt wurde und die mündlich gemachten Äußerungen lediglich durch Bohrs berühmten Bericht «Diskussion mit Einstein über erkenntnistheoretische Probleme in der Atomphysik» von 1949 dokumentiert ist. Hier erscheinen auch die Einwände Einsteins nur in Bohrs Wiedergabe, und das will bedacht sein angesichts des überlieferten Eingeständnisses Bohrs:[5]

Ich fühle mich in einer sehr schwierigen Position, weil ich nicht wirklich verstehe, was genau der Punkt ist, den Einstein machen will. Das ist zweifellos mein Fehler.

Ganz ähnlich ist es aber auch Einstein gegenüber Bohr ergangen:[6]

[Eine scharfe Formulierung] des Bohrschen Komplementärs-Prinzip ist mir übrigens trotz vieler darauf verwandter Mühen nicht gelungen.

Die Debatte begann mit den mündlichen Auseinandersetzungen anläßlich von Begegnungen auf internationalen Tagungen. Von dem ersten Treffen anläßlich des 5. Solvay-Kongresses 1927 in Brüssel wissen wir, daß Einstein sich an den offiziellen Diskussionen fast überhaupt nicht beteiligte. Um so lebhafter war sein Engagement in den Privatdiskussionen, an denen außer ihm und Bohr unter anderen auch Kramers und P. Ehrenfest teilnahmen. Einen lebendigen Eindruck von diesen Diskussionen hat Otto Stern festgehalten:[7]

Einstein kam herunter zum Frühstück und äußerte seine Unzufriedenheit über die neue Quantentheorie, wenn immer er ein Experiment ausgedacht hatte, an dem man sehen konnte, daß die Theorie nicht funktionierte ... Pauli und Heisenberg, die auch anwesend waren, waren nicht sehr aufmerksam: «Ach was, das stimmt schon, das stimmt schon.» Demgegenüber nahm Bohr sich der Sache mit Sorgfalt an, und am Abend, während des Essens, waren wir alle beisammen, und er klärte die Sache im Detail auf.

Die Darstellung derselben Vorgänge durch Ehrenfest ist nicht ohne drastische Komik:[8]

Natürlich wieder arg Bohrische Beschwörungsterminologie. Unmöglich durch andere resummierbar ... Herrlich war es für mich, den Zweigesprächen zwischen Bohr und Einstein beizuwohnen. Schachspielartig. Einstein immer neue Beispiele. Gewissermaßen perpetuum mobile zweiter Art, um die *Ungenauig-*

keitsrelation zu durchbrechen. Bohr stets aus einer dunklen Wolke von philosophischen Rauchgewölkes die Werkzeuge heraussuchend, um Beispiel nach Beispiel zu zerbrechen. Einstein wie die Teuferln in der Box: Jeden Morgen wieder frisch herausspringend ... Aber ich bin fast rückhaltlos pro Bohr contra Einstein. Er verhält sich nun exakt gegen Bohr, wie die Verteidiger der absoluten Gleichzeitigkeit sich gegen ihn verhielten.

Die folgende Aufstellung gibt den Gang der sich über einen Zeitraum von mehr als 20 Jahren erstreckenden Diskussion hinsichtlich der Quellen wieder:

Treffen	Publikation
1 Solvay-Kongreß 1927	
2 Solvay-Kongreß 1930	
3 Princeton 1933	
4	EPR 1935
5	Bohr 1935
6	Brief Einsteins an Schrödinger vom 19. 6. 1935 [unveröffentlicht]
7	Einstein 1936
8 Princeton 1937	
9	Bohr 1948
10	Einstein 1948
11	Bohr 1949 (Bericht über die Treffen)
12	Einstein 1949 a und b
13	Einstein 1953
14	Einstein 1955
15	Bohr 1963

In den Diskussionen auf den beiden Solvay-Kongressen ging es um die Frage der Kontrollierbarkeit der Wechselwirkung von Interferenzen erzeugenden Teilchen mit den Schirmen, an denen die Teilchen gebeugt werden. Bohr hielt eine exakte Kontrolle unter gleichzeitiger Aufrechterhaltung des Interferenzphänomens für unmöglich, während Einstein Vorrichtungen zu ersinnen hatte, die eine Kontrolle und damit auch eine vollständige Beschreibung des Objektverhaltens möglich machten. Während es sich hierbei also um Fallbeispiele von Gedankenexperimenten handelte, wurde die Diskussion auf eine allgemeinere Ebene angehoben durch den Beitrag EPR 1935.[9] In der Sekundärliteratur spricht man häufig davon, daß Einstein und seine beiden Ko-Autoren Podolsky und Rosen in dieser Arbeit ein Paradoxon vorführen. Ich will aber den Inhalt der Arbeit lieber durch die Bezeichnung ‹EPR-Argument› wiedergeben. Denn darum nämlich handelt es sich hier: um ein Argument gegen die Annahme der Kopenhagener Deutung, daß die ψ-Funktion eine vollständige Beschreibung der Objekte der QM liefere.

Dabei hat Einstein und haben auch alle anderen Kritiker der Kopenhagener Auffassung die Vorstellung, daß eine vollständige Beschreibung eines physikalischen Systems die Beschreibung eines Zustands desselben ist. Die folgenden Beispiele zeigen, wie Einstein den Begriff des Zustands in Zusammenhang mit dem Begriff der Realität verwendet. Wir wollen uns zunächst ansehen, wie Einstein selbst das formuliert.[10]

Die Physik ist eine Bemühung, das Seiende als etwas Begriffliches zu erfassen, was unabhängig vom Wahrgenommen-Werden gedacht wird. In diesem Sinne spricht man vom «Physikalisch-Realen». In der Vor-Quantenphysik war kein Zweifel, wie dies zu verstehen sei.

Oder es heißt:[11]

... die Begriffe der Physik beziehen sich auf eine reale Außenwelt, d.h., es sind Ideen von Dingen gesetzt, die eine von den wahrnehmenden Subjekten unabhängige «reale Existenz» beanspruchen.

Die folgenden Sätze stammen aus einem Brief von 1930 an Schlick, der sich als Philosoph, aber studierter Physiker eine selbständige Meinung über die durch das Auftreten der QM entstandene ontologische Problematik in der Physik gebildet hatte:[12]

Allgemein betrachtet entspricht Ihre Darstellung insofern nicht meiner Auffassung, als ich Ihre ganze Auffassung sozusagen zu positivistisch finde ... Ich sage Ihnen glatt heraus: die Physik ist ein Versuch der begrifflichen Konstruktion eines Modells der realen Welt sowie von deren gesetzlicher Struktur. Sie werden sich über den ‹Metaphysiker› Einstein wundern, aber jedes vier- und zweibeinige Tier ist in diesem Sinne de facto Metaphysiker.

Für wie ‹natürlich› Einstein die hier berufene Einstellung beobachtungsfreier Beschreibung hält, geht auch aus dem folgenden, im letzten Satz ironischen Zitat hervor:[13]

Es gibt so etwas wie den ‹realen Zustand› eines physikalischen Systems, was unabhängig von jeder Beobachtung oder Messung objektiv existiert und mit den Ausdrucksmitteln der Physik im Prinzip beschrieben werden kann ... Diese These der Realität hat nicht den Sinn einer an sich klaren Aussage, wegen ihrer ‹metaphysischen› Natur; sie hat eigentlich nur programmatischen Charakter. Alle Menschen, inklusive die Quantentheoretiker, halten aber an dieser These der Realität fest, solange sie nicht über die Grundlagen der Quantentheorie diskutieren.

Nachdem Pauli mehrere Gespräche mit Einstein im Sinne seines Auftrags als Schlichter in der Einstein-Born-Debatte geführt hatte, teilte er in einem Brief an Born die Quintessenz seiner Diskussion mit Einstein mit. In diesen Zitaten tritt uns der *Realist* Einstein entgegen, der die von der QM nahegelegte Auffassung vom Realen in der Außenwelt nicht zu teilen vermag. Etwas anders verhält es sich mit dem in der QM angelegten *Indeterminismus,* den Einstein nicht mochte – eine Haltung, die er selbst popularisiert hat in dem Ausspruch «Gott würfelt nicht». Dieser Ausspruch läßt sich belegen, aber es scheint doch so zu sein, daß Einstein in dieser Sache eine Entwicklung durchgemacht hat, die ihren Ausdruck in dem Briefwechsel mit Born findet.[14] Zunächst heißt es noch an einer ebenfalls populär gewordenen Stelle aus einem Brief von 1924:

Zu einem Verzicht auf die strenge Kausalität möchte ich mich nicht treiben lassen, bevor man sich nicht noch ganz anders dagegen gewehrt hat als bisher. Der Gedanke, daß ein einem Strahl ausgesetztes Elektron *aus freiem Entschluß* den Augenblick und die Richtung wählt, in der es fortspringen will, ist mir unerträglich. Wenn schon, dann möchte ich lieber Schuster oder gar Angestellter in einer Spielbank sein als Physiker.

Zwei Jahre später schreibt er dann schon vorsichtiger:

Die Quantenmechanik ist sehr Achtung gebietend. Aber eine innere Stimme sagt mir, daß das doch nicht der wahre Jakob ist. Die Theorie liefert uns viel, aber dem Geheimnis des Alten bringt sie uns kaum näher. Jedenfalls bin ich überzeugt, daß *der* nicht würfelt.

Erst fünfundzwanzig Jahre später wird das Thema wieder aufgegriffen, aber Einstein und Born reden aneinander vorbei – nach Einstein deswegen, weil Born ein Mensch sei, «der nicht zuhören kann». Nachdem dann Pauli zum Vermittler gemacht wurde, nimmt die Angelegenheit alsbald die folgende eindeutige Wendung. Pauli an Born:[15]

Nun habe ich in den Gesprächen mit Einstein gesehen, daß er Anstoß nimmt an der für die Quantenmechanik wesentlichen Voraussetzung, *daß der Zustand eines Systems erst durch Angabe einer Versuchsanordnung definiert ist ... Davon will Einstein absolut nichts wissen.*

Insbesondere hält Einstein (wie er mir ausdrücklich wiederholte) den Begriff ‹Determinismus› nicht für so fundamental, wie es oft geschieht ... Einsteins Ausgangspunkt ist vielmehr realistisch, nicht deterministisch ...

Was nun das EPR-Argument selbst angeht, so ist es seltsam, daß die Diskussionen selten den Versuch machen, den originalen Text zu reproduzieren. Statt dessen ist so etwas wie eine Standardvariante entstanden, die alle weiteren Betrachtungen auf sich zieht. Eine Vereinfachung der Standardvariante geht auf Bohm zurück.[16]

Nach Zerfall eines Spin-0-Teilchens in zwei Spin-½-Teilchen kann das Gesamtsystem im Spinzustand

(1) $\Phi = 1/\sqrt{2} \cdot \{\varphi^+ \otimes \psi^- - \varphi^- \otimes \psi^+\}$

sein. In diesem Zustand sind die Spinzustände der beiden Teilchen in jeder Raumrichtung für sich genommen unbekannt, zugleich aber (wegen unitärer Invarianz von (1)) streng miteinander korreliert: der (+)-Zustand des einen mit dem (–)-Zustand des anderen Teilchens und vice versa. In anderen Worten: Im Gesamtzustand (1) ist eine Menge von Observablen – Spin von Teilchen I in einer bestimmten Richtung, also eine Menge von der Mächtigkeit einer Kugeloberfläche – mit der entsprechenden Menge von Teilchen II verschränkt. Daher wird durch Messung des Spins an einem der Teilchen der Spin des andern sofort bekannt. Da dies auch dann gilt, wenn die Teilchen inzwischen Lichtjahre auseinander sind, können wir eine sichere Voraussage über den Spin eines der Teilchen durch eine Messung machen, die dieses Teilchen völlig unberührt läßt. Da die QM, in der irgend zwei Spinobservable (desselben Teilchens) inkommensurabel sind, für diese Sachlage keine Möglichkeit der Beschreibung vorsieht, ist sie unvollständig.

In einem Brief an Schrödinger kommentiert Einstein das Erscheinen seiner zusammen mit Podolsky und Rosen verfaßten Arbeit mit der Bemerkung, die Arbeit sei aus Sprachgründen von Podolsky geschrieben worden. Dabei sei dann doch nicht so richtig herausgekommen, «was ich eigentlich wollte, sondern die Hauptsache ist sozusagen durch Gelehrsamkeit verschüttet».[17] Einige der in der obigen Zusammenstellung der Bohr-Einstein-Debatte aufgeführten Arbeiten haben allein Einstein zum Autor und geben, wie man annehmen darf, in unterschiedlicher Ausführlichkeit das eigentliche Einsteinsche Argument wieder – ungefähr so, wie es schon in dem Brief an Schrödinger angedeutet ist. Wie sieht diese authentische Version nun aus?

In diesem Argument macht Einstein keinen expliziten Gebrauch von den Observablen der beiden Systeme I und II. Sie seien ihm egal, wie er Schrödinger anvertraut. Ich werde bei der Wiedergabe nicht ganz so puritanisch sein. Jedenfalls geht die Sache dieses Mal mit dem Gesamtzustand Φ des zusammengesetzten Systems I⊗II los, der weitgehend beliebig ist. Sei weiter $\{\psi_i\}_i$ eine beliebige Orthonormalbasis im Hilbertraum von II. Dann gilt völlig allgemein, daß genau eine Familie $\{\chi_i\}_i$ von (reinen) Zuständen von I existiert, so daß

$$\Phi = \Sigma_i \chi_i \otimes \psi_i.$$

Die χ_i bilden allerdings nun nicht immer eine Orthonormalbasis. Aber eines gilt nach wie vor: Wenn eine Messung an II einer Observablen mit den ψ_i als Eigenvektoren vorgenommen wird, dann sind nur Meßergebnisse ψ_i mit $\chi_i \neq 0$ möglich, und nach der Messung mit dem Ergebnis ψ_i ist im Sinne der Zustandsreduktion χ_i der Zustandsvektor des Systems I. Wird statt dessen eine andere Observable von II mit den Eigenvektoren ψ_i' gemessen, so erhält man entsprechend aus der dann geltenden Entwicklung

$$\Phi = \Sigma_i \chi_i' \otimes \psi_i'$$

und dem Ergebnis ψ_k' den neuen Zustandsvektor χ_k' von System I. Iteriert man diesen Vorgang durch eine immer andere Wahl der zu messenden Observablen, so erhält man eine Folge

(2) $\chi_i, \chi_k', \chi_l'', \ldots$

von Vektoren für das System I. Wegen der räumlichen Getrenntheit von I und II kann sich durch diese Messungen an II der reale Zustand von I nicht geändert haben. Alle Vektoren konkurrieren also darin, diesen Zustand zu beschreiben. Andererseits werden aber die Vektoren (2) im allgemeinen paarweise voneinander verschieden sein. Einstein: «Für denselben Realzustand von I können also (je nach Wahl der Messung an II) verschiedenartige Ψ-Funktionen gefunden werden.»[18] Daher kann keine der durch die Vektoren (2) geleisteten Beschreibungen vollständig sein.[19]

Man sieht hier schön, wie dieses Argument nicht mehr funktioniert, sobald man den Vektoren im Hilbertraum statistische Gesamtheiten unterlegt. Dann beziehen sich die in (2) versammelten Vektoren nicht mehr alle auf ein und denselben Zustand, sondern auf gewisse Untergesamtheiten der Gesamtheit, von der man ausgegangen ist, nämlich auf die Untergesamtheiten, die den einzelnen ψ_i, ψ_k', ... als Meßergebnissen entsprechen und die natürlich verschieden sind. Das Versagen seiner Überlegung, wenn man von der Einzelsystem-Interpretation zur statistischen Interpretation übergeht, hat Einstein natürlich mit Genugtuung festgestellt.[20]

Bohr hat auf die EPR-Arbeit von 1935 sofort nach deren Erscheinen ausführlich reagiert,[21] auf die spätere Version des Arguments jedoch scheinbar nicht mehr, insbesondere nicht in dem Einsteins Lebenswerk gewidmeten Schilpp-Band (englische Fassung 1949, deutsche Fassung 1955), wo sie noch einmal erscheint und Bohr seinen Bericht über die Diskussion mit Einstein über erkenntnistheoretische Fragen der Atomphysik beiträgt.[22] Schon die Beantwortung von EPR 1935 hat Bohr allerdings Kopfschmerzen bereitet. Rosenfeld, sein damaliger Assistent, berichtet: «Dieser Angriff kam über uns wie der Blitz aus heiterem Himmel. Seine Wirkung auf Bohr war bemerkenswert.» Tag auf Tag, Woche auf Woche hätten sie dagesessen und um eine adäquate Antwort gerungen. Rosenfeld über die gemeinsame Arbeit: «Hin und wieder wandte er sich zu mir: ›Was *könnten* sie meinen? Verstehst *du* es?‹»[23] Der Artikel wird aber noch im selben Jahr fertig und erscheint in derselben Zeitschrift wie EPR 1935.

Bohr betont darin die für Einstein realitätsfeindliche Anwesenheit inkommensurabler oder gar komplementärer Observablen. Ein näheres Eingehen darauf würde den Rahmen dieser Abhandlung sprengen, und ich muß auf die Literatur verweisen.[24]

B) Frühe Gegner: Schrödinger

Von Einstein wende ich mich nun Schrödinger zu. Abner Shimony hat in einem vergleichenden Aufsatz über die Philosophie Bohrs, Heisenbergs und Schrödingers gesagt, er glaube, daß «Schrödinger der bemerkenswerteste Philosoph unter den Physikern war».[25] Ich sage nichts unmittelbar dagegen. Wir wollen aber fragen: Heißt das schon, daß Schrödinger uns eine wesentliche philosophische Botschaft im Zusammenhang mit der durch die Quantentheorie entstandenen Grundlagenkrise der Physik zu verkünden hatte oder auch nur verkünden wollte? Eine Botschaft vergleichbar Bohrs Idee der Komplementarität oder Heisenbergs modaler Interpretation der ψ-Funktion? Zur Beantwortung dieser Frage wollen wir das Feld zunächst durch zwei Eckpfosten abstecken, die mir ziemlich fest zu stehen scheinen.

Zum einen hat Schrödinger die Entwicklung der Physik in der ersten Hälfte des 20. Jahrhunderts für eine echte, tiefgehende Krise gehalten. «Worauf es mir ankommt», sagte er einmal, «ist dieses: die moderne Entwicklung, die wirklich zu verstehen ihre Urheber noch weit entfernt sind, war ein Einbruch in die verhältnismäßig einfache Theorie der Physik, die gegen Ende des 19. Jahrhunderts recht gut umrissen schien. Dieser Einbruch hat in gewissem Sinne alles umgeworfen, was auf den Grundmauern errichtet war, die im 17. Jahrhundert ... gelegt worden waren. Ja, die Grundmauern selbst beben.»[26] Was andererseits die Überwindung der Krise durch die Quantentheorie der ausgehenden 1920er Jahre betrifft, so war Schrödinger der Überzeugung – ähnlich übrigens der seines Nobelpreiskompagnons Dirac[27] –, daß von einer Überwindung noch gar nicht ernsthaft gesprochen werden könne. Die ‹Quantensprünge› hat Schrödinger nicht ohne Ironie mit den Epizyklen der ptolemäischen Astronomie verglichen[28] und in dem angeblichen Hineinspielen des Beobachters in den quantenmechanischen Meßprozeß «nur einen sehr überschätzten provisorischen Aspekt ohne tiefere Bedeutung [erblickt]».[29]

Aus diesen Äußerungen entnimmt man, daß Schrödinger die Grundlagenkrise der Physik zwar sehr ernst nahm, jedoch geneigt zu sein schien, ihre Lösung in dem philosophischen Randspektrum doch *näher bei der Physik* zu suchen, als die Orthodoxie es tat, keinesfalls aber in der von dieser eröffneten Kopenhagener Richtung. Diese Einstellung ergibt sich aus seinem Verhältnis zur Philosophie im allgemeinen und aus seiner eigenen Philosophie. Deutliche Worte hierzu spricht er in dem Vorwort zu seinem philosophischen Vermächtnis, dem Buch *Meine Weltansicht*.[30] Dort eröffnet er dem Leser nicht nur, daß er einst als junger Mann nahe daran war, die theoretische Physik in Form redlicher Lehre als bloßen Broterwerb zu betreiben, um sich in seiner freien Zeit seinem eigentlichen Anliegen, der Philosophie, hingeben zu können. In wohlerwogenen Worten heißt es auch, daß nun in dem Buche des alten Mannes «nirgends von Akausalität, Wellenmechanik, Unbestimmtheitsrelation, Komplementarität, expandierender Kugelwelt, kontinuierlichen Schöpfungsakten und dgl. die Rede [sei]» und dies deswegen, «weil diese Dinge mir weniger mit dem philosophischen Weltbild zu tun zu haben scheinen als heute beliebt».

Dieses Weltbild aber war in seinem Falle das eines *idealistischen Monismus*. Schrödinger muß ein introvertierter Mensch gewesen sein, dem es natürlich war, die Welt von seiner eigenen mentalen und emotionalen Existenz her zu deuten. Freilich machte ihn dies nicht zum Solipsisten: Es gab für ihn auch die anderen und völlig gleichberechtigten Individuen mit ihrem jeweiligen Innenleben. Und es gab – als drittes – die Erfahrung, daß man mit seinen Mitmenschen eine Verständigung herbeiführen konnte, die gerade in Sachen Naturwissenschaften erstaunlich gut war. Schrödinger hat die Tatsache, daß die vielen primär ganz voneinander getrennten Innenwesen doch zu der Auffassung gelangen können, in derselben Welt zu leben, geradezu als das große Wunder dieser Welt angesehen. Sein philosophisches Hauptproblem war dementsprechend die Frage: Wie läßt sich dieses Wunder erklären?[31]

Die landläufige Erklärung, von der Schrödinger meinte, daß ihr auch die Mehrzahl seiner naturwissenschaftlichen Kollegen anhingen, ist die Annahme einer sogenannten *realen Außenwelt,* der insbesondere unsere Körper angehören. Schrödinger hat diese Annahme nicht akzeptiert.[32] Er fand sie naiv und für eine Erklärung nicht ausreichend. Vor allem aber hat er betont, daß sie genauso metaphysisch und mystisch sei wie die von ihm akzeptierte Ansicht. Sie ist metaphysisch, weil diese reale Außenwelt selbst etwas per definitionem Unbeobachtbares sei. Und sie ist mystisch, weil der angebliche Kausalnexus, der die Außenwelt mit Elementen der Bewußtseinssphären, mit Willensakten und Sinnesempfindungen verbindet, in Wahrheit ein in seinem Zustandekommen und Funktionieren völlig rätselhafter Zusammenhang sei. Beeinflußt von Philosophen wie Spinoza und Schopenhauer und andererseits von den indischen *Vedanta,* glaubte er an einen Weltgeist, von dem die vielen Individuen nur jeweilige Aspekte sind und dessen Einheit ebenjene Erlebensgemeinschaft, die es zu erklären galt, garantiert. Die Natur aber, die – wie man sich für gewöhnlich ausdrückt – uns durch unsere Sinne vermittelt wird, ist in Wahrheit gar nicht vorhanden. Sie ist aus demselben Stoff gemacht wie jener Weltgeist – ein Stoff, den wir als unsere Empfindungen kennen und der sowohl das grandiose Universum, das uns heute die Kosmologie vor Augen stellt, als auch die Romanze von einer Welt umfaßt, die sich schließlich auch Gehirne zulegt, um begriffen zu werden: «Mir persönlich», so Schrödinger, «ist all das *maya,* wenn auch sehr gesetzmäßige und interessante *maya.*»[33] Was gegenüber solcher schönen Täuschung wirklich zählt, ist der ethische Gehalt der Lehre von der letztlichen *numerischen* Identität, des Ich mit dem Du und der religiöse Trost der Teilhabe an einer zeitlosen, ewigen Existenz.

Wenn man einmal verstanden hat, daß darin das Schrödingersche Weltbild bestand und daß es ihm damit mindestens so ernst war wie mit der Physik, wird deutlich, in welcher Perspektive ihm die Schwierigkeiten seiner Disziplin allenfalls erscheinen konnten. Andererseits war Schrödinger nicht der Mann, der sich mit östlicher Weisheit sein westliches Leben leichtmachen wollte. Wir müssen jetzt ins Auge fassen, was man die *Grundspannung* seiner geistigen Existenz nennen könnte: die Spannung zwischen seiner gefühlsmäßigen Nähe zu ebendieser östlichen Weisheit, die dort, wo sie sich als religiöse Lebensart ausgebreitet hat, eine wissenschaftliche Weltauffassung doch wohl gerade nicht aufkommen ließ, und andererseits seiner Zugehörigkeit zum abendländischen Kulturkreis, in dem die Wissenschaft erfunden und – zuletzt unter Schrödingers Mitwirkung – bis zu dem Raffinement einer Wellenmechanik entwickelt wurde. Es war zu erwarten, daß Schrödinger sich, um diese Spannung auszuhalten, Klarheit darüber zu schaffen suchte, worin eigentlich die Besonderheit des naturwissenschaftlichen Weltbildes besteht, und er hat dies mit einem erheblichen intellektuellen Aufwand durch das Aufsuchen der Quellen, durch den Rückgang zu den Griechen getan.[34]

Ob das Ergebnis dieses Klärungsprozesses historisch gerechtfertigt ist, braucht uns hier weniger zu interessieren als die Frage, worin es besteht. Es besteht in der Auffassung, daß das abendländische naturwissenschaftliche Weltbild auf der Durchsetzung zweier Forderungen beruht: der Forderung der *Verständlichkeit* des Naturgeschehens und der Forderung seiner *Objektivierung*. Auch auf einen Zusammenhang hat Schrödinger hingewiesen: daß wir nämlich die Forderung der Objektivierung erfüllen müssen, *um* das Naturgeschehen verständlich zu machen. Die Krise der modernen Physik aber besteht darin, daß die Quantentheorie gegen beide Postulate verstößt, und er hat sie *deswegen* kritisiert. Er hat dies getan, obwohl er andererseits erstens die Verengungen sah und herausstellte, die dem naturwissenschaftlichen Weltbild gerade durch die Erfüllung dieser Postulate widerfahren, zweitens diese Verengungen durchaus vor dem Hintergrund *seines* idealistisch-monistischen Weltbildes verstand und drittens immer wieder am Rand der Einsicht operierte, daß die Quantentheorie die Verengungen am Ende ein wenig lockern könnte.

Mit der Annahme, daß die Natur sich *verstehen* läßt, und mit der Forderung, das erreichbare Verständnis der Natur auch herbeizuführen, steht Schrödinger in der jüngeren Tradition des Verstehens in *Bildern* oder *Modellen*.[35] Das Reden von Bildern oder Modellen anstelle des Redens von den Dingen selbst ermöglichte den Physikern damals, sich gegen die ihrem Empfinden widerstrebende, weil zu grobe Dichotomie von falschen gegenüber wahren Theorien zu wenden. Indem man bemerkte, daß man die Wahrheit im strikten Sinn eigentlich nie auf seiner Seite hatte, mußte man etwas finden, das die zu harte einzige Alternative, daß immer alles falsch sei, milderte. Man sagte dann statt dessen, daß die Bilder den Tatsachen mehr oder weniger gut angepaßt seien oder daß sie mehr oder weniger brauchbar oder nützlich seien. Von seiten der Physik hat man zunächst wenig Worte darüber verloren, welche Kriterien für immer bessere Anpassung gelten sollten oder gar, was für Bilder hier überhaupt zugelassen waren. Auch Schrödinger hat zumindest die letztere der beiden Fragen erst behandelt, nachdem das Kind in den Brunnen gefallen war, sprich, als die Quantentheorie zu zeigen schien, daß eine gewisse Art von Bildern, an die man sich in der klassischen Physik gewöhnt hatte, für die Beschreibung der Atome nicht mehr in Frage kam.

Dabei war sich Schrödinger darüber im klaren, daß man das Verstehen in Bildern nicht wirklich genau und a priori abgrenzen oder präzise festlegen kann, was hier erlaubt und möglich ist und was nicht. Er

Frühe Gegner: Schrödinger

hat versucht, die Verständlichkeitsannahme als eine Zwischenlösung zwischen Animismus und Positivismus zu beschreiben. Den Animismus, ein sehr ursprüngliches Verstehensmuster, hat Schrödinger trotz dessen weitgehender Überwindung in der neuzeitlichen Naturwissenschaft immerhin erwähnt, um anläßlich der wieder auflebenden Kausalitätsdebatte daran zu erinnern, daß jeder Versuch, den Begriff der Kausalität mit einem Wesensmerkmal zu versehen, unweigerlich wieder auf animistische Gleise geraten würde. Weitaus aktueller war für Schrödinger die Abgrenzung gegenüber dem Positivismus. Verständlichkeit ist nur erreicht, wenn die Bilder ganzheitliche, gestalthafte Züge aufweisen. Dazu kommt es aber nie, wenn man dem Positivismus folgt und sich in der Wissenschaft auf unmittelbar Beobachtbares, auf die Sinneswahrnehmung oder dergleichen beschränkt. Mit dieser Beschränkung und damit dem Verzicht auf Objektivierung kommt kein kohärentes Bild der Natur zustande. Die Zusammenhänge gehen verloren, und es ist kein theoretischer Zweck der Natur mehr erkennbar. Hier ist der erwähnte Zusammenhang zwischen den beiden Postulaten am deutlichsten: Wir müssen objektivieren, damit wir etwas verstehen. Die Bilder sind der Zweck, nicht das Mittel. In Schrödingers Worten:[36]

Mir kommt vor, daß ... in der Physik das geschätzte Ergebnis unseres Bemühens ein immer deutlicher Gestaltetes, anschauliches und in seinen Zusammenhängen verstandenes Gesamtbild des untersuchten Gegenstandes ist. [Der Zusammenhang würde] völlig zerstört, wenn wir durch Wahrhaftigkeitsskrupel uns gehalten fühlten, alle Aussagen so abzufassen, daß ihre Beziehung zu Sinneswahrnehmungen offen zutage liegt.

Objektivierung bedeutet für Schrödinger zunächst einmal die Ausschaltung des menschlichen Bewußtseins aus dem Naturbild der Physik (vgl. Kapitel II). Zumindest als Fiktion sollte auf diese Weise die reale Außenwelt erstehen, die er als *metaphysicum* ablehnte. Die Elimination der menschlichen Subjektivität nur als Bewußtsein ist jedoch für Schrödinger eher Schicksal als Forderung: Im strengen Sinne des Wortes *können* wir das Bewußtsein überhaupt nicht, auch nicht außerhalb der Naturwissenschaften, zum Gegenstand einer wissenschaftlichen Behandlung machen. Wir finden es nicht im Weltbild, «weil es ... selber dieses Weltbild ist».[37] Bewußtsein ist aber mehr als jener unfaßbare

Punkt, der immer außen vor bleibt, es ist auch so etwas wie ein echter Kreis, der Bewußtseinstätigkeiten und -fähigkeiten umfaßt: das Wahrnehmen etwa und Wissenkönnen. In diesem weiteren Bereich besteht die Objektivierung nun doch in einer ganz positiven und konkreten Leistung, etwa unsere Sinneswerkzeuge durch Meßgeräte zu ersetzen. Dies ist sozusagen eine Präzisierung der Ausschaltung des Subjekts, indem beispielsweise mein Auge immer noch mit meinem Bewußtsein auf rätselhafte Weise gekoppelt ist, ein Photoapparat aber nicht mehr. Indem ein Meßgerät durchaus noch eine Funktion unseres Bewußtseins partiell übernimmt, läßt sich die Forderung der Objektivierung dahingehend verstehen, daß in unserem Naturbild auch das Meßgerät nicht *als solches* vorkommt. «Kaum ein Physiker der klassischen Epoche», so Schrödinger, «hat wohl beim Ausdenken eines Modells sich erdreistet zu glauben, daß dessen Bestimmungsstücke am Naturobjekt meßbar sind.»[38] Gerade in dem also, was ein Modell unmittelbar darstellen soll, kommen in ihm keine Meßgeräte vor.

Damit sind wir soweit, die Hauptfrage ‹Was hatte Schrödinger gegen die Quantentheorie?› einen Schritt weit aufzuklären. Die bisherige Reduktion führte uns zu der Frage: In welchen Punkten verstößt die Quantentheorie gegen das Verständlichkeits- bzw. das Objektivierungspostulat? In Sachen *Verständlichkeit* ist es angemessen, zwei Themenkreise zu berühren: den Determinismus und die Raumzeitbeschreibung. Nach orthodoxer Auffassung ist die Quantentheorie eine wesentlich indeterministische, irreduzibel probabilistische Theorie. Manche würden dieses Merkmal sogar als das Hauptmerkmal der Quantentheorie gegenüber der klassischen Physik (einschließlich der Relativitätstheorie!) bezeichnen. Es verdient daher unsere Beachtung, daß Schrödinger weit davon entfernt war, den Indeterminismus auf seinen Index der Quantentheorie zu setzen. Er war ein Bewunderer Boltzmanns, des Erfinders der statistischen Physik. Seine eigenen hierhin gehörigen Arbeiten füllen einen von vier Bänden seiner gesammelten Abhandlungen. Nachdem er einmal die soeben geschilderte Auffassung vom Verstehen in der Physik entwickelt hatte, hat er gerade die (klassische) statistische Mechanik zum Paradigma einer verständlichen Physik erklärt. Und noch in seiner letzten veröffentlichten Arbeit (aus dem Jahr 1958) hat er den Begriff der Energie – die heilige Kuh der gesamten Physikerschaft – als einen statistischen Begriff vom Schlage der Temperatur oder der Entropie hinzustellen versucht.[39]

Dies alles besagt natürlich noch nichts Endgültiges über Schrödingers Einstellung zum Indeterminismus. Aber es läßt schon Unheil ahnen. Und in der Tat: Schon im vorigen Kapitel haben wir seine Meinung referiert, daß derzeit *den Verfechtern, nicht den Zweiflern an der absoluten Kausalität* (also am Determinismus) natürlicherweise die Beweislast obliege. Erschien Schrödinger dies auch noch als das Natürlichere, als wenig später klar wurde, wie der quantentheoretische Indeterminismus aussehen würde? Schrödinger hat das Erbe Boltzmanns und Exners nie veräußert. Er hat das Thema auch nach 1927 behandelt, aber seine Äußerungen wurden nun – so meint man doch zu spüren – vorsichtiger. Schon 1927 kommt das interessante Argument:[40]

Vor dieser Begriffsbildung schrecke ich zurück..., weil man von einer Theorie, welche eine absolute, primäre Wahrscheinlichkeit als Naturgesetz postuliert, verlangen sollte, daß sie uns um diesen Preis wenigstens von den alten ‹Ergodenschwierigkeiten› befreie und den einsinnigen Ablauf des Naturgeschehens ohne weitere Zusatzannahmen verstehen lasse.

Um genau diese Zeit aber war klargeworden, was es nun war, das nach der sich durchsetzenden Auffassung *den Indeterminismus erzwang*. Es war die anscheinende Unmöglichkeit, eine Beschreibung des atomaren Geschehens zu geben, durch die man für ein endliches, kontinuierlich zusammenhängendes Raumzeit-Gebiet erfährt, was in jedem seiner Punkte wirklich geschieht. Schrödinger war sich völlig darüber im klaren, daß die im sogenannten Wellen-Teilchen-Dualismus zusammengefaßten Phänomene – der scheinbare Grund für jene Unmöglichkeit – eine äußerst ernste Schwierigkeit darstellten, die eben zu einem guten Teil die damalige Krise ausmachte. Aber er war nicht bereit, die von der Quantentheorie in *dieser* Hinsicht angebotene Lösung zu akzeptieren. Hier ist *der* Punkt erreicht, wo Schrödinger das Verständlichkeitspostulat von der orthodoxen Quantenmechanik durchbrochen sieht. Es ist der Einbruch des Diskontinuums, der Quantensprünge, der Identitätsproblematik für Teilchen in die bisherige vollständige Erfassung des raum-zeitlichen Geschehens. «Es gibt», so Schrödinger, «gleichsam Lücken in unserem Bild.»[41] Aber noch in seiner letzten Arbeit von 1958 äußert er:[42]

Wir fühlen das Verlangen nach einer vollständigen Beschreibung der materiellen Welt in Raum und Zeit, und wir betrachten es als keineswegs erwiesen, daß dieses Ziel nicht erreicht werden könnte.

Schrödinger hat mit seiner Wellenmechanik versucht, dieses Ziel zu erreichen. Sie repräsentiert den physikalischen Anteil an der gesamten Argumentation, und dessen Erheblichkeit wird durch den Nobelpreis (1933) unterstrichen. Daß Schrödinger ihn gemeinsam mit Dirac – dem großen Teilcheninterpreten – erhielt, war eine gelungene Symbolisierung des Wellen-Teilchen-Dualismus als des zugrundeliegenden Problems. Den Wert der Wellenmechanik wird man heute gerne von der Quantenfeldtheorie her beurteilen wollen. Schrödinger hatte ja zumindest einen guten Grund, nichts von Quantensprüngen wissen zu wollen: Seine eigene, in die Quantenmechanik übernommene Gleichung lehrt, daß ein Atom, das einmal in einen Eigenzustand der Energie gelangt ist, für ewig darinnen bleibt. Die spontane Emission und Absorption wird durch die Quantenmechanik nicht erklärt. Andererseits ist diejenige Theorie, die es erklärt – die Quantenelektrodynamik –, nach heutiger Auffassung jedenfalls auch eine Quantentheorie, und so sieht es nach wie vor schlecht aus mit dem Verständlichkeitspostulat und der Durchsetzbarkeit einer reinen Wellenmechanik.[43]

In einem letzten Gedankengang muß nun noch erörtert werden, wie es dem *Objektivierungspostulat* durch das Eindringen der Quantentheorie in die Physik ergangen ist. Schon erwähnt wurde, daß Schrödinger dieses Postulat im Dienste des Verständlichkeitspostulats sieht. Damit letzteres durchsetzbar ist, müssen wir möglichst eindeutige Objektivierung verlangen. Indem nun die Quantentheorie das Verständlichkeitspostulat verletzt, wird man erwarten, daß sie schon Schwierigkeiten mit der Objektivierung hat. Und genau das ist der Fall. Mehr noch hat die Kopenhagener Deutung in der von Pauli und andererseits von Neumann und Wigner vertretenen Form die Sache geradezu auf den Kopf gestellt und die Nichterfüllbarkeit des Verständlichkeitspostulats, insbesondere die Unanwendbarkeit der anschaulichen Bilder, dadurch zu *erklären* versucht, daß keine Objektivierung möglich ist, sondern das beobachtende Subjekt mehr oder weniger in die Beschreibung von Quanteneffekten eingeht. Irgendwo wird hier der geheiligte Bezirk des Bewußtseins, wird der Dunstkreis der Subjektivität betreten.[44]

Zunächst allerdings scheint dies ungeahnte Möglichkeiten zu eröffnen. Gemäß seiner philosophischen Grundeinstellung ist Schrödinger ja durchdrungen von der Beschränktheit des Ausblicks, den die Wissenschaft sich mit der Erfüllung des Objektivitätspostulats auferlegt hat. Er scheut sich nicht auszusprechen, was gerade von seinem Standpunkt aus kaum ohne Paradoxie gelingen kann:[45]

Ich betrachte die Wissenschaft als einen integrierenden Teil unserer Bemühungen, die eine große philosophische Frage zu beantworten, die alle anderen einschließt ...: wer sind wir? Mehr noch sehe ich dies nicht als eine der Aufgaben, sondern als die Aufgabe der Wissenschaft an, die einzige, die wirklich zählt.

Als nun die Quantentheorie zu einem «Verzicht auf die rein objektive Beschreibung der Natur» zwang, da hat Schrödinger zunächst tatsächlich schwankend reagiert. In einem Vortrag von 1930 heißt es zwar, es sei doch eine «schmerzliche Ermäßigung [unserer] Ansprüche auf Wahrheit und Klarheit, daß unsere Zeichen und Formeln und die damit verknüpften Bilder nicht ein unabhängig vom Beobachter existierendes Objekt, sondern nur die Relation Subjekt: Objekt darstellen sollen».[46]

Aber – so heißt es damals weiter – ist diese Relation nicht im Grunde die einzige echte Realität, die wir kennen? Genügt es nicht, wenn sie einen festen, klaren, völlig eindeutigen Ausdruck findet ...? Warum müssen wir durchaus uns selbst ausschalten?

In der Tendenz, mit der diese Fragen offensichtlich gestellt sind, hat Schrödinger sie nie beantwortet. Ganz im Gegenteil: Die Tür, die hier vorübergehend einen Spalt weit offenstand, wird 1935 von ihm endgültig geschlossen. Man weiß durch Berichte, daß Schrödinger die Quantensprünge von Anfang an nicht gemocht hat. Aber in Publikationen ist die eindeutige Ablehnung der Kopenhagener Deutung erst von dem genannten Jahr an nachweisbar. Der Wunsch, die Verständlichkeitsannahme durch ‹Bilder› aufrechtzuerhalten, ist allerdings von Anfang an da: Schon 1926 äußert sich Schrödinger zu dem Zweifel, «ob das Geschehen im Atom sich überhaupt der räumlich-zeitlichen Form des Denkens werde eingliedern lassen», in an Kant und Wittgenstein erinnernder Manier:[47]

Vom philosophischen Standpunkt aus würde ich eine endgültige Entscheidung in diesem Sinne einer vollständigen Waffenstreckung gleich erachten. Denn wir können die Denkformen nicht wirklich ändern, und was wir innerhalb derselben nicht verstehen können, das können wir überhaupt nicht verstehen. Es gibt solche Dinge, aber ich glaube nicht, daß die Atomstruktur zu ihnen gehört.

Der Auslöser für die endgültige Abwendung war die erst in letzter Zeit weithin bekannt gewordene, aber schon 1935 erschienene Arbeit von Einstein, Podolsky und Rosen.[48] Man muß sogar sagen, daß wir Schrödinger die erste genauere Analyse der heute unter dem Namen der *Nicht-Separabilität* bekannten Verhältnisse einschließlich ihrer Rolle im Meßprozeß verdanken. Er hat sofort gesehen, welche einschneidenden erkenntnistheoretischen Konsequenzen der Umstand hat, daß den meisten quantenmechanischen Zustandsbeschreibungen eines zusammengesetzten Systems keine ebensolchen Zustandsbeschreibungen der Teilsysteme entsprechen:[49]

Ich würde dies nicht als *einen* – sind seine Worte –, sondern vielmehr als *den* charakteristischen Zug der Quantenmechanik bezeichnen, denjenigen, der ihre völlige Abweichung von der klassischen Denkweise erzwingt.

Aber eben diese Abweichung war ihm zuviel.

Trotz der Schwere dieses Falls vermochte Schrödinger nicht zu glauben, daß der Einbruch des ‹Beobachters› in der Quantentheorie in eine Richtung ging, welche das tiefliegende philosophische Problem der Beziehung zwischen Subjekt und Objekt lösen oder auch nur berühren konnte. «Es ist nicht leicht zu sagen», äußert er, «warum ich das nicht glaube. Ich fühle eine gewisse Inkongruenz zwischen den angewandten Mitteln und dem zu lösenden Problem.»[50] Gemessen an dem unendlichen Problem des Bewußtseins, war nach Schrödingers Einschätzung der Gewinn, den uns die Lektion der Quantentheorie vielleicht erteilen könnte, so gering, daß er den Verlust nicht aufwog, den man dafür auf der Seite des Verständlichkeitspostulats in Kauf zu nehmen hatte. Daher hat er in seinen späteren Arbeiten über die erkenntnistheoretischen Implikationen der Quantentheorie die Sache immer vor dem Hintergrund des klassischen Ideals objektiver Beschreibung dargestellt und auf diese Weise ad absurdum führen wollen. Nur selten und dann ganz unzureichend führt er das Geschütz seiner eigenen Konzeption von Subjektivität im Kontext der Quantentheorie auf.[51] Vielleicht hat er hier zu leichtfertig eine Chance verspielt, die gerade ihm sich bot. Vielleicht ist es seine eigene Schuld, wenn in dieser Angelegenheit nicht noch einmal er selbst, sondern nur seine arme Katze, die uns im vorigen Abschnitt über den Weg lief, berühmt geworden ist.[52]

C) Theorien verborgener Parameter und Unmöglichkeitsbeweise

Die Bohr-Einstein-Debatte hat nicht zu einer Annäherung der Standpunkte geführt, aber sie blieb immer sachlich und fand in freundschaftlicher, beruhigter Atmosphäre statt. Ähnlich verhielt es sich mit Schrödinger, wenn auch mit ihm die Diskussionen etwas leidenschaftlicher geführt wurden und manchmal wohl auch eine gewisse Gereiztheit aufkam. So war Schrödinger zu Ohren gekommen, daß Pauli seine Wellenmechanik den «Züricher Lokalaberglauben» genannt hatte, und Pauli mußte den doch etwas getroffenen Schrödinger durch einen Brief beruhigen, in dem er schreibt:[53] «Was meine Bemerkung über den ‹Züricher Lokalaberglauben› betrifft, so möchte ich Dich sehr bitten, sie nicht als persönliche Unfreundlichkeit Dir gegenüber, sondern als Ausdruck der sachlichen Überzeugung anzusehen, daß die Quantenphänomene in der Natur solche Seiten zeigen, die nicht mit der Kontinuumsphysik (Feldphysik) allein erfaßt werden können ...» Auch mit Heisenberg lief es nicht immer glatt. Anläßlich der ersten Begegnung beider[54] – bei Vorträgen Schrödingers in München – gab Heisenberg in der Diskussion, in der Sommerfeld sich mit Kritik völlig zurückhielt, zu bedenken, wie Schrödinger jemals hoffen konnte, quantisierte Prozesse, wie den Photoeffekt und die Hohlraumstrahlung, auf der Grundlage eines kontinuierlichen Modells zu erklären. «Das führte zu einer scharfen Reaktion von Wilhelm Wien: ‹Er warf mich beinahe aus dem Hörsaal›, berichtete Heisenberg später.»[55] Und an Pauli schrieb er:[56] «... [Ihr] Buch war mir eine wahre Erholung nach Schrödingers Vorträgen hier in München. So nett Schrödinger persönlich ist, so merkwürdig find' ich seine Physik: man kommt sich, wenn man sie hört, um 20 Jahre jünger vor ...»

Diese Begegnung, die Heisenberg sofort Bohr mitteilte, war wohl der Anlaß für eine Einladung Schrödingers nach Kopenhagen zu ausführlichen internen Gesprächen. Heisenberg ging in diese Auseinandersetzung mit dem beunruhigenden Eindruck, «zu sehen, daß viele

Physiker gerade diese Deutung Schrödingers [i.e. die kontinuierliche Wellenmechanik] als Befreiung empfanden».[57] Und er schildert in seinen Erinnerungen[58] Bohr, der «sonst im Umgang mit Menschen besonders rücksichtsvoll und liebenswürdig war», gegenüber Schrödinger nun als einen «unerbittlichen Fanatiker, der nicht bereit war, seinem Gesprächspartner auch nur einen Schritt entgegenzukommen ...» Auch als der sichtlich überanstrengte Schrödinger schließlich krank wurde, setzte Bohr die Gespräche auf der Bettkante fort, während seine Frau den kranken Gast pflegte. Aber zu einer Annäherung der Standpunkte kam es auch hier nicht: Es gelang Bohr nicht, Schrödinger von der Notwendigkeit einer Verabschiedung der klassischen Vorstellungen zu überzeugen.

So trat der Streit um die Grundlagen der QM, der vorübergehend etwas abgeflaut war, Anfang der 1950er Jahre in eine neue Phase ein, in der unter den Zweiflern vor allem das Interesse an der Existenz sogenannter Theorien verborgener Parameter (oder: verborgener Variablen) zur QM lebendig wurde. Da diese Bewegung von vornherein als eine Art Aufstand gegen den Dogmatismus der Kopenhagener Orthodoxie erscheinen mußte, ging es in dieser Runde nicht ohne Emotionen ab, so daß neben sachlichen Argumenten auch so mancher Giftpfeil hin und her gewechselt wurde. So beginnt etwa Rosenfeld, ein bedingungsloser Parteigänger der Kopenhagener Deutung, eine Rezension des Buches *Causality and Chance in Modern Physics* von David Bohm, der herausragenden Figur in besagtem ‹Aufstand›, mit dem Satz: «Dies ist das paradoxeste Buch, das ich seit vielen Jahren gesehen habe.» Und am Ende der Rezension steht der Satz: «Daß irrationale Dogmatisten ausgerechnet die Anschuldigung der Irrationalität und des Dogmatismus gegen die Verteidiger einer normalen und schlichten Haltung anderer Wissenschaftler schleudern sollten, ist das krönende Paradoxon, welches die so quälend langweilige und unzeitgemäße Kontroverse fast zu einer Komödie macht.»[59] Aber auch die andere Seite griff zu rhetorischen Mitteln, etwa John Bell, wenn er zur Verteidigung von de Broglies Theorie der Führungswelle ausruft: «... warum ... hatte Born mir nichts von der ‹Führungswelle› erzählt? ... warum haben die Leute auch nach 1952 immer weiter ‹Unmöglichkeitsbeweise› produziert? Zu einer Zeit, als selbst Pauli, Rosenfeld und Heisenberg keine vernichtendere Kritik von Bohms Auffassung geben konnten, als sie als ‹metaphysisch› und ‹ideologisch› zu brandmarken? ... Lange noch möge

Louis de Broglie diejenigen inspirieren, die den Verdacht nicht loswerden, daß es nur Mangel an Phantasie ist, was durch Unmöglichkeitsbeweise bewiesen wird.»[60]

Die größte Bedeutung unter den Unmöglichkeitsbeweisen hat gleich der erste von ihnen erlangt. Er stammt von dem Mathematiker Johann von Neumann, der ein großes Interesse an den mathematischen Grundlagen der QM hatte und hierüber eine Monographie geschrieben hat, deren deutsche Fassung bereits 1932 erschien, die englische erst 1955.[61]

Hierin hat von Neumann sein Unternehmen mit folgenden Worten dargestellt:[62]

Das System hat neben φ noch weitere Bestimmungsstücke, weitere Koordinaten. Würde man diese alle kennen, so könnte man die Werte aller physikalischen Größen genau und bestimmt angeben – mit Hilfe von φ allein sind dagegen, genauso wie in der klassischen Mechanik auf Grund eines Teiles der q_1, ..., q_k, p_1, ..., p_k, nur statistische Aussagen möglich. Diese Auffassung ist natürlich nur hypothetisch, sie ist ein Versuch, dessen Wert davon abhängt, ob es gelingt, die zu φ hinzutretenden weiteren Koordinaten tatsächlich aufzufinden und mit ihrer Hilfe eine kausale Theorie aufzubauen, welche mit der Erfahrung im Einklang steht und bei alleiniger Vorgabe von φ (und Mitteln über die übrigen Koordinaten) wieder die statistischen Aussagen der Quantenmechanik ergibt.

Direkt hinter diesem Text nennt von Neumann die neuen Bestimmungsstücke «verborgene Parameter» und sagt in dem folgenden Absatz, ob für die QM eine Erklärung aus der klassischen Mechanik durch verborgene Parameter möglich sei, sei eine derzeit vielerörterte Frage, die er noch in diesem Buch durch einen Beweis negativ entscheiden würde.

Mitten in diesem Text wird die Aufgabe der «verborgenen» Parameter schon ziemlich genau beschrieben: Sie sind (neben dem φ) noch weitere Bestimmungsstücke des Systems, die den Determinismus in demselben wiederherstellen. Kennt man sie alle – λ_1, ..., λ_k – und dazu den quantenmechanischen Zustand φ, so kann man den klassisch-mechanischen Zustand (im Sinne der Theorie verborgener Parameter) aus diesen Prämissen eindeutig berechnen:

(3) $\lambda_1, \ldots, \lambda_k, \varphi \vdash \alpha$,

worin α als der Erwartungswert einer Größe A des Systems zu bestimmen ist. In Kapitel IV.2 seines Buches greift von Neumann das Problem dann noch einmal auf, und zwar für den Fall, daß es um die Bestimmung des Wertes einer Größe A des Systems oder einer Eigenschaft E geht. Im Sinne einer Theorie verborgener Parameter käme es darauf an, daß die Bestimmung von α durch eine Messung von A bzw. von E streuungsfrei für beide verlaufen würde. Nur in diesem Falle könnte man davon reden, man kenne den Wert von A bzw. die Eigenschaft von E. Von Neumanns berühmter Beweis hat nun aber zum Inhalt, daß es keine streuungsfreien Größen oder streuungsfreien Eigenschaften in der Quantenmechanik gibt. Eine umfangreiche Debatte über den Wert des von Neumannschen Beweises schloß sich an. Auch wurde eine ganze Reihe von neuen Beweisversuchen unternommen. Eine Übersicht über die geleisteten Beiträge findet sich in Belinfantes Buch *A Survey of Hidden Variables Theories* aus dem Jahr 1973. Darin entschuldigt sich der Autor, so weitschweifig in seiner Widerlegung des von Neumannschen Beweises geworden zu sein. So heißt es dort:[63]

Die Wahrheit aber ist nun einmal, daß jahrzehntelang niemand gegen den Beweis protestierte ... Es muß eine Magie in seinen Überlegungen stecken, die die Leute glauben macht, daß seine Definition die einzig korrekte sei ...
  Indem ich versuche, den Charme aus dieser Magie zu vertreiben, entschuldige ich mich zugleich, so viele Seiten für die Diskussion der von Neumannschen Arbeit zu benötigen.

Die Diskussion um eine Theorie verborgener Parameter für die QM leidet in der Tat darunter, daß keine allgemeinverbindlichen Begriffe dafür existieren, wann eine solche Theorie eben eine Theorie verborgener Parameter ist und nicht etwas anderes. Es würde in diesem Buch auch zu weit führen, dieses Problem aufzugreifen. Ich will aber ein konkretes Beispiel andeuten, das besonders gut ausgearbeitet ist. Es wurde 1952 von David Bohm vorgeschlagen und seine Zielsetzung gleich zu Beginn der ersten Arbeit wie folgt beschrieben:[64]

Erstens steht ja die heutige Form der Quantentheorie mit ihrer üblichen Wahrscheinlichkeitsinterpretation in ausgezeichneter Übereinstimmung mit den Ergebnissen extrem vieler Experimente, zumindest in Raumbereichen, die größer als 10^{-13} cm sind. Zweitens wurde nie eine konsistente Alternative zur Deutung der Quantentheorie vorgeschlagen. Der Zweck dieser und der folgenden Arbeit ... ist es, eine derartige Alternative anzugeben. Im Gegensatz zur üblichen Deutung wird diese Alternative es uns ermöglichen, jedem individuellen System einen exakt definierbaren Zustand zuzuschreiben, dessen Änderung im Laufe der Zeit durch deterministische Gesetze bestimmt wird, die analog zu (aber nicht identisch mit) den klassischen Bewegungsgleichungen sind.

Hier nennt Bohm als wesentliches Ziel die Rückkehr zum Determinismus und als Methode die Umschreibung der QM in die neue Theorie (QMB). Über das, was bei dieser Umschreibung im allgemeinen vor sich geht, sagt Bohm zunächst gar nichts, sondern ergreift das, was er im vorliegenden Fall wirklich zur Verfügung hat und wirklich braucht. Auf der einen Seite der QM finden wir die Schrödingersche ψ-Funktion mit der Schrödinger-Gleichung, womit sich eine Feldtheorie andeutet; auf der anderen Seite eine Teilchentheorie, die aus der klassischen Mechanik hervorgeht. Man kann sich vorstellen, daß die Teilchen unter der Wirkung des Feldes stehen, nicht aber auch umgekehrt das Feld unter der Wirkung der Teilchen.

Ich formuliere die neue Theorie auf der Teilchenseite nur für zwei Teilchen, um möglichst einfach vorzugehen, aber doch zugleich die nötige Allgemeinheit in der Theorie zu haben. Dann haben wir auf der einen Seite eine verallgemeinerte Schrödinger-Gleichung als Feldgleichung

(4) $i\hbar \, \partial\psi/\partial t = - \hbar^2/2m \, \{\nabla_1^2 \, \psi + \nabla_2^2 \, \psi + V(x_1,x_2)\psi\}$.

Diese wird durch die beiden Transformationen

(5) $\psi(x_1,x_2) = R(x_1,x_2) \exp\{i/\hbar S(x_1,x_2)\}; \, P(x_1,x_2) = R^2(x_1,x_2)$

in das Gleichungspaar

(6) $m\partial P/\partial t + \{\nabla_1 \cdot PS + \nabla_2 PS\} = 0$

(7) $\partial S/\partial t + 1/2\,m \, \{(\nabla_1 S)^2 + (\partial_2 S)^2\} + V(x_1,x_2) - \hbar^2/2\,mR \, \{\nabla_1^2 R + \nabla_2^2 R\} = 0$

gebracht.

Bis hierher haben wir nur eine *Feldtheorie* für das Feld ψ und dazu eine äquivalente Fassung mit den Feldgrößen R und S. Rein mathematisch hat man diese Dinge also in beiden Theorien, aber sie erhalten darin verschiedene physikalische Interpretationen. Insbesondere ist die Bedeutung von ψ die eines *realen* Feldes, das in der Lage ist, Wirkungen auf materielle Teilchen auszuüben. Wir haben nämlich neben den Feldern auch *Teilchen,* deren Dynamik durch die assoziierte Feldtheorie gesteuert wird. Diese Teilchen haben die *Bewegungsgleichungen:*

(a)
$$m_i d^2 x_i / dt^2 = -\nabla V(x_1 \ldots x_n) + Q(x_1 \ldots x_n)$$
$$Q = - \hbar^2/2 \, \Sigma_i \, 1/m_i \, \nabla_i^2 R/R.$$

Zusammen mit der zusätzlichen Anfangsbedingung:

(b) $p_i = \nabla_i S$ (für t = 0),

deren Begründung ich übergehe, ist dies schon die ganze Theorie, die Bohm uns als Theorie verborgener Parameter anbietet. Sie ist nach dem von Neumannschen Schema aufgebaut: ψ ist der theorie-eigene Parameter, und die verborgenen Parameter sind die Ortskoordinaten der Teilchen. Wegen der Zusatzgleichungen (b) sind die Impulse p_i nicht mehr frei wählbar, und der Zustand des Systems ist schon durch die Ortskoordinaten eindeutig bestimmt. Das ψ-Feld ist im Vielteilchen-Fall natürlich kein Feld im Raum. Das muß aber seiner Realität keinen Abbruch tun, da es jedenfalls zu wohlbestimmten, auf die Teilchen wirkenden Kräften führt. Die Theorie ähnelt in dieser Hinsicht der Newtonschen Theorie gravitierender Massen. In beiden Fällen geht es um Fernkräfte und bei den Massen der Bohmschen Theorie insbesondere um solche, die bei wachsenden Abständen noch größer werden können.

Um den Anschluß an die QM zu gewinnen, wird der Theorie verborgener Parameter nun einfach eine statistische Mechanik adjungiert, wobei parallel zu (b) ad hoc die Anfangsbedingung:

(c) $p = R^2$ (für t = 0)

für die Ortsverteilung (!) ρ angenommen wird. Durch diese probabilistische Erweiterung zusammen mit (b) liegt fest, was es heißt, daß eine klassisch-mechanische Teilchengröße mit der und der Wahrscheinlichkeit den und den Wert hat. Bis hierhin ist die Theorie zwar merkwürdig, aber in ihren Begriffen und Aussagen klar formuliert. Auch sollte sogleich erwähnt werden, daß sie einzelne eindrucksvolle Erklärungserfolge errungen hat. Hierher gehört in erster Linie die Erklärung der Löcherexperimente. Computerbilder zeigen heute eindrucksvoll, wie das Quantenpotential eines geeigneten ψ-Feldes die durch die Löcher tretenden Teilchen auf wohldefinierten Bahnen an genau die Stellen auf dem Auffangschirm führt, die aufgrund der zugleich stattfindenden Interferenz der Partialwellen des ψ-Feldes mögliche Auftrefforte sind. Komplementarität im Bohrschen Sinne folgt sowenig aus diesen Experimenten, wie irgendeine allgemeine Idee jemals aus unseren Einzelerfahrungen gefolgt ist.

Schlechter sieht es mit Bohms Theorie aus, wenn wir nach der Erledigung der allgemeinen Erklärungsaufgabe fragen. Zunächst ist da das Faktum, daß die nach der Bohmschen Theorie berechneten Wahrscheinlichkeiten im allgemeinen *nicht* mit den quantenmechanischen Wahrscheinlichkeiten übereinstimmen. Für die Orte haben wir Übereinstimmung wegen (c). Aber z. B. ergibt die Berechnung der Impulsverteilung im Grundzustand des Wasserstoffatoms nach Bohm immer den Impuls 0, was nicht nur der quantenmechanischen Verteilung, sondern auch den Unbestimmtheitsrelationen widerspricht. Bohms Ausweg aus dieser Schwierigkeit besteht darin, den Gegner mit den eigenen Waffen zu schlagen. Er argumentiert, daß *seine* Wahrscheinlichkeiten das *objektive* Vorliegen eines Größenwertes betreffen, die *quantenmechanischen* aber Wahrscheinlichkeiten dafür seien, daß man *bei Messung* einer Größe das und das finden werde, und ebendies sei es ja, was Bohr ständig verkündet habe.

Über die Kopenhagener Deutung hinausgehen muß Bohm dann allerdings in seiner Erklärung dafür, daß er *zwei* Wahrscheinlichkeiten hat, wo sonst immer nur *eine* war. Anhand des eben erwähnten Beispiels lautet die Erklärung, daß wir nicht den «wahren» Impuls, der hier stets 0 ist, messen, sondern einen Impuls, der durch die Messung erst entsteht: Die quantenmechanische Wahrscheinlichkeit ist sozusagen gemäß der Schubse verteilt, die das Elektron bei der Messung erhält. *Hier* ist also genau die Auffassung, welche die Kopenhagener Schule zuerst auch erwogen, aber schließlich mit Entschiedenheit abgelehnt hat: Wir messen einen statistisch gestörten Impuls, für dessen Verteilung ein zur Zeit nicht, aber im Prinzip doch kontrollierbarer Störparameter *im Meßapparat* verantwortlich ist.[65]

Die Messung einer Observablen ist nicht wirklich eine Messung irgendeiner Eigenschaft allein des Objekts. Statt dessen mißt der Wert einer Observablen nur eine unvollständig vorhersehbare und kontrollierbare Potenz, die ebenso zum Meßapparat als auch zum beobachteten System selbst gehört.

Weiter heißt es in bezug auf Bohr:[66]

In diesem Punkt sind wir einig mit Bohr, der wiederholt die fundamentale Rolle des Meßapparates als einen untrennbaren Teil des beobachteten Systems betont hat. Wie dem auch sei, unterscheiden wir uns von Bohr, indem wir eine Methode vorgeschlagen haben, bei der die Rolle des Apparates im Prinzip präzise analysiert und beschrieben werden kann, während Bohr behauptet, daß ein präzises Konzept der Details des Meßprozesses im Prinzip unerreichbar ist.

In diesem Zusammenhang kommt es nun auch zu einer Antwort Bohms an von Neumann: Eine Theorie verborgener Parameter muß nicht auf allen Zuständen des *Objekts* aufgebaut sein, die Observablen scharfe Werte zuweisen. Denn die Unbestimmtheit der Observablen, mit Ausnahme der Teilchenorte, ist in der *Umwelt* des Objekts, nicht in ihm selbst zu suchen. Der Unmöglichkeitsbeweis vom von Neumannschen Typ wird also nicht wegen eines Fehlers in seiner Schlußweise kritisiert, sondern durch Zurückweisung einer seiner Prämissen: nämlich *schon* der Annahme (a).

Das Mißliche an Bohms erster Theorie bleibt aber, daß sie keine plausible Erklärung für die unitäre Symmetrie der Gesamtheit quantenmechanischer Observablen liefert. Wenn man hinsichtlich des Quantisierungsproblems ein Auge zudrückt, wird man sagen können: Für diejenigen Observablen, die einer Teilchengröße im Sinne der Bohmschen Theorie entsprechen, macht es Sinn zu sagen, daß sie im allgemeinen nicht genau (im Sinne des Wirkungsquantums) gemessen werden können. Denn in diesem Fall sieht die Theorie vor, worauf sich diese Ungenauigkeit bezieht, nämlich auf die tatsächlichen Werte dieser Größen. Was aber ist mit all den übrigen Observablen, die die QM typischerweise zusätzlich einführt? In ihrem Falle bleibt völlig ungeklärt, was überhaupt am Objekt – genau oder ungenau – gemessen wird. Die Theorie verschafft ihnen keinerlei ontologische Basis im Objekt. Auch reicht es nicht, den von Neumannschen Beweis mit der Bemerkung abzutun, die Unbestimmtheiten in der ψ-Funktion des *Objekts* würden erst durch Parameter des *Meßapparats* aufgehoben. Die QM beansprucht, daß ihr im Prinzip auch das ganze System von Objekt und Meßapparat unterworfen ist. Und nach dem von Neumannschen Beweis gibt es eben auch keine streuungsfreien Zustände für *dieses* System, die in Einklang mit den Forderungen der QM stünden.

X. Fortschritt, Reduktion und Einheit der Physik

> Lassen wir die leitende Hand der Geschichte nicht los.
> Die Geschichte hat alles gemacht,
> die Geschichte kann alles ändern.
> *Ernst Mach*

Das erste Wort im Titel dieses Kapitels bezeichnet eine Sache, die uns in erster Linie an den Fortschritt der naturwissenschaftlich gestützten Technik – an *technischen Fortschritt* – denken läßt. Vor hundert Jahren konnte der Mensch noch nicht fliegen; Charles Lindbergh brauchte für die erste Atlantiküberquerung im Flugzeug 33 Stunden; die Concorde brauchte später für dieselbe Strecke 5 Stunden. Das ist Fortschritt, wie er uns täglich begegnet. Wir können heute Dinge herstellen – nützliche Dinge und auch unnütze –, von denen unsere Vorfahren bestenfalls träumten, die sie aber noch nicht in Wirklichkeit herstellen konnten: Flugzeuge, Kernspintomographen, Hochgeschwindigkeitszüge, Raumfähren, Computer, die in einer Sekunde Millionen von Rechnungen ausführen, etc. Und niemand zweifelt daran, daß die Menschheit in hundert Jahren Dinge herstellen wird, die uns heute noch unbekannt sind.

Nun hat aber der technische Fortschritt auch eine theoretische Seite: Grundlage der Technik ist die Kenntnis allgemeiner Naturgesetze, und der Fortschritt der Technik wird nicht nur, aber wesentlich auch durch das Anwachsen unseres Wissens über allgemeine Zusammenhänge im Naturgeschehen ermöglicht. Umgekehrt hängt die allmähliche Erforschung und Ausdehnung der Geltungsbereiche unserer Naturgesetze wesentlich an der fortschreitenden Verbesserung unserer Experimentierkunst. Die Entwicklung vieler industrieller Bereiche im vergangenen Jahrhundert, z. B. der Halbleitertechnik, belegt das in eindrucksvoller Weise. So hängen also Techniken von anderen Techniken ab, und alle Technik steht in untrennbarer Wechselwirkung mit unserem theoretischen Wissen von der Natur. Ein lebendiges Bild von der Entwicklung der Naturwissenschaften – von der Naturforschung – ließe sich nicht zeichnen, ohne auf das Zusammenwirken von technischem und theoretischem Fortschritt einzugehen.

Trotzdem möchte ich die folgenden Ausführungen auf den Begriff des *theoretischen Fortschritts* (in der Physik) beschränken. Zur Beantwortung der Frage ‹Was ist theoretischer Fortschritt im Selbstverständnis der Physiker?›, um die es hier in der Hauptsache gehen soll, bedarf es keiner Erörterung der verschiedenen praktischen Faktoren, ohne die theoretischer Fortschritt nicht realisierbar wäre. Wir können uns also gefahrlos auf seinen bloßen Begriff konzentrieren, wenn wir darauf gefaßt sind, daß wir damit ein sehr abstraktes Gebiet betreten. Dies wird schon durch das zweite Wort, das Wort ‹Reduktion›, im Titel des Kapitels signalisiert. Es bezeichnet eine Sache, die in allgemeiner Weise in der Antwort auf unsere Hauptfrage vorkommt. Die Antwort lautet nämlich in grober Näherung: Von zwei empirisch bewährten physikalischen Theorien T und T' ist T' ein Fortschritt gegenüber T (in der Anwendung: ihrem Vorgänger), wenn

1.) T auf T' reduzierbar ist;
2.) im Sinne der Reduktion unter 1.) die empirischen Erfolge von T auch als Erfolge von T' erscheinen;
3.) T' neue empirische Erfolge hat.

Durch diese Definition wird die Frage ‹Was ist Fortschritt?› verschoben auf die Frage ‹Was ist eine Reduktion?›. Dabei ist schon vorausgesetzt, daß man weiß, was ein empirischer Erfolg einer Theorie ist. Bemerkenswerterweise tritt das Wort ‹Reduktion› in den einschlägigen Texten der Physiker genausowenig auf wie auch das Wort ‹Fortschritt›. Noch weniger wird dort einer der beiden Termini definiert oder wenigstens durch einige ausdrückliche Bemerkungen eingeführt. Trotzdem ist jedem Eingeweihten schnell klarzumachen, daß dort von Reduktion und theoretischem Fortschritt die Rede ist. Im Zuge der häufig sehr lockeren Verwendung ihrer Begriffe, besonders natürlich der metatheoretischen Begriffe, lassen die Physiker deren allgemeinen Sinn gerne mehr oder weniger in der Schwebe, wobei im vorliegenden Fall alternative Wendungen wie «T ist ein Grenz- oder Spezialfall von T'» oder «T wird durch T' erklärt» häufiger anzutreffen sind und durch ihren Sinn schon etwas mehr Klarheit schaffen. Gemeint ist in allen Fällen, daß T gegenüber T' redundant ist, sich auf T' zurückführen oder günstigstenfalls aus T' ableiten läßt, kurz, daß man T im Prinzip ‹hat›, wenn man T' ‹hat›. In der neueren Wissenschaftstheorie finden sich gelegentlich genauere Analysen des allgemeinen Begriffs der Theorien- und Begriffsreduktion. Sie sind aber meistens wenig brauchbar, weil sie notorisch unter ‹Anwendungsschwäche› leiden.[1]

Das dritte Wort zur Kennzeichnung der jetzigen Thematik – ‹Einheit› – ist in der Physik geläufig vor allem im Zusammenhang mit der Frage, ob der gesamten Physik eine Fundamentaltheorie zugrunde gelegt werden kann, auf die sich alle übrigen Theorien reduzieren lassen. Dieser Zustand wäre dann eine, vielleicht die eleganteste Form der *Einheit der Physik.* Aber auch so etwas wie die Vereinigung der zunächst getrennt aufgetretenen elektrischen, magnetischen und optischen Erscheinungen in der Maxwellschen Elektrodynamik ist ein Vorgang der Entdeckung einer neuen Einheit, wenn auch noch nicht in dem absoluten Sinn wie im Fall der Findung einer Fundamentaltheorie. Schließlich ist sogar schon die Gewinnung einer neuen Theorie zugleich die Stiftung einer neuen Einheit, nämlich der Einheit aller unter diese Theorie subsumierbaren Phänomene. In allen diesen Fällen sprechen wir von einem Fortschritt, und es ist dementsprechend auch immer eine Reduktion im Spiele. Diese Dinge gehören einfach zusammen.

Nach dieser Abschweifung in die Systematik unseres Themas, die unserem Verständnis der Sache dienen sollte, kehre ich nun erst einmal wieder in die mehr historische Darstellung zurück.

Die stürmische und in mancher Hinsicht ungewöhnliche Entwicklung der Physik seit der Mitte des 19. Jahrhunderts hat nicht nur zu gelegentlichen Äußerungen von Physikern über die Eigenart der Entwicklung ihrer Disziplin geführt. Vielmehr kann man von der allmählichen Herausbildung einer regelrechten *Tradition des Nachdenkens über den theoretischen Fortschritt der Physik* sprechen. In dieser Tradition – so zeigt sich weiter – sind, weitgehend unbeeinflußt und auch unbemerkt von philosophischer Seite, viele und wichtige Gedanken, die wir aus der jüngeren philosophischen Kontroverse um die Sache kennen, grundsätzlich vorweggenommen – grundsätzlich, d.h. mit jenem Grad von Detailliertheit, den man von Physikern billigerweise erwarten kann. Was ich hier die «jüngere philosophische Kontroverse» nenne, die im übrigen auch umgekehrt von der Debatte der Physiker ebenso unbeeinflußt war wie diese von jener, dafür kann typischerweise die sogenannte Popper-Kuhn-Debatte stehen, in der auf seiten Poppers auch Imre Lakatos und auf seiten Kuhns Paul Feyerabend gefochten hat und die überhaupt in den 1970er und 1980er Jahren eine weitreichende Ausstrahlung gehabt hat.[2]

Anhand von Beispielen wird unser Thema bereits in physikalischen Lehrbüchern abgehandelt, und ich will zu Anfang zwei Beispiele hierfür nennen.

In ihrem Buch über Gravitation entwickeln Misner, Thorne und Wheeler[3] die Auffassung, «daß im Laufe der Entwicklung der Physik ihre Einheit durch ein Netzwerk von Korrespondenzen aufrechterhalten wird, welche einfachere mit komplizierteren, aber genaueren Theorien verknüpfen». Als Beispiele erwähnen die Autoren die geometrische Optik, die Newtonsche Mechanik, die Thermodynamik und die Hamiltonsche Mechanik als ‹Grenzfälle› – im Sinne jener Korrespondenzen – der physikalischen Optik, der relativistischen Mechanik, der statistischen Mechanik bzw. der Quantenmechanik. Sie studieren dann genauer die Korrespondenzstruktur der allgemeinen Relativitätstheorie, in der sich mindestens vier Grenzfälle zeigen, von denen einer Newtons Gravitationstheorie ist. «In allen diesen und anderen Beispielen», fassen die Autoren zusammen, «ist die neuere, tiefer gehende Theorie ‹besser› als ihr Vorgänger, weil sie eine gute Beschreibung eines größeren Anwendungsbereichs gibt, oder eine genauere Beschreibung des Anwendungsbereichs der alten Theorie oder beides.» Es gibt jedoch nicht nur diese empirische Überlegenheit. Es gibt auch eine «Korrespondenz zwischen der neueren Theorie und ihrem Vorgänger, die einen in den Stand setzt, die ältere Theorie aus der neueren wiederzugewinnen – eine Korrespondenz, die in ganz direkter Form mathematisch vorgeführt werden kann». Die Korrespondenz ist hier das, was oben von uns ‹Reduktion› genannt wurde.

Als zweites Beispiel mag uns Rohrlichs *Classical Charged Particles* dienen.[4] Nachdem wir hier dieselbe Korrespondenzliste vorgelegt bekommen haben wie im vorher zitierten Buch, führt Rohrlich einerseits aus, daß ältere, über eine lange Zeit hinweg empirisch bewährte Theorien sich schließlich nicht eigentlich als falsch erweisen, sondern nur auf einen begrenzten Geltungsbereich eingeschränkt werden, die Newtonsche Mechanik z. B. auf Geschwindigkeiten, die klein sind gegen die Lichtgeschwindigkeit. Andererseits macht Rohrlich darauf aufmerksam, daß, «während die Voraussagen einer Theorie immer richtig bleiben werden, wenn sie auf deren Geltungsbereich beschränkt bleiben, die Grundlagen der Theorie, ihre Axiome und das grundlegende Bild (Modell) durch eine allgemeinere Theorie *radikal modifiziert werden können*», so etwa die Newtonschen Begriffe vom absoluten Raum und absoluter Zeit durch Einsteins Relativitätstheorien. Rohrlich ist hier etwas genauer und vorsichtiger in seinen Äußerungen als Misner, Thorne und Wheeler, sobald es zu Fragen kommt, worin genau die Korrespondenz besteht, welche Vorgänger- und Nachfolgertheorie verbindet. An die Stelle der «straight forward mathematics» jener Autoren tritt bei Rohrlich die Auffassung, daß «die Entwicklung der Physik eine Hierarchie von Theorien herausbildet, so daß, obwohl es wesentlich ist, daß die niederen aus den höheren ableitbar sind, dies nicht so sehr zu gelten hat bezüglich der axiomatischen Grundlagen ..., sondern nur bezüglich gewisser Grundgleichungen und Postulate, die die Voraussagekraft der jeweils niederen Theorie ausmachen». Mit der Reduktion (im obigen Sinne) der Axiome der älteren Theorie auf die der neuen würde man in gewissen Fällen also in Schwierigkeiten geraten und dann bestenfalls eine partielle, nicht die ganze Theorie erfassende Reduktion zustande bringen.[5]

Die beiden Beispiele, die sich beliebig vermehren ließen, machen deutlich, daß eine gewisse Vorstellung davon, welche Theorien gegenüber welchen anderen Theorien einen Fortschritt darstellen würden, in der heutigen Physik nicht durch tiefe Grabungen gesucht werden muß, sondern sich auf Lehrbuchebene unschwer finden läßt. Im folgenden geht es um die *historische Frage*: Woher kommt diese Auffassung von der Überwindung einer Theorie durch eine andere, und was waren die leitenden Gedanken bei ihrer Entwicklung?

A) Die Boltzmann-Tradition

Die Grundzüge der innerhalb der Physikerschaft entwickelten Vorstellungen vom Fortschritt der Physik finden sich bereits Ende des 19. Jahrhunderts in reifer Form ausgesprochen. Schon damals – 1895 – hat *Boltzmann* in einem Nachruf auf Josef Stefan folgendes ausgeführt[6] – ich zitiere zunächst nur den ersten Teil der Textstelle:

Der Laie stellt sich da vielleicht die Sache so vor, daß man zu den aufgefundenen Grundvorstellungen und Grundursachen der Erscheinungen immer neue hinzufügt und so in kontinuierlicher Entwicklung die Natur immer mehr und mehr erkennt. Diese Vorstellung ist aber eine irrige, und die Entwicklung der theoretischen Physik war vielmehr stets eine sprungweise. Oft hat man eine Theorie durch Jahrzehnte, ja durch mehr als ein Jahrhundert immer mehr entwickelt, so daß sie ein ziemlich übersichtliches Bild einer bestimmten Klasse von Erscheinungen bot. Da wurden neue Erscheinungen bekannt, die mit dieser Theorie in Widerspruch standen; vergeblich suchte man sie diesen anzupassen. Es entstand ein Kampf zwischen Anhängern der alten und denen einer ganz neuen Auffassungsweise, bis endlich letztere allgemein durchdrang.

Mit dem ersten Satz formuliert Boltzmann zunächst die Auffassung vom *kumulativen Fortschritt* unseres Wissens. Ihr zufolge kommt eine Wissenschaft zustande wie ein Mosaikbild, dem Steinchen auf Steinchen angefügt wird, ohne daß jemals an dem schon fertigen Teil etwas nachgebessert werden muß. Sicher nicht zu Unrecht unterstellt Boltzmann diese Sichtweise dem Laien. Aber er hätte getrost auch höher greifen können. Zu einem kumulativen Fortschrittsbegriff neigte nämlich immer schon der Empirismus mit seiner Idee von Naturwissenschaft als fortgesetzter, durch Induktion abgesicherter empirischer Analyse. Noch ein halbes Jahrhundert vor Boltzmann schrieb der berühmte John Stuart Mill in der Einleitung zu seinem *System of Logic* (1847):

Die Aufteilung eines komplizierten Phänomens ist nicht wie eine zusammenhängende interdependente Beweiskette. Wenn ein Glied einer solchen Kette bricht, fällt das Ganze zu Boden, aber ein Schritt einer Analyse behält seinen Wert, selbst wenn wir niemals in der Lage sein sollten, einen zweiten zu tun.

Diese Vorstellung vom Funktionieren der analytischen Methode übernimmt Mill von der Chemie, für die er argumentiert: Man wisse ja nun, daß alle Stoffe aus Elementen bestehen. Und dann weiter:

Ob die Elemente ihrerseits eine Zerlegung gestatten, ist eine wichtige Frage, aber sie berührt nicht die Gewißheit der Wissenschaft *bis zu diesem Punkt*.

Wir werden später sehen, daß man es sich mit dem Bild vom kumulativen Fortschritt nicht zu einfach machen darf. Aber Boltzmann verwirft es nun durch das, was er daraufhin sagt, und es ist ziemlich offensichtlich, daß er den Entwicklungsgang der theoretischen Physik in den Grundzügen so sieht, wie dies von Thomas Kuhn in einem allgemeineren Entwicklungsmodell erneut vorgeschlagen und genauer ausgeführt worden ist.[7] Nach einer Phase kontinuierlicher Entwicklung (Kuhn: normaler Wissenschaft) gerät die Disziplin in Schwierigkeiten, die man zunächst im Rahmen der herrschenden Lehre zu bewältigen versucht (Kuhn: Krise). Schließlich kommt aber eine «ganz neue Auffassungsweise» auf, die sich nach einigem «Kampf» durchsetzt (Kuhn: wissenschaftliche Revolution). An dieser Stelle macht die Entwicklung gemäß Boltzmanns Text einen «Sprung».

Aber dies ist nur die eine Hälfte von Boltzmanns (und auch Kuhns) Geschichte. Im zweiten Teil spezifiziert Boltzmann diese Diskontinuität in folgender Weise:

Man sagte da früher, die alte Vorstellungsweise wurde als falsch erkannt. Es klingt dies so, als ob die neue absolut richtig sein müsse, und andererseits, als ob die alte (weil falsch) völlig nutzlos gewesen wäre. Um den Schein dieser beiden Behauptungen zu vermeiden, sagt man heutzutage bloß: Die neue Vorstellungsweise ist ein besseres, ein vollkommeneres Abbild, eine zweckmäßigere Beschreibung der Tatsachen. Damit ist klar ausgedrückt, daß auch die alte Theorie von Nutzen war, indem auch sie teilweise ein Bild der Tatsachen gab; sowie, daß die Möglichkeit nicht ausgeschlossen ist, daß die neue wiederum durch eine noch zweckmäßigere verdrängt werden kann.

Die von Boltzmann grundsätzlich betonte Sprunghaftigkeit in der Entwicklung der theoretischen Physik erfährt hier also ausdrücklich eine gewisse Milderung, und der Hinweis, daß gut bewährte physikalische Theorien eigentlich nie geradezu falsch werden, ist eine in der einschlägigen physikalischen Literatur zu findende (als solche inzwischen meist unbewußte) Wiederholung der Boltzmannschen Auffassung. Auch Kuhn hat die Elemente zusammengestellt, die eine wissenschaftliche Revolution überleben und den Fortschritt ausmachen, im ganzen aber mehr die *Inkommensurabilität* der jeweils neuen Theorie mit der alten betont. Daß auch die Physiker dies bisweilen so wahrnehmen, bezeugen die Äußerungen Rohrlichs, wonach die grundlegenden Annahmen einer Theorie durch ihren Nachfolger unter Umständen «radikal modifiziert werden können». Demgegenüber hat Popper den fraglichen Sprung hauptsächlich als einen *Widerspruch* zwischen den beiden Theorien betrachtet, und viele Physiker, wenn auch nicht alle, haben es ebenso gesehen. So oder so ist Boltzmanns Auffassung auch heute noch diejenige, der die meisten Physiker folgen, jedenfalls wenn man seine Worte *cum grano salis* versteht.

Eine erste Verfeinerung der Boltzmannschen Ideen verdanken wir Nernst,[8] dem Begründer der physikalischen Chemie. Als eine Vorstufe zu seiner Auffassung kann seine schon 1893 geäußerte Ansicht über die Theorieentstehung dienen, die Poppersche Züge aufweist. Neben der durch Induktion abgesicherten empirischen Generalisierung (die Popper dann überhaupt ablehnt) gibt es nach Nernst als zweiten Weg der Naturwissenschaften die *theoretische Spekulation*. Dieser zweite Weg führt «an der Hand eingehender Vorstellungen über das Wesen gewisser Erscheinungen durch rein spekulative Tätigkeit zu neuer Erkenntnis, über deren Richtigkeit der Versuch dann nachträglich zu entscheiden hat». Dieser Weg enthält nun offensichtlich den Ansatzpunkt für die sprunghafte Entwicklung der theoretischen Physik: «Nun liegt es aber häufig», so Nernst, «in der Natur der Sache, daß wir diese fundamentalen Vorstellungen keiner direkten Prüfung durch das Experiment unterwerfen können ... und der mit ihnen vorschnell arbeitende Forscher schwebt fortwährend in der Gefahr, durch das Irrlicht unglücklich gewählter Grundannahmen auf Abwege geführt zu werden.» Entsprechend hat später Popper als Leitfigur erfolgreicher Forschung den Wissenschaftler gepriesen, der mit kühnen Hypothesen echte Risiken eingeht. Das Ende und überhaupt das Schicksal einer Hypothese, wie Nernst das Ergebnis theoretischer Spekulation ausdrücklich nennt, sieht er ebenfalls bereits in Popperscher Manier: Man zieht dem Experiment zugängliche Konsequenzen aus den Hypothesen, «und der Erfolg [eines Experiments] beweist zwar durchaus nicht die Richtigkeit, wohl aber die Brauchbarkeit der Hypothese, während ein Mißerfolg ... die Unrichtigkeit der Vorstellungen, von denen wir ausgingen, überzeugend dartut».

In späteren Äußerungen hat Nernst dann direkt und ausdrücklich an Boltzmann angeknüpft. In der englischen Ausgabe seiner *Theoretischen Chemie* von 1911 führt er den wichtigen Begriff der *Anwendbarkeitsgrenze* ein. Er betont damit entschieden die konservative Komponente des Boltzmannschen Schemas: Natürlich haben viele gut bewährte Gesetze schließlich revidiert werden müssen. Jedoch:

Sieht man aber näher zu, so stellt es sich immer heraus, daß das betreffende Gesetz für ein weites Gebiet seine Gültigkeit bewahrt hat, daß nur die Grenzen seiner Anwendbarkeit durch den Fortschritt der Wissenschaft schärfer präzisiert wurden. Man kann sogar sagen, daß seit der Entwicklung der exakten Naturwissenschaften kaum je ein Gesetz von einem hervorragenden Naturwissenschaftler aufgestellt worden ist, daß nicht für alle Zeiten ... innerhalb gewisser Grenzen ein brauchbares Naturgesetz geblieben wäre.

Die Verfeinerung der Fresnelschen Optik durch Maxwells Elektrodynamik dient dann als Beispiel.

Auf der anderen Seite hat Nernst – belehrt durch die mit der allgemeinen Relativitätstheorie eingetretenen Lage – auch die revolutionäre Komponente von Boltzmanns Entwicklungsidee samt ihrer Konsequenzen betont. In seiner Berliner Rektoratsrede von 1921, in der sich Nernst ausdrücklich auf Boltzmann bezieht, führt er, mit Einsteins und Newtons Gravitationstheorie vor Augen, aus:[9]

Freilich sind die Abänderungen, die an der ursprünglichen Theorie anzubringen sind, so klein, daß sie beim gegenwärtigen Stande der Forschung außer im Falle der Berechnung der sonnennahen und stark elliptischen Merkurbahn vernachlässigt werden können. Aber im Prinzip muß natürlich jede von den Astronomen bisher ausgeführte Rechnung geändert werden. Und gerade auf diese prinzipielle Seite der Frage, nicht auf den numerischen Betrag der Korrektur, kommt es uns hier an.

Diese Stelle zeigt, daß die Physiker nicht alle so skrupellos sind, wie Feyerabend sie sehen möchte, wenn er sagt, daß sie beim Auftreten einer neuen Theorie gar nicht überprüften, ob diese die empirischen Erfolge ihrer Vorgängerin zu reproduzieren gestatte – ja, womöglich nicht einmal die Verpflichtung hierzu empfänden.[10] Nernst fühlt zumindest diese Verpflichtung, wenn er hier daran erinnert, daß eigentlich alle auf Newtons Theorie basierenden Rechnungen *ab ovo* auf der Basis von Einsteins Theorie neu erstellt werden müßten. Trotz großer Computer würde ein solches Unternehmen natürlich auch heute nicht gestartet werden. Daß jedoch *irgendeine* allgemeine Einsicht gewonnen werden muß, welche garantiert, daß, wenn alle jene neuen Rechnungen durchgeführt würden, dann die Einsteinschen Ergebnisse nicht hinter die Newtonschen zurückfallen würden, das wird doch wohl gemeinsame Überzeugung aller Physiker sein, die von Fortschritt in der Physik sprechen.

Dabei ist zuzugeben, daß die allgemeinen Überlegungen, welche diese Garantie erbringen könnten, wegen großer mathematischer Schwierigkeiten immer noch nicht abgeschlossen sind. Die Sache ist hier keineswegs so einfach, wie sie inzwischen bisweilen hingestellt wird, so z. B. von Heckmann, wenn er ausführt:[11]

Es ist ein merkwürdiges Resultat der geschilderten Geometrisierung der Gravitation, daß sie ... in einer ersten Näherung genau die Newtonsche Gravitation liefert, *woraus ohne weiteres folgt*, daß in dieser Näherung alle mit der Newtonschen Theorie in so gutem Einklang stehenden Beobachtungstatsachen auch mit der allgemeinen Relativitätstheorie übereinstimmen.

Natürlich folgt keineswegs «ohne weiteres», daß die Bedingungen, welche die Newtonsche Näherung definieren, die Newtonschen Erfolge in Einsteinsche verwandeln.

Schon bei Aufstellung seiner Theorie war Einstein klar: In der Weise, wie Newton bei Aufstellung seiner Theorie die empirisch bewährten Keplerschen Gesetze zu respektieren hatte, mußte er nunmehr darauf bedacht sein, daß die Newtonsche Theorie als eine Art Grenzfall seiner Theorie herauskommt. Und er bemerkte auch alsbald, daß das keine leichte Sache sein würde. In einem Brief an Hilbert vom November 1915 schreibt er:[12]

Die Schwierigkeit war nicht, allgemein kovariante Gleichungen für die $g_{\mu\nu}$ zu finden; das geht leicht mit Hilfe des Riemanntensors. Wirklich schwierig war statt dessen, darauf zu achten, daß diese Gleichungen eine Verallgemeinerung, und zwar eine einfache und natürliche Verallgemeinerung, von Newtons Gesetz würden.

Ein *Beweis*, daß Einstein diese Sache richtig gemacht hat, läge tatsächlich erst vor, wenn gezeigt würde, daß seine Näherung garantiert, daß im Sinne der obigen Forderung 2 die Newtonschen Erfolge beim Übergang zu Einsteins Theorie erhalten bleiben.

Nernst führt seine Sache in der Folge noch weiter aus und macht deutlich, wie tief der Bruch zwischen neuer und alter Theorie sein kann:

Nun könnte man denken, daß die ... Naturgesetze ... immerhin in gewissen Gebieten absolut genau gelten und daß die Sache sehr einfach in Ordnung gebracht werden könnte, indem man die Grenzen angibt, innerhalb deren sie gültig bleiben. Für alle praktischen Anwendungen trifft dies auch vollkommen zu ... Streng logisch betrachtet aber liegt die Angelegenheit weit katastrophaler. Wenn ein allgemeines Naturgesetz außerhalb gewisser Grenzen merklich ungenau wird, so lastet der Fluch dieser Ungenauigkeit auf jeder Anwendung, selbst innerhalb jener Grenzen, nur daß hier die Fehler auf zur Zeit unmeßbar kleine Beträge sinken.

Der Widerspruch zwischen alter und neuer Theorie läßt sich mithin nicht so eingrenzen, daß er außerhalb gewisser Grenzen exakt verschwindet. Selbst wenn wir die Meßgenauigkeit unbegrenzt steigern könnten, immer und überall müßten wir mit der neuen Theorie erneut nachrechnen. Die alte Theorie ist bestenfalls ein approximativer *Grenzfall* der neuen.[13]

B) Die Widerlegungsversion

Die in den bisher gegebenen Zitaten vorkommenden (Vorgänger-Nachfolger-)Paare sind wie schon gesagt zumeist von der Art, daß die Nachfolgertheorie ihrem Vorgänger *widerspricht*. Eben dadurch kann man mit ihr auch einen Fortschritt gegenüber dem Vorgänger erzielen: Er wird durch seinen Nachfolger *korrigiert*. Nur in dem Zitat von Rohrlich klingt bereits eine noch weitergehende Modifikation durch die jeweils neue Theorie an: Während im bloßen Widerspruchsfall das Begriffsarsenal im wesentlichen unverändert in die neue Theorie übernommen wird, kann die Korrektur bereits die Grundbegriffe der zu revidierenden Theorie betreffen, was dann zu komplizierteren Nachfolgeverhältnissen führt. Ehe wir uns auch diesen zuwenden, sei unsere bisherige Beispielreihe noch ein wenig in Richtung Gegenwart fortgesetzt. Dabei bewegen wir uns an der Grenze zwischen den beiden erwähnten Möglichkeiten des Widerspruchs und des Begriffswandels.

In seiner Rede «Vom Wesen astronomischer Forschung», gehalten 1932, führt der Göttinger Astronom Hans Kienle[14] zunächst in dürren Worten aus, was in der Wissenschaftstheorie später sehr ausführlich von Lakatos und Kuhn als das Problem der Anomalien vorgeführt worden ist. Kienle sagt dazu:

Kein Experiment verwirklicht in reiner Form die idealisierten Voraussetzungen der Theorie; jede Prüfung der Theorie ist daher nur mit einem gewissen Grade von Genauigkeit möglich. Ob die Abweichungen zwischen Beobachtung und Theorie wesentlich sind oder nicht, ob es sich um zufällige Störungen des Experimentes oder um grundsätzliche Mängel der Theorie handelt, das zu entscheiden ist nicht immer ganz leicht.

Erst nach dieser generellen Warnung geht es bei Kienle weiter:

Der Fortschritt in der Erkenntnis der Natur erfolgt aber jedenfalls immer dort, wo etwas nicht stimmt, wo Wiederholung und Variation der Experimente stets auf Abweichungen von der bestehenden Theorie in gleichem Sinne führen. Auf dem Wege der schrittweisen Näherung gelangen wir zu immer klarerer Herausschälung der wesentlichen Erscheinungen, zu immer einfacherer und zugleich umfassenderer Formulierung der Grundgesetze. Dabei müssen manchmal altgewohnte Vorstellungen verlassen, scheinbar bis dahin wohlbegründete Gesetze aufgegeben werden. Nicht aber, weil sie ‹falsch› wären in irgendeinem absoluten Sinn. Sie müssen vielmehr einem Neuen, Umfassenderen weichen, in dem sie als Näherungen erhalten bleiben für den Gültigkeitsbereich, den die neue Theorie abzugrenzen ermöglicht.

Offensichtlich kommen in diesem Text alle Elemente der Boltzmannschen Auffassung vor, wie wir sie in allmählicher Verfeinerung kennengelernt haben. Besonders deutlich wird am Schluß bemerkt, daß erst durch die jeweils neue Theorie die Gültigkeitsgrenzen ihres Vorgängers bekannt werden.

Daß die Widerlegungsversion von Boltzmanns Fortschrittsbegriff noch weiterlebt, zeigt ein bewundernswertes Stück Rhetorik aus der Feder von Hermann Bondi. In seinem Aufsatz «What is Progress in Science?» beschreibt Bondi[15] das Schicksal der Newtonschen Gravitationstheorie:

Was immer in der Welt schwierig, komplex oder schwer verständlich sein mochte, wenigstens Newtons Theorie der Gravitation, so hatte man gedacht, war gut und solide, wohl über hunderttausend Mal geprüft. Und wenn eine solche Theorie schließlich das Opfer wachsender Präzision in Beobachtung und Rechnung wird, fühlt man ganz gewiß, daß man sich niemals mehr der Ruhe hingeben kann. Das ist der Fortschritt. Man kann daher nicht von Fortschritt in einer besonderen Richtung sprechen oder von Fortschritt, durch den unser

Wissen immer sicherer wird und immer umfassender. Zu Zeiten machen wir Entdeckungen, die das Wissen, das wir haben, drastisch reduzieren. Und es sind Entdeckungen dieser Art, welche die fruchtbaren Momente in der Wissenschaft sind. Sie sind die wirklichen Wurzeln des Fortschritts, und sie führen zu den Sprüngen in unserem Verstehen. Aber in erster Linie reduzieren sie, was wir für sicheres Wissen gehalten haben.

Obwohl dies eine klare Aussage im Sinne der Widerlegungsversion ist, fällt doch auf, daß Bondi am Schluß erwähnt, daß hier auch ein ‹Sprung in unserem Verständnis› vorliegt. Damit spielt er natürlich auf die allgemeine Relativitätstheorie an, die Nachfolger der Newtonschen Theorie wurde und in der Tat zunächst *prima facie* keinen leichten Vergleich mit ihrem Vorgänger ermöglicht.

Daß Bondi im übrigen der Boltzmann-Tradition angehört, wird ganz deutlich, wenn wir nun auch bei ihm von der anderen Seite der Sache hören. Trotz des Sprungs im Verstehen und des Widerspruchs gilt:

Es ist allerdings wichtig, daran zu erinnern, daß, wenn eine Theorie eine große Anzahl von Tests überstanden hat, wie eben Newtons, und dann doch falsifiziert wird – und wir können heute zweifellos von ihrer Falsifikation sprechen –, wir nicht sagen würden, daß alles, was bis dahin geprüft worden ist – alle diese Voraussagen –, falsch waren. Sie waren richtig, und wir wissen daher, daß, obwohl die Theorie als allgemeine Theorie nicht länger haltbar ist, sie doch etwas ist, das eine bedeutende Menge an Erfahrung recht gut beschreibt. Und in der Tat, obwohl wir eine bessere Theorie der Gravitation haben – Einsteins Theorie –, würden wir dennoch Berechnungen der Bewegung der Planeten und Satelliten, wenn sie nicht extrem genau zu sein brauchen, mit Newtons Theorie ausführen, da sie einfacher ist.

Wir sehen, daß die an Nachfolgeverhältnissen interessierten Autoren immer wieder auf den Fall Newton/Einstein zurückkommen, der bis zur Aufstellung der Quantenmechanik der schwierigste Fall war und auch heute noch nicht als abgeschlossen betrachtet werden kann. Unser Verständnis dessen, was mit ihm wirklich vorliegt, ist in letzter Zeit vor allem durch Arbeiten von Jürgen Ehlers wesentlich gefördert worden. Mit gesundem Optimismus schreibt er (in allgemeiner Formulierung):[16]

... die formale Struktur der älteren Theorie T, die ursprünglich eine ganz andere begriffliche Basis hatte als ihr Nachfolger T', kann dennoch, nach Rekonstruktion von T und T' in einer gemeinsamen Rahmentheorie, als degenerierter Grenzfall der formalen Struktur ihres Nachfolgers erkannt werden. Wenn außerdem die Interpretationsregeln von T und T' ... sich in dem gemeinsamen Rahmen als dieselben herausstellen, kann man verstehen, warum beide Theorien erfolgreich in demselben Bereich von Phänomenen sind, trotz der scheinbaren Unverträglichkeit der Begriffe in den Augen einiger Wissenschaftsphilosophen.

C) Transitivität, Zusammenführung und Einheit

Bislang war, wie man sagen könnte, überwiegend von *lokalem* Fortschritt die Rede – von der Frage, worin der unmittelbare Fortschritt von einer Theorie zur nächsten besteht. Die Physiker haben sich aber auch darüber Gedanken gemacht, ‹wie die Geschichte weitergeht›. Wir wollen jetzt, ehe wir dann noch die Version vom Begriffswandel näher betrachten, dem mehr *globalen* Aspekt des Fortschritts nachgehen. Da ist zunächst der Aspekt, daß der bislang beschriebene Fortschritt *transitiv* ist: Wenn T_1 ein Fortschritt gegenüber T_2 und T_2 gegenüber T_3 ist, so auch T_1 gegenüber T_3. Für das, was wir für gewöhnlich mit einem Fortschritt meinen, erscheint diese Bedingung selbstverständlich. Aber sie ist es nicht für das, wodurch wir hier den Fortschritt inhaltlich erfassen, also z.B. einen Grenzfall, eine Reduktion etc., und sie ist es schon gar nicht für die tatsächliche Entwicklung der Physik im ganzen. Wenn wir aber einmal die Transitivität auch inhaltlich als erfüllt ansehen – und die Physiker tun das –, dann ergibt sich hier eine erste Möglichkeit, die bisherigen Einsichten auf *größere Zeiträume* und ihren entsprechend größeren Gehalt an Theorien auszudehnen.

Auch solches geschieht heute sogar bisweilen in Lehrbüchern. Guillemin und Sternberg[17] geben sich zunächst als Anhänger der Boltzmannschen Auffassung von der Theorienentwicklung zu erkennen, wenn sie sagen:

In der Geschichte der Physik ist es oft der Fall, daß, wenn eine ältere Theorie von einer neueren überwunden wird, die ältere Theorie dennoch ihre Gültigkeit bewahrt – entweder als eine Approximation an die neuere, eine Approximation, die für einen interessanten Bereich von Anwendungen gültig ist, oder als ein Spezialfall der neueren Theorie.

Und dann geben sie den folgenden Überblick über die Entwicklung der Optik von Gauß bis auf unsere Tage, wobei der einfache Pfeil den Spezialfall und der doppelte den approximativen Grenzfall bedeutet:

Gaußsche Optik → lineare Optik ⇒ geometrische Optik ⇒
Wellenoptik → Maxwellsche Elektrodynamik ⇒ Quantenelektrodynamik

Im ganzen ist also die Gaußsche Optik auf die Quantenelektrodynamik reduziert. Im Sinne solcher mehrsortigen (hier mit zwei Sorten) und iterativen Theorienreduktion ist die in Anmerkung 1 aufgeführte Reduktionstheorie abgefaßt.

Im Zusammenhang mit der Transitivität wird man aber noch einen Schritt weitergehen können, ohne den Konsensus unter den Physikern verlassen zu müssen. Der Entwicklungsschritt zu größerer Universalität ist häufig auch von einer *Zusammenführung* von bis dahin unabhängig voneinander erschienenen Theorien in eine umfassendere Theorie begleitet. Die lineare, transitive Hierarchie erhält dadurch eine Baumstruktur. Keplers Gesetze und Galileis Fallgesetz wurden in Newtons Gravitationstheorie vereinigt. Die lange Zeit getrennt entwickelten Theorien der elektrischen, magnetischen und optischen Erscheinungen wurden in Maxwells Elektrodynamik zusammengefaßt. Daß es sich hierbei jedesmal um ganz besonders große Erfolge gehandelt hat und daß solche Erfolge auch grundsätzlich anzustreben sind, darüber besteht weitgehend Einmütigkeit. So hören wir von *Planck* in seinem berühmten Leidener Vortrag von 1908:[18]

Die Signatur der ganzen bisherigen Entwicklung der theoretischen Physik ist eine Vereinheitlichung ihres Systems ...

Des näheren führt Planck aus:[19]

In der Physik als einer Erfahrungswissenschaft ... ist es häufig vorgekommen und kommt auch jetzt noch vor, daß zwei Theorien, die es zu einer gewissen Selbständigkeit gebracht haben, bei ihrer weiteren Ausbreitung aufeinanderstoßen und sich gegenseitig modifizieren müssen, um miteinander verträglich zu bleiben. In dieser gegenseitigen Anpassung der verschiedenen Theorien liegt der Hauptkeim ihrer Befruchtung und Fortentwicklung zu einer höheren Einheit.

In jüngerer Zeit hat *Steven Weinberg* mit erfrischender Unbekümmertheit philosophisch stärker belastete Begriffe, wie etwa «Erklärung», «Reduktion» und «Einheit», verwendet, um seiner grundsätzlich reduktionistischen Haltung Ausdruck zu verleihen. Für Weinberg «gibt es einen Richtungssinn in der Wissenschaft, indem einige Verallgemeinerungen von anderen ‹erklärt› werden».[20] Solche Theorieerklärungen haben zwei wichtige Eigenschaften. Zum einen sind sie transitiv:[21]

Wenn eine große Anzahl von Tatsachen a, b, c, ... von einer Menge von Theorien X, Y, ... erklärt werden und dann diese Theorien ihrerseits von einer befriedigenderen Theorie Z erklärt werden, dann würde ich sagen, daß die Tatsachen a, b, c, ... von Theorie Z erklärt werden.

Zum Beispiel war die Entwicklung zur allgemeinen Relativitätstheorie wichtig, «weil sie die Theorien von Newton erklärte, die früher so viel anderes erklärt hatten». Zum anderen haben wir hier aber auch eine gewisse Konvergenz, die das verzweigte Theoriennetz der Physik in einer gewissen Richtung gleichsam zusammenzurrt:[22]

Es gibt Pfeile wissenschaftlicher Erklärung, die sich durch den Raum aller wissenschaftlichen Verallgemeinerungen winden. Wenn wir viele von diesen Pfeilen entdeckt haben, können wir uns die Figur ansehen, die entstanden ist, und werden eine bemerkenswerte Sache feststellen: vielleicht die größte wissenschaftliche Entdeckung überhaupt. Diese Pfeile scheinen alle auf eine gemeinsame Quelle zu zeigen! Man beginne irgendwo in der Wissenschaft und frage wie ein lästiges Kind ‹Warum?›. Man wird schließlich auf die Ebene des sehr Kleinen herunterkommen.

Die Idee historisch globalen Fortschritts (im spezifischen Sinne der Physiker) bedeutet, obwohl sie über den lokalen Fortschritt hinausgeht, noch nicht, daß wir es hier schon mit der Idee einer Entwicklung zur *Einheit der Physik* zu tun haben. Dies ist etwa von David Bohm betont worden. Obwohl dieser sich ganz in der von Boltzmann eröffneten Tradition bewegt und darin sogar so schwierige Nachfolgeverhältnisse wie das von klassischer Mechanik zur Quantenmechanik einschließt, hat Bohm ausdrücklich bemerkt:[23]

In dieser Tätigkeit gibt es offensichtlich keinen Grund zu der Annahme, daß es eine endgültige Form der Einsicht (der absoluten Wahrheit entsprechend) oder auch nur eine stetige Folge von Approximationen an diese gibt oder geben wird. Vielmehr liegt es in der Natur des Falles, daß man eine endlose Entwicklung neuer Formen der Einsicht erwarten darf (die allerdings gewisse entscheidende Züge der älteren Formen als Vereinfachungen assimiliert, in der Art wie die Relativitätstheorie es mit der Newtonschen Theorie tut).

Andere sind in diesem Punkt optimistischer gewesen und haben, in dem einen oder anderen Sinne, die Einheit der Physik als Zielsetzung und Hoffnung ausgesprochen. Die Erfolge der Quantenmechanik und die weitere Entwicklung von Kern- und Elementarteilchenphysik haben viele Physiker in dieser Richtung bestärkt.

Bei Planck heißt es schon in einem Vortrag von 1915:[24]

… das Hauptziel einer jeden Wissenschaft ist und bleibt die Verschmelzung sämtlicher in ihr groß gewordener Theorien zu einer einzigen, in welcher alle Probleme der Wissenschaft ihren eindeutigen Platz und ihre eindeutige Lösung finden.

Für Planck gibt es «nur eine einzige Wissenschaft, und diese ist obligatorisch für die gesamte Menschheit, und sie oszilliert nicht, sondern sie schreitet vorwärts». Aber diese integrale Perspektive schränkt Planck dann doch gleich wieder ein, indem er hinzusetzt: «wenn sie auch das ideale Ziel niemals erreichen wird und niemals erreichen kann.»[25]

Auch in der Generation der ‹jungen Männer›, die dann die Quantenmechanik geschaffen haben, war man optimistisch. Ende der zwanziger Jahre beginnt Dirac einen Artikel[26] mit der Bemerkung, daß

die allgemeine Theorie der Quantenmechanik nunmehr fast vollständig sei. Die zugrundeliegenden physikalischen Gesetze, die notwendig sind für die mathematische Theorie eines großen Teiles der Physik und der ganzen Chemie, sind [sogar] vollständig bekannt.

Und noch 1966 heißt es in Diracs Vorlesungen über Quantenfeldtheorie – nun etwas vorsichtiger:[27]

Unser Ziel ist, eine einzige umfassende Theorie zu erhalten, die die ganze Physik beschreiben wird … Ich brauche Ihnen nicht zu sagen, daß eine solche Theorie bisher noch nicht erreicht wurde. Sie ist unser letztes Ziel, auf das hin alle Physiker arbeiten.

Transitivität, Zusammenführung und Einheit

Diese Äußerungen stehen nicht notwendig im Widerspruch zu der traditionellen Meinung, daß in der Entwicklung der Physik erhebliche Sprünge auftreten. Denn die Einbeziehung älterer Theorien in ihre Nachfolger kann ohnehin nur in dem Umfange erfolgen, in dem sie sich empirisch bewährt haben. Größere Sprünge sind dann nur Ausdruck von Fehlern, die bei Aufstellung älterer Theorien begangen wurden, und Fehler stehen der Einheit der Physik nicht im Wege, *sofern sie korrigiert werden*. Große Sprünge sind große Fortschritte, weil sie große Fehler ausmerzen.

Die Überzeugung, daß der Abschluß der Physik in einer Theorie der Elementarteilchen liegt und nicht mehr lange auf sich warten lassen wird, teilen heute auch von Weizsäcker und Hawking. Von ersterem hören wir:[28]

Nehmen wir an, die Theorie der Elementarteilchen sei, unter Einschluß der Gravitationstheorie, vollendet – und könnte das nicht leicht noch in unserem Jahrhundert [gemeint war das 20.] der Fall sein? Dann gäbe es wenigstens in dem Bereich, den man heute Physik nennt, überhaupt kein spezielles Naturgesetz mehr im Sinne eines nicht grundsätzlich theoretisch aus dem Grundgesetz ableitbaren Satzes.

Ähnlich äußerte sich Hawking in seiner Antrittsvorlesung «Is the end in sight for theoretical physics?».[29] Er hält es für möglich, «daß das Ziel der theoretischen Physik in nicht zu weiter Zukunft erreicht werden könnte ...». Er beschreibt das Ziel als «eine vollständige, konsistente und vereinheitlichte Theorie der physikalischen Wechselwirkungen, die alle physikalischen Beobachtungen beschreiben würde». Und wenn Hawking auch warnt, «mit solchen Voraussagen sehr vorsichtig zu sein», sah er 1980 doch «einige Gründe für einen vorsichtigen Optimismus, daß wir eine vollständige Theorie innerhalb der Lebenszeit einiger hier Anwesender sehen dürfen».

D) Begriffswandel und Theorien ohne Nachfolger

> Man wird die Glühlampe nicht durch
> ständige Verbesserung der Kerze erfinden können.
> *Thomas A. Edison*

Bis zum heutigen Tag existiert die fragliche Theorie nicht. Aber es existiert ein Für und Wider in bezug auf die Einheit der Physik, welches durch Vorschläge für eine charakteristische Eigenschaft einheitlicher oder endgültiger Theorien vertieft wird, und es gibt die Idee von Theorien, über die hinaus keine normale Weiterentwicklung möglich ist, die also keine Nachfolger haben und die doch noch nicht die grundlegende Theorie der Physik sind. Fast prophetisch anmutende Äußerungen hierzu stammen aus einer Zeit, in der eine Theorie der Elementarteilchen noch nicht einmal in Ansätzen vorlag. Aber mit dem Blick auf die neuzeitliche Entwicklung der Physik hat Planck schon in dem erwähnten Vortrag von 1908 – in Anlehnung an ein bis auf Aristoteles zurückgehendes Ganzheitskriterium[30] – die ältere Physik mit einer Gemäldesammlung verglichen, aus der man jedes Bild entfernen könne, «ohne die anderen zu beeinträchtigen. Das wird», heißt es dann, «in dem zukünftigen physikalischen Weltbild nicht möglich sein. Kein einziger Zug desselben wird als unwesentlich fortgelassen werden können ...»[31]

Schon 1919 war es dann soweit, daß *Einstein* einen ähnlichen Gedanken für eine schon vorhandene, nämlich seine eigene Theorie der Gravitation, in Anspruch nahm.[32] «Der Hauptreiz der Theorie», so Einstein, «liegt in ihrer logischen Geschlossenheit. Wenn eine einzige aus ihr gezogene Konsequenz sich als unzutreffend erweist, muß sie verlassen werden; *eine Modifikation erscheint ohne Zerstörung des ganzen Gebäudes unmöglich.*» Und dreißig Jahre später urteilt Einstein über seine sogenannte einheitliche Feldtheorie:[33] «Zugunsten dieser Theorie sprechen ihre logische Einfachheit und ihre ‹Starrheit›. Starrheit bedeutet hier, daß die Theorie entweder wahr oder falsch ist, *aber nicht modifizierbar.*» (Hervorhebungen durch d. Verf.) Dies ist natürlich keine simple Anwendung des Popperschen Falsifikationskriteriums oder des *tertium non datur*. Die Meinung ist, daß bei einer Falsifizierung nicht einmal *Teile* der Theorie sich halten ließen bzw. daß die Theorie entweder *ganz* wahr oder *ganz* falsch ist. Hinzuzufügen ist, daß

Einstein seine ebenso intensiven wie schließlich ergebnislosen Bemühungen um eine einheitliche Theorie von Gravitation und Elektromagnetismus nicht unternommen hätte, wenn er die allgemeine Relativitätstheorie für endgültig gehalten hätte. Über das Ende der Physik war er sich im unklaren:[34]

> Ob wir ... je zu einem definitiven System kommen, wissen wir nicht. Wird man um seine Meinung gefragt, so ist man geneigt, mit Nein zu antworten; beim Ringen mit den Problemen wird man aber wohl von der Hoffnung getragen, daß dies höchste Ziel wirklich weitgehend erreichbar sei.

Zu fragen bleibt, wie sich Einstein das Verhältnis einer allfälligen endgültigen Theorie zur allgemeinen Relativitätstheorie vorgestellt hat, wenn *beide* jene Eigenschaft der Starrheit haben sollten. Wäre auch dann noch eine Reduktion der letzteren auf erstere möglich?

Zu ganz ähnlichen Begriffsbildungen wie der Einsteinschen sind – scheinbar unabhängig davon – auch diejenigen Physiker gelangt, die hauptsächlich an der Entstehung der *Quantentheorie* als der eigentlich revolutionären Neuerung gegenüber der klassischen Physik (einschließlich der speziellen Relativitätstheorie) beteiligt waren. Die hier bestehenden Schwierigkeiten eines Brückenschlags, der insbesondere die Quantenmechanik als einen Fortschritt gegenüber der klassischen Mechanik erkennen lassen würde, sind zuerst von *Bohr* empfunden worden. Schon für das Bohrsche Atommodell war erkannt worden, daß für hohe Quantenzahlen die (mechanischen) Kreisfrequenzen des Elektrons die (quantenmäßigen) Strahlungsfrequenzen gut approximieren. Im Rückblick, also im Wissen um die Lösung des Problems in der Quantenmechanik, sagt Bohr jedoch:[35]

Die [asymptotische Verbindung der atomaren Eigenschaften mit der klassischen Elektrodynamik, wie sie vom Korrespondenzprinzip verlangt wird] bedeutet, daß in der Grenze großer Quantenzahlen, wo die relative Differenz zwischen benachbarten stationären Zuständen asymptotisch verschwindet, mechanische Bilder für die Bewegung der Elektronen benutzt werden dürfen. Allerdings muß betont werden, daß diese Verbindung nicht als ein allmählicher Übergang zur klassischen Theorie in dem Sinne betrachtet werden kann, daß das Quantenpostulat für hohe Quantenzahlen seine Bedeutung verlöre.

Auch Bohrs Versuche einer allgemeinen Formulierung des Verhältnisses der Quantentheorie zur klassischen Physik in seinem *Korrespondenzprinzip* enthalten stets die Warnung, daß in diesem Prinzip trotz aller Grenzfallerscheinungen zwei fundamental verschiedene Theorien zu verbinden sind. Man will mit diesem Prinzip «die Quantentheorie als eine rationale Verallgemeinerung der klassischen Theorie erkennen».[36] Dabei hat man – erneut an Boltzmann erinnernd – zum einen «die Forderung eines direkten Parallellaufs von quantenmechanischer Beschreibung mit der üblichen klassischen Beschreibung in dem Grenzbereich, wo das Wirkungsquantum vernachlässigt werden kann». Andererseits geht es darum, «in der Quantentheorie jeden klassischen Begriff in einer Re-Interpretation zu verwenden, welche dieser Forderung genügt, *ohne* mit dem Postulat der Unteilbarkeit des Wirkungsquantums in Konflikt zu geraten».[37]

Die ausführlichsten, seitens der Physiker selbst angestellten Überlegungen allgemeiner Natur zu diesem Problem stammen von *Heisenberg*.[38] Sie kreisen um den zentralen Gedanken, daß in gewissen, besonders einschneidenden Fällen ein Fortschritt über eine zwar bewährte, aber nicht in jeder Hinsicht befriedigende Theorie nur durch eine Änderung ihrer Grundbegriffe zu erreichen ist. Für den Fall der Wechselwirkung von Materie und Licht ist dies schon früh von Pauli bemerkt worden. In einem Brief vom 20. September 1923 schreibt er an Eddington:[39]

Ich möchte besonders betonen, daß die Quantentheorie keineswegs nur eine Modifikation der Lichttheorie verlangt, sondern überhaupt eine neue Definition des Begriffs des elektromagnetischen Feldes für nichtstatische Vorgänge ... Die berühmten Widersprüche [des Wellen-Teilchen-Dualismus] kommen nur daher, daß wir zwar die Gesetze der klassischen Theorie aufgeben, aber *doch noch immer mit den Begriffen dieser Theorie operieren*. (Hervorhebung durch d. Verf.)

Hierin steckt schon die Idee, daß bei Verbesserungen gewisser Theorien eine Änderung ihrer Gesetze nur noch dadurch zu erreichen ist, daß man ihre Grundbegriffe ändert. Das darin steckende Problem ist dann klar bei Heisenberg ausgesprochen, wenn er (im Hinblick auf eine Verbesserung der Newtonschen Mechanik) sagt:[40]

Offenbar konnte der Fortschritt der Wissenschaft nicht immer in der Weise erfolgen, daß man nur die bekannten Naturgesetze anzuwenden hatte, um neue Erscheinungen zu erklären. In einigen Fällen konnten die neu beobachteten Erscheinungen *nur durch neue Begriffe verstanden werden,* die den neuen Beobachtungstatsachen in derselben Weise angepaßt waren, wie seinerzeit Newtons Begriffe den mechanischen Vorgängen angepaßt waren. Die neuen Begriffe konnten wieder in einem geschlossenen System verknüpft und durch mathematische Symbole dargestellt werden. Aber wenn der Fortschritt der Physik ... in dieser Weise vonstatten ging, so entstand die Frage: Was ist die Beziehung zwischen den verschiedenen Begriffssystemen? Wenn z. B. die gleichen Begriffe und Wörter in zwei verschiedenen Systemen vorkommen und dort in bezug auf ihre gegenseitige Verknüpfung verschieden definiert werden, in welchem Sinne kann man noch sagen, daß diese Begriffe die Wirklichkeit darstellen?

Die Frage nach «der Beziehung zwischen den verschiedenen Begriffssystemen», die Heisenberg hier ausdrücklich stellt, impliziert natürlich im jetzigen Kontext, daß es dabei um zwei Begriffssysteme geht, von denen das eine die Nachfolge des anderen (im Sinne einer Verbesserung) antreten könnte. Insbesondere wäre zu fragen, ob die Vorgängertheorie auf ihren Nachfolger im eingangs angedeuteten Sinne *reduzierbar* ist. Allgemein hat Heisenberg diese Frage nicht untersucht. Aber er hat eine Klasse von Theorien dadurch ausgezeichnet, daß deren Verbesserung nur noch durch einen Begriffswandel möglich wäre, wahrscheinlich aber nicht einmal das. Paradigma einer solchen *abgeschlossenen Theorie* ist für Heisenberg die Newtonsche Mechanik, für die er seinen Begriff folgendermaßen erläutert:[41]

Ich glaube, daß man die Newtonsche Mechanik überhaupt nicht verbessern kann; und damit meine ich Folgendes: Soferne man irgendwelche Erscheinungen mit den Begriffen der Newtonschen Physik ... beschreiben kann, so gelten auch die Newtonschen Gesetze in aller Strenge ... Präziser müßte ich vielleicht sagen: Mit dem Grad von Genauigkeit, mit dem sich Erscheinungen mit den Newtonschen Begriffen beschreiben lassen, gelten auch die Newtonschen Gesetze.

Dieser Begriff der Abgeschlossenheit scheint auf den ersten Blick etwas ganz anderes erfassen zu sollen als der Begriff von Einstein. Nach einer Überlegung von Weizsäckers ist dies jedoch nicht der Fall.[42] Weizsäcker nennt eine Theorie abgeschlossen, wenn sie nicht durch kleine

Änderungen verbessert werden kann. Das ist nur unwesentlich verschieden von Einsteins Begriff der Starrheit. Die Frage ist nur, was in diesen Begriffen *kleine* und was *große* Änderungen sind. Nun sind die auffälligsten Bestandteile einer Theorie ihre Begriffe und Gesetze. Es liegt daher nahe, von kleinen Änderungen dort zu sprechen, wo man nur die Gesetze, z. B. durch ein Korrekturglied, ändert, von großen aber dort, wo schon das Begriffsgerüst der Theorie modifiziert wird. Mit diesem Verständnis sind dann die beiden Kriterien äquivalent.

Heisenberg hat seinen Begriff der abgeschlossenen Theorie ausdrücklich nicht für eine Charakterisierung der ‹endgültigen› Theorie entwickelt. An deren Möglichkeit hat er wohl kaum geglaubt.[43] Aber er hat die Besonderheit einiger Theorien erkannt, *die wir schon haben,* wie etwa die Newtonsche Mechanik, die klassische Elektrodynamik und die Quantenmechanik – die Besonderheit nämlich, daß wir diese Theorien nicht in dem üblichen Sinne weiterentwickeln können. In einer Reduktionshierarchie physikalischer Theorien wären Heisenbergs abgeschlossene Theorien maximal. Wir können zu ihrem Vorteil nicht *nur* ihren Anwendungsbereich erweitern, wir können nicht *nur* ihre Gesetze modifizieren, sondern die einzige Änderung, die noch in Frage kommt, ist die Änderung ihrer Begriffe, damit aber eigentlich die *Aufhebung* der Theorie. Auch an eine Vereinigung zweier solcher abgeschlossener Theorien in einer höheren Einheit ist nicht zu denken, und kein Fortschritt kann sie eliminieren:[44]

Das Gebäude der exakten Naturwissenschaften kann also kaum in dem früher erhofften naiven Sinn eine zusammenhängende Einheit werden ... Vielmehr besteht es aus einzelnen Teilen, von denen jeder, obwohl er zu den anderen in den mannigfachsten Beziehungen steht ..., doch eine in sich abgeschlossene Einheit darstellt.

Während Heisenberg und wohl auch Einstein ihre Begriffe der abgeschlossenen bzw. starren Theorie auf Theorien angewandt wissen wollten, die nicht schon die endgültige Theorie der Physik sind, wird ein ähnlicher Begriff neuerdings von Weinberg in direktem Zusammenhang mit der Frage nach der endgültigen Theorie verwendet. Mit der Einsteinschen Terminologie schlägt Weinberg vor,[45] die endgültige Theorie als eine solche zu identifizieren, die so *starr* ist, daß wir sie nicht in eine nur wenig verschiedene Theorie bugsieren können, ohne uns logische Absurditäten wie etwa unendliche Energien einzuhandeln.

Da wir die endgültige Theorie noch nicht haben, muß Weinberg seinen Begriff an anderen Theorien erproben, und da ist ihm die Quantenmechanik der aussichtsreichste Kandidat. Er berichtet von seinem eigens zu dieser Erprobung unternommenen Versuch, die Quantenmechanik durch eine geringfügige nichtlineare Korrektur abzuändern.[46] Dieser Versuch ist mißlungen, und Weinberg vermutet daher nicht nur, daß die Quantenmechanik sein Kriterium erfüllt, sondern sogar, daß sie «überleben darf nicht nur als eine Approximation an eine tiefere Theorie ..., sondern als ein genauestens gültiger Teil der endgültigen Theorie».[47]

Obwohl diese Vermutung ein Ausweg wäre, möchte man doch nicht so recht glauben, daß eine starre Theorie eine ebensolche als einen Teil zu enthalten vermag. Und tatsächlich findet sich bei Weinberg, ohne daß er es ausdrücklich vermerkt, auch ein *komparativer* Begriff der Starrheit einer Theorie, d. h. also ein Begriff dessen, daß eine Theorie starrer ist als eine andere.[48] So ist etwa Einsteins Theorie starrer als Newtons, indem leicht modifizierbare Züge der ersteren sich als schwer modifizierbare Züge der letzteren wiederfinden. Das Newtonsche Gravitationsgesetz ist nahezu beliebig modifizierbar, ohne die Grundlagen der Mechanik auch nur zu berühren, ebenso die Gleichheit von träger und schwerer Masse. In Einsteins Theorie sind diese Annahmen demgegenüber zwingende Folgerungen aus ganz grundlegenden Annahmen geometrischer Natur (und Nebenbedingungen). Eine geometrische Theorie der Gravitation, die zu einer anderen als der $1/r^2$-Abhängigkeit führte, existiert entweder gar nicht oder sähe *wesentlich* anders aus als die Einsteinsche.

Die Begriffe der Starrheit und der Abgeschlossenheit einer physikalischen Theorie sind von großem Interesse, da sie ein klassisches Vollkommenheitsideal wieder zu neuem Leben erwecken, nämlich die aristotelische Idee (*De Poetica*, Kap. 8), daß etwas vollkommen ist, wenn es durch jede kleinste Änderung gänzlich aus den Fugen gerät. Leider sind wir jedoch zur Zeit noch nicht im Besitz von Präzisierungen dieser Begriffe, die sie auf das Präzisionsniveau anheben würden, auf dem sich andere wichtige Begriffe, wie sie in den in Anmerkung 1 benannten Arbeiten entwickelt wurden, schon befinden.

Die durch das Auftreten der allgemeinen Relativitätstheorie und der Quantentheorie angeregten allgemeinen Überlegungen der Physiker zeigen im ganzen, daß die in weniger gewichtigen Fällen leicht zu erreichende Einmütigkeit darüber, wie der theoretische Fortschritt der Physik erfolgt und zu beurteilen ist, in gewichtigeren Fällen und Fragen verlorengeht und damit auch die Begriffe von Fortschritt, Vereinheitlichung und Einheit der Physik grundsätzlich problematisch werden. Diese Überlegungen zeigen aber auch erneut, daß die Physiker mit ihren Reaktionen auf die erwähnten neueren Theorien spätere wissenschaftsphilosophische Betrachtungen, wie sie von Popper, Kuhn, Feyerabend, Lakatos u.a. angestellt wurden,[49] vorweggenommen haben. Denn auch diese Wissenschaftsphilosophen und Wissenschaftshistoriker haben ja, mit durchgreifenden Neuerungen in einer naturwissenschaftlichen Disziplin vor Augen, deutlich zu machen versucht, welche Schwierigkeiten man hat, in solchen Fällen die Entwicklung noch als einen Fortschritt zu beschreiben oder von Annäherung an die Wahrheit zu sprechen.

E) Quasikumulativer Fortschritt

> Der Wandel der Wissenschaft wird immer nur
> durch diese selbst vollzogen.
> *Martin Heidegger*

In dem letzten Teil dieses Kapitels möchte ich in einem kurzen Ausblick noch einmal zu der Frage des kumulativen Fortschritts zurückkehren. Nach der Standardauffassung erfolgt das Fortschreiten der Physik, wie wir im ersten Teil gesehen haben, nicht kumulativ, sondern in einer wesentlichen Hinsicht sprunghaft. Ebenso wesentlich unterliegt aber die Weite dieser Sprünge einer einschränkenden Bedingung. Wir wollen uns abschließend noch etwas genauer als bisher darüber klarwerden, was hier jeweils springen darf und was andererseits erhalten bleibt. Eine knappe, aber treffende Antwort bekommen wir von Fritz Rohrlich, wenn er sagt, was eingangs schon einmal zitiert wurde:[50]

Während die Voraussagen einer Theorie für immer richtig bleiben, solange sie in dem Geltungsbereich der betreffenden Messung gebraucht werden, können die Grundlagen der Theorie, ihre Axiome und das zugrundeliegende Bild (Modell) durch eine allgemeinere Theorie radikal modifiziert werden ...

Als Beispiele weist Rohrlich dann auf die vieldiskutierten Modifikationen durch Relativitäts- und Quantentheorie hin. Was in der Theorieentwicklung stabil bleibt, sind die empirischen Voraussagen, die wir mit Hilfe unserer Theorien machen. Labil und anfällig ist demgegenüber der jeweilige theoretische Unterbau. Es war zu erwarten, daß früher oder später jemand fragen würde, ob dies eine angemessene Formulierung dessen ist, was wirklich vor sich geht. So haben etwa um die Zeit, aus der Rohrlichs Äußerung stammt, Wissenschaftsphilosophen wie Kuhn und Feyerabend in gewissen Fällen sogar die Erhaltung der empirisch bewährten Voraussagen bei dem Übergang von einer Theorie zu ihrem Nachfolger bestritten. Auch Heisenbergs Begriff der abgeschlossenen Theorie scheint dieser Erhaltung entgegenzustehen. Auf der anderen Seite sind Begriffe theoretischer Nachfolge mit der Tendenz entwickelt worden, die fragliche Erhaltung nicht auf die bewährten Voraussagen zu beschränken, sondern darüber hinaus wesentliche theoretische Elemente darin einzubeziehen. Mit denselben Beispielen vor Augen wie die genannten Autoren bringt Günther Ludwig die Situation in folgenden Worten zur Sprache:[51]

Um zu sehen, daß [unsere bewährten physikalischen Theorien] eine geordnete Struktur bilden und daß es zwischen ihnen keine Widersprüche gibt, ist es notwendig, diese Theorien in einer solchen Weise zu reformulieren, daß es möglich wird, sich zu entscheiden zwischen wohlbegründeten Einsichten in reale Strukturen und [andererseits] denkmöglichen Strukturen, die real sein mögen oder auch nicht. Diese denkmöglichen Strukturen habe ich ‹Märchen› genannt. Es ist klar, daß Märchen, die in einer Theorie ... gebraucht werden, Märchen aus einer anderen Theorie widersprechen können. Aber solche Widersprüche betreffen nicht den Bereich wohlbegründeter theoretischer Behauptungen.

Mit theoretischen Behauptungen über reale Strukturen ist natürlich mehr gemeint als nur kontingente Voraussagen einer Theorie, und es könnte sehr wohl gegen umstürzlerische Parolen von Fortschrittsmiesmachern, ob nun Philosophen oder Physikern, ins Feld geführt werden. Andererseits deutet sich hier eine Ablehnung schon der Widerlegungsversion des Boltzmannschen Fortschrittsbegriffs zugunsten eines kumulativen Begriffs an. Bedeutende Physiker haben sich schon früher in diesem Sinne geäußert. So der generell konservativ eingestellte Planck in einem Vortrag über Veränderungen im Weltbild der Physik:[52]

[Es] ist festzustellen, daß es sich bei allen Wandlungen des Weltbildes, im ganzen gesehen, nicht um ein rhythmisches Hinundherpendeln handelt, sondern um eine in einer ganz bestimmten Richtung mehr oder weniger stetig aufwärts fortschreitende Entwicklung ..., die nicht etwa in einer späteren Zeit als Irrweg bezeichnet und wieder negiert werden wird.

Hier wird nur mit den Worten «im ganzen gesehen» und «mehr oder weniger stetig» eine Konzession an Boltzmanns «Sprünge in der Entwicklung» gemacht. Da Planck, wie die meisten seiner hier zu Worte gekommenen Kollegen, seinen Fortschrittsbegriff nicht präzisiert hat, läßt sich nicht absehen, wie groß diese Konzessionen hätten sein sollen. Sie fehlen gänzlich in einem anderen Vortrag über ‹Sinn und Grenzen der exakten Wissenschaft›:[53]

... was ... zur Verwunderung herausfordert, weil es sich durchaus nicht von selbst versteht, das ist der Umstand, daß das neue Weltbild das alte nicht etwa aufhebt, sondern daß es dieses vielmehr in seiner ganzen Vollständigkeit bestehenläßt, mit dem einzigen Unterschied, daß es ihm noch eine besondere Bedingung hinzufügt – eine Bedingung, die ... auf eine gewisse Einschränkung hinausläuft ... In der Tat bleibt die klassische Mechanik vollkommen zutreffend für alle Vorgänge, bei denen die Lichtgeschwindigkeit als unendlich groß und das Wirkungsquantum als unendlich klein betrachtet werden darf ...
Das frühere Weltbild bleibt also erhalten, nur erscheint es jetzt als ein spezieller Ausschnitt aus einem noch größeren, noch umfassenderen und zugleich noch einheitlicheren Bilde ... Mit der Feststellung dieser Tatsache ist, wie ich meine, die grundsätzlich *wichtigste Errungenschaft* bezeichnet, *welche die naturwissenschaftliche Forschung überhaupt aufzuweisen hat*. (Hervorhebungen durch d. Verf.)

Ganz im Sinne dieser Äußerungen Plancks über den Fortschritt in der Physik hatte Heisenberg schon 1934 gewarnt, daß es ebenso falsch wäre zu behaupten, die Entdeckungsfahrten des Kolumbus hätten die positiven geographischen Kenntnisse der damaligen Welt umgestürzt, wie heute von einem Umsturz der Physik zu sprechen:[54]

... an den großen klassischen Disziplinen der Physik, z. B. Mechanik, Optik, Wärmelehre, hat sich durch die moderne Physik nichts geändert. Nur das Bild, das wir aus der Kenntnis eines beschränkten Teils der Welt voreilig von ihren noch unerforschten Gebieten entwarfen, hat eine entscheidende Wandlung durchgemacht.

Hierin wird auch bereits der Fehler angedeutet, den diejenigen begehen, die in den kritischen Fällen von einem ‹Umsturz› reden: Es sind ungerechtfertigte Extrapolationen der empirisch gesicherten Teile einer älteren Theorie, die in ihrem Nachfolger nicht aufrechterhalten bleiben. Darum geht es auch Ludwig, wenn er sagt:[55]

Wer von einem Umsturz im Weltbild der Physik spricht und dies als einen Umsturz *innerhalb* der theoretischen Physik versteht, hat das Wesen der theoretischen Physik nicht verstanden. Wenn ein Umsturz stattgefunden hat, so durch die Vernichtung von philosophischen Weltbildern, die man vermeintlich durch die Physik begründbar glaubte.

Die Schwierigkeit besteht lediglich darin, die hier geschehenden Übertretungen allgemein zu kennzeichnen.

Zunächst ist offensichtlich, daß Ludwig an der Standardauffassung vom Fortschritt der Physik derjenige ihrer beiden Teile stört, dem zufolge die Entwicklung in mehr oder weniger unkontrollierbaren Sprüngen vor sich geht. Das im positiven Sinne Interessante an Ludwigs Kritik ist dabei, daß er den Fehler, der hier gemacht wird, in einer unangemessenen Befolgung derjenigen Methode sieht, die nach gewöhnlicher Auffassung verantwortlich ist für den eminenten theoretischen Aufschwung, den die neuzeitliche Physik genommen hat. Nach üblicher Auffassung besteht die sogenannte wissenschaftliche Revolution des 17. Jahrhunderts, soweit sie die Physik betrifft, in der Einsicht, daß es die Kombination zweier Methoden ist – einer praktischen und einer theoretischen –, welche die ungeheuren Erfolge der neueren Physik hervorgebracht hat, nämlich die Kombination der Methode des gezielten Experiments mit der Methode der Mathematisierung unserer Naturerkenntnis. Manche schreiben diese Einsicht als erstem Galilei zu, und jedenfalls ist ihm zufolge «das Buch der Natur in der Sprache der Mathematik geschrieben». Ludwig bejaht diesen Standpunkt und bringt die führende Rolle der Mathematik in der Physik selbst zum Ausdruck, wenn er sagt, «die Methode einer physikalischen Theorie besteht in der Anwendung der Mathematik auf die Wirklichkeit».[56] In *der* Anwendung – aber in welcher eigentlich?

Zur Beantwortung stellen wir Ludwigs Aussage in eine Denktradition, die die Galileische Formel dahingehend interpretiert, daß wir uns in der Physik ein *Bild* – ein *mathematisches* Bild – von der Wirklichkeit machen. Heinrich Hertz hat dieser Bildvorstellung die prägnante Fassung gegeben:[57]

Wir machen uns innere Scheinbilder oder Symbole der äußeren Gegenstände, und zwar machen wir sie von solcher Art, daß die denknotwendigen Folgen der Bilder stets wieder die Bilder seien von den naturnotwendigen Folgen der abgebildeten Gegenstände.

Es würde gewiß ein schwieriges Stück Interpretation der Hertzschen ‹Mechanik› bedeuten, in deren Einleitung sich dieser Satz findet, wollte man den genauen Sinn desselben zu erfassen versuchen. Die Hauptschwierigkeit liegt in der behaupteten Entsprechung von Naturnotwendigkeit und Denknotwendigkeit, mit der Hertz sich hier einer klassischen rationalistischen Tradition anschließt. Davon unbelastet ist aber eine andere Forderung, nämlich die der *Bildtreue* – daß unsere Vorstellungen und deren Beziehungen untereinander den Dingen und *deren* Beziehungen untereinander ein-eindeutig entsprechen. Bild und Wirklichkeit sind isomorph: Was immer die Natur der Dingbeziehungen sein mag – wir wissen es nicht. Aber wir kennen ein isomorphes Bild davon in Gestalt der Beziehungen zwischen unseren Vorstellungen.

Ohne Frage gehört Ludwig ganz explizit der Bildtradition physikalischen Denkens an. Seine Rekonstruktion der Physik ist durchsetzt mit Bildgedanken und Bildterminologie, und der Hauptlieferant aller Bilder ist die Mathematik. Ihre Strukturen werden durch Abbildung mit der Wirklichkeit verbunden. Und doch gibt es hier einen wesentlichen Vorbehalt gerade gegenüber dem, was uns die Worte von Hertz suggerieren. Denn bei Ludwig finden wir überraschenderweise auch Sätze wie den folgenden:[58]

Genau diese Vorstellung [der Existenz einer bijektiven Abbildung zwischen den Objekten der mathematischen Theorie und den Objekten der realen Welt] ist es, *die eben theoretische Physik vollständig mißversteht.*

Um diese Äußerung ihrerseits nicht mißzuverstehen, muß man ihr etwas die Emphase nehmen. Wie gesagt, hat auch Ludwig eine Bildtheorie der Physik. Nur sind für ihn die mathematischen Strukturen, die wir zur Abbildung der physikalischen Wirklichkeit verwenden, in der Regel keine treuen, *keine isomorphen Bilder,* und Ludwig legt Wert darauf, daß man dies ausdrücklich hinzufügt – mehr noch, daß man eine *Theorie der fraglichen Abbildung* entwickelt, die nicht einfach davon ausgeht, daß es hier allemal um Isomorphien geht. Es ist nämlich dieser zu einfache Isomorphiegedanke, der uns teuer zu stehen kommt, wann immer in einem konkreten Fall empirische Zweifel an seiner Geltung bestehen – wenn z. B. Zweifel daran aufkommen, daß der physikalische Raum isomorph zum euklidischen Raum der Mathematiker ist. Wenn sich nämlich diese Zweifel verdichten und es zu einer Verwerfung der betreffenden mathematischen Bildstruktur kommt, dann macht die angenommene Isomorphie daraus unversehens auch eine Verwerfung der zunächst akzeptierten *physikalischen* Struktur. Und damit ist der Umsturz da: Jahrhunderte hindurch hat die euklidische Geometrie das geleistet, was sich durch die angenommene Isomorphie physikalisch ergab. Nun auf einmal legt die allgemeine Relativitätstheorie nahe, daß es damit vorbei ist. Aber haben wir dann wirklich einen Umsturz im Weltbild der Physik?

Die Schwierigkeit, die wir hier mit der Verwendung der Mathematik in der Naturbeschreibung haben, ist schon früh bemerkt worden. Sie hat in der Antike, teilweise unter dem Einfluß des Platonismus, die Entstehung einer mathematischen Naturwissenschaft (außer der Astronomie) verhindert, obwohl man deren Möglichkeit gesehen hatte. Aber die Komplexität der terrestrischen Vorgänge (im Unterschied zur Bewegung der Gestirne) hat die Griechen vor einer Mathematisierung abgeschreckt. Auch Galilei steht zunächst noch unter dem Eindruck dieser Schwierigkeit. In seinem berühmten *Dialog* (Zweiter Tag, Mitte) läßt er den Aristoteliker Simplicio argumentieren, daß «im Grunde genommen ... die mathematischen Spitzfindigkeiten in der Theorie wohl richtig [seien], aber auf sinnliche und physikalische Materie angewendet [nicht stimmen]. Die Mathematiker mögen vermittels ihrer Prinzipien freilich beweisen, daß, z. B. [eine Kugel eine Ebene nur in einem Punkt berührt] ... Faßt man aber die Tatsachen ins Auge, so liegt die Sache anders.» Der Sprecher Galileis (Salviati) hält dem entgegen, «daß es viel schwieriger ist, zwei Körper zu finden, welche sich mit einem Teile ihrer Oberfläche berühren als bloß in einem Punkte ...» Denn hier müssen Bedingungen der Passung erfüllt sein, «die wegen ihrer strengen Bestimmtheit viel schwerer zu verwirklichen sind als die anderen». Diese Situation zeigt uns, daß wir eine praktikable mathematische Physik nur haben können, wenn wir die wirklichen Verhältnisse *idealisieren*. Das ist die Einsicht, die Galilei von Anfang an der mathematisierten Physik mit auf den Weg gegeben hat. Noch in unserem Jahrhundert hat Einstein sich, wie viele Forscher vor ihm, gefragt: «Wie ist es möglich, daß die Mathematik ... auf die Gegenstände der Wirklichkeit so vortrefflich paßt?» Und seine Antwort war: «Insofern sich die Sätze der Mathematik auf die Wirklichkeit beziehen, sind sie nicht sicher, und insofern sie sicher sind, beziehen sie sich nicht auf die Wirklichkeit.»[59] Bei diesem häufig zitierten Satz wird meist übersehen, daß er die vorher ausdrücklich gestellte Frage gar nicht beantwortet. Vielmehr nimmt Einsteins berühmtes Diktum die Präsupposition der Frage zurück: So vortrefflich paßt die Mathematik eben *nicht* auf die wirklichen Gegenstände. Immer sind Idealisierungen im Spiel, und wir brauchen eine Theorie, die *das* beschreibt.

Nun hat sich Ludwig nicht nur als ein Kritiker dieser Situation gezeigt, sondern auch einen positiven Ansatz für den Begriff der fraglichen Abbildung vorgeschlagen.[60] Wenn wir Einsteins Worte noch einmal im Stil Ludwigs formulieren, so lauten sie: Insofern die Strukturen der Mathematik die Wirklichkeit abbilden, sind die Bilder nicht scharf, und insofern sie scharf sind, bilden sie nicht die Wirklichkeit ab. Ludwigs Vorschlag macht ernst mit dieser Formulierung. Er hält an dem Gedanken des mathematischen Bildes der Wirklichkeit fest, ersetzt aber die bisher allein (mehr oder weniger explizit) herangezogene isomorphe Abbildung durch eine die fragliche Unschärfe ausdrückende allgemeinere Korrespondenz zwischen physikalischen und mathematischen Entitäten, die den Fall der Isomorphie nur als trivialen Spezialfall hat. Verglichen mit dem Fall, daß Isomorphie verlangt wird, schwächt diese (jeweilige) Korrespondenz die Behauptung der Theorie, in der sie auftritt, ab. Sie ermöglicht dadurch, bewährte physikalische Strukturen auch dann beizubehalten, wenn ihre mathematischen Bilder aus irgendeinem Grunde gewechselt werden. Das heißt aber, daß sie auch kumulativen Fortschritt ermöglicht. Noch bedarf diese Theorie der Ausarbeitung, aber es sieht schon jetzt so aus, daß man mit ihr einen wirklichen Schritt vorwärts machen wird in den Fragen der Struktur physikalischer Theorien und ihrer Nachfolgebeziehung.

Anmerkungen

Einleitung

1 Vgl. Dijksterhuis 1956, Erster Teil, III. D. Siehe auch Sarton § 1970; Bd. I, S. 515: «Um Konfusion zu vermeiden, müssen wir unsere gegenwärtige, verhältnismäßig junge Konzeption von Physik vergessen. Zur Zeit der Griechen und im Mittelalter, ja sogar bis herauf ins 17. Jahrhundert war Physik das Studium der Natur im allgemeinen, anorganische und organische.»
2 Evaluation des Physikverständnisses von Nichtphysikern gibt es auch heute noch – im Guten, z. B. Chevalley 1990, wie im Bösen, z. B. Sokal/Bricmont 1999.
3 Heidegger 1962, S. 51.
4 Hilbert pflegte gelegentlich zu sagen: «Die Physik ist ja für die Physiker viel zu schwer.» Vgl. Kap. VII.
5 Sommerfeld 1968, S. 640 f.
6 Sommerfeld 1955, S. 37. Die Äußerung Harnacks fällt in die Zeit nach dem Ersten Weltkrieg. (Vorher gab es noch keine Fakultätenteilung.) Für die originale Quelle siehe Seelig 1952, S. 45.
7 Höffding 1905.
8 Passmore 1957; hier: S. 333.
9 Rohrlich 1973, S. 359. Die von Sommerfeld beschworene Harmonie zwischen Philosophie und Physik, wenn sie denn je bestanden haben sollte, besteht heute allenfalls noch darin, daß «die Philosophen sich hüten, mit der Physik in Konflikt zu geraten». Für Wissenschaftstheoretiker gilt nicht einmal dieses, z. B. nicht für die sog. normative Wissenschaftstheorie, siehe Janich et al. 1974. Die heutige Lage wird in vieler Hinsicht beschrieben in Schmidt 1995. An Scharlatanerie grenzt das, was in Sokal/Bricmont 1999 beschrieben und berichtet wird.
10 Frank/v. Mises 1927.
11 Frank 1932; von Bohr wurde Frank sogar einmal auf einem Kongreß als «Fachmann in Metaphysik» stilisiert (vgl. Heisenberg 1969, S. 286, und Kap. I.C in diesem Band).
12 Außer den Lebensdaten werden gegebenenfalls Fach und Jahr des Nobelpreises angegeben. Dies soll dem Laien einen Eindruck von der hohen Professionalität der genannten Wissenschaftler geben. Außer Physikern sind auch einige wenige Chemiker und Mathematiker aufgeführt. In der Denkweise des ausgehenden 19. Jahrhunderts sind Chemie und Mathematik die zwei der Physik am nächsten stehenden Disziplinen, wenn man die Mechanik und die Astronomie schon zur Physik rechnet. Es war daher zu erwarten, daß auch diese Nachbarfächer von der philosophischen Woge ergriffen und in der obigen Liste Berücksichtigung finden würden.
13 Einstein ³1984, S. 63.
14 Brush 1976, Ch. 1.6.
15 Krüger et al. 1987.
16 Jammer 1966, S. 166.
17 v. Weizsäcker 1958, S. 201.
18 Pauli 1961, S. 93.
19 Einstein 1955, S. 508.

I. Die Philosophie und die Physiker

1. Stebbing 1937.
2. Für eine kurze Charakterisierung siehe Wilson 1997.
3. Schelling 1927 ff., Bd. II, S. 275 und 282 f.
4. Liebig, zitiert nach Ostwald 1902, S. 1.
5. Gauß, zitiert nach Schmidt 1995, S. 107.
6. Helmholtz 1884, Bd. 1, S. 164.
7. Lange 1887, S. 475.
8. Ostwald 1902, S. 1.
9. Ibid. S. 3.
10. Boltzmann 1990, S. 12 f.
11. Boltzmann 1903, in Boltzmann 1990, S. 153.
12. Boltzmann ^{2}1979, S. 224. Die Worte Schillers stammen aus den Xenien von ihm und Goethe. Der volle Text der Xenia lautet:
Naturforscher und Transzendentalphilosophen
Feindschaft sei zwischen euch! noch kommt das Bündnis zu frühe,
Wenn ihr im Suchen euch trennt, wird erst die Wahrheit erkannt.
13. Gilson, zitiert nach Jaki 1966, S. 341 f.
14. Ostwald 1902, S. 3.
15. Boltzmann 1903, in Boltzmann 1990, S. 152.
16. Ibid. S. 153.
17. Die Vorlesung ist nur in Stichworten Boltzmanns oder in Mitschriften von Hörern erhalten. Siehe Boltzmann 1990.
18. Kirchhoff 1876, Vorrede.
19. Heilbron 1986, S. 57 ff.
20. Einstein 1946. Die deutsche Originalfassung, nach der hier zitiert wird, in Einstein 1989, S. 35–40. Mit diesem Beitrag befaßt sich auch Huber 2000, S. 52 ff.
21. Schilpp 1955.
22. Russell 1940.
23. Einstein 1989, S. 39.
24. Nur in der englischen Version: Einstein 1946, S. 278.
25. Einstein 1989, S. 37.
26. Ibid. S. 38.
27. Hier erinnere man sich an den Ausspruch Kroneckers: Die ganzen Zahlen hat der liebe Gott gemacht. Alle anderen sind Menschenwerk.
28. Einstein 1989, S. 39.
29. Hume, An Enquiry Concerning Human Understanding, Sect. II: Schluß.
30. Einstein 1989, S. 39.
31. Ibid. S. 40.
32. Russell 1946, S. 696 f.
33. Littlewood 1986, S. 128 f.
34. Russell 1946, S. 696.
35. Ibid. S. 697.
36. Stebbing 1937.
37. Ibid. S. 6 f.; zu einem ähnlichen Ergebnis kommt Toulmin (1953), S. 9 f.
38. Jeans 1931.
39. Ibid. S. 3.
40. Stebbing 1937, S. 10 f. und 12.
41. Ibid. S. 11.
42. Für eine populäre Einführung siehe z. B. Gale 1981.

43 Eddington 1928, die folgenden Zitate auf den S. XI f.
44 Ibid. S. XIV.
45 Ibid. S. XVI f.
46 Stebbing 1937, S. 54 ff.
47 Eddington 1928, S. XIV f.
48 Kienle 1933, S. 125. Die Verse bilden das Epigramm «An die Astronomen» von Schiller.
49 Schrödinger 1987, S. 15.
50 Forman 1971, S. 87 f. Der Text von Spengler in Spengler ^{7}1920, S. 165.
51 Wien 1919, S. 58 f.
52 Im ersten Akt von Richard Wagners *Parsifal* findet sich folgender Dialog:
    Parsifal: Ich schreite kaum,
        doch wähn ich mich schon weit.
    Gurnemanz: Du siehst, mein Sohn,
        zum Raum wird hier die Zeit.
    Beim Lesen dieser Zeilen fällt uns vielleicht die spezielle Relativitätstheorie ein, und umgekehrt. Aber zur Beurteilung dieser Theorie ist der Wagnersche Text auf keinen Fall benutzbar, da er sich nur auf eine fiktive Wirklichkeit bezieht.
53 Inzwischen haben auch die Mathematiker Goethes ‹Mütter› für sich entdeckt, siehe Grauert 2001, S. 6 und 14.
54 Heisenberg 1969; an dieselbe Geschichte wird v. Weizsäcker durch E. Teller erinnert, siehe v. Weizsäcker 1971, S. 225 f.
55 Bohr 1936.
56 Heisenberg 1969, S. 279 f. Es existiert auch ein Bericht aus Bohrs eigener Feder in Bohr 1955, S. 146. Auch hier berichtet Bohr, er fürchte, «daß es [ihm] in ‹dieser Beziehung› nur wenig geglückt ist, [seine] Zuhörer zu überzeugen». Aber diese Beziehung war etwas anderes als das, worüber Bohr laut Heisenberg Klage führte, s. u.
57 Ibid. S. 280.
58 Ibid. S. 281.
59 Ibid. S. 283.
60 Ibid. S. 284.
61 Frank 1932.
62 Frank 1936.
63 Ibid. S. 310.
64 Ibid. S. 305.
65 Heisenberg 1969, S. 286.
66 Frank 1936, S. 445.
67 Weinberg 1992.
68 Müller-Herold 1988. Lesenswert in diesem Zusammenhange ist auch das Thesenpapier Primas 1990.
69 Hoyningen-Huene/Hirsch 1988.
70 Ibid. S. 214.
71 Weinberg 1992, S. 174.
72 Ibid. S. 176.
73 Ibid. S. 190.
74 Ibid. S. 194.
75 Müller-Herold 1988, S. 218.

II. Positivismus und reale Außenwelt (Planck versus Mach)

1 Moore 1959, S. 146.
2 Helmholtz ²1979, S. 18f.
3 Ibid. S. 41.
4 Putnam 1984, S. 140f.
5 Hier sollte man nicht vergessen, daß Faust diese Worte spricht, *unmittelbar nachdem* er sich der Magie anvertraut hat. Auch sollte man sich klarmachen, daß die Äußerungen Fausts nicht immer auch die Meinungen Goethes wiedergeben. In dem ausdrücklich an den Physiker gerichteten Gedicht ‹Allerdings› sagt Goethe zunächst:
    Ins Innre der Natur ...
    Dringt kein erschaffner Geist ...
Und am Ende kommt:
    Natur hat weder Kern noch Schale,
    Alles ist sie mit einem Male,
    Dich prüfe du nur allermeist,
    Ob du Kern oder Schale seist.
6 Planck ⁵1949, S. 205.
7 Einstein 1950, S. 13.
8 Maxwell, zitiert nach Jaki 1966, S. 330.
9 Maxwell, zitiert nach Jaki 1966, S. 335.
10 Mach ⁷1912.
11 Mach 1910, S. 604.
12 Boltzmann 1979, S. 257.
13 Planck 1910a, Mach 1910, Planck 1910b, Adler 1909, Müller 1940 (der Artikel, auf den Müller sich bezieht, ist in Planck 5. Auflage (1949) S. 228ff.), Planck 1940. Wiederholte für Planck negative Äußerungen Einsteins zu der Kontroverse sind brieflich erhalten, siehe Thiele 1968, S. 85f. Wie Planck selbst berichtet, war er, genau wie Einstein, zunächst (in den 80er Jahren) ein «entschiedener Anhänger der Machschen Philosophie» und hat sich erst später von ihr abgewandt, siehe Planck 1910b, S. 1187. Zu der Kontroverse siehe auch Heilbron 1988, II.1, und Wolters 1987, S. 112ff.
14 Planck 1910a.
15 Mach 1910, S. 601.
16 Ibid. S. 603.
17 Thiele 1968, S. 90, Heilbron 1988, S. 62.
18 Planck 1910b, S. 1189.
19 Sommerfeld 1968, S. 610.
20 Siehe Wolters 1987, S. 138 und 246.
21 Mach 1926, S. VII; siehe auch Mach 1922, S. 24, Anm. 1.
22 Mach 1922, S. 300.
23 Mach 1922 und Mach 1926.
24 Siehe hierzu Heilbron 1988, I.4.
25 Plancks Auffassung findet sich ausgearbeitet in Bavink 1944, S. 264–275, und in Bavink 1947.
26 Solche alternativen Richtungen geben sich zumeist den Beinamen «konstruktivistisch», siehe Scheibe, Mißverstandene Naturwissenschaft, 1997.
27 Am geschlossensten dargestellt ist dieser Prozeß in Planck 1910a, S. 1–9; für genauere Ausführungen in einzelnen Fällen siehe Wiener 1900.
28 Planck 1949, S. 45.
29 Ibid. S. 30.
30 Ibid. S. 45.

31 Ibid. S. 31.
32 Ibid. S. 45.
33 Ibid. S. 31.
34 Ibid. S. 45
35 Ibid. S. 30.
36 Ibid. S. 49.
37 Ausdrückliche Zustimmung erfährt Planck in Frank 1988, S. 107 und 339.
38 Einstein 1950, S. 15.
39 Hund 1944, S. 5 f.
40 Heisenberg 1943, S. 33 f.
41 Born 1922, S. 1 ff.
42 Exner ²1922.
43 Spengler 1919.
44 Planck 1949, S. 47.
45 Ibid. S. 49.
46 Die Hauptwerke sind Mach 1922 und 1926.
47 Mach 1910.
48 Adler 1909.
49 Mach 1926, S. 12 ff., Anm. 1.
50 Mach ³1897, S. 231 f.
51 Mach 1922, S. 254 f.
52 Ibid. S. 254
53 Ibid. S. 8.
54 Planck 1910b, S. 1188.
55 Mach 1912, S. 457.
56 Ibid. S. 458.
57 Ibid. S. 461.
58 Ibid. S. 465.
59 Ibid.
60 Ibid. S. 465 f.
61 Planck 1949, S. 47.
62 Mach 1912, S. 466.
63 Mach 1910, S. 600.
64 Ibid. S. 602.
65 Planck 1910b, S. 1188.
66 Planck 1940, S. 778 f.; bezugnehmend auf Müller 1940.

III. Für und gegen Atome (Boltzmann versus Mach)

1 Planck 1949, S. 48.
2 In einem gewissen Sinne war Schrödinger der letzte Anti-Atomist, weil er an die Durchführbarkeit einer reinen Wellenmechanik geglaubt hat.
3 Boltzmann 1979, S. 78.
4 Ibid. S. 144.
5 Hiebert 1970.
6 Mach 1910, S. 603.
7 Voigt 1915, S. 723.
8 Wien 1915, S. 258.
9 Mach 1900, S. 362.
10 Ibid. S. 363.
11 Mach 1922, S. 256. In den Notizen zu seinen naturphilosophischen Vorlesungen

schreibt Boltzmann aber auch: «Das Selbstbewußtsein [ist] vom Spiel der Atome verschieden» und «Das Spiel der Atome können wir ja nicht fühlen», siehe Boltzmann 1990, S. 111.
12 Ibid. S. 254 bzw. 256.
13 Du Bois-Reymond 1916.
14 Mach 1926, S. 12 f., Anm. 1.
15 Mach 1922, S. 254.
16 Mach 1912, S. 467.
17 Mach 1969, S. 27 ff.
18 Meitner 1964, S. 3; auch zitiert in Blackmore 1982, S. 156 f.
19 Broda ^{2}1986, S. 91.
20 Blackmore 1982, weniger scharf auch Elkana 1971.
21 Wolters 1987, S. 248 ff., gegenüber Broda 1955, S. 32 ff.
22 Boltzmann 1979, S. 126 f.
23 Kirchhoff 1876, Vorrede.
24 Einstein 1929, S. 126 f.
25 Boltzmann 1979, S. 91.
26 Ibid. S. 79 f.
27 Ibid. S. 213 ff., das Zitat auf S. 219.
28 Boltzmann 1990, S. 187–200; das Zitat auf S. 199.
29 Ibid. S. 66.
30 Boltzmann 1979, S. 159.
31 Boltzmann 1895 b, S. 414.
32 Boltzmann 1979, S. 32.
33 Boltzmann 1990, S. 152.
34 Boltzmann 1979, S. 152.
35 Boltzmann 1981, S. 4.
36 Schrödinger 1935 a, S. 807.
37 Boltzmann 1990, S. 111.
38 Mach 1900, S. 363 f.
39 Einstein 1989, S. 113.

IV. Theorien und Bilder

1 Boltzmann 1979, S. 54 f.
2 Ibid. S .137 f.
3 Ibid. S. 152.
4 Schrödinger 1935 a, § 1.
5 Bei den Philosophen, die den Bildgedanken semantisch verwendet haben, hätte Boltzmann an Aristoteles, Lehre vom Satz, 14 a, sowie an Locke, An Essay Concerning Human Understanding, IV.XXI.4, denken können. ‹Pferd› bedeutet nicht direkt ein Pferd, sondern nur die Vorstellung von einem solchen und erst diese ein wirkliches Pferd.
6 Boltzmann 1902 passim.
7 Siehe auch Jungnickel/McCormmach 1986, Bd. 2, S. 217 ff.
8 Helm an seine Frau am 19. 9. 1895, in Körber 1961, S. 119 f.
9 Sommerfeld 1944 (das Zitat, auch in Körber 1961, S. 22, Anm. 1).
10 Ostwald 1895; die folgenden Zitate auf den S. 6, 21 und 22.
11 Ostwald 1927, S. 182.
12 Millikan 1950, S. 21 f.
13 Hertz 1894.

14 Mach 1912, S. 252 ff.
15 Hertz 1894, S. 48 f.
16 Eine systematische Analyse, breiter angelegt als die folgende, ist Hüttemann 2002.
17 Hertz 1999; diese und die folgenden Zitate beziehen sich alle auf die Einleitung.
18 Mit dem kurz danach folgenden Satz: «Ich kann auf diese Weise die Atome überhaupt als mathematische Hilfsfiction auffassen» kommt Hertz nahe an die im zweiten Kapitel geschilderte Auffassung von Mach heran.
19 Ibid. S. 1.
20 Für die Heranziehung von Strukturarten zur Formulierung physikalischer Theorien siehe Ludwig § 1990 und Scheibe 1997 a. Die folgende vereinfachte Skizze ist nach wie vor an Hertz orientiert. Es geht um eine möglichst direkte Einbringung der genannten neuen Begriffe in Hertz' Auffassung.
21 Hertz 1894, S. 2.
22 Außer als analytische Geometrie kann die euklidische Geometrie nach wie vor auf die altehrwürdige, von den Griechen überkommene Weise synthetisch betrieben werden. Siehe Tarski 1959.
23 Mach 1912, S. 467. Siehe erneut A17a.
24 Weyl 1949, S. 25 f.
25 Fölsing 1997, S. 507; Quelle: Boltzmann 1979, S. 174.
26 Die drei Arbeiten, in denen Planck den Begriff des physikalischen Weltbildes ausführlicher erläutert, sind die drei Artikel in Planck: ^{5}1949, S. 28 ff., ibid. S. 206 ff. und S. 250 ff. Der Prozeß der Entanthropomorphisierung ist ausführlich in Planck 1910b, S. 1–9, erläutert.
27 Popper/Eccles 1977, Kap. P2.

V. Theorie und Erfahrung

1 Truesdell und Noll 1965, S. 4.
2 Duhem 1962, S. 8.
3 Ibid. S. 10.
4 Duhem 1998, S. 20 f.
5 Berkely 1949, S. 26.
6 Boltzmann 1979, S. 138.
7 Duhem 1962, S. 100 f.
8 Ibid. S. 319 f.
9 Ibid. S. 330.
10 Ibid. S. 332.
11 Ibid. S. 334.
12 Truesdell und Noll 1965, S. 5.
13 Ibid. S. 6.
14 Nernst 1893, 11.–15. Aufl., ibid. 1926, S. 2. Als ‹empirischen› bzw. ‹theoretischen› Weg möchte Nernst die beiden Wege bezeichnet wissen. Die damals übliche Bezeichnung ‹induktiv› bzw. ‹deduktiv› wird auch einmal benutzt.
15 Laudan 1981, Kap. 11; für den Unterschied in zwei Kontexte siehe Popper 1973, Vorwort, und Reichenbach 1938, § 1.
16 Simonyi 2001, S. 28.
17 Herschel 1830, S. 174.
18 Nernst 1893.
19 Planck 1949, S. 28 f. In einem Brief vom 22. 3. 1895 schreibt Planck an Frau Hertz zur Frage der postumen Publikation von Hertz 1999: «Aber gerade dies verleiht ... diesen Vorlesungen einen ihrer großen Reize, ... daß man deutlich sieht, wie die

Wissenschaft, *durch Induktion fortschreitend*, aus der Summe der vorhandenen Tatsachen die Ergebnisse zieht ...» (Hertz 1999, S. 2f., Hervorhebung durch d. Verf.).
20 Exner 1922, S. 663.
21 Wien 1915, S. 245 f.
22 Ibid. S. 249.
23 Ibid. S. 248.
24 Ibid. S. 258.
25 Einstein 1914.
26 Planck 1914, S. 22 f. Die von mir ausgelassene Passage «die schöpferische wie die deduktive» müßte natürlich lauten «die schöpferische wie die induktive». – Dieselbe Forderung angesichts der aufkommenden theoretischen Physik stellte auch Helmholtz, siehe Jungnickel/McCormmach 1986, S. 21.
27 Adam 2000, S. 34 f. (enthält eine englische Fassung von Einsteins Äußerung von 1919). Mir lag die deutsche Fassung nicht vor; Zitate auf deutsch sind daher Rückübersetzungen.
28 Einstein 1979, S. 105.
29 Für die weitere Behandlung des Themas ist der äußerst knappe Zeitungsartikel (s. Anm. 27) ungeeignet. Ich ziehe daher andere Quellen heran. – Der Autor von Adam 2000 ist an Einsteins Artikel deswegen interessiert, weil er darin den Satz findet: «Aber die Wahrheit einer Theorie kann niemals bewiesen werden.» Hierdurch wird er an Popper erinnert und stellt dann Fragen wie: Hat Popper den Artikel gekannt, ehe er sein Wissenschaftskriterium und verwandte Dinge entwickelte? War Einstein Fallibilist? etc. Nun sehe man sich demgegenüber den Haupttext zu Anm. 18 an: die Zitate von Nernst! Da haben wir die Feststellung der Asymmetrie von Erfolg und Mißerfolg. Ist das nun auch Popper? Und hat Popper seine Sache am Ende zwar nicht von Einstein, wohl aber von Nernst?
30 Einstein 1989, S. 109. Carnap nimmt eine ‹Intuition› für die induktive Logik an, siehe Carnap 1968, S. 265.
31 Einstein 1955 a, S. 4.
32 Einstein 1979, S. 105.
33 Brush 1989, S. 1125; für eine objektive Einschätzung der Einstellung Einsteins zu experimentellen Überprüfungen insbesondere seiner eigenen Theorien konsultiere man Hentschel 1992.
34 Dijksterhuis 1956; Jaki 1966, Kap. II.
35 Du Bois-Reymond 1916.
36 Hertz 1894, S. 1.
37 Wien 1915, S. 247.
38 Boltzmann 1979, S. 142 f.; siehe auch S. 163 ff.
39 Hertz 1914, S. 21 und 23, S. 210.
40 Boltzmann 1979, S. 143.
41 Ibid. S. 165.
42 Für Einzelheiten siehe Hempel 1965, S. 25 ff.; Lenzen 1974; Hempel 1965 behandelt das sog. Voraussagekriterium der Bestätigung; die andere Quelle ist gut für eine Gegenüberstellung deduktiver und induktiver Bestätigungsbegriffe.
43 Heisenberg 1969, S. 91.
44 Ibid. S. 92.
45 Ibid. S. 93.
46 Über Einzelheiten und Schwierigkeiten bei der Definition von physikalischen Eigenschaften und Größen informiert Hempel 1974, insbesondere Kap. 6.
47 Bridgman 1965, S. 147.
48 Campbell 1957, S. 41.

49 Riemann 1959.
50 Poincaré 1914, S. 51 f. Weitere nützliche Werke über Poincaré sind: Grünbaum, A.: Philosophical Problems of Space and Time. 1973. – Diederich, W.: Konventionalität in der Physik. 1974. – Giedymin, J.: Geometrical and physical Conventionalism of Henri Poincaré epistemological formulation. 1991. – On the origin and significance of Poincarés conventionalism. 1977. – Huber, R.: Einstein und Poincaré. 2000.
51 Poincaré 1913, S. 57, 59, 60.
52 Poincaré 1906.
53 Ibid. S. 33.
54 Ibid. S. 32.
55 Poincaré 1914, S. 75.
56 Hertz 1892, S. 210.
57 Duhem 1962, Kap. VI.
58 Ibid. S. 187.
59 Süßmann 1973.

VI. Zur Relativitätstheorie

1 Pais 1982, S. 303 ff.
2 Moszkowski 1921, S. 26 f.
3 Wien 1921, S. 5 f.
4 Hentschel 1990, Kap. 4 und 5.
5 Minkowski 1908.
6 Einstein zit. nach Holton 1981, Anm. 3, S. 230 f.
7 Heisenberg 1969, S. 93 ff.
8 Einstein 1916 (Nachruf auf Mach).
9 Einstein an Schlick, zit. nach Hentschel 1986.
10 Einstein in Schilpp 1955, S. 8.
11 Ibid. S. 19 f.
12 Einstein 1989, S. 127 f.
13 Einstein 1929, S. 126 f.
14 Einstein 1989, S. 116 f.
15 Reichenbach in Schilpp 1955, S. 192, sowie in Reichenbach 1979, S. 322.
16 Poincaré 1898.
17 Poincaré 1914, S. 92.
18 Poincaré 1906, S. 39 ff.
19 Ibid. S. 42.
20 Ibid. S. 33.
21 Lorentz et al. 1922, S. 27 f.
22 Einstein 1922, S. 31.
23 Ibid.
24 Einstein 1917, S. 2 f.
25 Einstein in Lorentz/Einstein/Minkowski 1922, S. 26–50.
26 Pauli 1921, Weyl 1923.
27 Einstein 1987 ff., Stachel/Howard 1989.
28 Schilpp 1951, S. 501.
29 Ibid. S. 28.
30 Weinberg 1972, S. VIII f. und S. 147.
31 Anderson 1971, S. 161.
32 Fock 1966, S. 29.
33 Fock 1960, S. XIX.

34 Ibid. S. 432.
35 Einstein 1989, S. 117.
35a Joos 1945, S. 76.
36 Einstein 1916, S. 640.
37 Ibid.
38 Hier seien einige genannt, die man auf Lehrbuchebene findet: Rindler 1986; Weinberg 1972; Anderson 1973; Fock 1960; Papapetrou 1974; Pauli 1921; Misner/Thorne/Wheeler 1973. Eine historisch-kritische Darstellung der Entwicklung des Äquivalenzbegriffs ist Norton 1989.
39 Einstein 1914, S. 344, 346.
40 Lorentz/Einstein/Minkowski 1922, S. 83.
41 Mach 1912, S. 226.
42 Einstein 1918, S. 241.
43 Lorentz/Einstein/Minkowski 1922, S. 83.
44 Einstein 1922, S. 58.
45 Schilpp 1951, S. 22.
46 Norton 1989, S. 5–47.
47 Einstein 1916, S. 641.
48 Pauli 1921, S. 181.
49 Weinberg 1972, S. 68.
49a Misner/Thorne/Wheeler 1973, S. 386.
49b Møller 1972, S. 318.
50 Lorentz/Einstein/Minkowski 1922, S. 87.
51 Reichenbach 1920, S. 107.
52 Zitiert nach Hentschel 1990, S. 520.
53 Einstein/Born 1969, S. 25 f.
54 Rosenthal-Schneider 1988, S. 76.
55 Zitiert nach Hentschel 1990, S. 510.
56 Zitiert nach Röseberg 1998, S. 30.
57 Einstein 1987 ff., Bd. 8, S. 220 f. Einstein bezieht sich hier auf Schlick 1915.
58 Ibid. S. 389 f. Bezugsschrift ist hier Schlick 1917.
59 Neurath et al. 1929, zit. nach der engl. Fassung von 1973, S. 20.
60 Reichenbach 1921, S. 341 ff.
61 Nelson 1905 f.
62 Cassirer 1921, S. 12.
63 v. Laue 1961, S. 159 ff.
64 v. Laue 1911.
65 Schlick 1915, S. 163.
66 Carnap 1922, S. 67.
67 Weyl 1923, S. 43 ff.
68 Scheibe 1988.
69 Weyl 1923, S. 46 f.
70 Siehe hierfür etwa Scheibe 1999, Kap. VIII.3.
71 Elsbach 1924, S. 188 f.
72 Ibid. S. 196 f.
73 Einstein 1924, S. 1688.
74 Von den hier behandelten, die Geometrie betreffenden punktuellen Revisionsversuchen sind zu unterscheiden die in Anlehnung an Kant konzipierten erkenntnistheoretischen Gesamtentwürfe. Als solche seien hier Reichenbach 1920 sowie v. Weizsäcker 1971 und 1979 erwähnt. Sie betreffen unter anderem ebenfalls den Begriff des Apriori, aber eben in allgemeinster Weise und nicht beschränkt auf die Geometrie.

VII. Kausalität, Determinismus, Wahrscheinlichkeit

1 Feynman 1965, S. 172.
2 Ibid. S. 13.
3 Ibid. S. 30, Forman 1971.
4 Siehe z. B. Scheibe 1976 a und b.
5 Bunge 1962.
6 Russell 1912, S. 1 und 14.
7 Toulmin 1953, S. 122 f.
8 Wien 1915, S. 246.
9 Laplace 1820, Introduction.
10 Hund 1944, S. 14.
11 Eine genauere, wenn auch immer noch einfache Rekonstruktion des Begriffs der Ereigniskausalität findet sich in Campbell 1957, S. 58. Ebendort zeigt Campbell auch, daß schon die einfachsten Gesetze der Physik, wie etwa das Ohmsche Gesetz, nicht unter den rekonstruierten Begriff fallen.
12 Campbell 1957, S. 57 f.
13 Feynman 1965, S. 122.
14 Du Bois-Reymond 1916.
15 Galilei, G.: Dialog über die beiden hauptsächlichsten Weltsysteme: das Ptolemäische und das Kopernikanische. Hrsg. R. Sexl und K. v. Meÿenn. Wiss. Buchges. Darmstadt 1982, hier: S. 249.
16 Galilei, G.: Unterredungen und mathematische Demonstrationen über zwei neue Wissenszweige, die Mechanik und die Fallgesetze betreffend. Hrsg. A. v. Oettingen. Wiss. Buchges. Darmstadt 1964, hier: S. 152 f.
17 Newton, I.: Opticks, Query 31.
18 The Correspondence of Isaac Newton. Hrsg. H. W. Turnbull. Cambridge 59 ff., hier: Brief an Bentley vom 25. 2. 1693.
19 Mach 1926, S. 278.
20 Mach 1922, S. 73 f.
21 Campbell 1957, S. 66 f.
22 Mach 1900, S. 432.
23 Mach 1926, S. 277 f.
24 Für die ‹Unfalltheorie› siehe Scheibe 1969 und 1970 sowie die dort angegebene Literatur.
25 Für weitere Einzelheiten siehe Scheibe 1973, Kap. IV.1.
26 Planck 1949, S. 183.
27 D. Hume: A Treatise of Human Nature. I.III.II
28 Frank 1932, Kap. V.6.
29 Havas 1964, S. 347 f.
30 Hund 1970, S. 1100 f.
31 Havas 1964, S. 348.
32 Hund 1969, S. 38.
33 Natürlich nur unter Beschränkung auf die Schrödinger-Gleichung, also auf die eigentliche Dynamik ohne Zustandsreduktion.
34 Einstein/Born 1969, S. 118; in einem Brief vom 27. 11. 1920, dessen Original verloren zu sein scheint, ist ebenfalls von «strenger» oder «vollständiger» Kausalität die Rede, auf die Einstein «sehr, sehr ungern verzichte».
35 Ibid. S. 129.
36 Ibid. S. 250.
37 Ibid. S. 288.

38 Ibid. S. 293.
39 Ibid. S. 290 und 293.
40 In Scheibe 1964 sind die Grundlagen gelegt für den Gebrauch kontingenter Aussagen in der Physik.
41 Gardiner 1985.
42 Schrödinger 1987, S. 15.
43 Exner ^{2}1922, S. 660.
44 Planck 1949, S. 252 ff.
45 Poincaré 1914, S. 56 f.
46 Siehe Anm. 41.
47 Planck ^{2}1949, S. 254 f. Vgl. letzter Abschnitt Kap. IV dieses Bandes.
48 Exner 1922, S. 669.
49 Ibid. S. 676.
50 Ibid. S. 675.
51 Ibid. S. 681.
52 Ibid. S. 690.
53 Schrödinger 1987, S. 14 f.
54 Born 1955 a und b, 1958, 1959, Born u. Hooton 1955.
55 Das chaotische Verhalten deterministischer Systeme ist in der letzten Zeit Gegenstand unzähliger Arbeiten gewesen. Für eine lesbare Einführung siehe: Leven et al. 1989.
56 Born 1955 a, S. 161 f.
57 Ibid. S. 163.
58 Ibid.
59 v. Laue 1955, S. 269.
60 Born 1955.
61 Der Standpunkt Borns wird auch von noch lebenden Wissenschaftlern vertreten. In Ford 1983 finden wir als letzte Anmerkung: Leser mit historischem Interesse werden schon viele Parallelen zwischen dem vorliegenden Artikel und zahllosen früheren Artikeln seit Maxwell bemerkt haben, aber vielleicht die vollständigste und schlagendste Parallele besteht zwischen dieser Arbeit und Max Borns Artikel «Is Classical Mechanics in fact deterministic?».

VIII. Quantenmechanik: Die Kopenhagener Schule

1 Die folgenden Publikationen sind oder enthalten Bibliographien von Arbeiten über die Grundlagen der Quantentheorie: Scheibe 1968; DeWitt/Graham 1971; Nilson 1976; Beehner 1980; Primas 1981, S. 356–440; Ballentine 1987; Pavičič 1992.
2 Auch hierüber ist die Literatur noch unermeßlich. Für eine grundsätzliche Orientierung seien genannt: v. Weizsäcker 1941 und 1971; Meyer-Abich 1965; Scheibe 1973, Kap. I; Jammer 1974; French/Kennedy 1985; Meÿenn et al. 1985; Folse 1985; Laurikainen 1988; Geyer et al. 1993.
3 Siehe Kap. IX.A, Anm. 5.
4 Bohr 1935, S. 701 (Hervorhebung durch d. Verf.).
5 Bohr 1958, S. 39 (Hervorhebung durch d. Verf.).
6 Stapp 1993, S. 50.
7 v. Weizsäcker 1971, S. 224 f.
8 Hendry 1984, S. 1.
9 Pauli 1979, S. 188 f.
10 Bohr 1922, zit. nach Meyer-Abich 1965, S. 99.

11 Bohr 1939, S. 20. Hierzu Pais 1991, S. 431 f.: «Philosophie, zumindest Naturphilosophie, hat eine Veränderung durchgemacht, die ich dramatisch nennen würde – und die meines Wissens noch nicht von den Berufsphilosophen verdaut worden ist – als in den späten 1930ern Bohr eine neue Antwort auf eine alte Frage gab: *Was meint man mit dem Wort ‹Phänomen›?* Nächst der Komplementarität ist Bohrs neue Formulierung sein wichtigster Beitrag zur Philosophie.»
12 Bohr 1958, S. 73.
13 Zitiert nach Laurikainen 1988, S. 32; siehe auch S. 161.
14 Bohr 1958, S. 39.
15 Heisenberg 1959 a, S. 27.
16 Zitiert nach Laurikainen 1988, S. 163.
17 Heisenberg 1927, S. 172 ff.
18 Bohr 1939, S. 200.
19 Heisenberg 1959 a, S. 29 ff.
20 Schrödinger hat die aus der Astronomie stammende Fragestellung für das Atom überhaupt abgelehnt, siehe 1935 a, § 3: «‹Gegeben der Ort des Elektrons im Wasserstoffatom zur Zeit t = 0; man konstruiere seine Ortsstatistik zu einer späteren Zeit.› Das interessiert keinen Menschen.»
21 Lamb 1969.
22 Eine sehr ausführliche Behandlung des Präparierens und Messens (Registrierens) ist in Ludwig 1974 ff., Bd. 4, Kap. XVI, und in Ludwig 1983, wo es S. VII sogar heißt, das Buch stelle «eine systematische ... Formulierung des ursprünglichen Standpunkts von N. Bohr dar, auf dem man annimmt, daß es notwendig sei, für den Meßprozeß die klassische Beschreibungsweise zu benutzen».
23 Siehe Birkhoff/v. Neumann 1936.
24 Bohr 1934, S. 68.
25 Für Verallgemeinerungen des klassischen Wahrscheinlichkeitsbegriffs unter dem Einfluß der QM siehe Kamber 1965.
26 Näheres siehe in Scheibe 1964 und 1973.
27 Heisenberg geht nicht auf die Frage ein, welchen epistemologischen Status die Wahrscheinlichkeiten (7) haben.
28 Heisenberg 1959 a, S. 36; siehe auch S. 28.
29 Heisenberg 1959 b, S. 140.
30 Aristoteles' Potentia wird auch von Shimony (1983, S. 212) und von Popper (1983, S. 359) erwähnt. Ersterem fehlt (bei Heisenberg) das teleologische Element, letzterem (bei Aristoteles) die ‹Versuchsanordnung›; vgl. Anm. 25.
31 Siehe etwa Redhead 1987, 2.2.
32 Schrödinger 1935 a, §§ 4 und 5.
33 Durchgeführt in Scheibe 1973, II.5.
34 Weitere verwandte Literatur ist London/Bauer 1939, § 3; Margenau 1949, § 3; Margenau 1950, §§ 8.2 und 17.3.
35 Bohm 1951; zur Entstehung dieses Buches siehe Jammer 1974, 7.5.
36 Bohm 1951, S. 132 f.
37 Shimony 1983.
38 Ein Eingehen auf Poppers ‹propensity interpretation of probability›, das sich hier nahelegt, kann aus Platzmangel leider nicht erfolgen, da Popper von der Person her nicht zum Thema gehört. Siehe Popper 1967, 1982 und 1983, Teil II. Über Vorläufer siehe Jammer 1974, S. 448 ff., bes. Anm. 44.
39 Süßmann 1958.
40 v. Weizsäcker 1985, S. 519.
41 Kemble 1937, S. 53.

42 Einstein/Born 1969, S. 250.
43 Tolman 1938, S. 326.
44 Der Begriff des Ensembles weist in der QM gewisse Besonderheiten gegenüber seinem klassischen Pendant auf, die in der Literatur nicht erwähnt werden. Z. B. sind zwei Elemente eines klassischen Ensembles dadurch voneinander unterschieden, daß sie (als physikalische Systeme) in verschiedenen Zuständen (dargestellt durch Punkte im Phasenraum) sind. Demgegenüber sind irgend zwei Elemente eines quantenmechanischen Ensembles (als physikalische Systeme) in demselben Zustand (dargestellt durch einen Vektor im Hilbertraum). Es ist eine nützliche Aufgabe, sich zu überlegen, wodurch sie dann unterschieden sind.
45 Wigner im Jahr 1971: «Haben wir eine Theorie der Wechselwirkung zwischen klassischen und Quanten-Systemen? Mir ist keine bekannt.» In: Wigner 1995, S. 212.
46 Zeh 2001, S. 72.
47 Schrödinger 1935, §§ 7 ff.
48 Heisenberg 1930, S. 47.
49 Heisenberg 1959a, S. 38.
50 v. Weizsäcker 1985, S. 526.
51 Die beiden Standpunkte, die diese Problematik je verschieden zu lösen versuchen, sind beschrieben in Mittelstaedt 1978 und Mittelstaedt et al. 1991 einerseits, und in Scheibe 1964, 1973, 1985 andererseits.
52 Bei aller Kritik an Descartes darf man nie vergessen, daß seine Isolierung der res exensa eine strategische Maßnahme war, die den Gegenstand der damals aufstrebenden Naturwissenschaften vor dem Zugriff durch die Theologen schützen sollte und in entscheidenden Jahren geschützt hat.
53 Heisenberg 1959a, S. 66.
54 Pauli nach Laurikainen 1988, S. 60 (Brief an Bohr vom 15.2.1955). In einer Rezension des Buches von Laurikainen schreibt Primas: «[Pauli] betrachtete die cartesische Spaltung von Geist (res cogitans) und Materie (res extensa) als eine Fehlkonzeption und bevorzugte eine Vision, nach der Geist und Materie als zwei komplementäre Aspekte der Wirklichkeit gesehen werden.» S. 306 von Primas 1989.
55 Heisenberg 1930, S. 44.
56 Bohr 1963, S. 3; weitere Fundstellen bei Bohr in Scheibe 1973, S. 22.
57 Pauli 1961, S. 115.
58 Es handelt sich um den Vortrag ‹Einheit des Wissens› in Bohr 1958, insbes. S. 75.
59 Schilpp 1955, S. 500.
60 Bohr 1958, S. 76 ff.; Bohr 1991, S. 398 ff. (aus dem Kommentar von C. Chevalley); Pais 1991, 19.(d).
61 Scheibe 1973, I.2.(h).
62 Bohr 1934, S. 10.
63 Ibid. S. 19.
64 Ibid. S. 54 f.
65 Vgl. dazu Baumann/Sexl [3]1987, S. 17.
66 Bohr 1934, S. 56.
67 Heisenberg 1930.
68 Hund 1954.

IX. Kritik an der Kopenhagener Deutung

1. de Broglie 1953.
2. Einstein ³1984, S. 96; siehe auch Einstein 1955b, S. 494.
3. Eine gewisse Ausnahme ist vielleicht Dirac. Er führt die Deutungsschwierigkeiten der QM darauf zurück, daß diese als ‹reine› physikalische Theorie nur ein Zwischenstadium in der Entwicklung der Physik einnimmt. Siehe Dirac 1963, S. 48.
4. Eine sehr ausführliche, auch historische Analyse der Debatte findet sich seit kurzem in Held 1999.
5. Pais 1991, S. 318.
6. Schilpp 1951, S. 500.
7. Quelle unbekannt.
8. Brief Ehrenfests vom 3.11.1927, in Bohr, GW 6/S. 415 f.
9. Einstein/Podolsky/Rosen 1935; eingehendere Analysen in Scheibe 1974, VII.2 sowie Held 1999, §§ 22 und 23.
10. Die Quelle dieses zweifellos von Einstein stammenden Ausspruchs konnte nicht nachgewiesen werden.
11. Einstein 1948, S. 321.
12. Zitiert nach Hentschel 1986, S. 483.
13. Einstein 1955c, S. 14.
14. Die beiden folgenden Briefe Einsteins in Einstein/Born 1969, S. 118 und S. 129 f.; siehe auch Bohr 1955, S. 130.
15. Aus zwei Briefen von Pauli an Born in Einstein/Born 1969, S. 290 und S. 293.
16. Bohm 1951, §§ 22.16 bis 18. Zugleich wird dort Bohms Theorie der Potentialität mit dem EPR-Argument in Verbindung gebracht, leider auf etwas undurchsichtigem Wege.
17. Brief Einsteins an Schrödinger vom 19.6.1935.
18. Einstein 1955a, S. 32.
19. Bei dem letzten Schluß ist zu beachten, daß wir keine Definition der Vollständigkeit einer Zustandsbeschreibung zur Verfügung haben. Der Schluß wird auf eine Eigenschaft der Vollständigkeit gestützt, die man wohl von jedem Vollständigkeitsbegriff erwarten wird: Verschiedene Zustandsvektoren können nicht denselben realen Zustand vollständig beschreiben. Ähnlich muß man sich bei dem EPR-Argument behelfen. Welche Statistik man nehmen muß, dazu steht uns eine reichhaltige Kollektion zur Verfügung: Home und Whittaker 1992 sowie Ballentine 1970 und 1972.
20. Einstein ³1984, S. 99.
21. Bohr 1935.
22. Einstein 1955a, Bohr 1955.
23. Rosenfeld 1967, S. 128 f.
24. Held 1999, § 23; Jammer 1974, S. 194 ff.; Scheibe 1973, Kap. VII.3.
25. Shimony 1983, S. 215; in Laurikainen 1988, S. 159, schreibt der Autor: «Nachdem ich Paulis Denken während einiger Jahre studiert habe, ist meine abschließende Meinung, daß Paulis Kompetenz in philosophischen Fragen, welche die Grundlagen der Physik betreffen, größer war als die der meisten Wissenschafter des 20. Jahrhunderts.» Und auf S. 167 fährt er fort: «Ich würde gerne sagen, daß Pauli der kompetenteste Repräsentant der Kopenhagener Philosophie war ... Auch glaube ich, daß Pauli eines Tages für einen viel größeren Philosophen gehalten werden wird, als das heute der Fall ist. – Für eine Gesamtwürdigung der Schriften Schrödingers siehe Scott 1967. Dort auch eine Übersicht der philosophischen Gebiete, auf denen Schrödinger gearbeitet hat.
26. Schrödinger ¹1983, S. 34 f.

27 Dirac 1963.
28 Are there Quantum Jumps? Schrödinger 1984, Bd. 4, S. 478–502; hier: S. 481.
29 Schrödinger ¹1983, S. 34.
30 Schrödinger 1961 b.
31 Ibid. S. 115 ff.; auch Bertotti 1985, S. 94.
32 Schrödinger 1961 b, S. 153 ff.
33 Ibid. S. 175.
34 Schrödinger ²1983; Die Besonderheit des Weltbilds der Naturwissenschaft, Schrödinger 1984, Bd. 4, 409–453. Abgedruckt in Schrödinger 1987, S. 27–85. In Fortsetzung des Kommentars in Anm. B2.1 heißt es in Laurikainen 1988, S. 159, über Pauli: «Er demonstrierte nicht nur seine Kompetenz in Physik, er war auch ständig an der Philosophie interessiert, und während der letzten zehn Jahre seines Lebens machte er eine ungeheure Anstrengung, Philosophie und Ideengeschichte zu studieren, um die gegenwärtige Lage in der Physik und ihre Bedeutung als einen Teil der westlichen Kultur beurteilen zu können.»
35 Für Schrödinger siehe auch: Der erkenntnistheoretische Wert physikalischer Modellvorstellungen, Schrödinger 1984, Bd. 4, S. 288–294; Die gegenwärtige Situation in der Quantenmechanik, Schrödinger 1984, Bd. 4, S. 484–501, hier: § 1.
36 Siehe Anm. B2.11: Schrödinger 1984, Bd. 4, S. 425; Abdruck, S. 48.
37 Ibid. S. 443.
38 Siehe Anm. B2.12, Schrödinger 1984, Bd. 4, S. 486.
39 Might perhaps energy be a merely statistical concept? Schrödinger 1984, Bd. 1, S. 502–510. Dieser von Schrödinger schon früh gefaßte Gedanke ist Teil einer konsequent wellenmechanischen Interpretation des mikrophysikalischen Geschehens. – Es sei hier erinnert, daß auch Einstein den Indeterminismus nicht schlankweg abgelehnt hat.
40 Energieaustausch nach der Wellenmechanik, Schrödinger 1984, Bd. 3, S. 267–279; hier S. 279. Siehe weiter: Antrittsrede, Schrödinger 1984, Bd. 4, S. 303–307; Das Gesetz der Zufälle, ibid. S. 316–317; Die Wandlung des physikalischen Weltbegriffs, Schrödinger 1987, S. 18–26, hier S. 24; Schrödinger 1932, S. 1–24.
41 Schrödinger 1961 a, S. 27.
42 Siehe Anm. B2.16, S. 509.
43 Für einen jüngsten Rettungsversuch siehe Dorling 1987.
44 Es ist nicht immer deutlich, wessen Auffassung Schrödinger jeweils angreift, da er selten Namen nennt oder gar zitiert. Andererseits differieren die Auffassungen sogar der Vertreter der Kopenhagener Schule (im weiteren Sinne) voneinander. Siehe Scheibe 1988.
45 Schrödinger 1961 a, S. 51.
46 Schrödinger 1987, S. 26.
47 Quantisierung als Eigenwertproblem II, Schrödinger 1984, Bd. 3, S. 98–136; hier: S. 117 f.
48 Einstein/Podolsky/Rosen 1935.
49 Discussion of probability relations between separated systems. Schrödinger 1984, Bd. 1, S. 424–432, hier: S. 424. Siehe weiter: Probability relations between separated systems, ibid. Bd. 1, S. 433–439; The philosophy of experiment, ibid. Bd. 4, S. 558–568.
50 Schrödinger 1961 a, S. 51 f.
51 Z. B. in op. cit. Anm. 16, S. 507 ff.
52 Es wäre interessant, der Beziehung nachzugehen, in der Schrödingers Einstellung zum Beobachter in der Quantentheorie zu Paulis entsprechender Einstellung steht, siehe dazu Laurikainen 1988, App. I.3 und 4 (S. 162 ff.).

53 Brief von Pauli an Schrödinger vom 22.11.1926. In: Pauli 1979, S. 356 f.
54 Für die folgenden Vorgänge siehe auch Moore 1989, S. 220 ff.
55 Begleittext in Pauli 1979, S. 336.
56 Brief von Heisenberg an Pauli vom 28.7.1926. In: Pauli 1979, S. 337 f.
57 Heisenberg 1969, S. 103.
58 Ibid. S. 105–109.
59 Rosenfeld 1958 über Bohm 1957.
60 Bell 1987, S. 160 und 167.
61 v. Neumann 1932.
62 Ibid. S. 108 f.
63 Belinfante 1973, S. 34.
64 Bohm in Baumann/Sexl 1984, S. 164; englisches Original Bohm 1952, S. 166–193, hier S. 166. Die Gedanken in dieser Arbeit sind in vielen weiteren Artikeln ausgearbeitet, zumeist in Kooperation mit Parteigängern. Eine erste Monographie über diese Theorie ist Holland 1993. Eine andere Theorie verborgener Parameter ist in Bohm/Bub 1966, aber nicht weiterverfolgt worden.
65 Bohm 1952, S. 183.
66 Ibid. S. 188.

X. Fortschritt, Reduktion und Einheit der Physik

1 Eine Ausnahme hiervon bilden vielleicht Scheibe 1997 und 1999. Auch sind von einigen Physikern speziellere Untersuchungen zum Thema angestellt worden, auf die hier aber nicht eingegangen werden kann, da sie meist mit erheblichem technischen Aufwand vorgehen: Für Reduktionen auf die allgemeine Relativitätstheorie siehe Ehlers 1981, 1986, 1991, 1997 und 1998. Die Wiedergewinnung der klassischen Physik aus der Quantentheorie wird neuerdings unter dem Begriff der Dekohärenz verfolgt, siehe Giulini et al. 1996. In Ludwig ^{2}1990, Kap. 9, wird, ebenfalls von seiten der Physik, sehr allgemein definiert, was es heißt, daß eine Theorie ‹umfassender› ist als eine andere.
2 Lakatos/Musgrave 1970.
3 Misner et al. 1973, 17.4.
4 Rohrlich 1965, Kap. 1.
5 Scheibe 1997 und 1999, Kap. VI.
6 Boltzmann 1905, S. 94 ff., ^{2}1979, S. 59 f.; siehe auch ibid. S. 123 f. und 207 f.
7 Kuhn 1962 und ^{2}1970.
8 Nernst 1926, S. 4 f.
9 Nernst 1922, S. 489 und 491 f.
10 Feyerabend 1970, S. 276 f.
11 Heckmann 1968, S. 35.
12 Corry et al. 1997, S. 1272 (Rückübersetzung ins Deutsche).
13 Den Begriff des Grenzfalls in diesem Sinne verwendet schon Hertz in 1892, S. 26 ff., und bald darauf auch Einstein in 1914, S. 740 ff., und 1917 in ^{23}1988, S. 50; vgl. für diese Zeit auch Hilbert 1919, S. 60 ff.
14 Kienle 1933, S. 115 f.
15 Bondi 1983, S. 89 f. Hier ist anzumerken, daß Bondi von Popper beeinflußt ist. Ich zitiere ihn dennoch als Sprecher der Physik, weil ich sicher bin, daß er Physiker genug ist, um Poppers Ansichten zurückzuweisen, wenn er von seiten der Physik Gründe dafür haben würde.
16 Ehlers 1998, S. 1. Siehe auch die anderen in Anm. 1a aufgeführten Arbeiten von Ehlers.

17 Guillemin/Sternberg 1984, S. 4.
18 Planck 1949, S. 31.
19 Ibid. S. 28 f.
20 Weinberg 1987, S. 435.
21 Mayr/Weinberg 1988, S. 475.
22 Weinberg 1987, S. 435.
23 Bohm 1980, S. 4 f. Ähnlich auch Bondi 1977.
24 Planck 1949, S. 106.
25 Zitiert nach Kangro 1970, S. 227.
26 Dirac 1929, S. 715.
27 Dirac 1966, S. 1 f.
28 v. Weizsäcker 1971, S. 192.
29 Hawking 1980, S. 1 f.
30 Scheibe 1987.
31 Planck 1949, S. 45 f.
32 Einstein 1989, S. 131.
33 Einstein 1950, S. 15.
34 Einstein 1979, S. 67 f.
35 Bohr 1934, S. 85.
36 Ibid. S. 70.
37 Ibid. S. 110.
38 Siehe die Übersicht in Scheibe 1993.
39 Pauli 1979, S. 116.
40 Heisenberg 1959, S. 85.
41 Heisenberg 1969, S. 135.
42 v. Weizsäcker 1971, S. 193.
43 Heisenberg 1971, S. 306 ff.
44 Heisenberg 1936, S. 25.
45 Weinberg 1992, S. 17.
46 Ibid. S. 85 ff.
47 Ibid. S. 89.
48 Ibid. S. 104 ff.
49 Lakatos/Musgrave 1970 und Scheibe 1997 und 1999, I.1 und 2.
50 Rohrlich 1965, S. 4.
51 Ludwig 1995, S. 288.
52 Planck 1949, S. 209 f.
53 Ibid. S. 371 f.
54 Heisenberg 1936, S. 15.
55 Ludwig § 1990, S. 105.
56 Ibid. S. 8.
57 Hertz 1894, S. 1.
58 Ludwig 1974 ff., Bd. 2, S. 366.
59 Einstein 1989, S. 119 f.
60 Preprints aus den letzten Jahren. Auch in Ludwig ^{2}1990 und in Scheibe 1997 und 1999 sind die mathematischen Bilder nicht immer isomorph zu den physikalisch relevanten Strukturen. Es sind aber zusätzliche Gesichtspunkte zu berücksichtigen.

Literatur

Adam, A.: Farewell to Certitude: Einstein's Novelty on Induction and Deduction, Fallibilism. Zeitschr. f. Allg. Wissenschaftstheorie 31 (2000), S. 19–37.
Adler, F.: Die Einheit des physikalischen Weltbildes. Naturwissenschaftl. Wochenschrift. Neue Folge VIII (1909), S. 817–822.
Anderson, J. L.: Principles of Relativity Physics. Academic Pr.: New York 1967, 1973.
Anderson, J. L.: Covariance, Invariance and Equivalence. A Viewpoint. Gener. Relat. and Grav. 2 (1971), S. 161–172.
Ballentine, I. E.: The Statistical Interpretation of Quantum Mechanics. Revs. Mod. Phys. 42 (1970), S. 358–381.
Ballentine, I. E.: Einstein's Interpretation of Quantum Mechanics. Amer. J. Phys. 40 (1972), S. 1763–1771.
Ballentine, I. E.: Resource Letter IQM-2: Foundations of Quantum Mechanics since the Bell Inequalities. Amer. J. Phys. 55 (1987), S. 785–792.
Baumann, K., und R. U. Sexl (Hrsg.): Die Deutungen der Quantentheorie. Vieweg: Braunschweig 1984.
Bavink, B.: Ergebnisse und Probleme der Naturwissenschaften. Hirzel: Leipzig [6]1944.
Bavink, B.: Bedeutung des Konvergenzprinzips für die Erkenntnistheorie der Naturwissenschaften. Zeitschr. für phil. Forschg. 2 (1947), S. 111–130.
Beehner, J.: Bibliography on Quantum Logic. In: P. Suppes (Hrsg.): Studies in the Foundations of Quantum Mechanics. Phil. of Sci. Assoc: East Lansing, MI, 1980, S. 223–255.
Belinfante, F. J.: A Survey of Hidden Variables Theories. Pergamon Press: Oxford 1973.
Bell, J. S.: Speakable and Unspeakable in Quantum Physics. Cambridge 1986.
Berkeley, G: The Works of George Berkeley, Vol. II. A. Hrsg. Luce und T. Jessop. Nelson: London 1949.
Bertotti, B.: The Later Work of E. Schrödinger. Sud. Hist. Phil. Sci. 16 (1985), S. 83–100.
Birkhoff, G., und J. v. Neumann: The Logic of Quantum Mechanics. Ann. of Math. 37 (1936), S. 823–843 (Nachdruck in Hooker 1–26).
Blackmore, J. T.: Boltzmann's Concession to Mach's Philosophy of Science. In: Bd. 8 der Ludwig Boltzmann Gesamtausgabe. Hrsg. R. U. Sexl, Vieweg: Braunschweig 1982.
Bohm, D.: Quantum Theory. Englewood Cliffs, N. J., 1951.
Bohm, D.: A Suggested Interpretation of the Quantum Theory in Terms of ‹Hidden› Variables, I und II. Phys. Rev. 85 (1952), S. 166–179, 180–193.
Bohm, D.: Vorschlag einer Deutung der Quantentheorie durch «verborgene» Variable (1952). In: Die Deutungen der Quantentheorie. Hrsg. K. Baumann und R. U. Sexl. Vieweg: Braunschweig 1984.
Bohm, D.: Causality and Chance in Modern Physics. London 1957.
Bohm, D., und Hiley, B. J.: On the Intuitive Understanding of Nonlocality as implied by Quantum Theory. Found. Phys., Bd. 5 (1975), S. 93–109.
Bohm, D.: Wholeness and the Implicate Order. London 1980.
Bohm, D. und J. Bub: A Refutation of the Prove by Jauch and Piron that Hidden Variables can be Excluded in Quantum Mechanics. Rev. Mod. Phys., Bd. 38 (1966), S. 470–475.
Bohm, D., und J. Bub: A Proposed Solution of the Measurement Problem in Quantum Mechanics by a Hidden Variable Theory. Rev. Mod. Phys., Bd. 38 (1966), S. 453–469.

Bohm, D., und J. Bub: On Hidden Variables – A reply to Comments by Jauch and Piron and by Gudder. Rev. Mod. Phys., Bd. 40 (1968), S. 235–236.

Bohm, D., W. J. Hiley und A. E. G. Steward: On a New Mode of Description in Physics. Intern. Journ. Theoretical Phys., Bd. 3 (1970), S. 171–183.

Bohm, D., und W. J. Hiley: Measurement understood through the Quantum Potential Approach. Foundations of Physics, Bd. 14 (1984), S. 255–274.

Bohm, D., W. J. Hiley und P. N. Kalojerou: An ontological Basis for the Quantum Theory. Phys. Reports 144 (1987), S. 321–375.

Bohr, N.: Atomic Theory and the Description of Nature. Cambridge University Press: Cambridge 1934.

Bohr, N.: Can Quantum Mechanical Description of Physical Reality Be Considered Complete? Phys. Rev. 48 (1935), S. 696–700 (deutsche Übersetzung in Baumann/Sexl 1984, S. 87–97).

Bohr, N.: Kausalität und Komplementarität. Erkenntnis 6 (1936), S. 293–303.

Bohr, N.: The Causality Problem in Atomic Physics. In: New Theories in Physics. Intern. Inst. of Intell. Co-oper. Paris 1939, S. 11–45.

Bohr, N.: On the Notions of Causality and Complementarity. Dialectica 2 (1948), S. 312–319.

Bohr, N.: Diskussion mit Einstein über erkenntnistheoretische Probleme in der Atomphysik. In: Schilpp 1955, S. 115–150 (auch in Bohr 1958, S. 32–67).

Bohr, N.: Atomphysik und menschliche Erkenntnis. Vieweg: Braunschweig 1958.

Bohr, N.: Essays 1958/1962 on Atomic Physics and Human Knowledge. Interscience Publishers: New York 1963.

Bohr, N.: The Solvay Meetings and the Development of Quantum Physics. In: Bohr 1963, S. 79–100.

Bohr, N.: Collected Works Vol. 6: Foundations of Quantum Physics. J. Kalckar (Hrsg.), North-Holland: Amsterdam 1985.

Bohr, N.: Physique atomique et connaissance humaine. Ausführlich kommentierte französische Ausgabe von Bohr 1958, hrsg. von C. Chevalley. Gallimard: Paris 1991.

Boltzmann, L.: Theoretical Physics and Philosophical Problems. Selected Writings. Hrsg. B. McGuiness. Kluewer: Dordrecht 1974.

Boltzmann, L.: Stichwort ‹model› in Encyclopedia Brittanica 1902 (abgedruckt in Boltzmann 1974).

Boltzmann, L.: Ein Antrittsvortrag zur Naturphilosophie (1903). In: Boltzmann 1990, S. 152–156 (auch in Boltzmann 1979, S. 199–205).

Boltzmann, L.: Populäre Schriften. Hrsg. E. Broda. Vieweg: Braunschweig 1979.

Boltzmann, L.: Gesamtausgabe, Bd. 1. Vorlesungen über Gastheorie. Hrsg. R. U. Sexl. Vieweg: Braunschweig 1981.

Boltzmann, L.: Gesamtausgabe, Bd. 8. Ausgewählte Abhandlungen der internationalen Tagung, Wien 1981. Hrsg. R. U. Sexl. Vieweg: Braunschweig 1982.

Boltzmann, L.: Principien der Naturfilosofi. Hrsg. I. M. Fasol-Boltzmann. Springer: Berlin 1990.

Bondi, H.: The Lure of Completeness. Hrsg. Duncan und Weston-Smith. Pergamon Press. Oxford 1977.

Bondi, H.: Mythen und Annahmen in der Physik. VR Kleine Vandenhoeck-Reihe. Göttingen 1983.

Born, M.: Die Relativitätstheorie Einsteins. Springer: Berlin 1922.

Born, M.: Ist die klassische Mechanik tatsächlich deterministisch? Phys. Blätter 11 (1955a), S. 49–54 (zit. nach dem Nachdruck in Born: Physik im Wandel meiner Zeit. Vieweg: Braunschweig/Wiesbaden 1983, S. 160–167).

Born, M.: Über Determinismus. Phys. Blätter 11 (1955b), S. 314f.

Born, M., und D. J. Hooton: Statistische Dynamik von mehrfachperiodischen Systemen. Zeitschr. für Physik, Bd. 142 (1955), S. 201–218.
Born, M.: Vorhersehbarkeit in der Klassischen Mechanik. Zeitschr. für Physik, Bd. 153 (1958), S. 372–388, u. Phys. Blätter 15 (1959), S. 342–349.
Born, M., und W. Ludwig: Zur Quantenmechanik des kräftefreien Teilchens. Zeitschr. f. Physik 150 (1958), S. 106–117.
Bridgman, P. W.: The Logic of Modern Physics. McMillan: New York 1927, 1960.
Broda, E.: Ludwig Boltzmann. Mensch, Physiker, Philosoph. Deuticke: Wien 1986.
Broglie, L. de: La physique quantique restera-t-elle indéterministe? Paris 1953.
Brush, St. G.: The Kind of Motion We Call Heat. Amsterdam 1976.
Brush, St. G.: Prediction and Theory Evaluation: The Case of Light Bending. Science 246 (1989), S. 1124–1129.
Bohm, D.: A Proposed Solution of the Measurement Problem in Quantum Mechanics by a Hidden Variable Theory. Rev. Mod. Phys., Bd. 38 (1966), S. 453–469.
Bub, J.: Hidden Variables and the Copenhagen Interpretation – A Reconsiliation. Brit. J. of Phil. Sci., Bd. 19 (1968), S. 185–210.
Bub, J.: What is a hidden Variable Theory of Quantum Phenomena. Int. J. Theoretical Phys., Bd. 2 (1969), S. 101–123.
Bub, J.: On Bohr's Response to EPR: A Quantum Logical Analysis. Found. of Phys. (1989), S. 793–805.
Bub, J.: On Bohr's Response to EPR: II. Found. of Phys. (1990).
Bunge, M.: Causality. Meridian Books: New York 1962.
Campbell, N. R.: Foundations of Science. The philosophy of theory and experiment. Dover 1957.
Carnap, R.: Der Raum. Reuther und Reichard: Berlin 1922.
Carnap, R.: Inductive Logic and Inductive Intuition. In: Lakatos 1968, S. 258 ff.
Cassirer, E.: Zur Einsteinschen Relativitätstheorie. Bruno Cassirer: Berlin 1921.
Chevalley, C.: La physique de Heidegger. In: Les Etudes philosophiques. Heft 3 (1990), S. 289–311.
DeWitt, B. S., und R. N. Graham: Resource Letter IQM-1 on the Interpretation of Quantum Mechanics. Amer. J. Phys. 39 (1971), S. 724–738.
Diederich, W.: Konventionalität in der Physik. Dunker & Humblot: Berlin 1974.
Dijksterhuis, E. J.: Die Mechanisierung des Weltbildes. Springer: Berlin 1956.
Dirac, P. A. M.: Quantum Mechanics of Many-Electron Systems. Proc. R. Soc. London, A 123, 714 (1929).
Dirac, P. A. M.: The Evolution of the Physicist's Picture of Nature. Sci. Amer. 208 (Mai 1963), S. 45–53.
Du Bois-Reymond, E. (1972): Über die Grenzen des Naturerkennens. In: Du Bois-Reymond 1886–1887, S. 105–140.
Du Bois-Reymond, E.: Reden. 2 Bde. Veit & Comp.: Leipzig 1886/87.
Du Bois-Reymond, E.: Über die Grenzen des Erkennens. Die sieben Welträtsel (Zwei Vorträge). Veit & Comp.: Leipzig 1916.
Duhem, P.: The Aim and Structure of Physical Theory. Princeton University Press; Atheneum, New York 1962.
Duhem, P.: Ziel und Struktur der physikalischen Theorien. Meiner: Hamburg 1998.
Eddington, A. S.: The Nature of the Physical World. Cambridge 1928.
Ehlers, J.: Über den Newtonschen Grenzwert der Einsteinschen Gravitationstheorie. In: Grundlagenprobleme der modernen Physik. Hrsg. J. Nitsch, J. Pfarr und E. W. Stachow. Mannheim 1981.

Ehlers, J.: On Limit Relations between, and Approximate Explanations of Physical Theories. In: Logic, Methodology and Philosophy of Science VII. Hrsg. R. Barcan Marcus et al.: Amsterdam 1986.

Ehlers, J.: Examples of Newtonian Limits of Relativistic Spacetimes. Class. Quantum Grav. 14. 1997.

Ehlers, J.: The Newtonian Limit of General Relativity. Understanding Physics. Festschrift W. Kundt. 1998.

Einstein, A.: Sitzungsberichte der Königl. Preuß. Akad. d. Wiss. XXVIII. 1914.

Einstein, A.: Zum Relativitätsproblem. Scientia 15 (1914), S. 337–348.

Einstein, A.: Über Friedrich Kottlers Abhandlung «Über Einsteins Äquivalenzhypothese und die Gravitation». Ann. d. Phys. 51 (1916), S. 639–642.

Einstein, A.: Über die spezielle und die allgemeine Relativitätstheorie. Vieweg: Braunschweig 1917, ^{23}1988.

Einstein, A.: Prinzipielles zur allgemeinen Relativitätstheorie. Ann. d. Phys. 55 (1918), S. 241–244.

Einstein, A.: Grundzüge der Relativitätstheorie. Vieweg: Braunschweig 1922 (als «Vier Vorlesungen über Relativitätstheorie); ^{8}1990.

Einstein, A.: Elsbachs Buch: Kant und Einstein. Deutsche Literaturztg. 45 (1924), S. 1685–1689.

Einstein, A.: Über den gegenwärtigen Stand der Feldtheorie. Festschriften für A. Stodola. Zürich 1929.

Einstein, A., Podolsky, B., Rosen, N. (EPR): Can quantum-mechanical description of physical reality be considered complete? Phys. Rev., Bd. 47 (1935).

Einstein, A.: Mein Weltbild. Ullstein: Frankfurt a. M. 1989.

Einstein, A.: Physik und Realität. J. of the Franklin Inst. 221 (1936), S. 313–347; auch in Einstein ^{1}1984, S. 63–106.

Einstein, A.: Bertrand Russell und das philosophische Denken. In: Einstein 1989, S. 35–40 (Deutsche Originalfassung in Schilpp 1946).

Einstein, A.: Remarks on Bertrand Russell's Theory of Knowledge. In: Schilpp 1946, S. 278–291.

Einstein, A.: Quantenmechanik und Wirklichkeit. Dialectica 2 (1948), S. 320–324.

Einstein, A.: On the Generalised Theory of Gravitation. Sci. Amer. 182 (1950).

Einstein, A.: Elementare Überlegungen zur Interpretation der Grundlagen der Quanten-Mechanik. In: Scientific Papers Presented to Max Born. Oliver and Boyd: Edinburgh 1953, S. 33–40.

Einstein, A.: Einleitende Bemerkungen über Grundbegriffe. In: George 1955, S. 13–17.

Einstein, A.: Autobiographisches. In: Schilpp 1955, S. 1–36.

Einstein, A.: Bemerkungen zu den in diesem Bande vereinigten Arbeiten. In: Schilpp 1955, S. 493–511.

Einstein, A./H. und M. Born: Briefwechsel 1916–1955. Nymphenburg: München 1969.

Einstein, A.: Aus meinen späten Jahren. DVA: Stuttgart 1979, ^{3}1984.

Einstein, A.: The Collected Papers of Albert Einstein. Princeton University Press: Princeton, NJ, 1987 ff.

Elkana, Y.: Boltzmann's Scientific Research Programme and its Alternatives. In: Some Aspects of the Interaction between Science and Philosophy. Hrsg. Y. Elkana. Atlantic Highlands 1971, S. 243–279.

Elsbach, A. C.: Kant und Einstein. Untersuchungen über das Verhältnis der modernen Erkenntnistheorie zur Relativitätstheorie. De Gruyter: Berlin 1924.

Exner, F.: Vorlesungen über die physikalischen Grundlagen der Naturwissenschaften. Deuticke: Leipzig ^{2}1922.

Feyerabend, P.: Problems of Empiricism, Part II. In: The Nature and Function of Scientific Theories. Hrsg. R. G. Colodny. Pittsburgh 1970.

Feyerabend, P.: Probleme des Empirismus. Ausgewählte Schriften, Bd. 2. Vieweg: Braunschweig 1981.

Feynman, R.: The Character of Physical Law. The Modern Library: New York 1965.

Fine, A.: The shaky game. Einstein Realism and the Quantum Theory. Univ. of Chicago Pr.: Chicago 1986.

Fock, V. A.: Theorie von Raum, Zeit und Gravitation. Akademie-Verlag: Berlin 1960.

Fock, V. A.: Die Grundprinzipien der Einsteinschen Gravitationstheorie. In: Entstehung, Entwicklung und Perspektiven der Einsteinschen Gravitationstheorie. (Einstein-Sympos. Berlin 1965) Berlin 1966, S. 27–37.

Fölsing, A.: Heinrich Hertz. Eine Biographie. Hoffmann und Campe: Hamburg 1997.

Ford, J.: How random is a coin toss? Physics Today (1983) S. 40–47.

Forman, P.: Weimar Culture, Causality and Quantum Theory, 1918–1927. Hist. Studs. in the Phys. Scis. 3 (1971), S. 1–115.

Frank, Ph., und R. von Mises: Die partiellen Differentialgleichungen der mathematischen Physik. Leipzig 1927.

Frank, Ph.: Das Kausalgesetz und seine Grenzen. Suhrkamp: Frankfurt a. M. 1988 (Neue Ausgabe des Originals von 1932).

Frank, Ph.: Philosophische Deutungen und Mißdeutungen der Quantentheorie. Erkenntnis 6 (1936), S. 303–317.

Frank, Ph.: Schlußwort zum 2. Kongreß über das Kausalproblem. Erkenntnis 6 (1936), S. 443–450.

Gale, G.: The Anthropic Principle. Sci. Amer. 245 (1981), S. 114–122.

Gardiner, C. W.: Handbook of Stochastic Methods for Physics, Chemistry and the Natural Sciences. Springer: Berlin 1985.

George, A. (Hrsg.): Louis de Broglie. Physicien et Penseur. Paris 1953 (Deutsche Ausgabe: Louis de Broglie und die Physiker. Hamburg 1955).

Giulini, D. et al.: Decoherence and the Appearance of a Classical World in Quantum Theory. Springer: Berlin 1996.

Gleason, A. M.: Measures on the closed Subspaces of a Hilbert-Space. Journ. Math. Mech., Bd. 6 (1957), S. 885–893.

Grauert, H.: Ist die alte Mengenlehre noch richtig? Nachr. Akad. Wiss. Göttingen. II. Math.-Naturwiss. Klasse. Jg. 2001, Nr. 1.

Guillemin, V., und S. Sternberg: Symplectic Techniques in Physics. Cambridge University Press. Cambridge 1984.

Havas, P.: Four-Dimensional Formulation of Newtonian Mechanics and their Relation to the Special and General Theory of Relativity. Rev. Mod. Phys., Bd. 36 (1964).

Hawking, S.: Is the End in Sight for Newtonian Mechanics and their Relation to the Special and General Theory of Relativity. Revs. Mod. Phys., Bd. 36 (1964).

Heidegger, M.: Die Frage nach dem Ding. Niemeyer: Tübingen 1962.

Heilbron, J. L.: The Dilemma of an Upright Man. Max Planck as Spokesman for German Science. University of California Press: Berkeley 1986.

Heilbron, J. L.: Max Planck. Ein Leben für die Wissenschaft. 1858–1947. Hirzel: Stuttgart 1988 (enthält die deutsche Übersetzung von Heilbron 1986 sowie Nachdrucke von mehreren Aufsätzen aus Planck 1949).

Heisenberg, W.: Über den anschaulichen Inhalt der quantentheoretischen Kinematik und Mechanik. Zeitschr. f. Phys. 43 (1927), S. 172–198.

Heisenberg, W.: Wandlungen in den Grundlagen der Naturwissenschaft. Von S. Hirzel: Leipzig 1943.

Heisenberg, W.: Wandlungen in den Grundlagen der exakten Naturwissenschaft in jüngster Zeit. Angew. Chemie 1947.
Heisenberg, W.: Die physikalischen Prinzipien der Quantentheorie. Hirzel: Stuttgart 1930 (auch in Bibl. Inst.: Mannheim 1958).
Heisenberg, W.: Physik und Philosophie. Hirzel: Stuttgart 1959 (a).
Heisenberg, W.: Die Plancksche Entdeckung und die philosophischen Probleme der Atomphysik. Universitas 14 (1959), S. 135–148.
Heisenberg, W.: Der Teil und das Ganze. Piper: München 1969.
Heisenberg, W.: Schritte über Grenzen. Piper: München 1971.
Held, C.: Die Bohr-Einstein-Debatte. Quantenmechanik und physikalische Wirklichkeit. Mentis: Paderborn 1999.
Helmholtz, H.: Die Tatsachen der Wahrnehmung. Berlin 1879.
Helmholtz, H.: Vorträge und Reden. 2 Bde. Vieweg: Braunschweig 1884.
Hempel, C. G.: Aspects of Scientific Explanation. The Free Press: New York 1965.
Hempel, C. G.: Philosophie der Naturwissenschaften. dtv: München 1974.
Hendry, J.: Weimar Culture and Quantum Causality. In: Darwin to Einstein. Historical Studies on Science and Belief. Hrsg. E. Colin Chant und J. Fauvel. Open University Press: 1980, S. 303–325.
Hendry, J.: The Creation of Quantum Mechanics and the Bohr-Pauli Dialogue. Reidel: Dordrecht 1984.
Hentschel, K.: Die Korrespondenz Einstein – Schlick: Zum Verhältnis Physik zur Philosophie. Ann. of Sci. 43 (1986), S. 475–88.
Hentschel, K.: Interpretationen und Fehlinterpretationen der speziellen und der allgemeinen Relativitätstheorie durch Zeitgenossen Albert Einsteins. Basel 1990.
Hentschel, K.: Einstein's Attitude Towards Experiments Testing Relativity Theory 1907–1927. Stud. Hist. Phil. Sci. 23 (1992), S. 593–624.
Herschel, J: A Preliminary Discourse on the Study of Natural Philosophy. London 1830.
Hertz, H.: Ges. Werke, Bd. III: Die Prinzipien der Mechanik. Leipzig 1894; Darmstadt 1963 (Nachdruck).
Hertz, H.: Ges. Werke, Bd. II: Untersuchungen über die Ausbreitung der elektrischen Kraft. Leipzig ^{4}1914.
Hertz, H.: Die Constitution der Materie. Hrsg. A. Fölsing. Springer: Berlin 1999.
Hiebert, E.: The Genesis of Mach's Early Views on Atomism. In: Cohen, R., Seeger, R. (Hrsg.): Ernst Mach. Physicist and Philosopher. Dordrecht 1970.
Hilbert, D.: Die Natur und mathematisches Erkennen. Lectures Göttingen 1919. From notes by P. Bernays.
Höffding, H.: Moderne Philosophen. Reisland: Leipzig 1905.
Holland, P. R.: The Quantum Theory of Motion. Cambridge University Press: Cambridge 1993.
Home, D., and M. A. B. Whitaker: Ensemble Interpretations of Quantum Mechanics. A modern Perspective. Phys. Reports, Bd. 210 (1992), S. 223–317.
Hooker, C. A. (Hrsg.): The Logico-Algebraic Approach to Quantum Mechanics, Bd. I und II. Reidel: Dordrecht 1975 bzw. 1979.
Hoyningen-Huene, P., und G. Hirsch (Hrsg.): Wozu Wissenschaftsphilosophie? De Gruyter: Berlin 1988.
Huber, R.: Einstein und Poincaré. Die philosophische Beurteilung physikalischer Theorien. Mentis: Paderborn 2000.
Hüttemann, A.: Heinrich Hertz and the Concept of a Symbol. In: M. Ferrari und I.-O. Stamatescu (Hrsg.): Symbol and Physical Knowledge. On the Conceptual Structure of Physics. Springer: Berlin 2002, S. 109–121.

Hund, F.: Das Naturbild der Physik. Eduard Stichnote: Potsdam 1944.
Hund, F.: Materie als Feld. Springer: Berlin 1954.
Hund, F.: Grundbegriffe der Physik. BI Hochschultaschenbücher: Mannheim 1969.
Hund, F.: Zeit als physikalischer Begriff, Studium Generale, Bd. 23, 1970, S. 1088–1101.
Jaki, St.: The Relevance of Physics. Univ. of Chicago Press: Chicago 1966.
Jammer, M.: The Conceptual Development of Quantum Mechanics. McGraw Hill: New York 1966.
Jammer, M.: The Philosophy of Quantum Mechanics. Wiley: New York 1974.
Janich, P., Kambartel, F., und J. Mittelstraß: Wissenschaftstheorie als Wissenschaftskritik. aspekte: Frankfurt a. M. 1974.
Jauch, J. M., und C. Piron: Can Hidden Variables be excluded in Quantum Mechanics? Helvetica Physica Acta, Bd. 36 (1963), S. 827–837.
Jauch, J. M., und C. Piron: Hidden Variables Revisited. Rev. Mod. Phys, Bd. 40 (1968), S. 228–231.
Jeans, J.: The Mysterious Universe. Cambridge 1931; dt. Ausgabe: Der Weltenraum und seine Rätsel. Deutsche Verlags-Anstalt: Stuttgart 1931.
Joos, G.: Lehrbuch der theoretischen Physik. Akad. Verlagsgesellschaft Becker und Erler: Leipzig 1945.
Jungnickel, Ch., und R. McCormmach: Intellectual Mastery of Nature. Theoretical Physics from Ohm to Einstein. 2 Bde. Univ. of Chicago Press: Chicago 1986.
Kamber, F.: Zweiwertige Wahrscheinlichkeitsfunktionen auf orthokomplementären Verbänden. Mathemat. An., Bd. 158 (1965), S. 158–196.
Kemble, E. C.: The Fundamental Principles of Quantum Mechanics. Dover: New York 1937.
Kienle, H.: Vom Wesen astronomischer Forschung. Bremer Beiträge zur Naturwissenschaft 1 (1933), S. 113–125.
Kirchhoff, G.: Vorlesungen über mathematische Physik, Bd. 1: Mechanik. B. G. Teubner: Leipzig 1876.
Körber, H.-G.: Aus dem wissenschaftlichen Briefwechsel Wilhelm Ostwalds. Teil 1: Briefwechsel mit Ludwig Boltzmann, Max Planck, Georg Helm, Hrsg. H.-G. Körber, Akademie-Verl.: Berlin 1961.
Krüger, L., et al. (Hrsg.): The Probabilistic Revolution, Bd. 2: Ideas in the Sciences. Cambridge, Mass., 1987.
Kruszynski, P.: Extentions of Gleason Theorym. In: Quantum Probability and Applications to the Quantum Theory of Irreversible Processes. Berlin (1984), S. 210–227.
Kuhn, Th. S.: The Structure of Scientific Revolutions. Chicago University Press: Chicago 1962, 1970.
Lakatos, I., und A. Musgrave: Criticism and the Growth of Knowledge. Cambridge University Press: Cambridge 1970.
Lamb jr., W. E.: An Operational Interpretation of nonrelativistic Quantum Mechanics. Physics Today 22 (1969) Heft 4, S. 23–28.
Lange, F. A.: Geschichte des Materialismus. Baedeker: Leipzig 1887.
Laplace, P.: Essai analytique sur la probabilité. Paris 1820.
Laudan, L.: Science and Hypothesis. Reidel: Dordrecht 1981.
Laue, M. v.: Ist die klasssische Physik tatsächlich deterministisch? Phys. Blätter 1955.
Laue, M. v.: Erkenntnistheorie und Relativitätstheorie. In: v. Laue 1911: Gesammelte Schriften und Vorträge, Bd. III. Vieweg: Braunschweig 1961.
Laurikainen, K. V.: Beyond the Atom. The Philosophical Thought of Wolfgang Pauli. Springer: Berlin 1988.
Lenzen, W.: Theorien der Bestätigung wissenschaftlicher Hypothesen. Frommann-Holzboog: Stuttgart 1974.

Leven, R. W., et al.: Chaos in dissipativen Systemen. Vieweg: Braunschweig 1989.
Levi-Civita, T.: The n-Body Problem in General Relativity. Reidel: Dordrecht 1964.
Littlewood, J. E.: Littlewood's Miscellany. Hrsg. Béla Bollobás. Cambridge University Press: Cambridge 1986.
London, F., und E. Bauer: La theorie de l'observation en mécanique quantique. Hermann: Paris 1939.
Lorentz, H. A., Einstein, A., Minkowski, H.: Das Relativitätsprinzip. B. G. Teubner: Leipzig ^{4}1922.
Losee, J.: Wissenschaftstheorie. Eine historische Einführung. C. H. Beck: München 1977.
Ludwig, G.: Einführung in die Grundlagen der theoretischen Physik. 4 Bde. Vieweg: Braunschweig 1974.
Ludwig, G.: Einführung in die Grundlagen der theoretischen Physik, Bd. 3: Quanten Theorie. Vieweg: Braunschweig 1976, Kap. XII.
Ludwig, G.: Die Grundstrukturen einer physikalischen Theorie. Springer: Berlin 1978, 2. Aufl. 1990.
Ludwig, G.: Foundations of Quantum Mechanics. 2 Bde. Springer: Berlin 1983 und 1985.
Ludwig, G.: An Axiomatic Basis for Quantum Mechanics. 2 Bde. Springer: Berlin 1985, 1987.
Mach, E.: Die Mechanik in ihrer Entwicklung: historisch-kritisch dargestellt. 3. Aufl. Brockhaus: Leipzig 1897, ^{7}1912.
Mach, E.: Die Leitgedanken meiner naturwissenschaftlichen Erkenntnislehre und ihre Aufnahme durch die Zeitgenossen. Phys. Zeitschr. XI (1910), S. 599–606.
Mach, E.: Principien der Wärmelehre. Johann Ambrosius Barth: Leipzig 1900.
Mach, E.: Analyse der Empfindungen. Jena Verlag von Gustav Fischer 1922.
Mach, E.: Erkenntnis und Irrtum. Jena Verlag von Gustav Fischer 1926.
Mach, E.: Die Geschichte und die Wurzel des Satzes von der Erhaltung der Arbeit. Hrsg. J. Thiele. Bonset: Amsterdam 1969.
Margenau, H.: Reality in Quantum Mechanics. Phil. of Sci. 16 (1949), S. 287–302.
Margenau, H.: The Nature of Physical Reality. McGraw-Hill: New York 1950.
Meitner, L.: Erinnerungen der Lise Meitner (Looking Back). Bulletin of the Atomic Scientists. A journal of Science and Public Affairs. 1964, S. 2–8. Auch in: Ludwig Boltzmann Gesamtausgabe, Bd. 8.
Meÿenn, K. von (Hrsg.): Die großen Physiker. 2 Bde. C. H. Beck: München 1997.
Meyer-Abich, K. M.: Korrespondenz, Individualität und Komplementarität. Eine Studie zur Geistesgeschichte der Quantentheorie in den Beiträgen Niels Bohrs. Steiner: Wiesbaden 1965.
Millikan, R. A.: Autobiography. Prentice Hall: New York 1950.
Misner, W., Thorne, K. S., und J. A. Wheeler: Gravitation. Freeman: San Francisco, ca. 1973.
Mittelstaedt, P.: Quantum Logic. Reidel: Dordrecht 1978.
Mittelstaedt, P. et al.: The Quantum Theory of Measurement. Springer: Berlin 1991.
Møller, C.: The Theory of Relativity. Clarendon Press: Oxford 1972.
Moore, G. E.: Philosophical Papers. Allen & Unwin: London 1959.
Moore, W.: Schrödinger – Life and Thought. Cambridge University Press: Cambridge 1989, 1992.
Moszkowski, A.: Einstein. Einblicke in seine Gedankenwelt. Hamburg 1921.
Müller, A.: Naturwissenschaft und reale Außenwelt. Naturwissenschaften 28 (1940), S. 705–709.

Müller-Herold, U.: Wissenschaftsphilosophie: Wozu? In: Hoyningen-Huene/Hirsch 1988, S. 213–218.

Nelson, L.: Bemerkungen über die Nicht-Euklidische Geometrie und den Ursprung der mathematischen Gewißheit. Abhandlgn. der Friesschen Schule I, Heft 2 und 3 (1905–1906).

Nernst, W.: Theoretische Chemie. Enke: Stuttgart 1893. 11.–15. Aufl. ibid. 1926.

Nernst, W.: Zum Gültigkeitsbereich der Naturgesetze. Naturwissenschaften 10 (1922), S. 489–495.

Neumann, J. v.: Wahrscheinlichkeitstheoretischer Aufbau der Quantenmechanik. Nachr. von der Ges. der Wiss. zu Göttingen. Math.-Phys. Kl. 1927, S. 248–272.

Neumann, J. v.: Mathematische Grundlagen der Quantenmechanik. Springer: Berlin 1932.

Neurath, O. et al.: The Scientific Conception of the World: The Vienna Circle. Reidel: Dordrecht 1973.

Newton, I.: Opticks: or, a Treatise of the reflexions, refractions, inflexions and colours of Light. Also two treatises of the species and magnitude of curvilinear figures. Smith and Walford: London 1704.

Newton, I.: The Correspondence of Isaac Newton. Hrsg. H. W. Turnbull. Cambridge 1859.

Nilson, D. R.: Bibliography on the History and Philosophy of Quantum Physics. In: Logic and Probability in Quantum Mechanics. Hrsg. P. Suppes. Dordrecht (1976), S. 457–520.

Norton, J.: What was Einstein's Principle of Equivalence? In: Einstein and the History of General Relativity. Hrsg. D. Howard und J. Stachel. Birkhäuser: Basel 1989, S. 5–47.

Ostwald, W.: Die Überwindung des wissenschaftlichen Materialismus: Vortrag, gehalten in der 3. allgemeinen Sitzung der Versammlung der Gesellschaft Deutscher Naturforscher und Ärzte zu Lübeck am 20. September 1895. Veit: Leipzig 1895.

Ostwald, W.: Vorlesungen über Naturphilosophie. Leipzig 1902.

Ostwald, W.: Lebenslinien. Eine Selbstbiographie. 2. Teil. Berlin 1927.

Pais, A.: Subtle is the Lord. The Science and the Life of Albert Einstein. Oxford University Press: Oxford 1982.

Pais, A.: Niels Bohr's Times in Physics, Philosophy, and Policy. Clarendon Press: Oxford 1991.

Papapetrou, A.: Lectures on General Relativity. Reidel: Dordrecht 1974.

Passmore, J.: A Hundred Years of Philosophy. Duckworth: London 1966.

Pauli, W.: Relativitätstheorie. B. G. Teubner: Leipzig 1921.

Pauli, W.: Aufsätze und Vorträge über Physik und Erkenntnistheorie. Vieweg: Braunschweig 1961.

Pauli, W.: Wissenschaftlicher Briefwechsel I. Hrsg. A. Hermann et al. Springer: Berlin 1979.

Pavičič, M.: Bibliography on Quantum Logics and Related Structures. Int. J. Theor. Phys. 31 (1992), S. 373–461.

Philippidis, C. et al.: Quantum Interference and the Quantum Potential. Nuovo Cimento, Bd. 52 (1979), S. 15–28.

Pinch, T. J.: What does a Proof do if it does not prove? In: The Social Production of Scientific Knowledge. Hrsg. E. Mendelsohn et al. Reidel: Dordrecht (1977), S. 171–215.

Planck, M. (1910a): Acht Vorlesungen zur theoretischen Physik. Leipzig 1910.

Planck, M. (1910b): Zur Machschen Theorie der physikalischen Erkenntnis. Phys. Zeitschr. XI, 1910, S. 1186–1190.

Planck, M.: Naturwissenschaft und reale Außenwelt. Naturwissenschaften 28 (1940), S. 778–779.

Planck, M.: In seinen Akademieansprachen. Erinnerungsschrift der Deutschen Akademie der Wissenschaften. Akademie-Verlag: Berlin 1948.

Planck, M.: Die Einheit des physikalischen Weltbildes. In: Planck 1949, S. 28–51. Auch in Heilbronn 1988.

Planck, M.: Vorträge und Erinnerungen. Hirzel (Teumler): Stuttgart ^{5}1949.

Poincaré, H.: Revue de Métaphysique et de Morale (Jan. 1898) VI, S. 1–13.

Poincaré, H.: Der Wert der Wissenschaft. B. G. Teubner. Leipzig 1906.

Poincaré, H.: Wissenschaft und Methode. Leipzig: B. G. Teubner 1908, 1914.

Poincaré, H.: Letzte Gedanken. Akademische Verlagsgesellschaft. Leipzig 1913.

Poincaré, H.: Wissenschaft und Hypothese. B. G. Teubner. Leipzig 1914.

Popper, K. R.: Quantum Mechanics Without the ‹Observer›. In: Quantum Theory and Reality. Hrsg. M. Bunge. Springer: Berlin 1967, S. 7–44 (Neufassung auch in Popper 1982, S. 35–95).

Popper, K. R.: Logik der Forschung. Tübingen ^{5}1973.

Popper, K. R.: Quantum Theory and the Schism in Physics. Hutchinson: London 1982.

Popper, K. R.: Realism and the Aim of Science. Hrsg. W. W. Bartley, III. Hutchinson: London 1983.

Popper, K. R., Eccels, J.: The Self and its Brain. Springer internat.: Berlin 1977.

Poser, H., und U. Dirks (Hrsg.): Hans Reichenbach. Philosophie im Umkreis der Physik. Akademie Verlag: Berlin 1998.

Primas, H.: Great Expectations. Nature 338 (1989), S. 305–306.

Primas, H.: Vor-Urteile in den Naturwissenschaften. In: Der kritische Rationalismus und die Wissenschaften. Duncker und Humblot: Berlin 1990.

Putnam, H.: Scientific Realism. Leplin, J. (Hrsg.) University of California Pr., Berkeley: 1984.

Redhead, M.: Incompleteness Nonlocality and Realism. Clarendon Paperbacks: Oxford 1987.

Reichenbach, H.: Relativitätstheorie und Erkenntnis apriori. Springer: Berlin 1920. In: H. Reichenbach: Gesammelte Werke in 9 Bd. Hrsg. A. Kamlah, M. Reichenbach. Hier: Bd. 3.: Die philosophische Bedeutung der Relativitätstheorie. Vieweg: Braunschweig 1979.

Reichenbach, H.: Der gegenwärtige Stand der Relativitätsdiskussion. Logos, Int. Zeitschr. für Philos. der Kultur 10 (1921), S. 316–378.

Reichenbach, H.: Erfahrung und Prognose. In: Gesammelte Werke, Bd. 4 (1938), Vieweg: Braunschweig 1983.

Riemann, B.: Über die Hypothesen, welche der Geometrie zugrunde liegen. Wissenschaftliche Buchgesellschaft: Darmstadt 1959.

Rindler, W.: Essential Relativity. Springer: Berlin 1986.

Röseberg, U.: Reichenbachs Philosophie der Physik und die Physiker. In: Poser/Dirks 1998, S. 25–32.

Rohrlich, F.: Classical Charged Particles. Reading, Mass., 1965.

Rohrlich, F.: The Electron: Development of the First Elementary Particle Theory. In: The Physicist's Conception of Nature. Hrsg. J. Mehra. Reidel: Dordrecht 1973, S. 331–369.

Rosenfeld, L.: Rezension von Bohm 1957. Nature 181 (1958), S. 658.

Rosenfeld, L.: Niels Bohr in the Thirties. Consolidation and Extension of the Conception of Complementarity. In: S. Rozental (Hrsg.): Niels Bohr. His Life and Work as Seen by his Friends and Colleagues. North-Holland: Amsterdam 1967, S. 114–136.

Rosenthal-Schneider, I.: Begegnungen mit Einstein, von Laue und Planck. Vieweg: Braunschweig 1988.

Russell, B.: On the Notion of Cause. Proc. Aristot. Soc., Bd. 13 (1912/13), S. 1–26.
Russell, B.: An Inquiry into Meaning and Truth. George Allen and Unwin LTD: London 1940.
Russell, B.: Reply to Criticism. In: Schilpp 1946.
Sambursky, Sh. (Hrsg.): Physical Thought from the Presocratics to the Quantum Physicists. Pica Press: New York 1975.
Sarton, G.: A History of Science. ²Norton Library: New York 1970.
Scheibe, E.: Die kontingenten Aussagen in der Physik. Axiomatische Untersuchungen zur Ontologie der klassischen Physik und der Quantentheorie. Athenäum: Frankfurt a. M. 1964.
Scheibe, E.: Bibliographie zu Grundlagenfragen der Quantenmechanik. Phil. Naturalis 10 (1968), S. 249–298.
Scheibe, E.: Bemerkungen über den Begriff der Ursache. In: Vom Geist der Naturwissenschaft. Hrsg. H. H. Holz und J. Schickel. Rhein: Zürich 1969.
Scheibe, E.: Ursache und Erklärung. In: Erkenntnisprobleme der Naturwissenschaften. Hrsg. L. Krüger. Kiepenheuer und Witsch: Köln 1970.
Scheibe, E.: The Logical Analysis of Quantum Mechanics. Pergamon Press: Oxford 1973.
Scheibe, E.: Kausalgesetz. Hist. Wörterbuch der Philosophie, Bd. 4. Hrsg. K. Gründer. Birkhäuser: Basel 1976.
Scheibe, E.: Quantentheorie und verborgene Parameter. Der Physikunterricht, Bd. 15 (1981), S. 56–74.
Scheibe, E.: Quantum Logic and some Aspects of Logic in General. In: Recent Developments in Quantum Logic. Hrsg. P. Mittelstaedt und E.-W. Stachow. BI: Mannheim 1985. S. 115–128.
Scheibe, E.: The Increase of Contingencies in Science. Epistemologia X. 1987.
Scheibe, E.: Hermann Weyl and the Nature of Spacetime. In: Exakte Wissenschaften und ihre philosophische Grundlegung. Vorträge des Intern. Weyl-Kongr. Kiel 1985. Hrsg. W. Deppert et al., Peter Lang: Frankfurt a. M. 1988. S. 61–82.
Scheibe, E.: Die Kopenhagener Schule und ihre Gegner. In: Wie viele Leben hat Schrödingers Katze. Hrsg. J. Audretsch und K. Mainzer. BI Taschenbuch Verlag. Mannheim (1990), S. 157–183.
Scheibe, E.: v. Neumanns und Bells Theorem. Ein Vergleich. Philosophia Naturalis 28 (1991), S. 35–53.
Scheibe, E.: The New Theory of Reduction in Physics. Aufsätze über die Philosophie von Adolf Grünbaum. Hrsg. J. Earman et al., Pittsburgh University Press: Pittsburgh 1993, S. 248–271.
Scheibe, E.: Mißverstandene Naturwissenschaft. In: Wissenschaft und Aufklärung. Hrsg. R. Enskat. Leske und Budrich: Opladen 1997.
Scheibe, E.: Die Reduktion physikalischer Theorien. Zwei Bde. Springer: Berlin 1997, 1999.
Schelling, F. W. J.: Werke. Hrsg. M. Schröter. München 1927.
Schilpp, P. A. (Hrsg.): The Philosophy of Bertrand Russell. The Library of Living Philosophers: Evanston, Ill. 1946.
Schilpp, P. A. (Hrsg.): Albert Einstein als Philosoph und Naturforscher. Kohlhammer: Stuttgart 1951, 1955.
Schlick, M.: Die philosophische Bedeutung des Relativitätsprinzips. Zeitschr. für Philos. und philos. Kritik 159 (1915), S. 129–275.
Schlick, M.: Raum und Zeit in der gegenwärtigen Physik. Naturwiss. 5 (1917), S. 161–167, S. 177–186.
Schmidt, H.-J.: Kommunikationsprobleme zwischen Philosophie und Physik. In: Grenzüberschreitungen in der Wissenschaft. Hrsg. P. Weingart. Nomos: Baden-Baden 1995.

Schrödinger, E.: Meine Weltansicht. Paul Zsolnay: Hamburg/Wien 1916.
Schrödinger, E.: Die gegenwärtige Situation in der Quantenmechanik. Naturwissenschaften 23 (1935), S. 807–812, S. 823–828, S. 844–849.
Schrödinger, E.: Die Natur und die Griechen. Paul Zsolnay: Wien 1955 und 1983.
Schrödinger, E.: Gesammelte Abhandlungen. Hrsg. Österr. Akad. der Wiss.: Wien 1984.
Schrödinger, E.: Was ist ein Naturgesetz? Beiträge zum naturwissenschaftlichen Weltbild. Oldenbourg: München 1987.
Scott, W. T.: Erwin Schrödinger – An Introduction to His Writings. University of Massachusetts Press: Amherst 1967.
Seelig, C.: Albert Einstein und die Schweiz. Zürich 1952.
Shimony, A.: Reflections on the Philosophy of Bohr, Heisenberg and Schrödinger. In: Physics, Philosophy and Psychoanalysis. Essays in Honor of Adolf Grünbaum. Hrsg. R. S. Cohen und L. Laudan. Reidel: Dordrecht 1983, S. 209–222.
Simonyi, K.: Kulturgeschichte der Physik. Von den Anfängen bis heute. 3. Aufl. Harri Deutsch: Frankfurt a. M. 2001.
Sokal, A., und J. Bricmont: Eleganter Unsinn. Wie die Denker der Postmoderne die Wissenschaften mißbrauchen. C. H. Beck: München 1999.
Sommerfeld, A.: Philosophie und Physik seit 1900. Naturwiss. Rundschau I (1948a), S. 97–100 (auch in Sommerfeld 1968, S. 640–643).
Sommerfeld, A.: Albert Einstein. In: Schilpp 1955, S. 37–42.
Sommerfeld, A.: Gesammelte Schriften, Bd. IV, Vieweg: Braunschweig 1968.
Spengler, O.: Der Untergang des Abendlandes. C. H. Beck: München [7]1920.
Stachel, J., and D. Howard (Hrsg.): Einstein and the History of General Relativity. Birkhäuser: Basel 1989.
Stapp, H.: Mind, Matter, and Quantum Mechanics. Springer: Berlin 1993.
Stebbing, S.: Philosophy and the Physicists. Methuen & Co.: London 1937 (Nachdruck: Dover 1958).
Süßmann, G.: Über den Messvorgang. Abh. der Bayer. Akad. der Wiss., Math.-Nat. Klasse. Heft 88. München 1958.
Süßmann, G.: Impuls und Geschwindigkeit des Photons im lichtbrechenden Medium. In: Einheit und Vielheit. Festschrift für C. F. v. Weizsäcker zum 60. Geburtstag. Hrsg. E. Scheibe und G. Süßmann. Göttingen 1973, S. 149–82.
Tegmark, M., und J. A. Wheeler: 100 Jahre Quantentheorie. Spektrum der Wissenschaft, April 2001, S. 68–76.
Thiele, J.: Ein zeitgenössisches Urteil über die Kontroverse zwischen Max Planck und Ernst Mach. Centaurus 13 (1968), S. 85–90.
Tolman, R. C.: The Principles of Statistical Mechanics. Oxford Univ. Press: Oxford 1938.
Toulmin, St.: Einführung in die Philosophie der Wissenschaft. Vandenhoeck & Ruprecht: Göttingen 1953.
Truesdell, C.: Handbuch der Physik, Bd. III/3: Die nicht-linearen Feldtheorien der Mechanik. Flügge, S. (Hrsg.) Springer: Berlin 1965.
Voigt, W.: Phänomenologische und Atomistische Betrachtungsweise. B. G. Teubner: Leipzig 1915, S. 714–751.
Weinberg, St.: Gravitation and Cosmology. Wiley: New York 1972.
Weinberg, St.: Newtonianism, Reductionism and the Art of Congressional Testimony. Nature 330 (1987).
Weinberg, St., und E. Mayr: The Limits of Reductionalism. Nature 331 (1988).
Weinberg, St.: Der Traum von der Einheit des Universums. Bertelsmann: München 1993.

Weizsäcker, C. F. v.: Zur Deutung der Quantenmechanik. Zeitschr. f. Phys. 118 (1941), S. 489–509 (wiederabgedruckt in Weizsäcker 1992, S. 826–853).
Weizsäcker, C. F. v.: Zum Weltbild der Physik. Hirzel: Stuttgart [7]1958.
Weizsäcker, C. F. v.: The Copenhagen Interpretation. In: T. Bastin (Hrsg.): Quantum Theory and Beyond. Cambridge University Press: Cambridge 1971, S. 25–31.
Weizsäcker, C. F. v.: Die Einheit der Natur. Hanser: München 1971.
Weizsäcker, C. F. v.: The Foundations of Experience and the Unity of Physics. In: Transcendental Arguments and Science. Hrsg. P. Bieri et al., Reidel: Dordrecht 1979, S. 123–158.
Weizsäcker, C. F. v.: Aufbau der Physik. Hanser: München 1985.
Weizsäcker, C. F. v.: Zeit und Wissen. Hanser: München 1992.
Weyl, H.: Raum, Zeit, Materie. Springer: Berlin 1918, [5]1923.
Weyl, H.: Mathematische Analyse des Raumproblems. Springer: Berlin 1923.
Weyl, H.: Philosophy of Mathematics and Natural Science. Princeton Univ. Press: Princeton 1949.
Wien, W.: Ziele und Methoden der theoretischen Physik. Jahrbuch der Radioaktivität und Elektronik XII (1915), S. 241–259.
Wien, W.: Vorträge über die neuere Entwicklung der Physik und ihrer Anwendungen. Leipzig: Joh. Ambr. Barth: Leipzig 1919.
Wien, W.: Die Relativitätstheorie vom Standpunkte der Physik und Erkenntnislehre. Leipzig: Joh. Ambr. Barth 1921.
Wiener, D.: Die Erweiterung unserer Sinne. Deutsche Revue 25 (1900), S. 25–41.
Wigner, E. P.: Symmetries and Reflections. Woodbridge, Conn., 1979.
Wigner, E. P.: Philosophical Reflections and Syntheses. Springer: Berlin 1995.
Wilson, A. D.: Die romantischen Naturphilosophen. In: Meÿenn 1997, Bd. II, S. 319–335.
Wolters, G.: Mach I, Mach II, Einstein und die Relativitätstheorie. De Gruyter: Berlin 1987.
Zeh, H. D.: Ist das Problem des quantentheoretischen Meßprozesses nun endlich gelöst? Gastkommentar in Tegmark/Wheeler 2001, S. 72.

Personenregister

Adler, Friedrich 70
Anderson, James 182, 188
Arago, Dominique François 162
Archimedes 10
Aristoteles 9, 60, 123, 129, 208, 255–257, 321, 326

Belinfante, Frederik J. 297
Bell, John 241, 295
Berkeley, George 122
Bohm, David 15, 240f., 257, 281, 295, 297–301, 318
Bohr, Niels 11, 15, 44–48, 107, 240–247, 249f., 253, 262, 266–274, 276–278, 282–284, 294f., 300f., 322f.
Boltzmann, Ludwig 14, 18, 25–30, 57, 81–83, 85f., 88–98, 100–106, 108f., 117, 122, 139f., 234, 289f., 307–310, 314–316, 318, 323, 328f.
Bolzano, Bernhard 117
Bondi, Hermann 314f.
Boole, George 117
Born, Max 15, 65, 195, 227–229, 237–239, 260f., 280f.
Boscovich, Roger Joseph 80
Boyle, Robert 80
Bridgman, Percy Williams 15, 147f.
Briguet 161
Broglie, Louis Victor Raymond de 15, 40, 240, 244, 275f., 295f.

Campbell, Norman 147f., 213, 218
Carnap, Rudolf 30, 195, 201
Cartan, Élie Joseph 205
Cassirer, Ernst 16, 21, 30, 195, 198
Clausius, Rudolph 88
Clifford, William Kingdon 14
Cohen, Hermann 195

Darwin, Charles 117
Davisson, Clinton J. 244
Demokrit 80
Descartes, René 10, 24, 52, 109, 127, 266f.
Dicke, Robert H. 185
Dirac, Paul Adrien Maurice 12, 284, 291, 319

Du Bois-Reymond, Emil 86, 106, 138, 214
Duhem, Pierre 14, 29, 89, 100, 120–126, 160f., 163
Dyson, Sir Frank 165

Eddington, Sir Arthur 15, 21, 33–35, 37–39, 99, 137
Edison, Thomas A. 321
Ehlers, Jürgen 315
Ehrenfest, Paul 277
Eigen, Manfred 56
Einstein, Albert 9, 11ff., 15–17, 19f., 30–34, 40, 43, 57f., 64f., 81, 90, 98f., 128, 134–138, 141, 143f., 151, 154, 164–178, 180–190, 193, 195–199, 202, 205f., 208, 227–229, 238, 240, 244, 248, 260f., 268f., 276f., 282–284, 293f., 307, 311f., 315, 324–326, 333
Elsbach, A. C. 205f.
Eötvös, Loránd 185
Epikur 80
Euklid 192f.
Exner, Franz 40, 66f., 128, 132, 229–231, 234–237, 290

Faraday, Michael 69
Fasol, Gerhard 94
Feyerabend, Paul 306, 311, 327f.
Feynman, Richard P. 207f., 214
Fizeau, Armand H. L. 161, 163
Fock, Vladimir Alexandrowitsch 182
Forman, Paul 41
Foucault, Léon 161–163
Frank, Philipp 13–15, 30, 46f., 224
Frege, Gottlob 117, 150

Galilei, Galileo 10, 214–217, 317, 330–332
Gassendi, Petrus 80
Gauß, Carl Friedrich 23, 317
Germer, Lester H. 244
Gilson, Étienne H. 21, 27f.
Goethe, Johann Wolfgang von 42f., 51, 65–67, 78, 99f., 120, 268
Guillemin, Victor 316

Harnack, Adolf von 9, 12
Havas, Peter 225f.
Hawking, Stephen 320
Heckmann, Gustav 312
Hegel, Georg Wilhelm Friedrich 23f., 26, 49
Heidegger, Martin 11, 13, 49, 327
Heisenberg, Werner 11, 15, 44–47, 65, 107, 134, 143f., 168, 238, 240f., 243, 247–250, 255–257, 264–267, 273f., 277, 284, 294f., 323–325, 328f.
Helm, Georg 105
Helmholtz, Hermann von 14, 23f., 27, 53f., 103, 203
Hempel, Carl Gustav 30
Hentschel, Klaus 198
Herschel, John 128
Herschel, William 128
Hertz, Heinrich Rudolf 12, 14, 96, 101, 103f., 109–117, 138–140, 161, 217, 331
Hilbert, David 14, 149, 275, 312
Höffding, Harald 12, 16
Hume, David 31f., 68, 169, 196, 212, 215, 222
Hund, Friedrich 64, 211f., 225f., 274
Huygens, Christaan 10, 161

Jammer, Max 18
Jeans, Sir James 15, 21, 34–40
Jordan, Pascual 15

Kant, Immanuel 24, 31f., 34, 52f., 92, 108, 149f., 167, 172, 195–201, 203, 205, 212f., 215, 292
Kelvin, Lord (William Thomson) 123
Kepler, Johannes 10, 317
Kienle, Hans 39f., 313f.
Kippenhahn, Rudolf 103
Kirchhoff, Gustav Robert 27, 29, 90, 104, 132, 210
Klein, Felix 105, 149
Kolumbus, Christoph 329
Kopernikus, Nikolaus 10, 69
Kramers, Hendrik Anthony 277
Kuhn, Thomas 306, 308f., 313, 327f.

Lakatos, Imre 306, 313, 327
Lamb, Willis E. jr. 250f.
Landé, Alfred 275
Lange, Friedrich Albert 24

Laplace, Pierre Simon 211, 214, 222
Laue, Max von 15, 59, 198f., 237, 239, 275
Leibniz, Gottfried Wilhelm 10, 127, 188, 213
Lenard, Philipp 276
Lie, Sophus 203
Liebig, Justus 23–25
Lindbergh, Charles 303
Littlewood, John E. 32
Locke, John 215
Lorentz, Hendrik Antoon 167
Loschmidt, Josef 66, 94f., 97, 101
Ludwig, Günther 15, 103, 328, 330f., 333
Luther, Martin 53

Mach, Ernst 12, 14, 18, 26, 29f. 57–62, 68–81, 83–89, 95, 97f., 103, 105, 107–109, 116, 143, 168f., 189, 197, 218–221, 223, 303
Maxwell, James Clerk 12, 14, 18, 27, 57, 88, 101, 103, 139, 144, 311, 317
Meitner, Lise 88
Michelson, Albert Abraham 177
Mie, Gustav 184
Mill, John Stuart 12, 308
Millikan, Robert A. 108, 146
Minkowski, Hermann 167, 180, 193
Mises, Richard von 13, 15
Misner, Charles W. 192f., 275, 306f.
Møller, C. 192f.
Moltke, Helmuth von 28
Moore, George Edward 52f.
Morley, Edward William 177
Moszkowski, Alexander 165
Müller-Herold, Ulrich 48f.

Natorp, Paul 195
Nelson, Leonard 198
Nernst, Walther Hermann 15, 127f., 130f., 310–312
Neumann, Johannes von 15, 241, 291, 296f., 301
Newton, Isaac 10, 17, 65–67, 69, 77, 80, 146, 161, 165, 192, 198, 200, 208, 216f., 268, 306, 311f., 314f., 317f., 324, 326
Nietzsche, Friedrich 49
Noll, Walter 120, 126
Nordström, Gunnar 184

Personenregister 367

Ohm, Georg Simon 146
Ostwald, Wilhelm 12, 14, 25–29, 89, 105–109, 117

Passmore, John Arthur 12
Pauli, Wolfgang Ernst Friedrich 15, 19, 44f., 48, 180, 191, 193, 228, 240f., 244–246, 261, 266–269, 277, 280f., 291, 294f., 323
Perrin, Jean 81
Planck, Max 9, 11f., 14f., 18, 30, 40, 56–63, 66–73, 76–80, 89, 97, 108f., 118f., 128, 131f., 135f., 195, 198, 222, 229–235, 237, 240, 272, 275, 317, 319, 321, 328f.
Platon 52
Podolsky, Boris 279, 282, 293
Poincaré, Henri 13f., 89, 149–152, 154–160, 167, 172–174, 232
Polanyi, Michael 15
Popper, Sir Karl Raimund 16, 21, 119, 127, 131, 306, 309f., 321, 327
Prigogine, Ilya 15
Protagoras 52
Ptolemäus 284
Putnam, Hilary 54
Pythagoras 153

Reichenbach, Hans 16, 21, 30, 127, 171, 195–198
Rey, Abel 124
Rickert, Heinrich 30, 195
Riemann, Bernhard 111, 150f.
Rohrlich, Fritz 12, 306f., 309, 313, 327f.
Rosen, Nathan 279, 282, 293
Rosenfeld, Léon 283, 295
Rosenthal-Schneider, Ilse 137, 196
Russell, Bertrand 30–34, 197, 209–211

Schelling, Friedrich Wilhelm Joseph 22–25, 29, 99
Schiller, Friedrich 27, 47, 164

Schilpp, Paul Arthur 283
Schlick, Moritz 30, 169, 193, 195–197, 200, 279
Schopenhauer, Arthur 26f., 286
Schrödinger, Erwin 15, 30, 40f., 66, 97, 102, 230f., 234, 237, 240, 256f., 262, 275, 278, 282, 284–295
Schumacher, Heinrich Christian 23
Shimony, Abner 284
Sommerfeld, Arnold 11f., 15f., 22, 56, 60, 105, 294
Spengler, Oswald 41, 66f.
Spinoza, Baruch de 286
Stebbing, Susan 21, 34–39
Stefan, Josef 307
Stern, Otto 277
Sternberg, Shlomo 316

Thomson, Sir Joseph John 95, 165
Thorne, Kip S. 192f., 275, 306f.
Tolman, Richard C. 261
Toulmin, Stephen 209, 211
Truesdell, Clifford 120, 126
Twain, Mark 250

Voigt, Woldemar 84

Wagner, Albrecht 56
Weber, Wilhelm Eduard 101
Weinberg, Steven 48f., 182, 191, 193, 318, 325f.
Weizsäcker, Carl Friedrich von 14f., 18, 243, 258, 265f., 320, 324
Weyl, Hermann 15, 116, 180, 202–205
Wheeler, John Archibald 192f., 275, 306f.
Wien, Wilhelm 14, 42f., 84, 128, 132–134, 139, 166, 207, 210, 294
Wigner, Eugene 15, 262, 291
Windelband, Wilhelm 195
Wittgenstein, Ludwig 198, 292

Zermelo, Ernst Friedrich 89